高等职业技术教育"十三五"规划教材——土木建筑类

建筑构造与识图

主　编　申　琳　　王雪妮　　贾　青
副主编　李晓刚　　马　琳

西南交通大学出版社
·成都·

图书在版编目（CIP）数据

建筑构造与识图 / 申琳，王雪妮，贾青主编. —成都：西南交通大学出版社，2016.1
高等职业技术教育"十三五"规划教材. 土木建筑类
ISBN 978-7-5643-4577-8

Ⅰ.①建… Ⅱ.①申… ②王… ③贾… Ⅲ.①建筑构造－高等职业教育－教材②建筑制图－识别－高等职业教育－教材 Ⅳ.①TU22②TU204

中国版本图书馆 CIP 数据核字（2016）第 026389 号

高等职业技术教育"十三五"规划教材——土木建筑类
建筑构造与识图
主编 申 琳 王雪妮 贾 青

责 任 编 辑	姜锡伟
封 面 设 计	严春艳
出 版 发 行	西南交通大学出版社 （四川省成都市二环路北一段 111 号 西南交通大学创新大厦 21 楼）
发行部电话	028-87600564 028-87600533
邮 政 编 码	610031
网 址	http://www.xnjdcbs.com
印 刷	成都中铁二局永经堂印务有限责任公司
成 品 尺 寸	185 mm × 260 mm
印 张	17
字 数	432 千
版 次	2016 年 1 月第 1 版
印 次	2016 年 1 月第 1 次
书 号	ISBN 978-7-5643-4577-8
定 价	36.00 元

课件咨询电话：028-87600533
图书如有印装质量问题　本社负责退换
版权所有　盗版必究　举报电话：028-87600562

前　言

"建筑构造与识图"是高等职业教育工程造价与建筑施工技术等专业的主干课程之一。本书是根据高等学校土建学科教学指导委员会制定的相关专业的教育标准、培养方案及教学基本要求而编写的，根据建筑物的使用功能、艺术造型选择经济的构造方案，系统阐述工业与民用建筑中房屋各组成部分的构造原理、构造方法。

本书在编写过程中，根据课程的特点和要求，注意总结教学和实际应用中的经验，遵循教学规律。由于建筑构造在讲解过程中会涉及一些建筑识图的内容，比如建筑平面图、详图等，而建筑构造一般开设得比较早，建筑结构等课程还没有涉及，所以本书仅考虑了建筑施工图的识读这部分内容。另外，本书在编写过程中，能够结合高职高专学生的需要，在图样选用、文字处理上注重简明形象、直观通俗、图文并茂，便于学生的理解和学习。

本书由杨凌职业技术学院申琳、王雪妮、贾青担任主编，并由申琳负责全书的统稿。本书包括九个章节，其中第一章、第三章、第五章、第六章由杨凌职业技术学院申琳编写，第二章、第四章由杨凌职业技术学院贾青编写，第七章由杨凌职业技术学院马琳编写，第八章由杨凌职业技术学院王雪妮编写，第九章由陕西佳莲房地产开发有限公司李晓刚编写。本书在编写过程中参考了建筑构造方面的一些书籍和资料，在此对各位同行以及资料的作者深表谢意。

在本书编写过程中，专业建设团队的领导和老师提出了许多宝贵意见，在此表示最诚挚的感谢。

由于编者经验和水平有限，书中难免存在疏漏或不足之处，恳请广大读者和同行批评指正，编者不胜感激。

编　者

2015 年 10 月

目 录

第一章 民用建筑概述 ... 1
- 第一节 民用建筑的构造组成 ... 1
- 第二节 建筑的分类及等级划分 ... 3
- 第三节 建筑构造的影响因素 ... 7
- 第四节 建筑的结构类型 ... 8
- 第五节 变形缝构造 ... 11
- 第六节 建筑模数 ... 16
- 第七节 定位轴线 ... 19
- 复习思考题 ... 22

第二章 基础和地下室 ... 24
- 第一节 基础和地下室概述 ... 24
- 第二节 基础的分类 ... 27
- 第三节 地下室的构造 ... 32
- 复习思考题 ... 37

第三章 墙 体 ... 39
- 第一节 墙体概述 ... 39
- 第二节 砖墙的基本构造 ... 44
- 第三节 砖墙的细部构造 ... 46
- 第四节 隔墙构造 ... 56
- 第五节 砌块墙构造 ... 59
- 第六节 墙体的装饰装修 ... 62
- 复习思考题 ... 76

第四章 楼地层 ... 77
- 第一节 楼板的组成及类型 ... 77
- 第二节 钢筋混凝土楼板 ... 81
- 第三节 顶棚构造 ... 89
- 第四节 地坪层构造 ... 107
- 第五节 地面构造 ... 109

第六节　阳台与雨篷 ································· 117
　　复习思考题 ····································· 124

第五章　楼　梯 ······································ 125
　　第一节　楼梯概述 ································· 125
　　第二节　楼梯的主要尺度 ····························· 128
　　第三节　钢筋混凝土楼梯构造 ··························· 133
　　第四节　楼梯的细部构造 ····························· 141
　　第五节　室外台阶与坡道 ····························· 145
　　第六节　电梯与自动扶梯 ····························· 147
　　复习思考题 ····································· 150

第六章　屋　顶 ······································ 151
　　第一节　屋顶的类型及设计要求 ·························· 151
　　第二节　平屋顶排水设计 ····························· 154
　　第三节　平屋顶构造 ································ 157
　　第四节　涂膜防水屋面 ······························· 164
　　第五节　平屋顶的保温与隔热 ··························· 165
　　第六节　坡屋顶构造 ································ 168
　　复习思考题 ····································· 175

第七章　门　窗 ······································ 176
　　第一节　窗 ······································ 176
　　第二节　门 ······································ 183
　　第三节　其他门窗 ································· 187
　　第四节　遮阳构造 ································· 189
　　复习思考题 ····································· 191

第八章　工业建筑概论 ································· 192
　　第一节　工业建筑概述 ······························· 192
　　第二节　单层工业厂房的结构组成 ························ 195
　　第三节　厂房的起重运输设备 ··························· 198
　　第四节　单层厂房的定位轴线 ··························· 200
　　第五节　单层厂房的主要结构构件 ························ 207
　　第六节　单层厂房围护结构构件 ·························· 219
　　复习思考题 ····································· 243

第九章 建筑施工图 244
第一节 建筑施工图的规定和常用符号 244
第二节 建筑总平面图 247
第三节 建筑平面图 249
第四节 建筑立面图 255
第五节 建筑剖面图 257
第六节 建筑详图 258
复习思考题 261

参考文献 263

第一章　民用建筑概述

【学习目标】

本章重点介绍了建筑的构造组成、建筑模数构造、变形缝的构造、建筑结构的类型以及定位轴线的有关内容，其次介绍了民用建筑的类型及等级划分、建筑工业化的有关内容。通过学习，学生应达到以下要求：

（1）掌握建筑物的构造组成及作用。
（2）熟悉建筑模数协调统一标准和定位轴线的定位方法。
（3）掌握变形缝的类型及设置要求。
（4）了解建筑物的构成要素、建筑物的分类和等级划分、建筑结构的类型。

第一节　民用建筑的构造组成

一幢建筑，通常由承重结构系统、围护分隔系统、相关的设备系统以及其他辅助部分共同组成。

承重结构系统起到建筑骨架的作用，一般是由基础、墙、柱、楼地层、屋顶等组成。围护分隔系统起到围合和分隔空间的作用，一般是由外墙、屋盖、门窗等组成。设备系统是建筑正常使用的保障，包括强弱电、给排水、暖通空调等。其他辅助部分包括女儿墙、阳台、雨篷等。

民用建筑，一般由基础、墙和柱、楼地层、屋盖、楼梯和电梯、门窗等几部分组成，如图1-1所示。这些构件处在不同的部位，发挥着各自不同的作用。

一、基　础

基础是建筑物底部埋在地面以下的承重结构。其作用是承受建筑物上部的全部荷载，并将这部分荷载连同基础自重一起传给下部的地基。因此，基础必须具有足够的强度、刚度及稳定性；同时，由于基础埋于地下，维修不方便，所以要求基础应具有一定的耐久性，不能早于上部建筑而发生破坏。

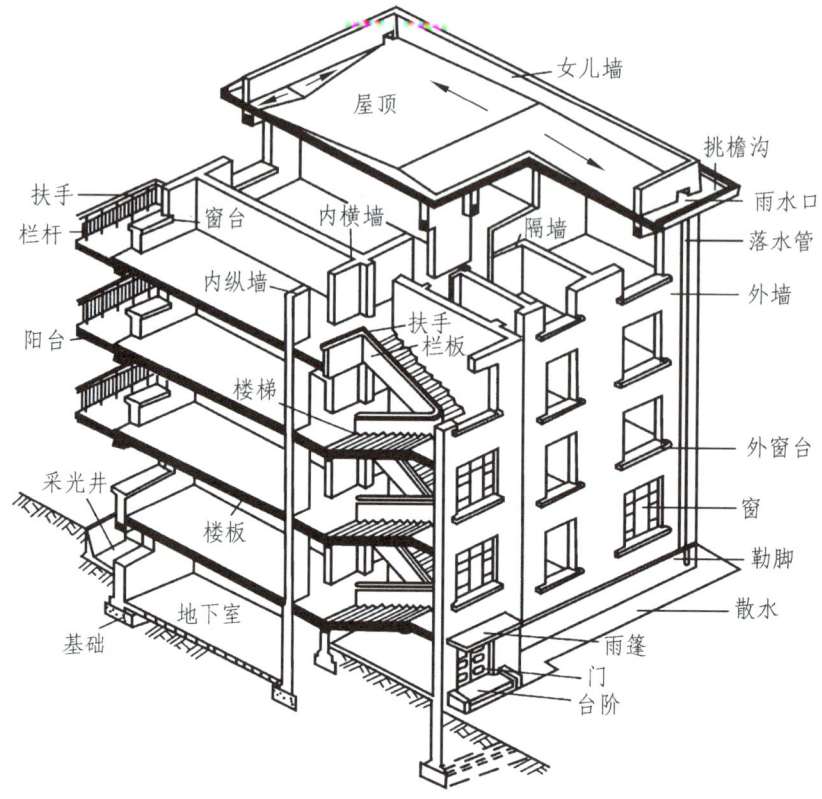

图 1-1 民用建筑的构造组成

二、墙和柱

墙是建筑物的竖向承重构件和围护构件。当墙作为竖向承重构件时，墙体具有承重、围护和水平分隔的作用，承受着屋顶或楼板传来的荷载，并将这些荷载传给基础。外墙用以抵御自然界各种因素对室内的侵袭，内墙用作房间的分隔、隔声。当柱作为竖向承重构件时，墙体只具有围护和分隔作用。因此，墙体应具有足够的强度、稳定性、保温、隔热、隔声、防火、防水等能力。

柱是房屋空间的主要竖向承重构件，和承重墙一样承受屋顶和楼板传来的荷载，并将承担的荷载传给基础。因此，柱必须具有足够的强度和刚度。

三、楼地层

楼地层包括楼板层和地坪层。楼板层直接承受着家具、设备、人的荷载并将这些荷载连同自重传给墙体或柱，同时对墙或柱有水平支撑的作用，并且起着分隔作用。因此，楼板层必须具有足够的强度和刚度，以及良好的防水、防火、隔声性能。

地坪层是建筑物底层与土壤相接触的部分，它承受着地面上的荷载，并将荷载通过垫层传到地基。因此，地坪层要求具有耐磨、防潮、防水、保温等性能。

四、屋顶

屋顶是房屋顶部的承重构件和围护构件，可以抵御自然界的风、霜、雪、雨和太阳辐射等寒暑不利因素对顶层房间的侵蚀，同时承受作用在屋顶上的全部荷载，并将这些荷载连同自重传给下部的墙或柱。因此，屋顶必须具有足够的强度、刚度，还要满足保温、隔热、防水等构造要求。

五、楼梯和电梯

楼梯是房屋重要的竖向交通设施，作为上下楼层和发生紧急情况疏散人流之用。所以，楼梯应有足够的通行能力和足够的承载能力，并且应满足坚固、防火、耐磨、防滑等要求。电梯和自动扶梯可用于平时疏散人流，但不能用于消防疏散。消防电梯应满足消防安全的要求。

六、门和窗

门和窗开在墙上，均属非承重构件，是房屋围护结构的组成部分。门主要是供人们内外交通出入和分隔及内外联系之用，有时兼有采光和通风的作用。门应有足够的宽度和高度。窗的主要作用是采光、通风和眺望，也有分隔和围护的作用。因此，窗应具有开关灵活、密封性好、坚固耐久，以及防火、防水等性能。

第二节 建筑的分类及等级划分

一、建筑的分类

1. 按建筑使用功能分类

按建筑物的使用功能，建筑物可以分为民用建筑、工业建筑和农业建筑。

（1）工业建筑。工业建筑指为工业生产服务的各类生产性建筑物，如生产车间、辅助车间、动力用房、仓库等。

（2）民用建筑。民用建筑指供人们生活起居、行政办公、医疗、科研、文化、娱乐及商业、服务等各种活动使用的建筑，有居住建筑和公共建筑之分。

① 居住建筑：供人们生活起居用的建筑，如住宅、集体宿舍、公寓等。

② 公共建筑：进行各种社会活动的建筑，如行政办公、文教、医疗、商业、影剧院、展览、交通、通信、园林等建筑。

（3）农业建筑。农业建筑指供农、牧业生产和加工用的建筑，如畜禽饲养场、水产品养殖场、农畜产品加工厂、农产品仓库以及农业机械用房等。

2. 按建筑层数与高度分类

（1）居住建筑按层数分类：1~3层为低层；4~6层为多层；7~9层为中高层；10层及其以上为高层。

（2）公共建筑按高度分类：公共建筑及综合性建筑总高度超过 24 m 时为高层（不包括高度超过 24 m 的单层主体建筑）。建筑高度为建筑物从室外地面至女儿墙顶部或檐口的高度。

（3）超高层建筑：建筑物高度超过 100 m 时，不论是住宅建筑或公共建筑均称为超高层建筑。

3. 按建筑主要承重构件所用材料分类

（1）砖木结构：以砖墙或石墙作为竖向承重结构，以木屋顶、木楼板作为水平承重构件的建筑物。这种结构具有自重轻、抗震性能好、构造简单、施工方便、节约钢材和水泥等优点，是我国古代建筑的主要结构类型。

（2）砖混结构：主要承重结构由砖墙竖向承重构件和钢筋混凝土梁、板等水平承重构件组成的混合结构。这种结构自重大、抗震性能差，只适用于 6 层及 6 层以下的建筑。

（3）钢筋混凝土结构：主要承重构件全部采用钢筋混凝土的建筑。它具有坚固耐久、防火和可塑性强等优点，是我国目前房屋建筑中应用最为广泛的一种结构形式，如大跨度结构、框架结构、剪力墙结构、框剪结构、筒体结构等。

（4）钢结构：主要承重构件全部采用钢材制作的建筑。这种结构具有力学性能好、制作安装方便、自重轻等优点。目前，钢结构主要应用于大型公共建筑、高层建筑和少量工业建筑中。随着建筑的发展，钢结构的应用将有进一步发展的趋势。

（5）混合结构建筑：采用两种或两种以上材料作承重结构的建筑，如由砖墙、木楼板构成的砖木结构建筑，由砖墙、钢筋混凝土楼板和屋架构成的砖混结构建筑，由钢屋架和混凝土柱构成的钢-混凝土结构建筑，等。其中，砖混结构建筑在大量性民用建筑中应用最广泛。近年来，我国许多地区已逐渐使用非黏土材料制成的空心承重砌块来取代黏土砖的使用。这类砌体结构主要适用于建造多层及以下的建筑。

4. 按建筑规模和数量分类

（1）大量性建筑：单体建筑规模不大，但建造量多、涉及面广的建筑，如住宅、学校、医院、商店、中小型影剧院、中小型工厂等。

（2）大型性建筑：单体规模大、功能复杂、投资多、影响大、建筑艺术要求较高的建筑，如大型体育馆、航空港、火车站以及大型工厂等。

5. 按施工方法分类

（1）全现浇（现砌）式：房屋的主要承重构件均在现场浇注（砌筑）而成。

（2）部分现浇（现砌）、部分装配式：房屋的部分构件采用现场浇注（砌筑），部分构件采用预制厂预制。

（3）装配式：房屋的主要承重构件均采用预制厂预制，然后在施工现场进行组装。

二、建筑物的等级划分

1. 按耐久性能划分

建筑物的耐久年限主要根据建筑物的重要性和规模大小来划分，是基建投资、建筑设计和材料选用的重要依据。建筑等级按建筑耐久年限分为 4 级，见表 1-1。

表 1-1　建筑物的耐久年限等级

耐久等级	耐久年限	适用建筑物性质
1级	100年以上	适用于重要的建筑和高层建筑，如纪念馆、博物馆、国家会堂等
2级	50~100年	适用于一般性建筑，如城市火车站、宾馆、大型体育馆、大剧院等
3级	25~50年	适用于次要的建筑，如文教、交通、居住建筑及厂房等
4级	15年以下	适用于临时性建筑和简易建筑

2. 按耐火性能划分

耐火等级是衡量建筑物耐火程度的分级标度，规定建筑物的耐火等级是建筑设计防火规范防火技术措施中的最基本措施之一。建筑物的耐火等级主要根据组成房屋构件的燃烧性能和耐火极限两个因素来确定。

构件的燃烧性能分为：非燃烧体、难燃烧体和燃烧体3种。

（1）非燃烧体：用非燃烧材料制成的构件。非燃烧材料指在空气中受到火烧或高温作用时不起火、不微燃、不炭化的材料，如建筑中采用的各种金属材料、钢筋混凝土、混凝土、天然石材、人工石材。

（2）难燃烧体：用难燃烧材料制成的构件或用燃烧材料制成而用非燃烧材料做保护层的构件。难燃烧材料指在空气中受到火烧或高温作用时难起火、难微燃、难炭化，当火源移走后燃烧或微燃立即停止的材料，如沥青混凝土等。

（3）燃烧体：用燃烧材料制成的构件。燃烧材料指在空气中受到火烧或高温作用时立即起火或微燃，且火源移走后仍继续燃烧或微燃的材料，如木材等。

耐火极限是指任一建筑构件按时间与温度标准进行耐火试验，从受到火的作用时起到失去支持能力或完整性而破坏，或到失去隔火能力时为止的这段时间。其单位是"小时"，用"h"表示。

建筑等级按耐火性能分为4级，见表1-2。

表 1-2　建筑物构件的燃烧性能和耐火极限　　　　　　　　h

构件名称		耐火等级			
		一级	二级	三级	四级
墙	防火墙	非燃烧体 3.00	非燃烧体 3.00	非燃烧体 3.00	非燃烧体 3.00
	承重墙	非燃烧体 3.00	非燃烧体 2.50	非燃烧体 2.00	难燃烧体 0.50
	楼梯间、电梯井的墙	非燃烧体 2.00	非燃烧体 2.00	非燃烧体 1.50	难燃烧体 0.50
	疏散走道两侧的隔墙	非燃烧体 0.75	非燃烧体 0.75	难燃烧体 0.50	难燃烧体 0.25
	非承重外墙、房间隔墙	非燃烧体 0.75	非燃烧体 0.50	难燃烧体 0.50	难燃烧体 0.25
柱		非燃烧体 3.00	非燃烧体 2.50	非燃烧体 2.50	难燃烧体 0.50
梁		非燃烧体 2.00	非燃烧体 1.50	非燃烧体 1.00	难燃烧体 0.50
楼板		非燃烧体 1.50	非燃烧体 1.00	非燃烧体 0.75	难燃烧体 0.50
屋顶承重构件		非燃烧体 1.50	非燃烧体 1.00	燃烧体 0.50	燃烧体
疏散楼梯		非燃烧体 1.50	非燃烧体 1.00	非燃烧体 0.75	燃烧体
吊顶（包括吊顶搁栅）		非燃烧体 0.25	难燃烧体 0.25	难燃烧体 0.15	燃烧体

注：① 以木柱承重且以非燃烧材料作为墙体的建筑物，其耐火等级按四级确定。
　　② 建筑高度大于100 m的民用建筑，其楼板的耐火极限不应低于2.00 h。

自 2015 年 5 月 1 日起执行新的《建筑设计防火规范》，合并了《建筑设计防火规范》和《高层民用建筑设计防火规范》，调整了两项标准不协调的要求。该规范将住宅建筑的高、多层分类统一按照建筑高度划分。新建筑设计防火规范规定：建筑高度不大于 27 m 的住宅建筑为多层民用住宅建筑，建筑高度大于 27 m 的住宅建筑为高层民用建筑。

建筑物的耐火等级划分：高层建筑的耐火等级应分为一、二两级。通常一类高层建筑的耐火等级为一级。二类高层建筑的耐火等级应不低于二级。裙房和其他民用建筑的耐火等级可以分为一、二、三、四级。一般说来：一级耐火等级建筑是钢筋混凝土结构或砖墙与钢混凝土结构组成的混合结构；二级耐火等级建筑是钢结构屋架、钢筋混凝土柱或砖墙组成的混合结构；三级耐火等级建筑物是木屋顶和砖墙组成的砖木结构；四级耐火等级是木屋顶、难燃烧体墙壁组成的可燃结构。民用建筑的分类见表 1-3。

表 1-3　民用建筑的分类

名称	高层民用建筑		单、多层民用建筑
	一类	二类	
居住	建筑高度大于 54 m 的住宅建筑（包括设置商业服务网点的住宅建筑）	建筑高度大于 27 m 但不大于 54 m 的住宅建筑（包括设置商业服务网点的住宅建筑）	建筑高度不大于 27 m 的住宅建筑（包括设置商业服务网点的住宅建筑）
公共建筑	1. 建筑高度超过 50 m 建筑； 2. 任一楼层的建筑面积超过 1 000 mm² 的商业楼、展览楼、综合楼、电信楼、财贸金融楼和其他多种功能组合的建筑； 3. 医疗建筑和重要公共建筑； 4. 省级及以上的广播电视和防灾指挥调度建筑，网省级（含计划单列市）电力调度楼； 5. 藏书超过 100 万册的图书馆、书库	除住宅建筑和一类高层公共建筑外的其他高层民用建筑	1. 建筑高度大于 24 m 的单层公共建筑； 2. 建筑高度不大于 24 m 的其他公共建筑

注：宿舍、公寓等非住宅类居住建筑的防火要求，应符合有关公共建筑的要求。

3. 建筑物的工程等级

建筑物的工程等级依据其复杂程度，共分 6 级，具体内容见表 1-4。

表 1-4　建筑物的工程等级

工程等级	工程主要特性	工程范围举例
特级	① 列为国家重点项目或以国际性活动为主的特高级大型公共建筑； ② 有全国性历史意义或技术要求复杂的中小型公共建筑； ③ 30 层以上建筑； ④ 高大空间有声、光等特殊要求的建筑	国宾馆，国家大会堂，国际会议中心，国际贸易中心，体育中心，国际大型航空港，国际综合俱乐部，重要历史纪念建筑，国家级美术馆、博物馆、图书馆、剧院、音乐厅，3 级以上人防，等
1 级	① 高级大型公共建筑； ② 有地区性历史意义或技术要求复杂的中小型公共建筑； ③ 16 层以上、29 层以下或超过 50 m 高的公共建筑	高级宾馆，旅游宾馆，高级招待所、别墅，省级展览馆、博物馆、图书馆、科学试验研究楼，高级会堂，高级俱乐部，大于 300 床位的医院、疗养院、医疗技术楼、大型门诊楼，大中型体育馆、室内游泳馆、室内滑冰馆，大城市火车站、航运站、候机楼、摄影棚、邮电通信楼、综合商业大楼，高级餐厅，4 级人防，5 级平战结合人防，等

续表

工程等级	工程主要特性	工程范围举例
2级	① 中高级、大中型公共建筑； ② 技术要求较高的中小型建筑； ③ 16层以上、29层以下住宅	大专院校教学楼、档案楼、礼堂、电影院、部、省级机关办公楼、300床位以下（不含300床位）的医院、疗养院，地、市级图书馆、文化馆、少年宫、俱乐部、排演厅、风雨球场，大中城市汽车客运站、中等城市火车站、邮电局、多层综合商场、风味餐厅、高级小住宅，等
3级	① 中级、中型公共建筑； ② 7层以上（含7层）、15层以下有电梯的住宅或框架结构的建筑	重点中学和中等专业学校教学楼及试验楼、社会旅馆、招待所、浴室、邮电所、门诊所、百货楼、托儿所、幼儿园、综合服务楼、1~2层商场、多层食堂、小型车站等
4级	① 一般小型公共建筑； ② 7层以下无电梯的住宅、宿舍及砌体建筑	一般办公楼、中小学教学楼、单层食堂、单层汽车库、消防车库、消防站
5级	1、2层单功能、一般小跨度结构建筑	

第三节 建筑构造的影响因素

为了提高建筑物对外界各种影响的抵御能力，提高建筑的质量，延长建筑的使用寿命，更好地满足使用功能的要求，在进行构造设计时，必须充分考虑影响建筑构造的各种因素，尽量利用有利因素，避免或减轻不利因素的影响，采取相应的构造措施和构造方案。

影响建筑构造的因素很多，归纳起来大致可分为以下几个方面。

一、外界环境的影响

外界环境的影响是指自然界和人为的影响，主要包括下面三个方面。

1. 外力作用的影响

能使结构产生效应（如内力、应力、应变、位移等）的各种因素，称为结构上的作用，分直接作用和间接作用。直接作用是指直接作用到结构上的力，也称荷载。荷载可分为永久荷载（如结构自重）和可变荷载（如人、家具、风雪的重量）和偶然荷载（如爆炸力、撞击力等）。间接作用是指使结构产生效应但不直接以力的形式出现的各种因素，如温度变化、材料收缩、徐变、地基沉降、地壳运动（地震）等。

结构上作用的大小是结构设计的主要依据，决定着建筑物组成构件的选材、形状、尺度，而构件的选材、尺寸又与建筑构造设计密切相关。因此，在构造设计时，必须考虑结构上的作用这一影响因素，采取一些措施，保证建筑物的安全和正常使用。

在结构上的作用中，风力的影响不可忽视。风力一般随距离地面高度的增加而增加，往往是高层建筑水平荷载的主要因素，特别是沿海地区影响更大。此外，我国是世界上地震多发的国家之一，地震区分布相当广泛。因此，在构造设计中，必须高度重视地震的影响，采取合理的抗震措施，以增强建筑物的抗震能力。

2. 气候条件的影响

我国幅员辽阔，各地区地理位置及环境不同，气候条件相差悬殊。太阳的辐射热，自然界的风、雨、雪、霜、地下水等构成了影响建筑物使用功能及建筑构件和建筑配件使用质量的因素。因此，在进行构造设计时，必须掌握建筑物所在地的自然气候条件及其对建筑物的影响性质和程度，对建筑物相应的构件采取必要的防范措施，如防水、防潮、隔热、保温、设变形缝、设隔蒸汽层等，以防患于未然。

3. 各种人为因素的影响

人们在生产和生活活动中，往往也会对建筑物产生影响，如火灾、爆炸、机械振动、化学腐蚀、噪声等。因此，在进行建筑设计时，必须针对各种可能的影响因素，采取相应的防火、防爆、防振、防腐、隔声等构造措施，避免和减少不利因素对建筑物造成的损害。

二、建筑物质技术条件的影响

建筑材料、建筑结构、建筑设备及施工技术是建筑的物质技术条件，它们将建筑设计变成了建筑物。在建筑发展过程中，建筑材料技术的日新月异、建筑结构技术的不断发展、建筑施工技术的迅猛发展和不断更新，促使建筑构造技术也更加丰富多彩，建筑构造要解决的问题随之也越来越多样化、复杂化。例如：悬索、薄壳、网架等空间结构建筑，点式玻璃幕墙、彩色铝合金等新材料的吊顶，采光天窗中庭等现代建筑设施的大量涌现，可以看出，建筑构造没有一成不变的固定模式。因此，在构造设计中要以构造原理为基础，在原有的、标准的、典型的构造方法的基础上，不断研究或创新，设计出更先进、更合理的构造方案。

三、经济条件的影响

随着建筑技术的不断发展和人们生活水平的日益提高，人们对建筑的使用要求也越来越高。建筑标准的变化带来建筑的质量标准、建筑造价等也出现较大差别。对建筑构造的要求也将随着经济条件的改变而发生大的变化。根据经济条件进行建筑构造设计是建筑设计的基本原则。在进行构造设计时，应综合地、全面地考虑经济问题，在确保建筑功能、工程质量的前提下，降低工程造价；同时，对不同等级和质量标准的建筑物，在经济问题上的考虑应区别对待，既要避免出现忽视标准和盲目追求豪华而带来的浪费，又要杜绝片面讲究节约所造成的安全隐患。

第四节 建筑的结构类型

建筑物按承重结构类型分为以下几类。

一、砖混结构

1. 定　义

砖混结构指以砖墙或砖柱、钢筋混凝土楼板和屋顶承重构件作为主要承重结构的建筑。

2. 特　点

砖混结构造价低，但结构自重大、抗震性能差，只适用于 6 层及 6 层以下的建筑。

3. 适用范围

砖混房屋受到力学限制并要使用大量的黏土砖，毁坏耕地严重，建设土地利用率不高，在土地资源日益紧缺的今天，城市开发建设的砖混结构房屋量已渐渐减少。但在商品住宅建设中，砖混结构因其价格较低，公摊面积较小，仍受到许多人的青睐。

二、框架结构

1. 定　义

框架结构是指由梁和柱以刚接或者铰接而构成承重体系的结构，即由梁和柱组成框架共同抵抗使用过程中出现的水平荷载和竖向荷载。框架结构的房屋墙体不承重，仅起到围护和分隔作用，一般用预制的加气混凝土、膨胀珍珠岩、空心砖或多孔砖、浮石、蛭石、陶粒等轻质板材等材料砌筑或装配而成。

2. 特　点

框架建筑的主要优点：空间分隔灵活，自重轻，有利于抗震，节省材料；具有可以较灵活地配合建筑平面布置的优点，利于需要较大空间的建筑结构；框架结构的梁、柱构件易于标准化、定型化，便于采用装配整体式结构，以缩短施工工期；采用现浇混凝土框架时，结构的整体性、刚度较好，设计处理好也能达到较好的抗震效果，而且可以把梁或柱浇注成各种需要的截面形状。

缺点：框架结构由梁柱构成，构件截面较小，因此框架结构的承载力和刚度都较低。它的受力特点类似于竖向悬臂剪切梁，楼层越高，水平位移越慢。高层框架在纵横两个方向都承受很大的水平力，这时，现浇楼面也作为梁共同工作，装配整体式楼面的作用则不考虑。框架结构的墙体是填充墙，起围护和分隔作用。框架结构的特点是能为建筑提供灵活的使用空间，但抗震性能差。

3. 适用范围

框架结构可设计成静定的三铰框架或超静定的双铰框架与无铰框架。混凝土框架结构广泛用于住宅、学校、办公楼，也可根据需要对混凝土梁或板施加预应力，以适用于较大的跨度；框架钢结构常用于大跨度的公共建筑、多层工业厂房和一些特殊用途的建筑物中，如剧场、商场、体育馆、火车站、展览厅、造船厂、飞机库、停车场、轻工业车间等。框架结构一般适用于 10 层及 10 层以下的建筑物。

三、剪力墙结构

1. 定 义

剪力墙结构是指利用建筑物的墙体作为竖向承重和抵抗侧力的结构。剪力墙实质上是固结于基础的钢筋混凝土墙片，具有很高的抗侧移能力。一般情况下，剪力墙结构楼盖内不设梁，楼板直接支承在墙上，墙体既是承重构件，又起围护、分隔作用。

2. 特 点

剪力墙结构横墙多，侧向刚度大，整体性好，对承受水平力有利；无凸出墙面的梁柱，整齐美观，特别适合居住建筑，并可使用大模板、隧道模、桌模、滑升模板等先进施工方法，利于缩短工期，节省人力。但剪力墙体系的房间划分受到较大限制。

3. 适用范围

剪力墙结构一般用于住宅、旅馆等开间要求较小的建筑，适用高度为15~50层。

四、框支-剪力墙结构

1. 定 义

框支-剪力墙结构是指在框架剪力墙结构（在转换层的位置）上部布置剪力墙体系，部分剪力墙应落地。当高层剪力墙结构的底部要求有较大空间时，可将底部一层或几层部分剪力墙设计为框支-剪力墙。

2. 特 点

框支-剪力墙结构抗震性能差，造价高，应尽量避免采用。但它能满足现代建筑不同功能组合的需要，有时结构设计又不可避免此种结构形式，对此应采取措施积极改善其抗震性能，尽可能减少材料消耗，以降低工程造价。

3. 适用范围

部分框支剪力墙结构属竖向不规则结构，上、下层不同结构的内力和变形通过转换层传递，抗震性能较差，烈度为9度的地区不应采用。框支-剪力墙一般多用于下部要求大开间，上部住宅、酒店且房间内不能出现柱角的综合高层房屋。

五、框架-剪力墙结构

1. 定 义

在框架结构中的适当部位增设一定数量的钢筋混凝土剪力墙，形成框架和剪力墙结合在一起共同承受竖向和水平力的体系叫作框架-剪力墙体系，简称框-剪结构。

2. 特　点

框架-剪力墙结构是框架结构和剪力墙结构两种体系的结合，吸取了各自的长处，既能为建筑平面布置提供较大的使用空间，又具有良好的抗侧力性能。它的侧向刚度比框架结构大，大部分水平力由剪力墙承担，而竖向荷载主要由框架承受，因而用于高层房屋比框架结构更为经济合理；同时由于它只在部分位置上有剪力墙，保持了框架结构易于分割空间、立面易于变化等优点；此外，这种体系的抗震性能也较好。框剪结构中的剪力墙可以单独设置，也可以利用电梯井、楼梯间、管道井等墙体。

3. 适用范围

框-剪体系广泛应用于多层及高层办公楼、旅馆等建筑中。其适用高度为 15~25 层，一般不宜超过 30 层。

六、筒体结构

1. 定义及分类

筒体结构是由筒体为主组成的承受竖向和水平作用的结构。筒体是由若干片剪力墙围合而成的封闭井筒式结构，其受力与一个固定于基础上的筒形悬臂构件相似。

根据开孔的多少，筒体有空腹筒和实腹筒之分。

实腹筒一般由电梯井、楼梯间、管道井等形成，开孔少，因其常位于房屋中部，故又称核心筒。

空腹筒又称框筒，由布置在房屋四周的密排立柱和截面高度很大的横梁组成，梁高一般为 0.6~1.22 m。

筒体体系是由核心筒、框筒等基本单元组成的。根据房屋高度及其所受水平力的不同，筒体体系可以布置成核心筒结构、框筒结构、筒中筒结构、框架-核心筒结构、成束筒结构和多重筒结构等形式。筒中筒结构通常用框筒作外筒，实腹筒作内筒。

2. 特　点

筒体结构剪力墙集中布置在房屋的内部和外围，形成空间封闭筒体，抗侧移刚度大，且因剪力墙的集中而获得较大的空间，使建筑平面设计灵活。

3. 应用范围

筒体结构一般常用于 45 层左右甚至更高的建筑。

除上述几种常用结构体系外，高层建筑中尚有悬挂结构、巨型框架结构、巨型桁架结构、悬挑结构等新的竖向承重结构体系，但目前应用较少。

第五节　变形缝构造

一、变形缝的含义及类型

房屋的构造要受到许多因素的影响，有些影响因素，如温度变化、地基不均匀沉降以及地震等，会使房屋结构内部产生附加应力和变形。如果在构造上处理不当，将会使房屋产生裂缝，甚至倒塌，影响使用和安全。因此，必须采取相应的构造措施予以解决。一般有两种方法：一种是预先在这些容易产生裂缝敏感的部位将结构断开，预留一定的缝隙，以保证缝两侧房屋的各部分有足够的变形空间；另一种是增强房屋的整体性，使房屋本身具有足够的强度和刚度来克服这些破坏力，从而保证房屋不产生破坏。工程设计中通常采用预先设置缝的方法，将房屋垂直分割开，并采取一些构造处理措施，这个预留的缝就称为变形缝。因此，变形缝是为了防止由于温度的变化、地基的不均匀沉降以及地震使房屋产生裂缝破坏所预先设置的缝。

变形缝分为伸缩缝、沉降缝和防震缝三种。

二、伸缩缝

伸缩缝也叫温度缝。气候的冷热变化会使建筑材料和构配件产生胀缩变形，太长和太宽的建筑物都会由于这种胀缩而出现墙体开裂甚至破坏。在实际工程中，通过设置伸缩缝把太长和太宽的建筑物分割成若干个区段，保证各段自由胀缩，从而避免墙体的开裂。因此，伸缩缝是为了防止由于温度变化而使过长墙体开裂，造成房屋产生裂缝所预先设置的缝。

伸缩缝要求把建筑物基础以上构件全部断开（包括墙体、楼板层、屋顶等），基础因埋在土中，受温度变化影响较小，不需断开。

为保证伸缩缝两侧的建筑构件能在水平方向自由伸缩，伸缩缝缝宽一般为 20～40 mm，内填弹性保温材料。伸缩缝的位置和间距与建筑物的结构类型、材料、施工条件和当地温度变化情况有关。设计时应根据有关规范的规定设置，见表 1-5。伸缩缝的最大间距见表 1-6。

表 1-5 伸缩缝设置要求

砌体类别	屋顶或楼板层的类别		间距/m
各种砌体	整体式或装配整体式钢筋混凝土结构	有保温层或隔热层的屋顶、楼板层	50
		无保温层或隔热层的屋顶	40
	装配式无檩体系钢筋混凝土结构	有保温层或隔热层的屋顶	60
		无保温层或隔热层的屋顶	50
	装配式有檩体系钢筋混凝土结构	有保温层或隔热层的屋顶	75
		无保温层或隔热层的屋顶	60
普通黏土、空心砖砌体	黏土瓦或石棉水泥瓦屋顶		100
石砌体	木屋顶或楼板层		80
硅酸盐、硅酸盐砌块和混凝土砌块砌体	砖石屋顶或楼板层		75

注：① 层高大于 5 m 的混合结构单层房屋，其伸缩缝间距可按表中数值乘以 1.3 采用，但当墙体采用硅酸盐砖、硅酸盐砌块和混凝土砌块砌筑时，不得大于 75 m。
② 温差较大且变化频繁地区和严寒地区不采暖的房屋及构筑物墙体的伸缩缝最大间距，应按表中数值予以适当减少后采用。

表 1-6 钢筋混凝土结构房屋伸缩缝的最大间距

项次	结构类型		室内或土中/m	露天/m
1	排架结构	装配式	100	70
2	框架结构	装配式	75	50
		现浇式	55	35
3	剪力墙结构	装配式	65	40
		现浇式	45	30
4	挡土墙及地下室墙壁等结构	装配式	40	30
		现浇式	30	20

注：① 如有充分依据或可靠措施，表中数值可以增减。
② 当屋面板上部无保温或隔热措施时，框架、剪力墙结构的伸缩缝间距，可按表中露天栏的数值选用，排架结构可按适当低于室内栏的数值选用。
③ 排架结构的柱顶面（从基础顶面算起）低于 8 m 时，宜适当减少伸缩缝间距。
④ 外墙装配内墙现浇的剪力墙结构，其伸缩缝最大间距按现浇式一栏的数值选用。滑模施工的剪力墙结构，宜适当减小伸缩缝间距。现浇墙体在施工中应采取措施减小混凝土收缩应力。

三、沉降缝

沉降缝是指同一建筑物高低相差悬殊，上部荷载分布不均匀，或建在不同地基土壤上时，为避免不均匀沉降使墙体或其他结构部位开裂而预先设置的建筑构造缝。

符合下列条件之一者应设置沉降缝：
① 当建筑物相邻两部分高差相差较大、荷载大小相差悬殊或结构变化较大；
② 建筑体形复杂，连接部位较为薄弱；
③ 结构形式不同；
④ 基础埋深相差较大；
⑤ 地基土的承载力相差较大；
⑥ 新旧房屋相毗连。

沉降缝的设置是为满足房屋各部分在垂直方向上的自由变形，因此设沉降缝时，要求从基础到屋顶所有构件全部断开。

沉降缝的宽度与地基的性质和建筑物的高度有关，地基越软弱、建筑的高度越大，沉降缝的宽度也越大，见表 1-7。

表 1-7 沉降缝的宽度

地基情况	建筑物高度	沉降缝宽度/mm
一般地基	$H<5$ m	30
	$H = 5 \sim 10$ m	50
	$H = 10 \sim 15$ m	70
软弱地基	2~3 层	50~80
	4~5 层	80~120
	5 层以上	>120
湿陷性黄土地基		≥30~70

四、防震缝

在地震区建造房屋,应力求体形简单,质量、刚度对称并均匀分布,建筑物的形心和重心尽可能接近,避免在平面和立面上的突然变化。在地震设防烈度为 7~9 度的地区,当建筑物体形复杂或各部分的结构刚度、高度、质量相差较大时,应在变形敏感部位设缝,将建筑物分为若干个体形规整、结构单一的单元,防止在地震波的作用下相互挤压、拉伸,造成变形破坏。这种缝隙叫防震缝。

当设计烈度为 8 度和 9 度时,遇下列情况之一应设置防震缝:

① 建筑物立面高差在 6 m 以上;
② 建筑物有错层,且楼板错层高差较大;
③ 建筑物各部分结构刚度、质量截然不同。

设置防震缝时,一般基础可不断开,但在平面复杂的建筑中,当建筑各相连部分的刚度差别很大时,必须将基础断开。防震缝应沿建筑的全高设置,缝的两侧应布置墙或柱,形成双墙、双柱或一墙一柱,使各部分封闭,增加刚度,如图 1-2 所示。

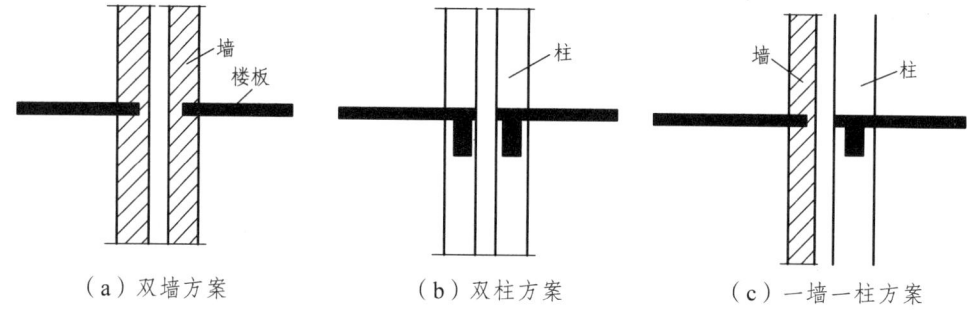

图 1-2 防震缝两侧结构布置

防震缝的宽度,在多层砖混结构中按设防烈度的不同取 50~100 mm。在多层和高层钢筋混凝土框架结构建筑中,建筑物的高度不超过 15 m 时为 70 mm。当建筑物高度超过 15 m 时,按地震烈度在缝宽 70 mm 的基础上增大:

地震烈度 7 度,建筑物每增高 4 m,缝宽增加 20 mm;
地震烈度 8 度,建筑物每增高 3 m,缝宽增加 20 mm;
地震烈度 9 度,建筑物每增高 2 m,缝宽增加 20 mm。

伸缩缝、沉降缝和防震缝应根据情况统一设置,当只设其中两种缝时,一般沉降缝可以代替伸缩缝,防震缝也可以代替伸缩缝。当伸缩缝、沉降缝和防震缝均需设置时,常三缝合一,通常构造上以沉降缝的设置为主,缝的宽度和构造处理应满足防震缝的要求,同时也应兼顾伸缩缝的最大间距要求。

五、变形缝的常见处理方法

1. 伸缩缝

根据墙体的厚度和所用材料不同,伸缩缝可做成平缝、错口缝和企口缝等形式,如图 1-3

所示。为减少外界环境对室内状况的影响以及考虑建筑立面处理的要求，需对伸缩缝进行嵌缝和盖缝处理，缝内一般填沥青麻丝、油膏、泡沫塑料等材料。当缝口较宽时，还应用镀锌铁皮、彩色钢板、铝皮等金属调节片覆盖，如图 1-4 所示。

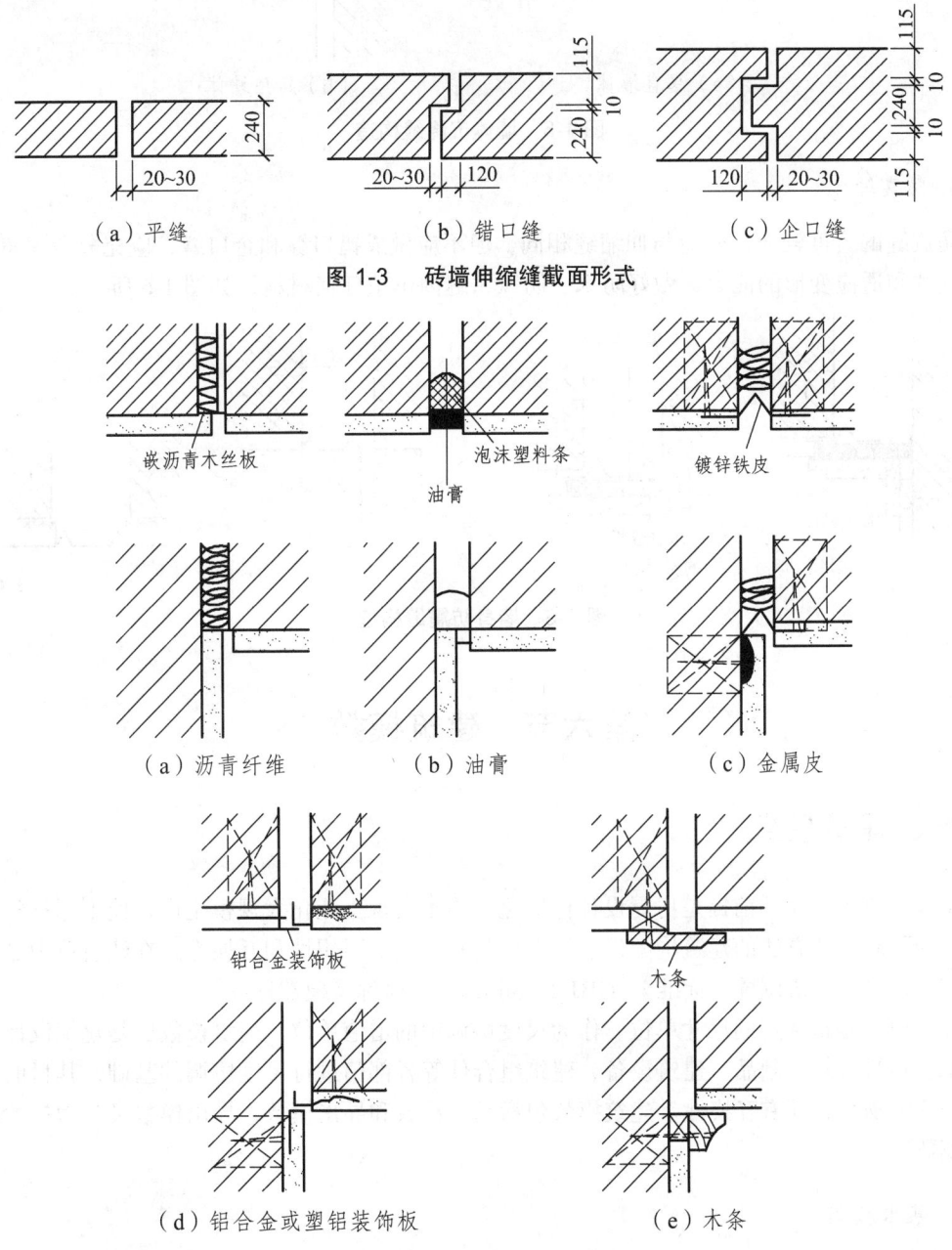

图 1-3　砖墙伸缩缝截面形式

图 1-4　墙体伸缩缝构造

2. 沉降缝

墙体沉降缝构造与伸缩缝构造基本相同，只是调节片或盖缝板在构造上需要保证两侧结构在竖向相对变位不受约束，如图 1-5 所示。

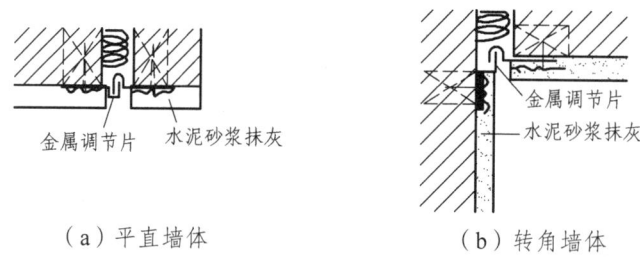

图 1-5　墙体沉降缝构造

3. 防震缝

防震缝的宽度较大,构造与伸缩缝相同,但不应做成错口缝和企口缝,应充分考虑盖缝条的牢固性和适应变形的能力,做好防水、防风,缝内不填任何材料,如图 1-6 所示。

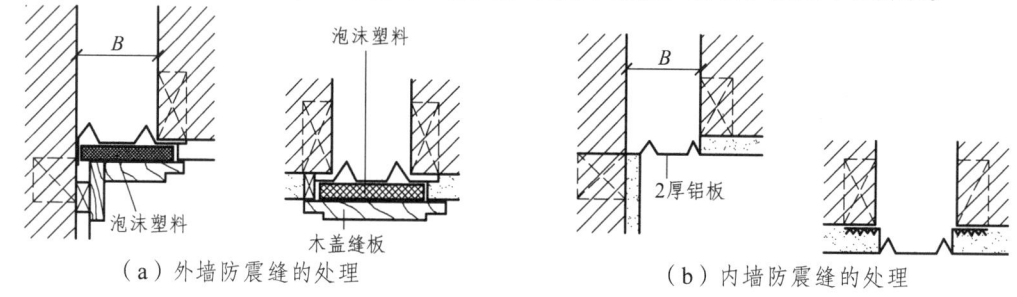

图 1-6　墙身防震缝构造

第六节　建筑模数

一、建筑模数

实现建筑工业化的前提是房屋设计标准化。为了实现工业化大规模生产,使不同材料、不同形式和不同制造方法的建筑构配件、组合件具有一定的通用性和互换性,在建筑业中必须共同遵守《建筑模数协调统一标准》(GBJ 2—86),以下简称《模数标准》。

建筑模数是指选定的尺寸单位。作为尺度协调中的增值单位,建筑模数也是建筑设计、建筑施工、建筑材料与制品、建筑设备、建筑组合件等各部门进行尺度协调的基础,其目的是使构配件安装吻合,并有互换性。建筑模数包括基本模数和导出模数,导出模数又分为扩大模数和分模数。

1. 基本模数

基本模数是模数协调中选定的基本尺寸单位,数值为 100 mm,表示符号为 M,即 1M 等于 100 mm,整个建筑物或其中一部分以及建筑组合件的模数化尺寸均应是基本模数的倍数。

2. 扩大模数

扩大模数是基本模数的整倍数。扩大模数又分为水平扩大模数和竖向扩大模数。扩大模数的基数应符合下列规定：

（1）水平扩大模数的基数为 3M、6M、12M、15M、30M、60M 等 6 个，其相应的尺寸分别为 300 mm、600 mm、1 200 mm、1 500 mm、3 000 mm、6 000 mm。

（2）竖向扩大模数的基数为 3M、6M 两个，其相应的尺寸为 300 mm、600 mm。

3. 分模数

分模数是基本模数的分数倍数。分模数的基数为 M/10、M/5、M/2 等 3 个，其相应的尺寸为 10 mm、20 mm、50 mm。

由基本模数、扩大模数、分模数组成一个完整的模数数列的数值系统，称为模数数列。模数数列见表 1-8。

表 1-8　模数数列

基本模数	扩大模数						分模数		
1M	3M	6M	12M	15M	30M	60M	M/10	M/5	M/2
100	300	600	1 200	1 500	3 000	6 000	10	20	50
100	300						10		
200	600	600					20	20	
300	900						30		
400	1 200	1 200	1 200				40	40	
500	1 500			1 500			50		
600	1 800	1 800					60	60	
700	2 100						70		
800	2 400	2 400	2 400				80	80	
900	2 700						90		
1 000	3 000	3 000		3 000	3 000		100	100	100
1 100	3 300						110		
1 200	3 600	3 600	3 600				120	120	
1 300	3 900						130		
1 400	4 200	4 200					140	140	
1 500	4 500			4 500			150		150
1 600	4 800	4 800	4 800				160	160	
1 700	5 100						170		
1 800	5 400	5 400					180	180	
1 900	5 700						190		
2 000	6 000	6 000	6 000	6 000	6 000	6 000	200	200	200

续表

基本模数	扩大模数					分模数	
2 100	6 300					220	
2 200	6 600	6 600				240	
2 300	6 900						250
2 400	7 200	7 200	7 200			260	
2 500	7 500			7 500		280	
2 600		7 800				300	300
2 700		8 400	8 400			320	
2 800		9 000		9 000	9 000	340	
2 900		9 600	9 600				
3 000				10 500		360	
3 100			10 800			380	
3 200			12 000	12 000	12 000	12 000	400	400
3 300				15 000			450
3 400				18 000			500
3 500				21 000			550
3 600				24 000			600
				27 000			650
				30 000			700
				33 000			750
				36 000	36 000		800
							850
							900
							950
							1 000

4. 模数数列的应用

在基本模数数列中：水平基本模数数列的幅度为1M～20M，主要用于门窗洞口和构配件截面；竖向基本模数数列的幅度为1M～36M，主要用于房屋的层高、门窗洞口和构件截面。

在扩大模数数列中：水平扩大模数 3M、6M、12M、15M、30M、60M 的数列主要用于建筑物的开间或柱距、进深或跨度、构配件尺寸和门窗洞口等；竖向扩大模数 3M 主要用于房屋的高度、层高和门窗洞口等。

分模数 M/10、M/5、M/2，主要用于缝隙、构造节点、构配件截面等。

二、几种尺寸及相互间的关系

为了保证建筑制品、构配件等有关尺寸间的统一与协调,在建筑模数协调中,尺寸分为标志尺寸、构造尺寸、实际尺寸和技术尺寸。

标志尺寸:用以标注建筑物定位轴线之间的距离(如跨度、柱距、层高等)以及建筑制品、构配件、有关设备位置界限之间的距离。标志尺寸应符合模数数列的规定。

构造尺寸:用以表示建筑制品、建筑构配件等生产的设计尺寸。一般情况下,构造尺寸加上缝隙尺寸等于标志尺寸。

实际尺寸:建筑制品、建筑构配件等生产制作后的实有尺寸。实际尺寸与构造尺寸之间的差数为允许偏差。

标志尺寸、构造尺寸和缝隙尺寸之间的关系见图1-7。

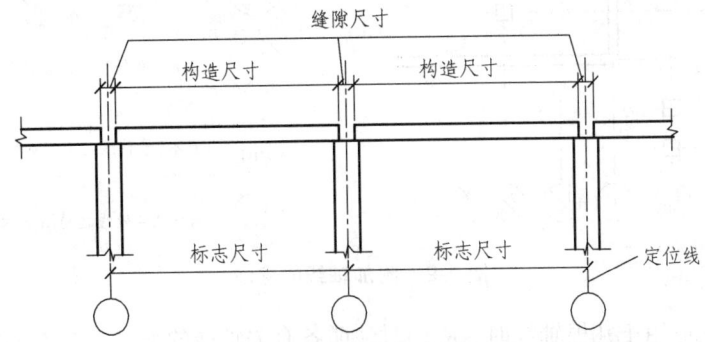

图1-7 标志尺寸、构造尺寸和缝隙尺寸之间的关系

技术尺寸:建筑功能、工艺技术和结构条件在经济上处于最优状态下所允许采用的最小尺寸数值(通常是指建筑构件的截面或厚度)。

第七节 定位轴线

定位轴线是确定建筑物主要结构构件位置及其标志尺寸的基准线,同时也是施工放线的基线,用于平面的称为平面定位轴线,用于竖向的称为竖向定位轴线。

一、平面定位轴线

平面定位轴线有横向定位轴线和纵向定位轴线。与建筑物短边平行的轴线称为横向定位轴线;与建筑物长边平行的称为纵向定位轴线。定位轴线一般应编号,编号应注写在轴线端部的圆内。圆应用细实线绘制,直径为8~10 mm,用于表示详图的圆的直径为10 mm。定位轴线圆的圆心,应在定位轴线的延长线上或延长线的折线上。在编号时应注意:

(1)横向定位轴线宜标注在图样的下方与左侧,其编号用阿拉伯数字从左至右顺序编写;纵向定位轴线编号用大写拉丁字母,从下至上顺序编写。如图1-8所示。

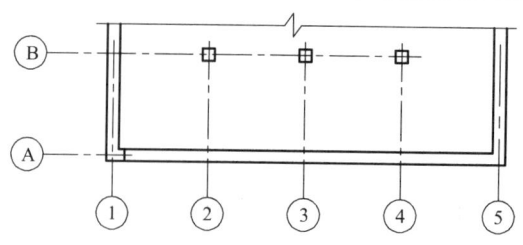

图 1-8 定位轴线的编号顺序

（2）附加定位轴线的编号，应以分数形式表示，并应按下列规定编写：两根轴线间的附加轴线，应以分母表示前一轴线的编号，分子表示附加轴线的编号，编号宜用阿拉伯数字顺序编写；①号轴线或Ⓐ轴线之前的附加轴线的分母应以 01 或 0A 表示，如图 1-9 所示。

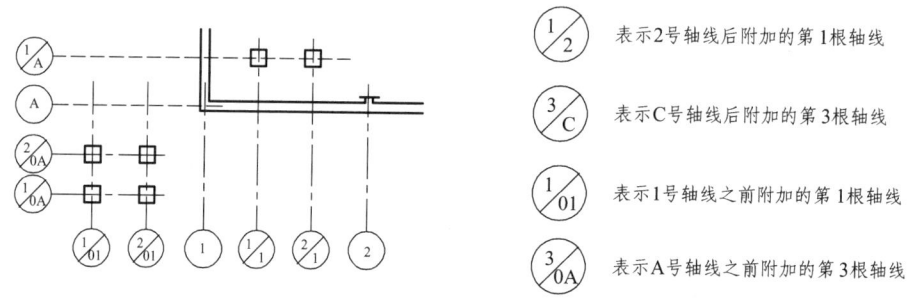

图 1-9 附加轴线的标注

（3）一个详图适用于几根轴线时，应同时注明各有关轴线的编号，如图 1-10 所示。通用详图中的定位轴线，应只画圆，不注写轴线编号。

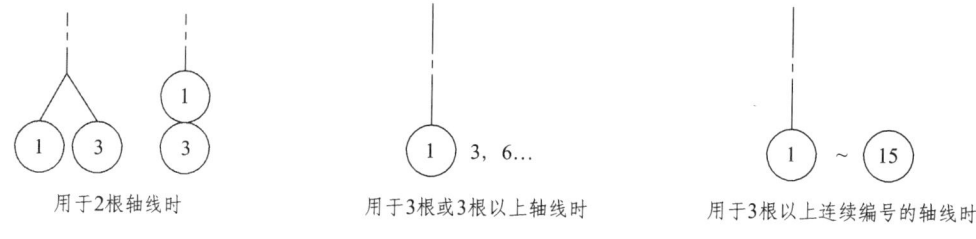

图 1-10 详图的轴线编号

（4）圆形平面图中定位轴线的编号，其径向轴线宜用阿拉伯数字表示，从左下角开始，按逆时针顺序编写；其圆周轴线宜用大写拉丁字母表示，从外向内顺序编写。如图 1-11 所示。

（5）折形平面图中定位轴线编号可按图 1-12 的形式编写。

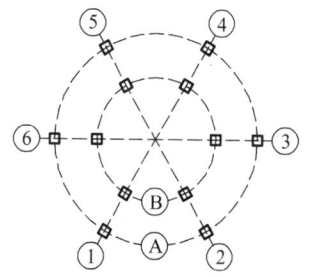

图 1-11 圆形平面定位轴线的编号

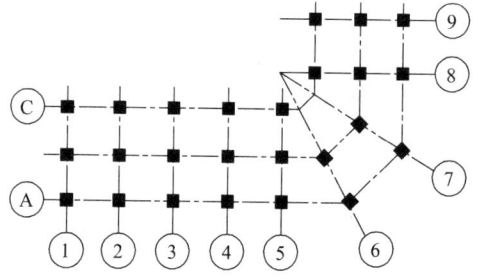

图 1-12 折线形平面定位轴线的编号

（6）组合较复杂的平面图中定位轴线也可采用分区编号，注写形式为"分区号-该区轴线号"，如图 1-13 所示。

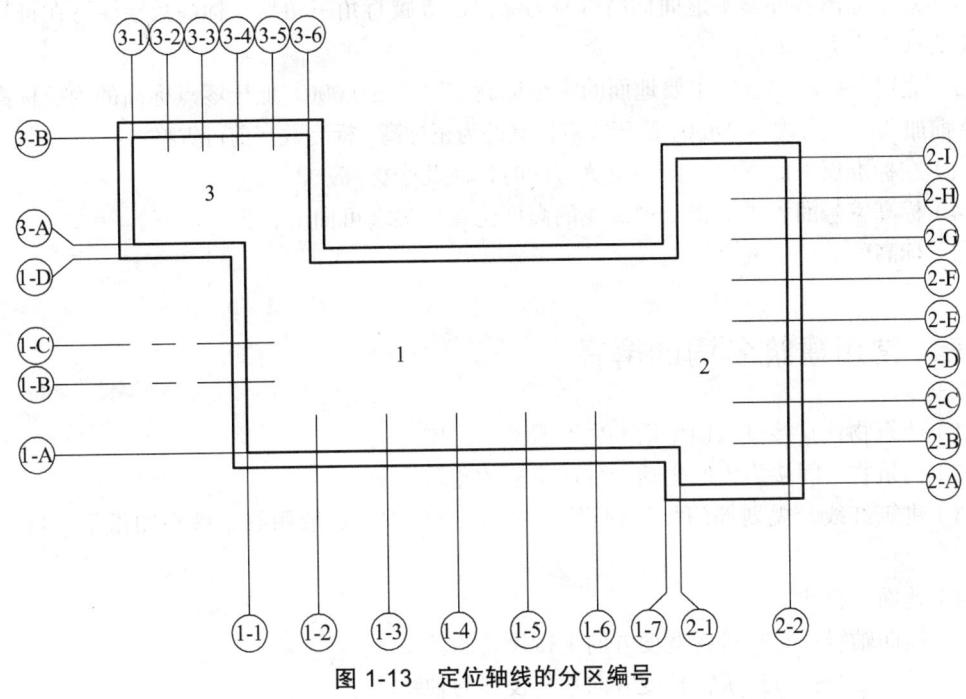

图 1-13　定位轴线的分区编号

二、竖向定位轴线——标高

工程图中除了表示出建筑物的平面尺寸外，还应标出建筑物的高度尺寸。建筑物各部分的高度应用标高来表示。标高表示建筑物各部分的高度，是建筑物某一部位相对于基准面（标高的零点）的竖向高度，是竖向定位的依据。

根据基准面选取的不同，标高可分为绝对标高与相对标高。我国将青岛黄海平均海平面定为绝对标高的基准面，亦即青岛黄海平均海平面的高度为零，全国各地以此作为绝对标高的起算面。绝对标高就是地面上的点到青岛黄海平均海平面的竖向距离。相对标高一般用于一个单体建筑。相对标高是指建筑物上某一点高出另一点的垂直距离。一般是把室内首层地面作为相对标高的起算面，亦即将室内首层地面的高度定为相对标高的零点，写作 ± 0.000，读作正负零。高于它的为正，正标高不标注"＋"；低于它的为负，负标高应标注上"－"号。

绝对标高和相对标高是有一定的关系的。如在总平面图上会出现 ± 0.000 = 37.852，单纯从数学角度考虑它是不成立的，但它却表明的是绝对标高与相对标高之间的关系，即说明建筑物室内首层地面的高度相当于绝对标高 37.852 m。

对于一个单体建筑物来说，标高又可分为建筑标高和结构标高。

建筑标高：在相对标高中，凡是包括装饰层厚度的标高，称为建筑标高，注写在构件的装饰层面上。

结构标高：在相对标高中，凡是不包括装饰层厚度的标高，称为结构标高，注写在构件的底部，是构件的安装或施工高度。

建筑标高符号：应以细实线绘制的高为 3 mm 等腰直角三角形表示。

标高的注意事项有以下几点：

（1）总平面图室外整平地面标高符号为涂黑的等腰直角三角形，标高数字注写在符号的右侧、上方或右上方。

（2）底层平面图中室内主要地面的零点标高注写为 ± 0.000。低于零点标高的为负标高，标高数字前加"−"号，如 − 0.450；高于零点标高的为正标高，标高数字前可省略"+"号，如 3.000。

（3）在标准层平面图中，同一位置可同时标注几个标高。

（4）标高符号的尖端应指至被标注的高度位置，尖端可向上，也可向下。

（5）标高的单位：m。

三、常用建筑名词的解释

（1）建筑物：直接供人们生活、生产服务的房屋。

（2）构筑物：间接为人们生活、生产服务的建筑设施。

（3）建筑红线：规划部门批给建设单位的占地范围，一般用红笔圈在图纸上，具有法律效力。

（4）地面：自然地面。

（5）横向轴线：与建筑物宽度方向平行设置的轴线。

（6）纵向轴线：与建筑物长度方向平行设置的轴线。

（7）开间：房间或部分在建筑物外立面上所占的宽度，一般为两条横向轴线之间的距离。

（8）进深：两条纵向轴线之间的距离。

（9）层高：该层楼（地）面到上一层楼面的高度。

（10）净高：房间内楼（地）面到顶棚或其他构件底部的高度。

（11）建筑总高度：从室外地面至檐口顶部的高度。

（12）建筑面积：房屋各层面积的总和。

（13）结构面积：房屋各层平面中结构所占的面积总和。

（14）有效面积：房屋各层平面中可供使用的面积总和，即建筑面积减去结构面积。

（15）交通面积：房屋内外之间、各层之间联系通行的面积，即走廊、门厅、楼梯、电梯等所占的面积。

（16）使用面积：房屋有效面积减去交通面积。

（17）使用面积系数：使用面积占建筑面积的百分数。

复习思考题

1. 民用建筑由哪些部分组成？各组成部分的作用是什么？
2. 影响建筑构造的因素是什么？
3. 建筑物按耐久性能分几级？是根据什么划分的？

4. 什么叫燃烧性能和耐火极限？
5. 建筑物按承重结构的类型可分为几类？各自的使用范围是什么？
6. 什么是变形缝？变形缝包括哪几种类型？
7. 什么是建筑？建筑模数包括哪些？
8. 标志尺寸、构造尺寸和实际尺寸的相互关系是什么？
9. 定位轴线标注的原则是什么？
10. 圆的轴线应如何标注？附加轴线应如何标注？
11. 什么是标高？按照基准面的不同，标高可分为哪几类？

第二章 基础和地下室

【学习目标】

本章重点介绍了基础的类型、基础的构造及地下室的类型、地下室防潮防水的具体做法，其次介绍了地基的分类、影响基础埋置深度的因素。通过学习，学生应达到以下要求：

（1）掌握基础的概念、设计要求及其埋置深度的影响因素。
（2）掌握基础按构造形式的分类。
（3）熟悉基础按材料及受力特点的分类。
（4）熟悉地基的概念、分类及设计要求。
（5）熟悉地下室的构造组成及防水、防潮的构造做法。

第一节 基础和地下室概述

建筑物是设置在土体上的，通常把地表以上的建筑物称为上部结构，在地表以下的结构称为基础。上部结构的荷载是通过基础传递给下卧土层的，支撑基础的土层称为地基。

一、地基与基础

1. 地　基

地基不是建筑物的组成部分。地基是承受由基础传下来的荷载的土层。地基每平方米所能承受的最大压力称为地基承载力。地基承受建筑物荷载而产生的应力和应变随着土层深度的增加而减小，在达到一定深度后便可忽略不计。直接承受建筑荷载的土层为持力层，持力层以下的土层为下卧层，如图 2-1 所示。

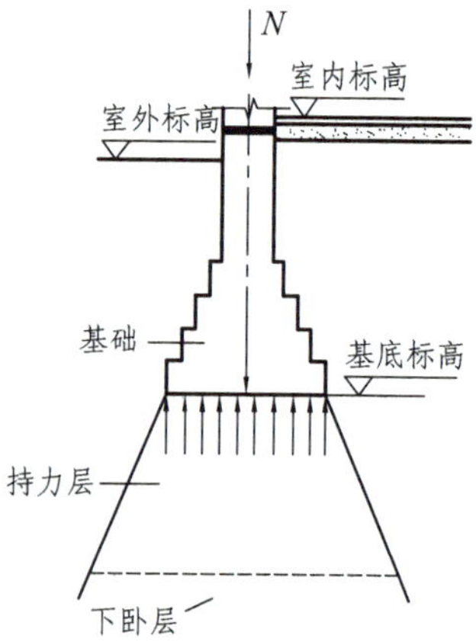

图 2-1 地基与基础

2. 基　础

基础是建筑物的重要承重构件，处在建筑物地面以下，属于隐蔽工程。基础承受建筑物上部结构传下来的全部荷载，并把这些荷载连同本身的重量一起传到地基上。基础质量的好坏，关系着建筑物的安全与否，建筑设计中合理地选择基础极为重要。

二、地基的分类

1. 天然地基

天然地基是指具有足够的承载力的天然土层，是可以直接在天然土层上建造基础的地基。岩石、碎石、砂石等可作为天然地基。

2. 人工地基

人工地基是指当天然土层较软弱，不足以承受建筑物荷载，而需要经过人工加固，才能在其上建造基础的地基。

人工加固地基通常采用的方法有：强夯法、换填垫层法、预压排水固结法、化学加固法、复合地基法、冲振碎石桩法及打桩法等。

三、地基与基础的设计要求

1. 地基承载能力和均匀程度的要求

建筑物的建造地址尽可能选在地基土的承载力较高且分布均匀的地段，如岩石类、碎石类等。若地基土质不均匀，会给基础设计增加困难。若处理不当将会使建筑物发生不均匀沉降，引起墙身开裂，甚至影响建筑物的使用。

2. 基础强度和耐久性的要求

基础是建筑物的重要承重构件，它对整个建筑的安全起着保证作用。因此，基础所用的材料必须具有足够的强度，才能保证基础能够承担建筑物的荷载并传递给地基。

基础是埋在地下的隐蔽工程，由于它在土中经常受潮，而且建成后检查和加固也很困难，所以在选择基础的材料和构造形式等问题时，应与上部结构的耐久性相适应。

3. 基础工程应注意经济问题

基础工程占建筑总造价的 10%~40%，在保证安全性和耐久性的前提下，降低基础工程的投资是降低工程总投资的重要一环。因此，在设计中应选择较好的土质地段，对需要特殊处理的地基和基础，尽量使用地方材料，并采用恰当的形式及构造方法，从而节省工程投资。

四、基础埋置深度及影响因素

1. 基础的埋置深度

为了防止基础被破坏以及让建筑物选择一个合适的地基，基础需要有一定的埋置深度。基础的埋置深度是从室外地坪算起的。室外地坪分为自然地坪和设计地坪，自然地坪是指施工地段的现有地坪，设计地坪是指按设计要求工程竣工后室外场地经垫起或开挖后的地坪。基础的埋置深度一般是指室外设计地坪至基础底面的距离，如图 2-2 所示。

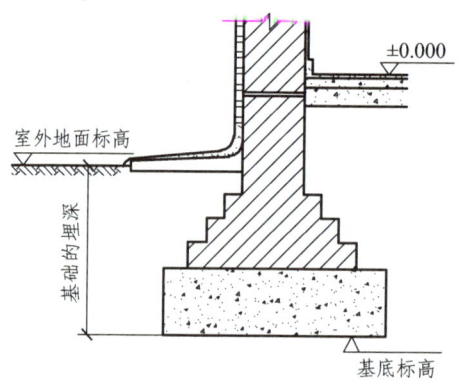

图 2-2 基础的埋深

根据基础的埋置深度不同,基础分为浅基础和深基础。基础埋深小于 5 m 的称为浅基础;基础埋深大于等于 5 m 的称为深基础。在确定基础的埋置深度时,应先优选用浅基础,其特点是:构造简单,施工方便,造价低廉且不需要特殊的施工设备。只有在表层土质极软弱或总荷载较大或其他特殊情况下,才选用深基础。

但基础的埋置深度也不能过小,不能小于 500 mm,因为地基受到建筑物荷载作用后可能将四周土挤走,使基础失稳,或地面受到雨水冲刷、机械破坏而导致基础暴露,影响建筑的安全。

2. 基础埋置深度的影响因素

一般来说,在保证建筑物安全稳定、耐久适用的前提下,基础应尽量浅埋,以节省工程量而且便于施工。如何确定基础的埋置深度,应综合考虑下列因素:

(1)建筑物用途,有无地下室、设备基础和地下设施,基础的形式和构造。

确定基础埋深时,应了解建筑物的用途及使用要求。当有地下室、设备基础和地下设施时,建筑物就需要根据地下部分的设计标高、管沟及设备基础的具体标高加大基础的埋深。又如,对于高层建筑物,为满足稳定性及抗震要求,也应该加大基础埋深。

另外,基础的形式和构造有时也对基础埋深起决定性作用。例如,采用无筋扩展基础,当基础底面面积确定后,基础本身的构造要求(即满足台阶宽高比允许值要求)就决定了基础最小高度,从而决定了基础的埋深。

(2)作用在地基上的荷载大小和性质。

基础埋深的选择必须考虑荷载的性质和大小的影响。一般来说,荷载大的基础需要承载力高、压缩性低的土层作为持力层。比如对同一层土而言,荷载小的基础可能是良好的持力层,而对荷载大的基础则可能不适宜做持力层。尤其是承受较大的水平荷载的基础或承受较大的上拔力的基础(如输电塔等),往往需要有较大的基础埋深,以提供足够的抗拔力,保证基础的稳定性。

(3)工程地质和水文地质条件。

① 工程地质条件。

工程地质条件往往对基础设计方案起着决定性的作用。实际工程中,常遇到地基上下各层土软硬不同,此时应根据岩土工程勘察成果报告的地质剖面图,分析各土层的深度、层厚、地基承载力大小与压缩性高低,结合上部结构的情况进行技术与经济分析比较,确定最佳的基础埋深方案。一般来说,应选择地基承载力高、压缩性低的坚实土层作为地基持力层,并尽量浅埋。

② 水文地质条件。

如果存在地下水,宜将基础埋在地下水位以上,以避免地下水对基础开挖、基础施工及使用期间的影响。若基础必须埋在地下水位以下时,宜将基础底面埋置到最低地下水位 200 mm 以下的位置,此时基础应采用耐水材料。

(4)相邻建筑物的基础埋深。

新基础离原有建筑物基础很近时,在确定基础埋深时,应保证相邻原有建筑物的安全和正常使用。一般新建筑物基础埋深不宜大于相邻原有建筑物基础的埋深,而且应考虑当新基础埋深必须大于原有建筑物基础时,两相邻基础之间应保持一定净距,其数值应根据原有建筑荷载大小和土质情况确定。一般取相邻基础底面高差 1~2 倍,如图 2-3 所示。

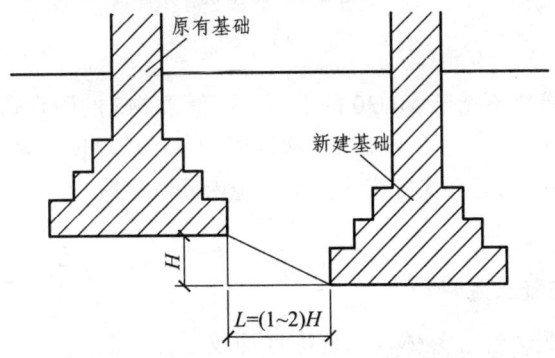

图 2-3 相邻建筑物对基础埋深的影响

(5)地基土冻胀和融陷影响。

地面以下的冻结土与非冻结土的分界线称为冰冻线。由于各地区气温不同,冻结深度也不同。我国暖和炎热地区冻结深度较小,如上海仅为 0.12~0.2 m;严寒地区冻结深度较大,如哈尔滨为 1.9~2.0 m。一般要求基础底面应埋置在冰冻线 20 mm 以下。

第二节 基础的分类

研究基础的类型是为了经济合理地选择基础的形式和材料,确定其构造。对于民用建筑的基础,可以按材料、刚度及构造形式进行分类。

一、按材料分类

1. 砖基础

砖基础多用于低层建筑的墙下基础,其剖面一般都做成阶梯形,通常称为大放脚。一般来说,在砖基础下面先做 100 mm 厚的 C10 混凝土垫层。大放脚从垫层上开始砌筑,通常采用等高或间隔(不等高)式两种形式。等高式大放脚是每一皮或者每二皮砖一收,每次收进 1/4 砖长加灰缝;不等高砖大放脚是二皮一收与一皮一收相间隔。一皮即一层砖,标志尺寸为 60 mm,如图 2-4 所示。

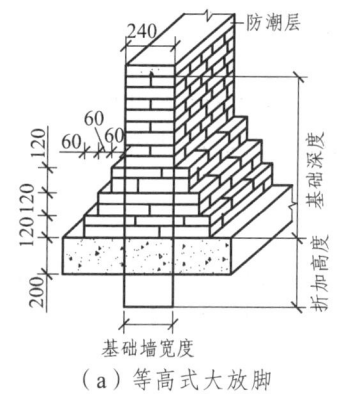
（a）等高式大放脚

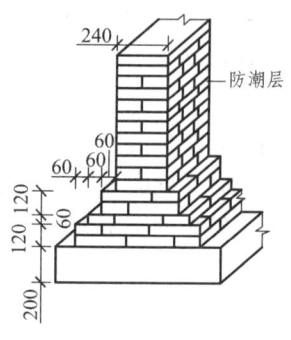
（b）不等高式大放脚

图 2-4 砖基础

2. 毛石基础

毛石基础是用强度等级不低于 MU30 的毛石，不低于 M5 的砂浆砌筑而成的。由于毛石尺寸差别较大，为保证砌筑质量，毛石基础每台阶高度和基础墙厚度不宜小于 400 mm，每阶两边各伸出宽度不宜大于 200 mm。石块应错缝搭砌，缝内砂浆应饱满，如图 2-5 所示。

3. 混凝土和毛石混凝土基础

混凝土基础强度、耐久性、整体性和抗冻性均较好，其混凝土强度等级一般可采用 C15 以上，常用于荷载较大、地基均匀性较差以及基础位于地下水位以下时的墙柱基础。由于混凝土基础水泥用量较大，所以其造价较高。

当浇筑较大基础时，为了节约混凝土用量，可在混凝土内掺入 15%~25%（体积比）的毛石做成毛石混凝土基础。掺入毛石的尺寸不得大于 300 mm，使用前必须清洗干净。

图 2-5 毛石基础

4. 灰土基础

灰土是用熟化石灰和粉土或黏性土拌和而成的。施工时将灰土按体积配合比为 3:7 或 2:8 加适量水拌和均匀，铺在基槽内分层夯实，每层虚铺 220~250 mm，夯实至 150 mm。灰土基础造价低，但地下水位较高时不宜采用，多用于 5 层及 5 层以下的民用建筑及轻型厂房等。

5. 三合土基础

三合土基础是由石灰、砂和骨料（矿渣、碎砖或石子），按体积比为 1:2:4 或者 1:3:6 加适量水拌和均匀，铺在基槽内分层夯实，每层虚铺 220 mm 厚，夯实至 150 mm。三合土基础强度较低，一般用于四层及四层以下的民用房屋中。

6. 钢筋混凝土基础

钢筋混凝土基础的强度、耐久性、整体性和抗冻性均很好，因为钢筋的抗拉强度较高，故用钢筋承受弯矩引起的拉力，所以钢筋混凝土基础具有较好的抗弯性能。钢筋混凝土基础常用于建筑荷载较大、地基均匀性较差以及基础位于地下水位以下时的墙柱基础，如图 2-6 所示。

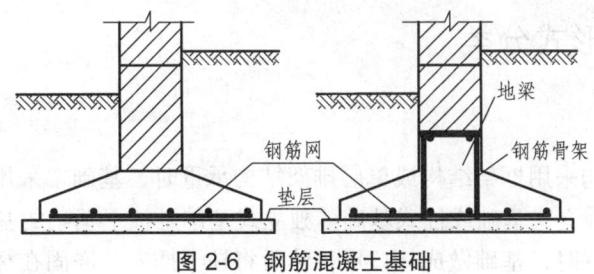

图 2-6 钢筋混凝土基础

二、按刚度分类

1. 刚性基础

由刚性材料制作的基础称为刚性基础。一般抗压强度高，而抗拉、抗剪强度较低的材料就称为刚性材料，常用的有砖、灰土、混凝土、三合土、毛石等。为满足地基容许承载力的要求，基底宽 B 一般大于上部墙体宽；为了保证基础不受拉力、剪力而破坏，基础必须具有相应的高度。按通常刚性材料的受力状况，基础在传力时只能在材料允许范围内控制，这个控制范围的夹角称为刚性角，用 α 表示。刚性基础的宽度大小应能使所产生的基础截面弯曲拉应力和剪应力不超过基础圬工材料的强度限值。满足了这个要求，就得到墩台边缘处的垂线与基底边缘的连线间的最大夹角，即为刚性角。砖、石基础的刚性角控制在 $26°\sim 33°$（$1:1.25\sim 1:1.50$）以内，混凝土基础刚性角控制在 $45°$（$1:1$）。刚性基础的受力、传力特点如图 2-7 所示。

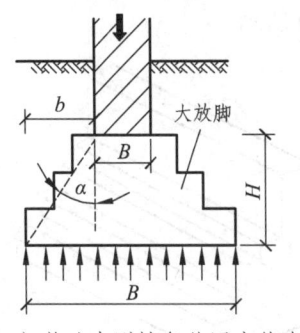
（a）基础在刚性角范围内传力

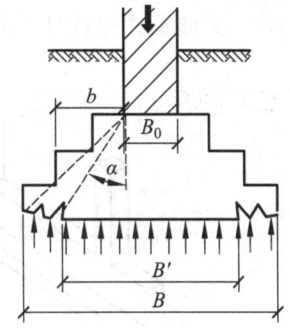
（b）基础底面宽超过刚性角范围而破坏

图 2-7 刚性基础的受力、传力特点

2. 非刚性（柔性）基础

当建筑物的荷载较大而地基承载力较小时，基础底面 B 必须加宽，如果仍采用混凝土材料做基础，势必加大基础的深度，这样不经济。如果在混凝土基础的底部配以钢筋，利用钢筋来承受拉应力，使基础底部能够承受较大的弯矩，这时基础宽度不受刚性角的限制，故称钢筋混凝土基础为非刚性基础或柔性基础，如图 2-8 所示。

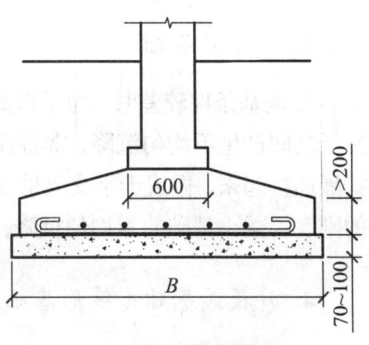

图 2-8 柔性基础

三、按构造形式分类

1. 独立式基础

当建筑物上部结构采用框架结构或单层排架结构承重时,基础常采用方形或矩形的独立式基础,这类基础称为独立式基础或柱式基础。独立式基础是柱下基础的基本形式。

当柱采用预制构件时,基础做成杯口形,然后将柱子插入并嵌固在杯口内,故称杯型基础如图 2-9 所示。

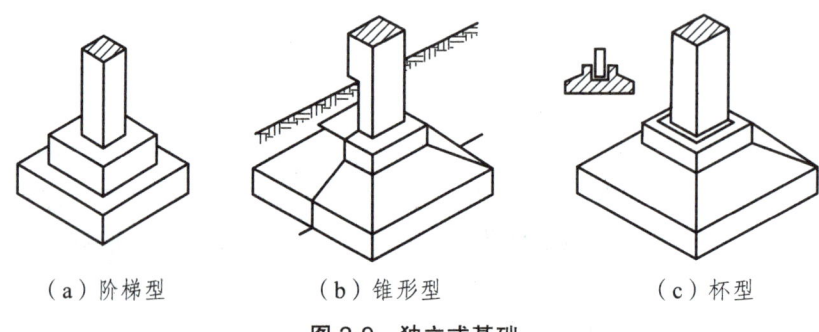

(a)阶梯型　　　　(b)锥形型　　　　(c)杯型

图 2-9　独立式基础

2. 条形基础

当建筑物上部结构采用承重墙时,基础沿墙身设置,多做成长条形,这类基础称为条形基础或带形基础,是墙承式建筑基础的基本形式,如图 2-10 所示。

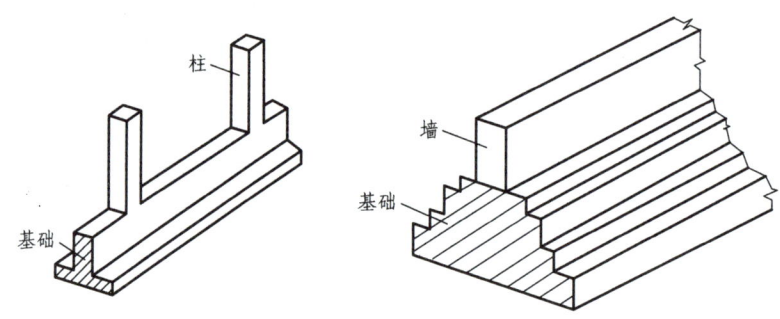

图 2-10　条形基础

3. 井格式基础

当地基条件较差时,为了提高建筑物的整体性,防止柱子之间产生不均匀沉降,常将柱下基础沿纵横两个方向扩展连接起来,做成十字交叉的井格式基础,以增强基础的刚度,减小基础的不均匀沉降,如图 2-11 所示。

4. 片筏式基础(筏形基础)

当地基土特别软弱或在两个方向存在分布不均匀

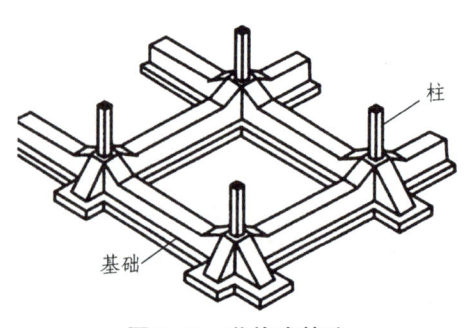

图 2-11　井格式基础

的问题,而建筑物上部荷载又很大,特别是带有地下室的高层建筑物,采用简单的条形基础或井格式基础已不能适应地基变形的需要或相邻基础距离很小时,通常将整个基础底板连成一片而成为片筏式基础(俗称满堂基础)。片筏基础有平板式和梁板式两种。当柱间设有梁时为梁板式筏形基础,形如倒置的肋形楼盖;当在柱间不设梁时则为平板式筏形基础,形如倒置的无梁楼盖。如图2-12所示。

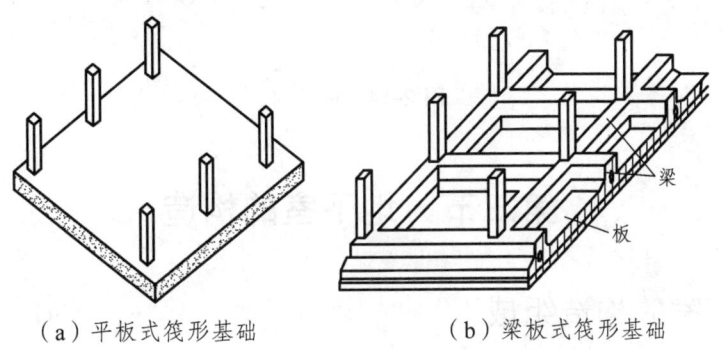

(a)平板式筏形基础　　　　(b)梁板式筏形基础

图2-12　筏形基础

5. 箱形基础

当地基特别软弱或分布不均匀,荷载又很大时,特别是带有地下室的建筑物,可将基础做成由钢筋混凝土底板、顶板和钢筋混凝土纵横墙组成的箱形基础。它是筏板基础的进一步发展。箱形基础整体抗弯刚度相当大,使上部结构不易开裂,且基础的空心部分可作地下室。由于埋深和空腹,箱形基础可减少基底的附加应力,这对建筑物设计和基础设计十分有利。箱形基础可采用多层结构,在高层建筑物及重要的构筑物中常被采用,如图2-13所示。但箱形基础耗用大量的钢筋及混凝土,故采用这类基础,应根据地基土质情况、荷载大小及上部结构形式等各方面因素作技术、经济比较后确定。

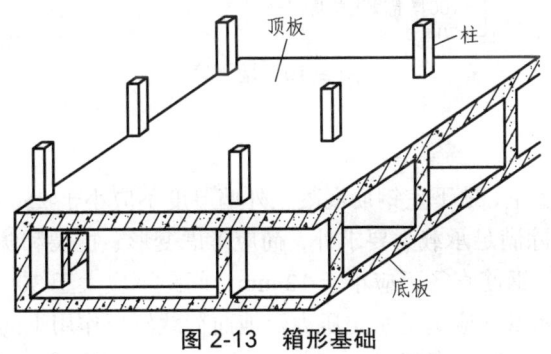

图2-13　箱形基础

6. 桩基础

当建筑物荷载较大,地基的软弱土层厚度在5 m以上时,基础不能埋在软弱土层中,或对软弱土层进行人工处理不经济时,常采用桩基础,如图2-14所示。

桩基础能节约材料,减少挖填土石方工程量;能承受较大荷载,减少建筑物不均匀沉降;作用时对地基有挤密作用,经常有较好的抗震性能。

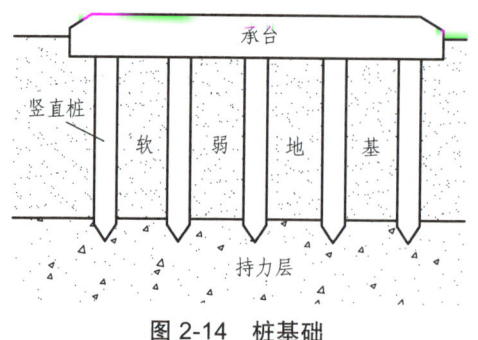

图 2-14 桩基础

第三节 地下室的构造

一、地下室的构造组成

建筑物下部的地下使用空间称为地下室。地下室一般由墙身、底板、顶板、门窗、楼梯等部分组成，如图 2-15 所示。

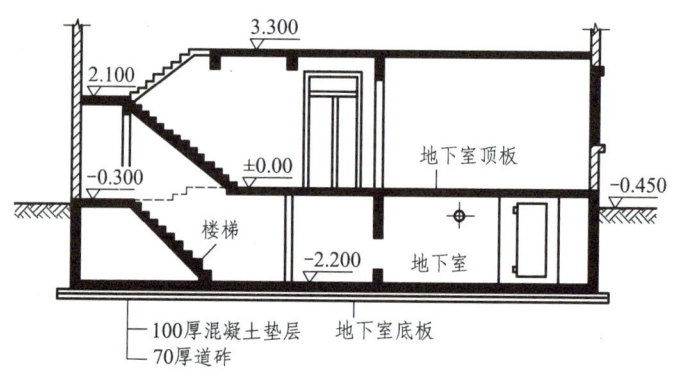

图 2-15 地下室

1. 墙 体

采用筏形基础的地下室，地下室钢筋混凝土外墙厚度不应小于 250 mm，内墙厚度不应小于 200 mm。墙的截面设计除满足承载力要求外，尚应考虑变形、抗裂和防渗等要求。墙体内应设置双面钢筋，竖向和水平钢筋直径不应小于 12 mm，间距不应大于 300 mm。

高层建筑地下室外墙设计应满足水土压力及地面荷载侧压作用下的承载力要求，其竖向和水平分布钢筋应双层双向布置，间距不宜大于 150 mm，配筋率不宜小于 0.3%。

2. 顶 板

顶板可预制、现浇板或在预制板上做现浇层（装配整体式楼板）。若为防空地下室，必须采用现浇板，并按有关规定决定厚度和混凝土强度等级，在无采暖的地下室顶板上，即首层地板处应设置保温层，以利首层房间的使用舒适。

3. 底 板

当底板处于最高地下水位以上，并且无压力产生作用的可能时，可按一般地面工程处理，即垫层上现浇混凝土 60～80 mm 厚，再做面层。当底板处于最高地下水位以下时，底板不仅承受上部垂直荷载，还承受地下水的浮力荷载，因此应采用钢筋混凝土底板，并双层配筋，底板下垫层上还应设置防水层，以防渗漏。

4. 门 窗

普通地下室的门窗与地上房间门窗相同，地下室外窗若在室外地坪以下，应设置采光井和防护箅，以利室内采光、通风和室外行走安全。防空地下室一般不允许设窗，若需开窗，应设置战时堵严设施。防空地下室的外门应按防空等级要求，设置相应的防护构造。

5. 楼 梯

楼梯可与地面上房间结合设置，层高小或用作辅助房间的地下室，可设置单跑楼梯。防空要求的地下室至少要设置两部楼梯通向地面的安全出口，并且必须有一个是独立的安全出口。这个安全出口周围不得有较高建筑物，以防空袭倒塌堵塞出口，影响疏散。

6. 采光井

半地下室窗外一般应设采光井，一般每一个窗设一个独立的采光井。当窗的距离很近时，也可将采光井连在一起。采光井由侧墙和底板构成，侧墙一般用砖砌筑，井底板则用混凝土浇注，如图 2-16 所示。采光井的深度由地下室窗台的高度而定，一般窗台应高于采光井底板面层 250～300 mm，采光井的长度应比窗宽 1 000 mm 左右；采光井的宽度视采光井的深度而定，当采光井深度为 1～2 m 时，宽度为 1 m 左右。采光井侧墙顶面应比室外设计地面高 250～300 mm，以防地面水流入井内。

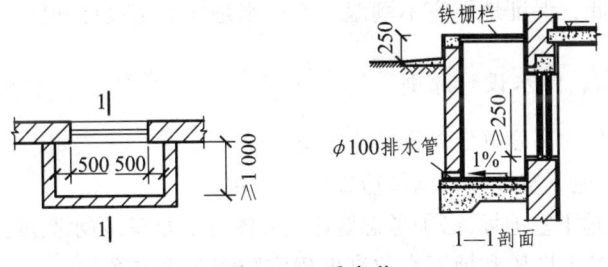

图 2-16 采光井

二、地下室的分类

1. 按埋入地下深度不同分类

（1）全地下室。

全地下室是指地下室地面低于室外地坪的高度超过该房间净高的 1/2 的地下空间。

（2）半地下室。

半地下室是指地下室地面低于室外地坪的高度为该房间净高的 1/3～1/2 的地下空间。

2. 按使用功能不同分类

（1）普通地下室。

普通地下室一般用作高层建筑的地下停车库、设备用房，根据用途及结构需要可做成1层或者2、3层、多层地下室，如图2-17所示。

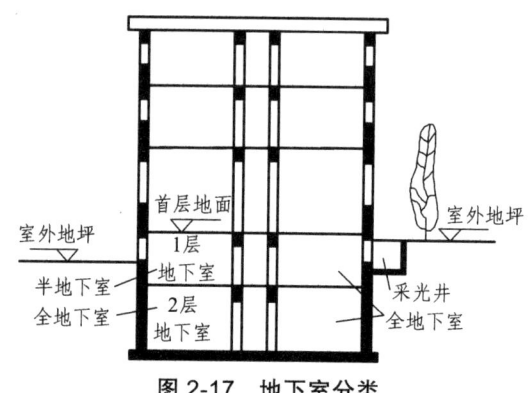

图 2-17　地下室分类

（2）人防地下室。

人防地下室是结合人防要求设置的地下空间，用以应付战时情况下人员的隐蔽和疏散，并具备保障人身安全的各项技术措施。

三、地下室的防潮与防水

地下室的外墙和底板常年埋在地下，受到土中水分和地下水的侵蚀，如不采取有效的构造措施，地下室将受到水的渗透，轻则引起墙皮脱落、墙面霉变，影响美观和使用，重则将影响建筑物的耐久性。因此，保证地下室不潮湿、不进水是地下室设计和施工的重要任务。

1. 地下室的防潮、防水设计原则

（1）根据地下水位的高度确定防潮防水方案：
① 地下水位低于地下室地坪，墙体应以防潮为主；
② 地下水位高于地下室地坪，必须考虑地坪及墙体防水处理，防水高度大于室外地面500 mm。
（2）根据不同地基土性质和地下水位高度确定防潮防水方案：

地下室周围土层属于弱透水性土层，并有滞水性存在的可能，防水层按有压水考虑，设计高度应超过地面以上。

2. 地下室的防潮

当地下水的常年水位和最高水位都在地下室地面标高以下时，地下水不可能直接浸入室内，墙和底板仅受土层中潮气的影响，这时地下室只需做防潮处理。

地下室的防潮是在地下室外墙外面设置防潮层。具体做法是：在外墙外侧先抹20 mm厚1∶2.5水泥砂浆（高出散水300 mm以上），然后涂冷底子油一道和热沥青两道（至散水底），最后在其外侧回填隔水层。北方常用2∶8灰土，南方常用炉渣，其宽度不少于500 mm。

地下室顶板和底板中间位置应设置水平防潮层，使整个地下室防潮层连成整体，以达到防潮目的，如图 2-18 所示。

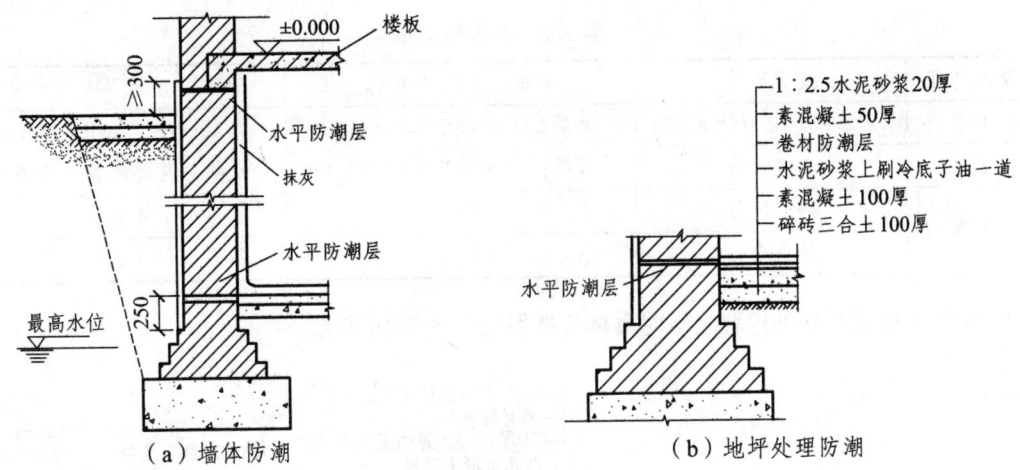

图 2-18 地下室防潮处理

3. 地下室的防水

当最高地下水位高于地下室地坪时，地下水不仅可以浸入地下室，而且地下室外墙和底板还分别受到地下水的侧压力和浮力。水压力大小与地下水高出地下室地坪高度有关，高差愈大，压力愈大。这时，对地下室必须采取防水处理。

地下工程防水等级见表 2-1。

表 2-1 地下工程防水等级划分

防水等级	标　　准
1 级	不允许渗水，结构表面无湿渍
2 级	不允许漏水，结构表面可有少量湿渍。工业与民用建筑：湿渍总面积不大于总防水面积的 1%，单个湿渍面积不大于 $0.1 m^2$，任意 $100 m^2$ 防水面积不超过 1 处。其他地下工程：湿渍总面积不大于防水面积的 6%，单个湿渍面积不大于 $0.2 m^2$，任意 $100 m^2$ 防水面积不超过 4 处
3 级	有少量漏水点，不得有线流和漏泥砂现象。单个湿渍面积不大于 $0.3 m^2$，单个漏水点的漏水量不大于 2.5 L/d，任意 $100 m^2$ 防水面积不超过 7 处
4 级	有漏水点，不得有线流和漏泥砂现象。整个工程平均漏水量不大于 2 L/($m^2 \cdot$ d)，任意 $100 m^2$ 防水面积的平均漏水量不大于 4 L/($m^2 \cdot$ d)

地下室防水构造通常有卷材防水、砂浆防水和涂料防水等。

（1）卷材防水。

卷材防水构造适用于受侵蚀性介质或受振动作用的地下工程。卷材应采用高聚物改性沥青防水卷材和合成高分子防水卷材，铺设在地下室混凝土结构主体的迎水面上。铺设位置是自底板垫层至墙体顶端的基面上，同时应在外围形成封闭的防水层。地下室卷材防水做法：防水卷材铺贴前应在基层表面上涂刷基层处理剂，基层处理剂应与卷材及胶黏剂的材料相容，可采用喷涂或涂刷法施工，喷涂应均匀一致、不露底，待表面干燥后方可铺贴卷材。两幅卷材短边和长边的搭接宽度均不应小于 100 mm。当采用多层卷材时,上下两层和相邻两幅卷材的接缝应错开 1/3 幅宽,且两层卷材不得相互垂直铺贴。防水卷材厚度如表 2-2 所示。

表 2-2 防水卷材厚度

防水等级	设防道数	合成分子防水卷材	高聚物改性沥青防水卷材
1 级	三道或三道以上设防	单层:不应小于 1.5 mm;	单层:不应小于 4 mm;
2 级	二道设防	双层:总厚不应小于 2.4 mm	双层:总厚不应小于 6 mm
3 级	一道设防	不应小于 1.5 mm	不应小于 4 mm
	复合设防	不应小于 1.2 mm	不应小于 3 mm

地下室顶板在室外地坪之下时具体构造做法如图 2-19 所示。

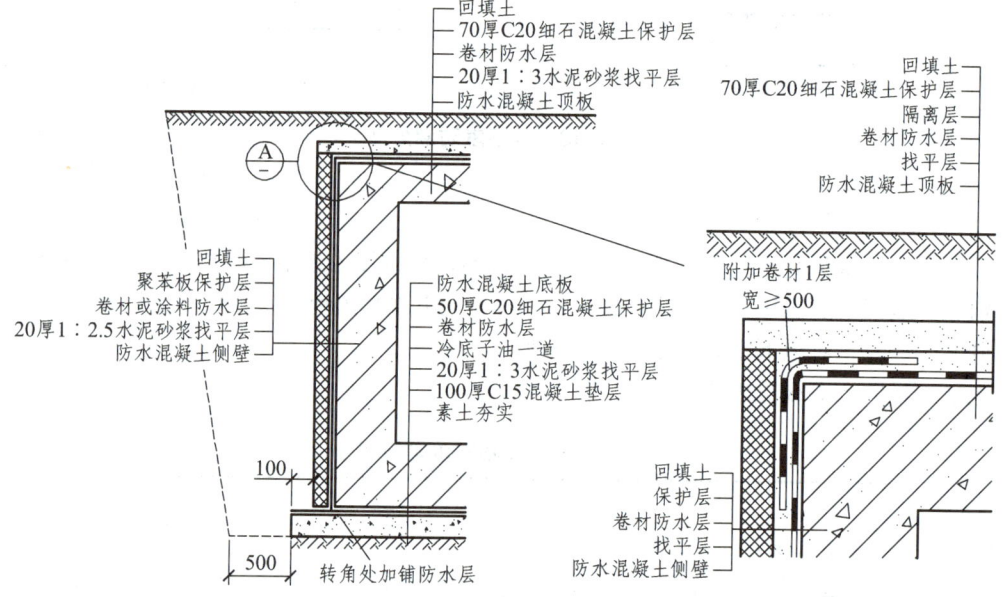

图 2-19 地下室顶板在室外地坪之下的构造及其细部做法

在阴阳角处,卷材应做成圆弧,而且应当像女儿墙处的卷材防水屋面做法一样,加铺一道相同的卷材,宽度≥500 mm。

地下室顶板在室外地坪之上时具体构造做法如图 2-20 所示。

(2)砂浆防水。

砂浆防水构造适用于混凝土或砌体结构的基层上,不适用于环境有侵蚀性、持续振动或温度高于 80 ℃ 的地下工程。所用砂浆应为水泥砂浆或高聚物水泥砂浆、掺外加剂或掺合料的防水砂浆。

地下室砂浆防水做法:施工应采取多层抹压法。水泥砂浆的配比应在 1∶1.5 ~ 1∶2[①]。高聚物水泥砂浆单层厚度为 6 ~ 8 mm,双层厚度为 10 ~ 12 mm。掺外加剂或掺合料的防水砂浆防水层厚度为 18 ~ 20 mm。

(3)涂料防水。

有机防水涂料主要包括合成橡胶类、合成树脂类和橡胶沥青类,适宜做在主体结构的迎水

注:① 本书中所述比例,除作特殊说明外,一般均指质量比。

面。其中如氯丁橡胶防水涂料、SBS 改性沥青防水涂料等聚合物乳液防水涂料属挥发固化型，聚氨酯防水涂料等属反应固化型。另有聚合物水泥涂料，国外称之为弹性水泥防水涂料。

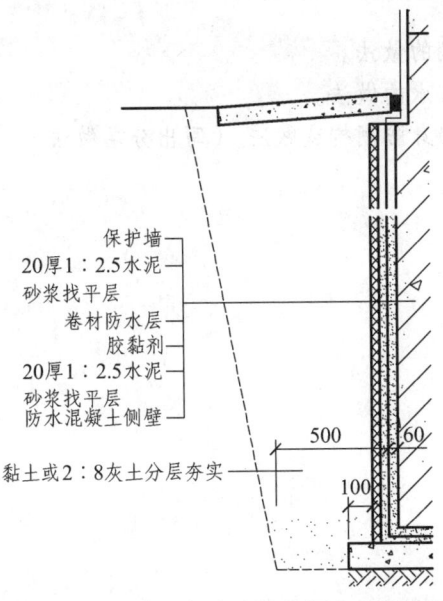

图 2-20　地下室顶板在室外地坪之上的构造

无机防水涂料主要包括聚合物改性水泥基防水涂料和水泥基渗透结晶型防水涂料，应认为是刚性防水材料，所以不适用于变形较大或受振动部位，适宜做在主体结构的背水面。

防水涂料厚度见表 2-3。

表 2-3　防水涂料厚度　　　　　　　　　　　　　　　　　mm

防水等级	设防道数	有机涂料			无机涂料	
		反应型	水乳型	聚合物型	水泥基	水泥基渗透结晶型
1 级	三道或三道以上设防	1.2~2.0	1.2~1.5	1.5~2.0	1.5~2.0	≥0.8
2 级	二道设防	1.2~2.0	1.2~1.5	1.5~2.0	1.5~2.0	≥0.8
3 级	一道设防	—	—	≥2.0	≥2.0	—
	复合设防	—	—	≥1.5	≥1.5	—

复习思考题

一、思考题

1. 地基与基础的关系如何？
2. 影响基础埋深的因素有哪些？
3. 基础按构造形式不同分为哪几种？各自的适用范围如何？
4. 确定地下室防潮和防水的依据是什么？

5. 当地下室的底板和墙体采用钢筋混凝土结构时，可采取什么措施提高防水性能？

二、实训练习题

1. 用图示例地下室防潮的做法。
2. 用图示例贴地下室防水的做法。
3. 试画砖砌地下室的墙身防潮构造做法。（写出分层做法）

第三章 墙 体

【学习目标】

本章重点介绍了砖墙的类型、砖墙的构造及细部构造、设置要求和墙面装饰装修的做法，其次介绍了隔墙、砌块墙的类型和构造做法。通过学习，学生应达到以下要求：
（1）掌握墙体的作用，会对墙体根据不同的分类方式进行分类。
（2）掌握墙体的构造及墙体厚度的确定因素、不同墙厚的组砌方式。
（3）熟悉墙体的各细部构造，掌握各细部构造的作用、构造做法。
（4）了解常用隔墙的构造做法。
（5）掌握墙体装饰装修的类型、做法和适用条件。

第一节 墙体概述

墙体是建筑物的重要组成构件，占建筑物总质量的 30%～45%，造价比重大，对整个建筑的使用及造型等方面有很大影响。因而在工程设计中，合理地选择墙体材料、结构方案及构造做法十分必要。

一、墙体的类型

1. 按墙体所在位置分类

墙体按所处的位置不同分为外墙和内墙。外墙指房屋四周与室外接触的墙；内墙是位于房屋内部的墙。墙体按轴线方向又可以分为纵墙和横墙。沿建筑物长轴方向布置的墙称为纵墙；沿建筑物短轴方向布置的墙称为横墙，外横墙又称为山墙。另外，窗与窗、窗与门之间的墙称为窗间墙，窗洞下部的墙称为窗下墙，屋顶上部的墙称为女儿墙，等，见图3-1。

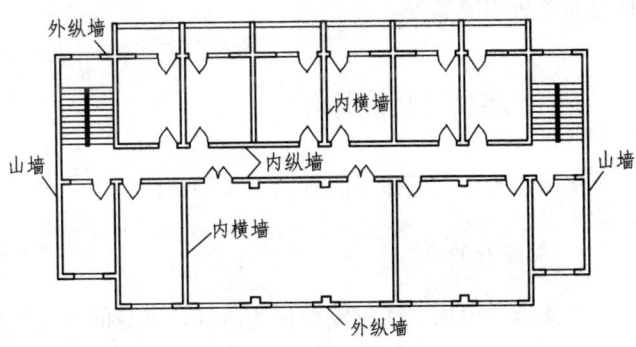

图 3-1 墙体各部分名称

2. 按受力情况分类

根据受力情况不同，墙体可分为承重墙和非承重墙。直接承受楼板、屋顶等传来荷载的墙称为承重墙；不承受这些外来荷载的墙称为非承重墙。

在砖混结构中，非承重墙可分为自承重墙和隔墙。自承重墙不承担外来荷载，仅承受自身重量，并把荷载传给基础。隔墙是指分割室内空间的非承重构件，即不承受外力，并且把自重传给楼板层或附加的梁等结构支承系统中的相关构件。

在框架结构中，非承重墙可分为填充墙和幕墙。填充在框架结构中梁柱之间的墙体称为填充墙。幕墙一般是悬挂于框架梁柱外侧或楼板间的轻质外墙，起围护作用。幕墙虽然不承受竖向的外部荷载，但受气流的影响需承受水平风荷载，并通过与骨架的连接件把这些荷载和自重一并传给骨架系统。

3. 按材料分类

按所用材料的不同，墙体有砖墙、石墙、土墙、混凝土墙、钢筋混凝土墙、轻质板材墙，以及各种砌块墙等。

4. 按构造方式分类

按构造方式不同，墙体可分为实体墙、空体墙和复合墙三种。实体墙是由单一材料组成的，如砖墙、砌块墙等。空体墙也是由单一材料组成的，可由单一材料砌成内部空腔，如空斗墙；也可用本身带孔的材料组合而成，如空心砌块墙等。复合墙由两种以上材料组合而成，目的是提高墙体的保温、隔声或其他功能方面的要求，如加气混凝土复合板材墙，其中混凝土起承重作用，加气混凝土起保温、隔热作用。

5. 按施工方法分类

根据施工方法不同，墙体可分为块材墙、板筑墙和板材墙三种。块材墙是用砂浆等胶结材料将砖、石、砌块等组砌而成的，如砖墙、石墙。板筑墙是在施工现场立模板、现浇而成的墙体，如现浇钢筋混凝土墙。板材墙是预先制成墙板，在施工现场安装、拼接而成的墙体，如各种轻质条板内隔墙等。

二、墙体的作用

房屋建筑中的墙体一般有以下 4 种作用。

1. 承重作用

墙体承受屋顶、楼板传给它的荷载，本身的自重荷载和风荷载等。

2. 围护作用

墙体隔住了自然界的风、雨、雪的侵袭，防止太阳的辐射、噪声的干扰以及室内热量的散失等，起保温、隔热、隔声、防水等作用。

3. 分隔作用

墙体把房屋划分为若干房间和使用空间。

4. 装饰作用

装修墙面，满足室内外装饰和使用功能要求。

以上关于墙体的4种作用，并不是指一面墙会同时具有这些作用。有的墙既起承重作用，又起围护作用，比如砌体承重的混合结构体系和钢筋混凝土墙承重体系中的外墙；有的墙只起围护作用，比如框架结构中的外墙；有的墙具有承重和分隔双重作用，比如砌体承重的混合结构体系中的某些内墙；又有的墙只起分隔作用，比如框架承重体系中的某些内墙。

三、墙体的承重方案

对于以墙体承重为主的结构，要求各层的承重墙上、下必须对齐；各层的门、窗洞孔也尽量做到上、下对齐。此外，还需要合理选择墙体结构布置方案。墙体结构的布置方案即承重墙的布置形式（也称承重方案）。在民用建筑砖混结构房屋中，常用的承重方案有横墙承重、纵墙承重、纵横墙混合承重、墙柱混合承重。

1. 横墙承重

横墙承重是将楼板及屋面板等水平承重构件沿纵向布置，搁置在两端的横墙上，如图3-2（a）所示，楼面及屋面荷载依次通过楼板、横墙、基础传递给地基。

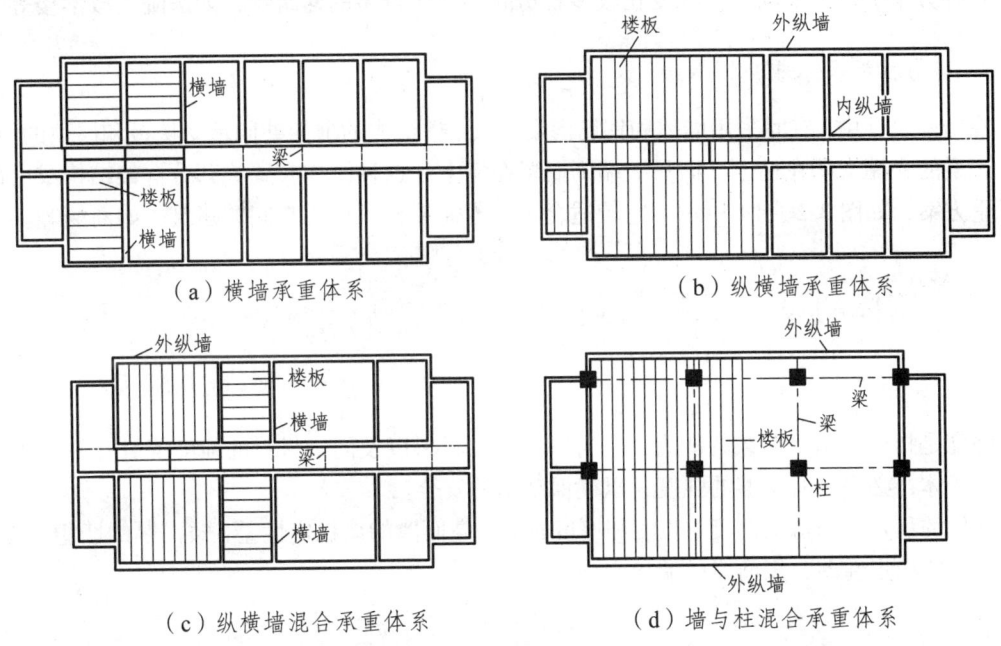

图 3-2　墙体的承重方案

这种承重方案建筑物的横墙间距较小、数量较多，建筑物的横向刚度较强，整体性好，有利于抵抗水平荷载（风荷载、地震作用等）和调整地基不均匀沉降。而且由于纵墙为自承重墙，只承担自身重量，因此在纵墙上开门窗限制较少，并且比较容易组织起穿堂风。但是横墙间距受到限制，建筑开间尺寸不够灵活，材料消耗多。

这一布置方案适用于房间开间尺寸不大且较为整齐的建筑物，如住宅、宿舍、旅馆等。

2. 纵墙承重

纵墙承重是将楼板及屋面板等水平承重构件沿建筑物的横向布置，板的两端搁置在纵墙上，横墙只起分隔空间和连接纵墙的作用，如图 3-2（b）所示，楼面及屋面荷载依次通过楼板（梁）、纵墙、基础传递给地基。

这种方案开间大小划分灵活，能分割出较大房间，材料消耗少。在北方地区，外纵墙因保温需要，其厚度往往大于承重所需的厚度，纵墙承重使较厚的外纵墙充分发挥了作用。但由于横墙不承重，这种方案抵抗水平荷载的能力比横墙承重差。故此方案纵向刚度强而横向刚度弱，而且承重纵墙上开设门窗洞口有时受到限制，并且楼板的跨度相对较大，从而使楼板的截面高度加大，占用竖向空间较多，即房屋的净高减少。

这一布置方案适用于需要较大房间的建筑，如办公楼、商店、教学楼、医院等，但不宜用于地震区。

3. 纵横墙混合承重

纵横墙混合承重就是在同一建筑物中，既有横墙承重，也有纵墙承重，如图 3-2（c）所示。这种承重方案综合上述两种承重方案的优点，房屋平面布置灵活，两个方向的刚度也比较好。

这种方案适用于开间、进深变化较多且房间类型比较多的建筑物，如医院、教学楼等。

4. 墙与柱混合承重

在结构设计中，有时采用墙体和钢筋混凝土梁、柱组成的框架共同承受楼板和屋顶的荷载，这时，梁的一端支承在柱上，而另一端则搁置在墙上，这种结构布置称部分框架结构或内部框架承重方案，如图 3-2（d）所示。它较适合于室内需要较大使用空间的建筑，如商场等。

四、墙体的设计要求

1. 强度和稳定性要求

强度是指墙体承受荷载的能力，它与所采用的材料以及同一材料的强度等级有关。作为承重墙的墙体，必须具有足够的强度，以确保结构的安全。

墙体的稳定性与墙的高度、长度和厚度有关。高而薄的墙稳定性差，矮而厚的墙稳定性好；长而薄的墙稳定性差，短而厚的墙稳定性好。

2. 热工要求

（1）墙体的保温要求。

对有保温要求的墙体，须提高其构件的热阻，通常采取以下措施：

① 增加墙体的厚度。

墙体的热阻与其厚度成正比，欲提高墙身的热阻，可增加其厚度。

② 选择导热系数小的墙体材料。

要增加墙体的热阻，常选用导热系数小的保温材料，如泡沫混凝土、加气混凝土、陶粒混凝土、膨胀珍珠岩、膨胀蛭石、浮石及浮石混凝土、泡沫塑料、矿棉及玻璃棉等。其保温构造有单一材料的保温结构和复合保温结构之分。

③ 采取隔蒸汽措施。

为防止墙体产生内部凝结，常在墙体的保温层靠高温一侧，即蒸汽渗入的一侧，设置一道隔蒸汽层。隔蒸汽材料一般采用沥青、卷材、隔汽涂料以及铝箔等防潮、防水材料。

（2）墙体的隔热要求。

隔热措施有：

① 外墙采用浅色而平滑的外饰面，如白色外墙涂料、玻璃马赛克、浅色墙地砖、金属外墙板等，以反射太阳光，减少墙体对太阳辐射的吸收。

② 在外墙内部设通风间层，利用空气的流动带走热量，降低外墙内表面温度。

③ 在窗口外侧设置遮阳设施，以遮挡太阳光直射室内。

④ 在外墙外表面种植攀缘植物使之遮盖整个外墙，吸收太阳辐射热，从而起到隔热作用。

3. 建筑节能要求

为贯彻国家的节能政策，改善严寒和寒冷地区居住建筑采暖能耗大、热工效率差的状况，必须通过建筑设计和构造措施来节约能耗。

4. 隔声要求

为保证建筑的室内有一个良好的声学环境，墙体必须具有一定的隔声能力。墙体主要隔离由空气直接传播的噪声。一般采取以下措施：

（1）加强墙体缝隙的填密处理。

（2）增加墙厚和墙体的密实性。

（3）采用有空气间层式多孔性材料的夹层墙。

（4）尽量利用垂直绿化降噪声。

5. 防火要求

墙体材料的燃烧性能和耐火极限，都应符合防火规范中相应的规定。当建筑的占地面积或长度较大时，还应按防火规范要求设置防火墙，防止火灾蔓延。

6. 防水防潮要求

卫生间、厨房、实验室等用水房间的墙体以及地下室的墙体应满足防水防潮要求。通过选用良好的防水材料及恰当的构造做法，保证墙体的坚固耐久，使室内有良好的卫生环境。

7. 建筑工业化要求

在大量性民用建筑中，墙体工程量占有相当的比重，同时劳动力消耗大、施工工期长。因此，建筑工业化的关键是墙体改革，逐步改革以黏土砖为主的墙体材料的现状，向高强、轻质等方向发展，减轻自重，降低成本，为建筑工业化创造条件。

第二节 砖墙的基本构造

一、砖墙材料

砖墙是用砂浆将一块块砖按一定技术要求砌筑而成的砌体，其材料是砖和砂浆。

1. 砖

砖按材料不同，有黏土砖、页岩砖、粉煤灰砖、灰砂砖、炉渣砖等；按形状分有实心砖、多孔砖和空心砖等。

普通黏土砖以黏土为主要原料，经成型、干燥焙烧而成，有红砖和青砖之分。青砖比红砖强度高，耐久性好。

我国标准砖的规格为 240 mm × 115 mm × 53 mm，砖长∶宽∶厚 = 4∶2∶1（包括 10 mm 宽灰缝），如图 3-3（a）所示。标准砖砌筑墙体时是以砖宽度的倍数，即 115 + 10 = 125 mm 为模数。这与我国现行《建筑模数协调统一标准》中的基本模数 1 M = 100 mm 不协调，因此在使用中，须注意标准砖的这一特征。常用多孔砖的尺寸为 240 mm（长）× 115 mm（宽）× 90 mm（厚），如图 3-3（b）所示。由于黏土砖在许多地区被限制使用，工程中广泛采用混凝土普通砖和混凝土多孔砖，它们的规格与黏土砖相同，如图 3-4 所示。

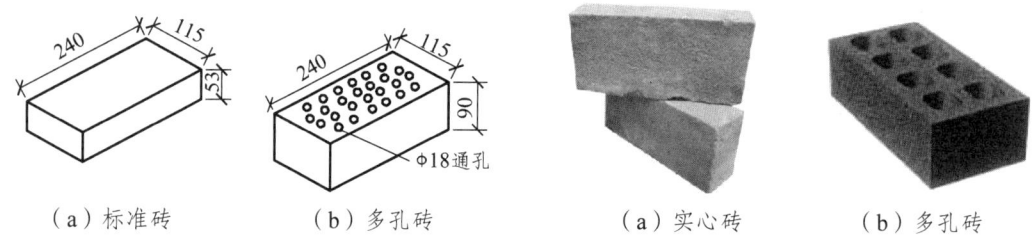

（a）标准砖　　（b）多孔砖　　　　　　（a）实心砖　　（b）多孔砖

图 3-3　黏土砖的规格　　　　　　图 3-4　混凝土砖

砖的强度以强度等级表示，分别为 MU30、MU25、MU20、MU10、MU7.5 五个级别。如 MU30 表示砖的极限抗压强度平均值为 30 MPa，即每平方毫米可承受 30 N 的压力。

2. 砂浆

砂浆是砌块的胶结材料。常用的砂浆有水泥砂浆、混合砂浆、石灰砂浆和黏土砂浆。

（1）水泥砂浆由水泥、砂加水拌和而成，属水硬性材料，强度高，但可塑性和保水性较差，适应砌筑潮湿环境下的砌体，如地下室、砖基础等。

（2）石灰砂浆由石灰膏、砂加水拌和而成。由于石灰膏为塑性掺合料，所以石灰砂浆的可塑性很好，但它的强度较低，且属于气硬性材料，遇水强度即降低，所以适宜砌筑次要的民用建筑的地上砌体。

（3）混合砂浆由水泥、石灰膏、砂加水拌和而成，既有较高的强度，也有良好的可塑性和保水性，故在民用建筑地上砌体中被广泛采用。

（4）黏土砂浆是由黏土加砂加水拌和而成的，强度很低，仅适于土坯墙的砌筑，多用于乡村民居。它们的配合比取决于结构要求的强度。

砂浆强度等级有 M15、M10、M7.5、M5、M2.5 等共 5 个级别。

二、砖墙的组砌方式

组砌方式是指块材在砌体中的排列方式。在砌筑时应遵循"错缝搭接、避免通缝、横平竖直、砂浆饱满"的基本原则,以提高墙体整体稳定性,减小开裂的可能性。

习惯上把长边方向垂直于墙面砌筑的砖称为丁砖,把长边方向平行于墙面砌筑的砖称为顺砖。上下两皮砖之间的水平缝称为横缝,左右两块砖之间的缝称为竖缝。灰缝的尺寸为(10±2)mm。每排列一层砖称为一皮。常见的砖墙组砌方式有全顺式、一顺一丁式、三顺一丁式或多顺一丁式、十字式、两平一侧式等,如图3-5所示。

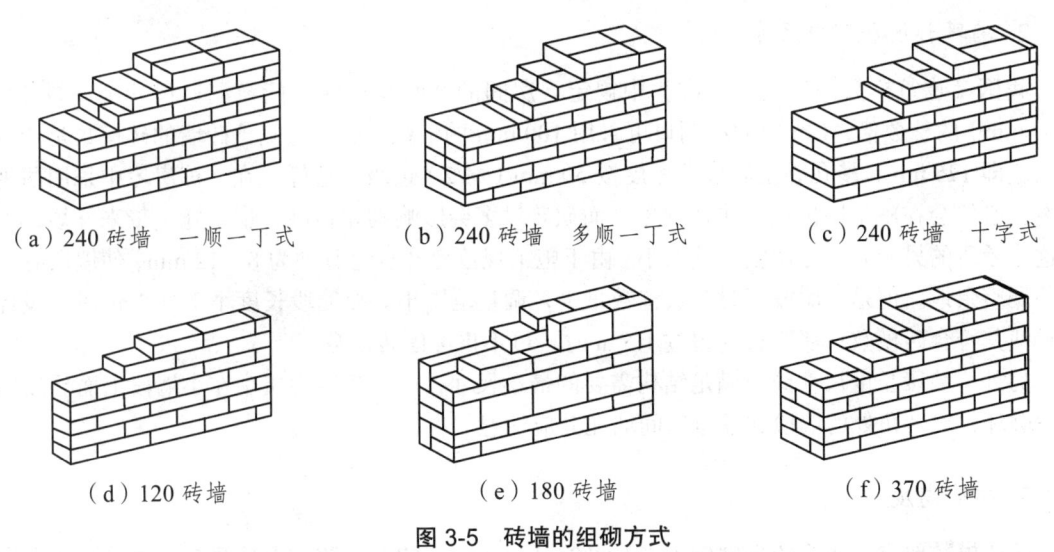

(a) 240 砖墙 一顺一丁式　　(b) 240 砖墙 多顺一丁式　　(c) 240 砖墙 十字式

(d) 120 砖墙　　(e) 180 砖墙　　(f) 370 砖墙

图 3-5 砖墙的组砌方式

三、砖墙的基本尺寸

我国现行标准《烧结普通砖》(GB 5101—2003)规定,普通黏土砖的规格是 240 mm × 115 mm × 53 mm(长×宽×厚)。长宽厚之比为 4∶2∶1(包括 10 mm 灰缝)。用标准砖砌筑墙体时以砖宽度的倍数(115 + 10 = 125 mm)为模数,与我国现行《建筑模数协调统一标准》中的基本模数 1 M = 100 mm 不协调,这是由于砖尺寸的确定时间要早于模数协调的确定时间。因此,在使用中必须注意标准砖的这一特征。

砖墙的尺度包括墙体厚度、墙段长度和墙体高度等。

1. 砖墙的厚度

实心砖墙的厚度是按半砖的倍数确定的,习惯上以砖长为基数来称呼,如半砖墙、一砖墙、一砖半墙等,工程上以其标志尺寸来称呼,如一二墙、二四墙、三七墙等。常用墙厚的尺寸规律见表3-1。

表 3-1　砖墙厚度的组成

砖墙断面					
尺寸组成	115×1	115×1+53+10	115×2+10	115×3+20	115×4+30
构造尺寸	115	178	240	365	490
标志尺寸	120	180	240	370	490
工程称谓	一二墙	一八墙	二四墙	三七墙	四九墙
习惯称谓	半砖墙	3/4 砖墙	一砖墙	一砖半墙	两砖墙

2. 墙段长度和洞口尺寸

我国《建筑模数协调统一标准》中规定，房间的开间、进深、门窗洞口尺寸都应是 3M（300 mm）的整数倍，1 m 内的小洞口可采用 100 mm 的倍数，而普通黏土砖墙的砖模数是砖宽加灰缝即 125 mm，多孔黏土砖墙的厚度按 50 mm（M/2）进级。这样，在一栋房屋中采用两种模数，必然会在施工中出现不协调现象，而砍砖过多会影响砌体强度，也给施工带来麻烦，解决这一矛盾的另一办法是调整灰缝大小。由于施工规范允许竖缝宽度为 8~12 mm，使墙段有少许的调整余地。但是，墙段短时，灰缝数量少，调整范围小。故墙段长度小于 1.5 m 时，设计时宜使其符合砖模数；墙段长度超过 1.5 m 时，可不再考虑砖模数。

另外，墙段长度尺寸尚应满足结构需要的最小尺寸，以避免应力集中在小墙段上而导致墙体的破坏，对转角处的墙段和承重窗间墙尤其应注意。

3. 砖墙高度

按砖模数要求，砖墙的高度应为 53+10=63（mm）的整倍数。但现行统一模数协调系列多为 3M，如 2 700、3 000、3 300（mm）等，住宅建筑中层高尺寸则按 1M 递增，如 2 700、2 800、2 900（mm）等，均无法与砖墙皮数相适应。为此，砌筑前必须事先按设计尺寸反复推敲砌筑皮数，适当调整灰缝厚度，并制作若干根皮数杆以作为砌筑的依据。

第三节　砖墙的细部构造

墙体的细部构造包括：勒脚、墙身防潮层、散水、明沟、门窗过梁、窗台、墙身加固措施、防火等。

一、勒　脚

勒脚是外墙墙身与室外地面接近的部分，一般情况下，其高度指室内地坪与室外地面之间的高差部分（也有的将室外地面至底层窗台的高度部分视为勒脚）。

勒脚有三方面的作用：一是保护墙脚，防止外界机械碰撞而使墙身受损；二是保护近地墙身，防止地表水对墙脚的侵蚀破坏；三是增强建筑物立面美观。由于勒脚容易受到雨水、地面积雪和外界的破坏，因而影响建筑物的耐久性和美观，所以要求对勒脚在构造上采取防护措施。

一般采用以下几种构造做法：

（1）抹灰：可采用20厚1∶3水泥砂浆抹面，1∶2水泥白石子浆水刷石或斩假石抹面。此法多用于一般建筑。

（2）贴面：可采用天然石材或人工石材，如花岗石、水磨石板等。其耐久性、装饰效果好，用于高标准建筑。

（3）采用石材，如条石等砌筑。

勒脚的构造见图3-6。

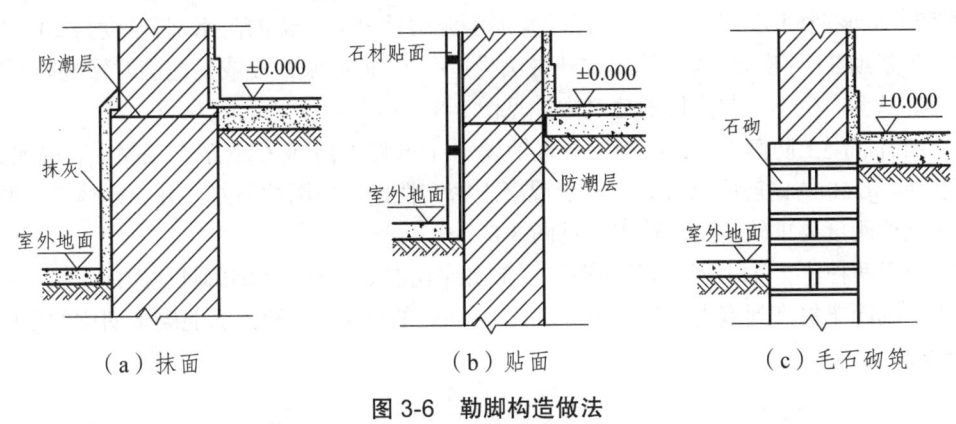

图3-6　勒脚构造做法

二、墙身防潮层

为了防止土壤中的潮气沿墙体上升和地表水对墙体的侵蚀，提高墙体的坚固性与耐久性，保证室内干燥、卫生，必须在内、外墙脚部位连续设置防潮层。防潮层有水平防潮层和垂直防潮层两种。

1. 水平防潮层

水平防潮层一般应在室内地面不透水垫层（如混凝土）范围以内，通常在-0.060 m标高处设置，而且至少要高于室外地坪150 mm，以防雨水溅湿墙身。当地面垫层为透水材料（如碎石、炉渣等）时，水平防潮层的位置应平齐或高于室内地面60 mm，即在+0.060 m处。当相邻室内地坪出现高差或室内地坪低于室外地面时，需要在不同标高的室内地坪处设置水平防潮层，并且应该在上下两道水平防潮层之间设置垂直防潮层，以防止土层中的水分从地面高的一侧渗透到地面低一侧房间的墙身内。墙身防潮层位置，如图3-7所示。

墙身防潮层一般有以下几种做法：

（1）油毡防潮层。在防潮层部位先抹20 mm厚的水泥砂浆找平层，然后干铺油毡一层或用沥青粘贴一毡二油。为了确保防潮效果，油毡的宽度应比墙宽20 mm，油毡搭接应不小于100 mm。这种做法防潮效果好，但油毡破坏了墙身的整体性，不应在刚度要求高或地震区采用，见图3-8(a)。

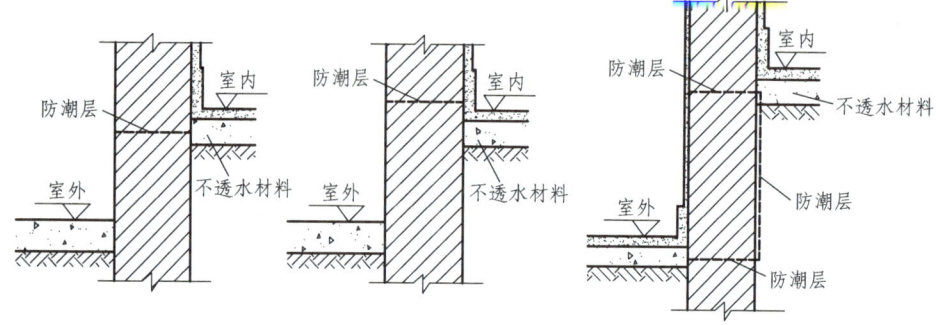

(a) 地面垫层为密实材料　(b) 地面垫层为透水材料　(c) 室内地面有高差

图 3-7　墙身防潮层的位置

（2）防水砂浆防潮层。采用 1∶2 水泥砂浆加水泥用量 3%～5% 的防水剂，厚度为 20～25 mm 或用防水砂浆砌 3～6 皮砖作防潮层。这种做法构造简单，但砂浆开裂或不饱满时影响防潮效果；不宜用于地基会产生不均匀变形的建筑中，见图 3-8（b）。

（3）细石混凝土防潮层。在防潮层位置铺设 60 mm 厚 C15 或 C20 细石混凝土，内配 3ϕ6、分布钢筋 ϕ4@250 的钢筋网以抗裂。由于混凝土密实性好，防潮性能好，并与砌体结合紧密，故适用于整体刚度要求较高的建筑中，见图 3-8（c）。

（4）以下两种情况可以不设水平防潮层：① 如采用混凝土或石砌墙脚且顶面标高在 -0.060 m 时；② 当基础圈梁提高到室内地坪以下不超过 60 mm 的范围内，即钢筋混凝土圈梁的顶面标高为 -0.060 m 时。

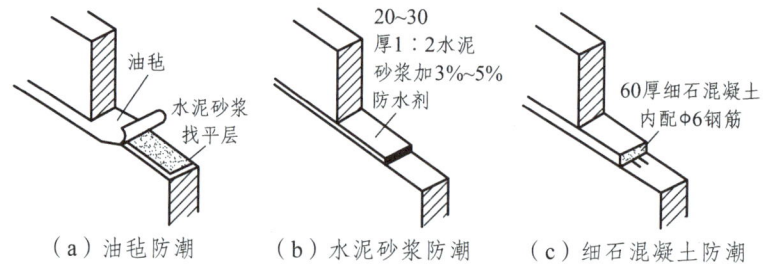

(a) 油毡防潮　(b) 水泥砂浆防潮　(c) 细石混凝土防潮

图 3-8　墙身水平防潮层构造

2. 垂直防潮层

垂直防潮层的做法是在需设垂直防潮层的墙面（靠回填土一侧）先用水泥砂浆抹面，刷上冷底子油一道，再刷热沥青两道；也可以采用掺有防水剂的砂浆抹面的做法。

三、明沟与散水

为了防止屋顶落水或地表水下渗侵蚀基础，必须沿外墙四周设置明沟或散水，以便将建筑物周围的积水及时排离。

1. 明　沟

明沟是设置在外墙四周的排水沟，将屋面落水和地面积水有组织地导向集水井，然后排入排水系统，以保护外墙基础。明沟一般用素混凝土现浇，外抹水泥砂浆；也可用砖、石砌筑成 180 mm 宽、

150 mm 深的沟槽,然后用水泥砂浆抹面。明沟沟底应有不小于1%的坡度,以保证排水畅通。

明沟一般设置在墙边,当屋面为自由落水时,明沟外移,其中心线与屋面檐口对齐。明沟常用于降雨量较大的南方地区,其构造如图 3-9 所示。

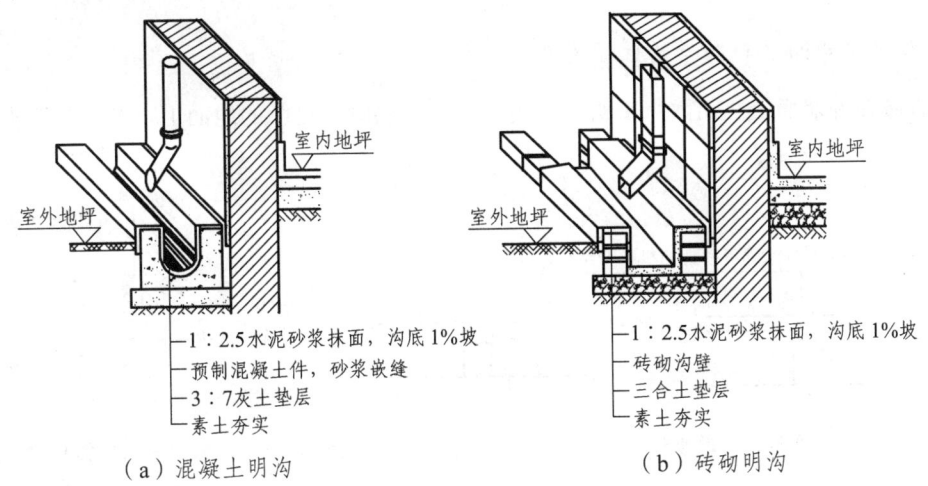

图 3-9　明沟的构造

2. 散　水

散水是设在外墙四周的倾斜的坡面,坡度一般为 3%～5%,以便将雨水迅速排至远处,避免雨水对墙基的侵蚀。散水可用水泥砂浆、混凝土、砖砌、块石等材料做成,其宽度一般为 600～1 000 mm。当屋面为自由落水时,散水宽度应比屋面挑檐宽大 200～300 mm。为了防止散水下沉,一般应使散水外缘高出室外地坪 20～50 mm。由于建筑物的沉降,勒脚与散水施工时间的差异,在勒脚与散水交接处应留有缝隙,缝内填粗砂或碎石子,上嵌沥青胶盖缝,以防渗水。散水沿长度方向应设横向分隔缝,以适应材料由于温度变化引起的收缩和土壤不均匀沉降的影响,分隔缝内用沥青胶等材料塞实,如图 3-10 所示。

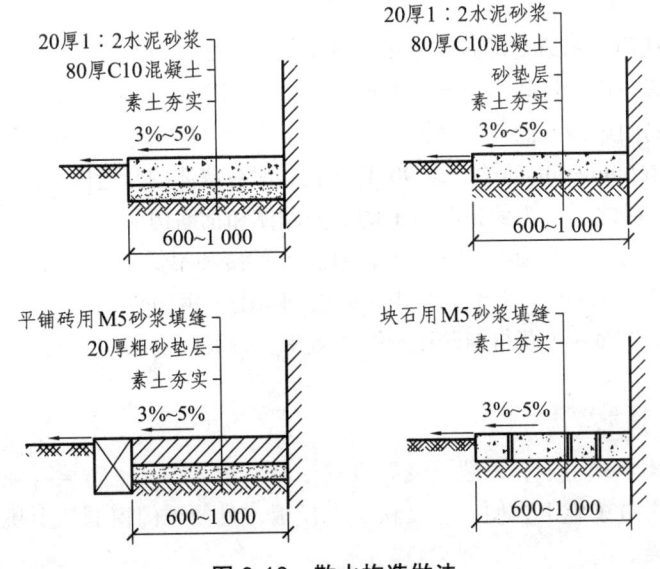

图 3-10　散水构造做法

散水是将雨水散开到离建筑物较远的地面上去，属于自由排水的方式，适用于降雨量较小的北方地区。

散水伸缩缝构造见图3-11所示。

3. 散水（明沟）和勒脚的位置关系

勒脚做在外墙面上，而散水（明沟）则是做在与勒脚相接触的地面上。散水与勒脚接缝处的构造如图3-12所示。

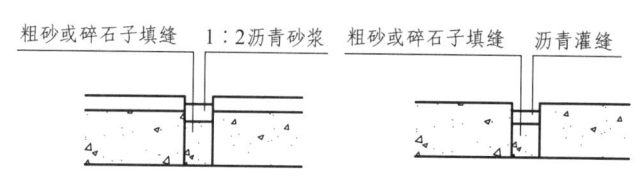

图3-11 散水伸缩缝构造　　　　　　　图3-12 勒脚与散水交接处缝隙的处理

四、门窗过梁

门窗过梁专指门窗洞口上的横梁。过梁的作用是支承洞口上部砌体和楼板传来的荷载，并把这些荷载传给洞口两侧的墙体。过梁主要形式有钢筋砖过梁、砖砌拱过梁和钢筋混凝土过梁。

1. 砖砌拱过梁

砖砌拱过梁包括砖砌平拱过梁和砖砌弧拱过梁两种，采用竖砖砌筑，其底面均呈平直线型，适用较小洞口且上部荷载不大的墙体。由于其抗震和抗沉降能力较差，目前已较少使用。

2. 钢筋砖过梁

钢筋砖过梁是在门窗洞口上部砂浆层内配置钢筋，形成可以承受荷载的加筋平砌砖过梁，其砌筑方法同一般砖墙一样。将间距小于120 mm的ϕ6钢筋埋在洞口上部厚度为30 mm的1∶3水泥砂浆层内，钢筋两边伸入洞口两侧墙内的长度不应小240 mm；当设防烈度为9度时，深入洞口的长度不小于360 mm，钢筋端部设90°直弯钩，埋在墙体的竖缝内；也可以将钢筋放入洞口上部第一皮和第二皮砖之间。为使在洞口上的部分砌体和钢筋构成过梁，常在相当于1/4洞口跨度且不应小于5皮砖的高度范围内，用不低于MU7.5的砖和不低于M5的砂浆砌筑。钢筋砖过梁一般砌筑在最大跨度为1.5 m且上部无集中荷载的洞口上。钢筋砖过梁施工方便，整体性好，墙身为清水墙时，建筑立面易于获得与砖墙统一的效果。钢筋砖过梁构造见图3-13所示。

3. 钢筋混凝土过梁

钢筋混凝土过梁承载力强，一般不受跨度的限制。钢筋混凝土过梁有现浇和预制两种。预制装配式钢筋混凝土过梁施工方便、速度快、省模板，且便于门窗洞口上挑出装饰线条，所以是最常用的一种过梁。

第三章 墙体

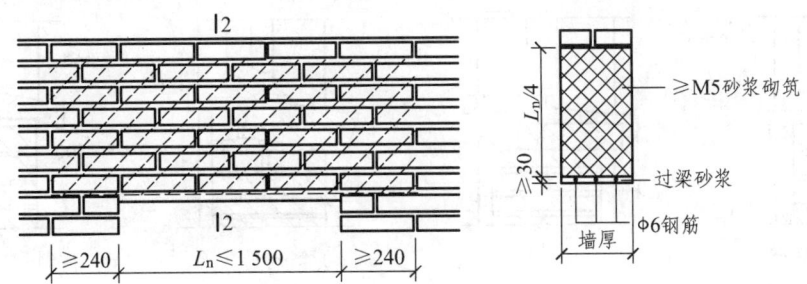

图 3-13 钢筋砖过梁构造示意

过梁的截面尺寸,应根据跨度及荷载计算确定,但为了施工方便,梁高应与砖的皮数相适应,以方便墙体连续砌筑,故常见梁高为 60 mm、120 mm、180 mm、240 mm,即 60 mm 的整倍数。梁宽一般同墙厚,过梁两端支承在墙上的长度不少于 240 mm,以保证足够的承压面积。

为了防止雨水沿门窗过梁向外墙内侧流淌,过梁底部的外侧抹灰时要做滴水。过梁的截面形式有矩形和 L 形:矩形截面多用于内墙和混水墙;L 形截面用于外墙和清水墙。为简化构造、节约材料,可将过梁与圈梁、悬挑雨篷、窗楣板或遮阳板等结合起来设计。如在南方炎热多雨地区,常从过梁上挑出 300~500 mm 宽的窗楣板,既保护窗户不淋雨,又可遮挡部分直射太阳光。钢筋混凝土过梁形式,如图 3-14 所示。

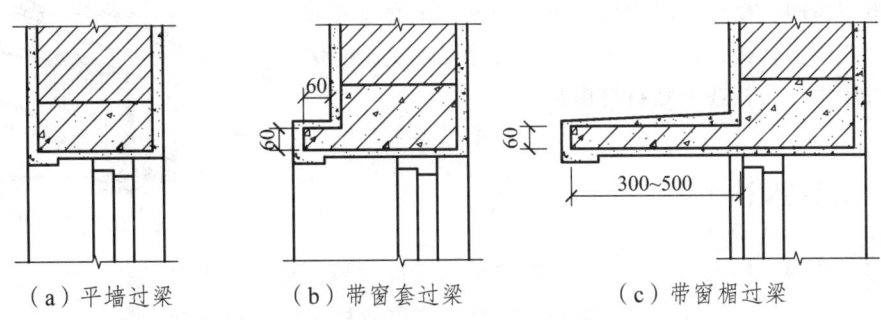

(a)平墙过梁　　(b)带窗套过梁　　(c)带窗楣过梁

图 3-14 钢筋混凝土过梁的形式

在洞口上部作用有集中荷载,或使用时有较大振动荷载,或可能产生不均匀沉降,或有抗震设防要求的建筑中,不宜采用砖砌拱过梁和钢筋砖过梁。

五、窗　台

窗台是窗洞下部的构造,用来排除窗外侧留下的雨水和内侧的冷凝水,并起一定的装饰作用。位于窗外的叫外窗台,位于室内的叫内窗台。当窗很薄,窗框沿墙内缘安装时,可不设内窗台。如图 3-15 所示。

1. 外窗台

外窗台一般应低于内窗台面,并向外形成不低于 10%的坡度,以利排水,防止雨水积聚在窗下,侵入墙身和向室内渗透。外窗台应由不透水材料做面层。

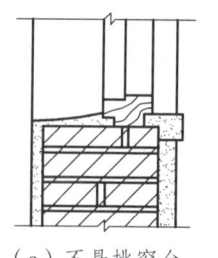 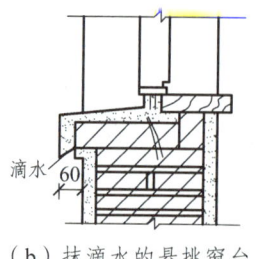 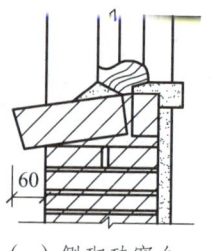 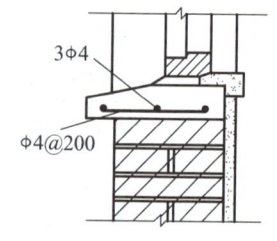

（a）不悬挑窗台　　（b）抹滴水的悬挑窗台　　（c）侧砌砖窗台　　（d）预制钢筋混凝土窗台

图 3-15　窗台构造

外窗台的构造有悬挑窗台和不悬挑窗台两种。当外墙面材料为贴面砖时，可不设悬挑窗台，仅将窗洞底面用面砖贴成斜面即可。悬挑窗台常用砖平砌或侧砌挑出 60 mm，也可采用钢筋混凝土窗台。窗台表面可由 1∶2.5 水泥砂浆抹成斜面或在挑砖下缘前端抹出宽度和深度均不小于 10 mm 的滴水。

2. 内窗台

内窗台一般为水平放置。若为砖砌窗台，可直接在砖砌窗台上表面抹 20 mm 厚的 1∶2.5 水泥砂浆、贴面砖或者做其他装饰面层。窗台一般略突出墙面。在寒冷地区墙体厚度较大时，室内如为暖气采暖时，常在内窗台下留置暖气槽，这时内窗台可采用预制水磨石板或预制钢筋混凝土窗台板，如图 3-16 所示。装修要求更高的房间还可以采用木窗台板或天然石材窗台板。

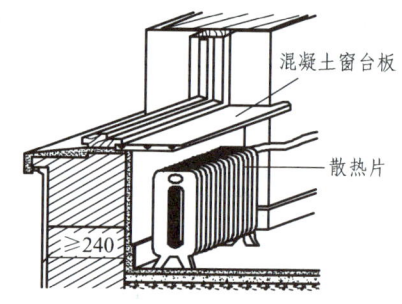

图 3-16　暖气槽与内窗台

六、墙身加固措施

对于多层砖混结构的承重墙，由于砖砌体为脆性材料，其承载能力有限，当墙体承受上部集中荷载、开洞以及其他因素时，会造成墙体的强度及稳定性有所降低。因此要考虑对墙身采取加固措施，以提高墙体的稳定性及抗震性能和承载能力。

1. 壁柱

当建筑物的墙体上承受集中荷载，强度不能满足要求，或当墙体高厚比超过一定限度并影响墙体的稳定性时，常在墙身适当位置增设壁柱，使之和墙体共同承担荷载并提高墙身的刚度。壁柱突出墙面的尺寸应符合砖规格，一般为 120 mm×370 mm、240 mm×370 mm、240 mm×490 mm，或根据结构计算确定，见图 3-17（a）。

2. 门垛

墙体上开设门洞一般应设门垛，特别在墙体端部开启与之垂直的门洞时必须设置门垛，以保证墙身稳定和门框的安装。当在较薄的丁字墙体上开设门洞时，为便于门框的安置和保证墙体的稳定，须在门靠墙转角处或丁字接头墙体的一边设置门垛。门垛尺寸一般不应小于 120 mm，宽度同墙厚，见图 3-17（b）。

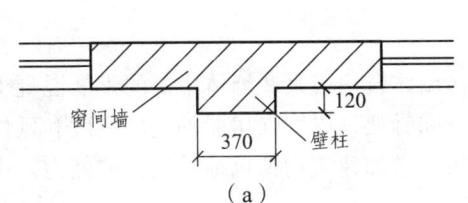 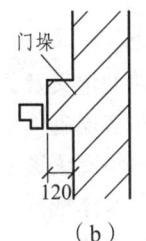

图 3-17 壁柱与门垛

3. 圈梁

圈梁是在砖混结构中沿建筑物外墙四周及部分内墙所设置的连续闭合的梁。其作用是提高建筑物的空间刚度及整体性，增加墙体的稳定性，减少地基不均匀沉降引起的墙体开裂。圈梁主要设置于基础顶面，楼板、屋面板底部。设置在基础顶面的称为基础圈梁，设置在楼板底部的称为楼层圈梁，设置在屋面板底部的称为檐口圈梁。

圈梁有两种，即钢筋砖圈梁和钢筋混凝土圈梁。钢筋砖圈梁多用于非抗震区，结合钢筋砖过梁沿外墙形成。钢筋混凝土圈梁、门窗过梁等可设计成一体。当圈梁兼作过梁时，过梁部分的钢筋应按计算用量另行配筋。圈梁的断面形式一般为矩形，其截面高度应与砖的皮数相适应，并不应小于 120 mm；宽度一般应与墙厚相同，当墙厚超过 240 mm 时，其宽度不宜小于墙厚的 2/3。用于浇筑圈梁的混凝土强度等级不应低于 C20。

对有抗震设防要求的房屋，其圈梁的设置见表 3-2 所示。

表 3-2 砖房现浇钢筋混凝土圈梁设置要求

墙 类	烈 度		
	6，7	8	9
外墙和内纵墙	屋盖处及每层楼盖处	屋盖处及每层楼盖处	屋盖处及每层楼盖处
内横墙	屋盖处及每层楼盖处，屋盖处间距不应大于 7 m，楼盖处间距不应大于 15 m；构造柱对应部位	屋盖处及每层楼盖处，屋盖处沿所有横墙，且间距不应大于 7 m，楼盖处间距不应大于 7 m；构造柱对应部位	屋盖处及每层楼盖处；各层所有横墙

横墙承重时，应按表 3-2 设置圈梁。若为纵墙承重时，每层均应设置圈梁，且抗震横墙上的圈梁间距应比表内要求适当加密。

在特殊情况下，当遇有门窗洞口致使圈梁局部被截断时，应在洞口上部设置一根截面面积不小于原有圈梁截面面积的过梁，称之为附加圈梁。其内部配筋应与原有圈梁截面配筋相同，两端与圈梁搭接长度不应小于其垂直间距的 2 倍，且不得小于 1 m，如图 3-18 所示。但对有抗震要求的建筑物，圈梁不宜被洞口截断。

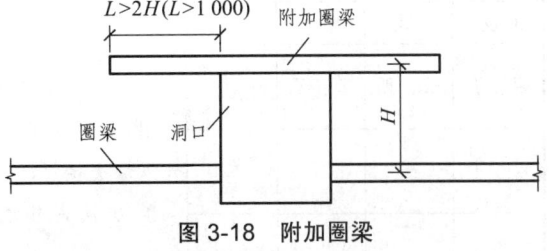

图 3-18 附加圈梁

4. 构造柱

（1）构造柱的定义及作用。

构造柱是在多层砌体房屋中，设置在墙体转角或某些墙体中部的钢筋混凝土柱。

构造柱必须与圈梁紧密连接，形成空间骨架，以增强房屋的整体刚度和延性，约束墙体裂缝的开展，提高墙体抵抗变形的能力，从而增加建筑物抵抗地震破坏的能力。由此可见，构造柱起到加固建筑物的作用，而不承受竖向荷载。

（2）构造柱的设置要求。

从施工角度讲，构造柱要与圈梁地梁、基础梁整体浇筑，与砖墙墙体要在结构上有水平拉接筋连接。如果构造柱在建筑物、构筑物中间位置，要与分布筋做连接。

① 构造柱的设置原则：

对于大开间、荷载较大或层高较高以及层数大于等于8层的砌体结构房屋，宜按下列要求设置构造柱：

- 墙体的两端；
- 较大洞口的两侧；
- 房屋纵横墙交界处；
- 构造柱的间距，当按组合墙考虑构造柱受力时，或考虑构造柱提高墙体的稳定性时，其间距不宜大于4 m，其他情况不宜大于墙高的1.5～2倍及6 m，或按有关的规范执行；
- 构造柱应与圈梁有可靠的连接。

② 下列情况宜设构造柱：

- 受力或稳定性不足的小墙垛；
- 跨度较大的梁下墙体的厚度受限制时，于梁下设置；
- 墙体的高厚比比较大如自承重墙或风荷载较大时，可在墙的适当部位设置构造柱，以形成带壁柱的墙体满足高厚比和承载力的要求，此时构造柱的间距不宜大于4 m，构造柱沿高度横向支点的距离与构造柱截面宽度之比不宜大于30，构造柱的配筋应满足水平受力的要求。

③ 在砌体结构中其主要作用一是和圈梁一起作用形成整体性，增强砌体结构的抗震性能，二是减少、控制墙体的裂缝产生，另外还能增强砌体的强度。

在框架结构中，当填充墙长超过2倍层高或开了比较大的洞口，中间没有支撑，纵向刚度就弱了，就要设置构造柱加强，防止墙体开裂。

构造柱的设置要求见表3-3。

表3-3 构造柱的设置要求

房屋层数				设置部位	
6度	7度	8度	9度		
四、五	三、四	二、三		外墙四角；错层部位横墙与外纵墙交接处；大房间内外墙交接处；较大洞口两侧	7、8度时，楼、电梯间的四角；隔15 m或单元横墙与外纵墙交接处
六、七	五	四	二		隔轴线开间（横墙）与外纵墙交接处，山墙与内纵墙交接处；7～9度时，楼、电梯间的四角
八	六、七	五、六	三、四		内墙（轴线）与外墙交接处，内墙的局部较小墙垛处；7～9度时，楼、电梯间的四角；9度时内纵墙与横墙（轴线）交接处

（3）构造栏的构造要求。

① 构造柱的最小截面尺寸为 240 mm × 180 mm，一般为 240 mm × 240 mm；构造柱的最小配筋量是：纵向钢筋 4φ12，箍筋用 φ6、间距不宜大于 250 mm，在柱的上、下端宜适当加密。设防烈度 7 度时房屋超过 6 层、8 度时超过 5 层和 9 度时，纵向钢筋采用 4φ14，箍筋用 φ6、间距不应大于 200 mm，房屋四角的构造柱可适当加大截面及配筋。

② 施工时应先放置构造柱钢筋骨架，后砌墙，随着墙体的升高而逐段现浇混凝土构造柱身。

③ 构造柱可不单独设置基础，但应与埋深不小于 500 mm 的基础圈梁相连或伸入底层地坪下 500 mm 处。

④ 在构造柱连接处，墙体必须砌成马牙槎，马牙槎高度为 300 mm 或 240 mm，先退后进，同时，应沿墙高方向每隔 500 mm 或 600 mm 设置 2φ6 拉结钢筋，每边伸入墙内不小于 1 m 或伸至洞口边。

⑤ 为加强构造柱与墙体的连接，应沿墙高每隔 500 mm 设 2φ6 拉结钢筋，每边伸入墙内不少于 1 m。

⑥ 由于女儿墙的上部是自由端而且位于建筑的顶部，在地震时易受破坏。一般情况下，构造柱应通至女儿墙顶部，并与钢筋混凝土压顶相连，而且女儿墙内的构造柱间距应当加密。

⑦ 构造柱与圈梁连接处，构造柱的纵筋应穿过圈梁，保证构造柱纵筋上下贯通。

构造柱的构造如图 3-19 所示。

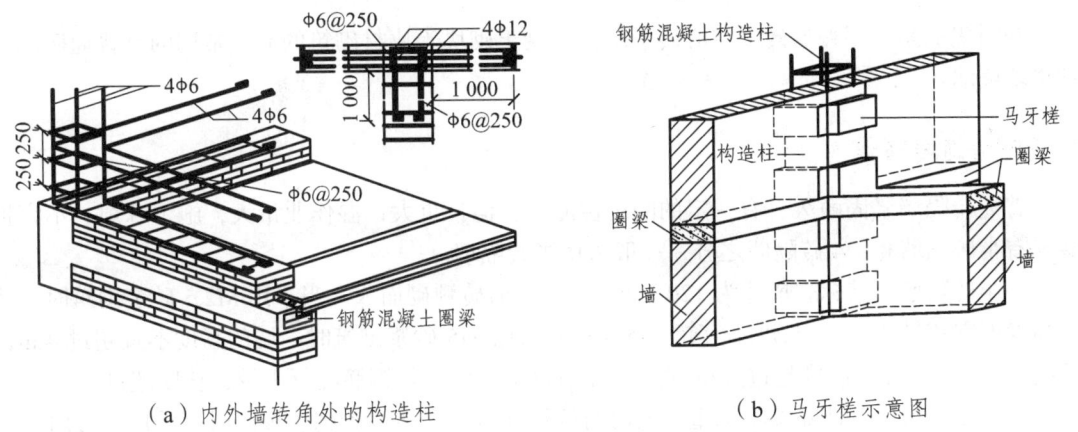

（a）内外墙转角处的构造柱　　　　（b）马牙槎示意图

图 3-19　构造柱的构造

七、烟道与通风道

在住宅或其他民用建筑中，为了排除炉灶的烟气或其他污浊气体，通常在墙内设置烟道与通风道。排烟和通风不得使用同一管道系统。烟道与通风道应用非燃烧体材料制作，有现场砌筑和预制拼接两种做法。

砖砌烟道和通风道的断面尺寸应根据排气量来决定，但不应小于 120 mm × 120 mm。烟道和通风道均应有进气口和排气口。烟道的排气口在下，距楼板 1 m 左右较适合；通风道的排气口应靠上，距楼板底 300 mm 较适合。烟道和通风道应伸出屋面，伸出高度应根据屋面形式、排出口周围遮挡物的高度、距离及积雪深度等因素来确定，但至少不应小于 0.60 m，顶部应有防倒灌措施。每层烟道的进烟口应设密封盖，通风道的进风口应设网片。

混凝土烟道、风道，一般为每层一个预制构件，上下拼接而成。

第四节　隔墙构造

隔墙是分隔建筑物内部空间的非承重构件，其本身重量由下面的楼板或墙下的梁来承担。它可以在主体完工后制作。

隔墙的构造应满足以下几个方面的要求：

（1）自重轻，有利于减轻楼板荷载，增加室内使用面积。
（2）具有隔声、防火、防水和防潮等性能。
（3）厚度薄，增加室内有效使用面积。
（4）便于安装和拆卸，满足空间变化的要求。

常见的隔墙按材料和构造方式的不同，可分为块材隔墙、立筋隔墙和板材隔墙三大类。

一、块材隔墙

块材隔墙是指用普通砖、空心砖、加气混凝土砌块等块材砌筑的墙，常用的有普通砖隔墙和砌块隔墙。

1. 普通砖隔墙

普通砖隔墙坚固耐久，有一定的隔声性能力，但自重大，湿作业量大，施工麻烦，不宜拆装。有半砖隔墙和 1/4 砖隔墙之分，一般采用半砖隔墙。

对半砖隔墙，其标志尺寸为 120 mm，采用普通砖顺砌而成。当采用 M2.5 砂浆砌筑时，墙的高度不宜超过 3.6 m，长度不宜超过 5 m；当采用 M5 砂浆砌筑时，墙的高度不宜超过 4 m，长度不宜超过 6 m；高度超过 4 m 时，应在门过梁处设通长钢筋混凝土带；长度超过 6 m 时，应设砖壁柱。为了保证隔墙不承重，同时与楼板顶紧，在砖墙砌到楼板底时可采用立砖斜砌，或预留 30 mm 的空隙塞木楔打紧，然后用砂浆填缝。

由于墙体轻而薄，稳定性差，因此需要采取加固措施。根据国家抗震设防规定，后砌的非承重墙应沿墙高每隔 500 m 配置 2φ6 钢筋与承重墙体或柱拉接，并每边伸入隔墙 1 m。此外，还应沿隔墙墙身高度每隔 1.2 m 设一道 30 mm 厚水泥砂浆层，内放 2φ6 钢筋。隔墙上有门时，需预埋防腐木砖、铁件，或将带有木楔的混凝土预制块砌入隔墙中，以便固定门框。半砖隔墙构造如图 3-20 所示。

1/4 砖隔墙是由普通砖侧砌而成的。由于 1/4 砖隔墙厚度薄，稳定性差，对砌筑砂浆强度的要求较高，一般不应低于 M5。并且隔墙的高度和长度不宜过大，多用于面积不大且无窗的部位，如住宅中厨房与卫生间之间的分隔。若面积大而又需要开设门窗洞口时，须加固，常用的方法是在高度方向每隔 500 mm 砌入 2φ4 钢筋，或在水平方向每隔 1 200 mm，浇筑 C20 细石混凝土柱 1 根，并沿垂直方向每隔 7 皮砖砌入 1φ6 钢筋，使之与两端墙连接。

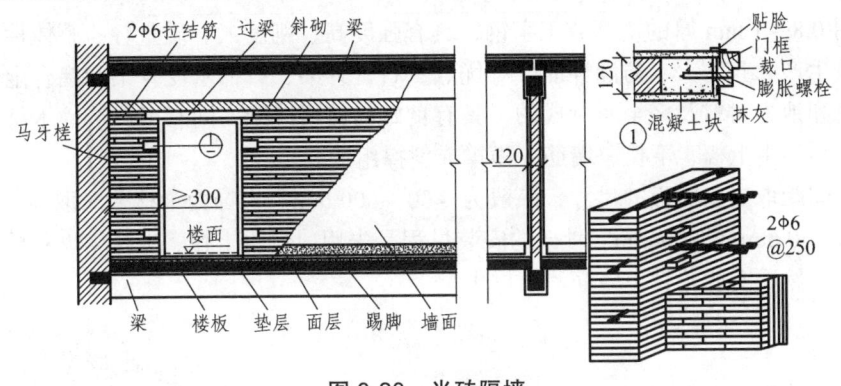

图 3-20 半砖隔墙

2. 砌块隔墙

由于结构的要求,1/2 砖砌隔墙一般不允许直接砌在楼板上,而是要由楼板下的小梁来支承。设置承重梁就使建筑构件的种类增多,施工时比较麻烦,有时承受隔墙的小梁还会破坏下面房间顶棚空间的整体效果。

采用轻质砌块来砌筑隔墙,可以把隔墙直接砌在楼板上,不必在楼板下设承墙梁。目前砌块隔墙常用的砌块有加气混凝土砌块、水泥炉渣砌块、粉煤灰硅酸盐砌块等。砌块隔墙厚由砌块尺寸决定,一般为 90~120 mm。由于砌块孔隙率大、吸水量大,故在砌筑时先在墙下部实砌 3~5 皮实心黏土砖再砌砌块,砌块不够整块时宜用普通黏土砖填补。砌块隔墙的加固措施同 1/2 砖隔墙之做法,见图 3-21 所示。

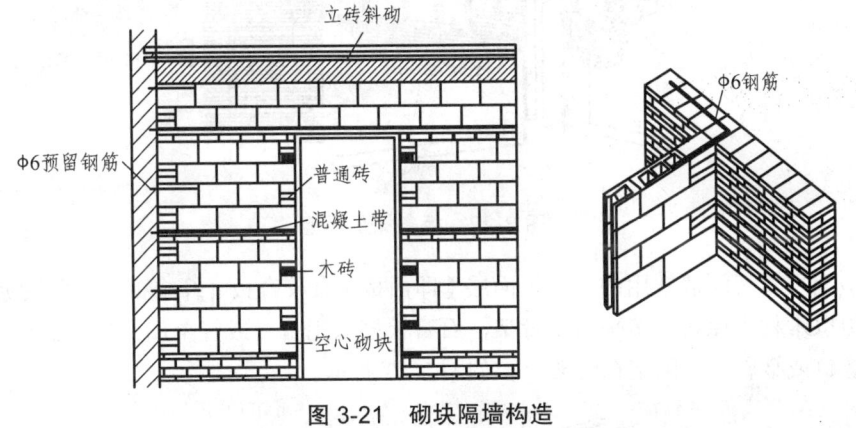

图 3-21 砌块隔墙构造

二、轻骨架隔墙

轻骨架隔墙又称为立筋式隔墙,它是以木材、钢材或其他材料构成骨架,把面层钉结、涂抹或粘贴在骨架上形成的隔墙。轻骨架隔墙由骨架和面层两部分组成。

1. 骨 架

骨架有木骨架、轻钢骨架、石膏骨架、石棉水泥骨架和铝合金骨架等。木骨架自重轻、构造简单、便于拆装,故应用较广。但防水、防潮、防火、隔声性能较差,耗费大量木材;轻钢骨架常采用 0.8~1 mm 厚的槽钢或工字钢，具有强度高、刚度大、质量轻、整体性好、易于加工和大批量生产，且防火、防潮性能好等优点；石膏骨架、石棉水泥骨架和铝合金骨架，是利用工业废料和地方材料及轻金属制成的，具有良好的使用性能，同时可以节约木材和钢材，应推广采用。骨架由上槛、下槛、墙筋、横撑或斜撑组成。

墙筋的间距取决于面板的尺寸，一般为 400~600 mm。当饰面为抹灰时取 400 mm，饰面为板材时取 500 mm 或 600 mm。骨架的安装过程是先用射钉将上槛、下槛（也称导向骨架）固定在楼板上，然后安装龙骨（墙筋和横撑）。

2. 面　层

骨架隔墙的面层有人造面板和抹灰面层。根据不同的面板和骨架材料可分别采用钉子、自攻螺钉、膨胀铆钉或金属夹子等，将面板固定于立筋骨架上。隔墙的名称是依据不同的面层材料而定的，如板条抹灰隔墙和人造板面层骨架隔墙等。

板条抹灰隔墙是先在木骨架的两侧钉灰板条，然后抹灰。灰板条的尺寸一般为 1 200 mm × 30 mm × 6 mm，其间隙为 9 mm 左右，以便让底灰挤入板条间隙的背面"咬"住灰板条；同时为避免灰板条在一根墙筋上接缝过长而使抹灰层产生裂缝，板条的接头一般连续高度不应超过 500 mm，如图 3-22 所示。

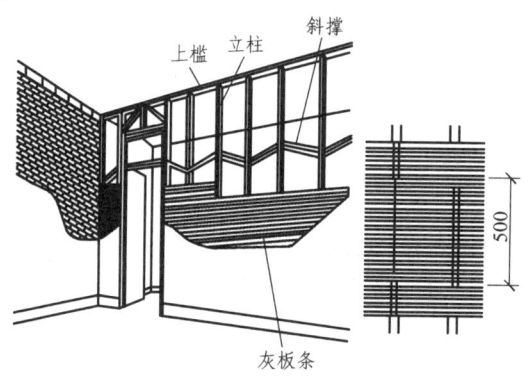

图 3-22　板条抹灰隔墙

人造板面层骨架隔墙常用的人造板面层（即面板）有胶合板、纤维板、石膏板等。胶合板、硬质纤维板以木材为原料，多采用木骨架。石膏板多采用石膏或轻金属骨架。面板可用镀锌螺钉、自攻螺钉或金属夹子固定在骨架上，如图 3-23 所示。

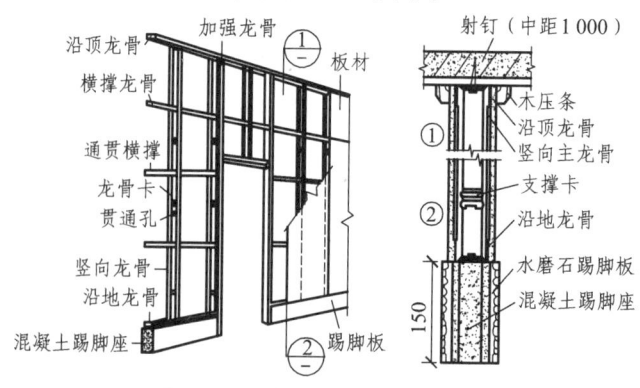

图 3-23　人造板面层骨架隔墙

隔墙一侧为卫生间或盥洗室用水房间时，应做好防水、防潮处理，在构造处理上应先在楼板四周用细石混凝土浇筑一段不小于 150 mm 高的墙体，然后再立骨架。有水一侧的墙面可先绑扎钢筋、固定钢板网并以水泥砂浆粉刷，然后加贴墙面砖；而隔墙的另一面仍可采用纸面石膏板等面板。隔墙遇有门窗或特殊部位处，应使用附加龙骨来加固。

三、板材隔墙

板材隔墙是指采用各种高度相当于房间净高的轻质材料制成的各种预制条板材，面积较大，不依赖骨架，直接装配而成的隔墙。目前多采用条板，常见的板材有加气混凝土条板、石膏条板、炭化石条板、石膏珍珠岩条板以及各种复合板等。条板厚度大多为 60～120 mm，宽度为 600～1 000 mm，长度略小于房间净高（约 2700～3 000 mm）。安装时，在板顶与楼板之间用木楔将条板揳紧，然后用细石混凝土堵严，板缝用黏结砂浆或黏结剂进行黏结，并用胶泥刮缝平整后，再做表面装修。板材隔墙构造如图 3-24 所示。

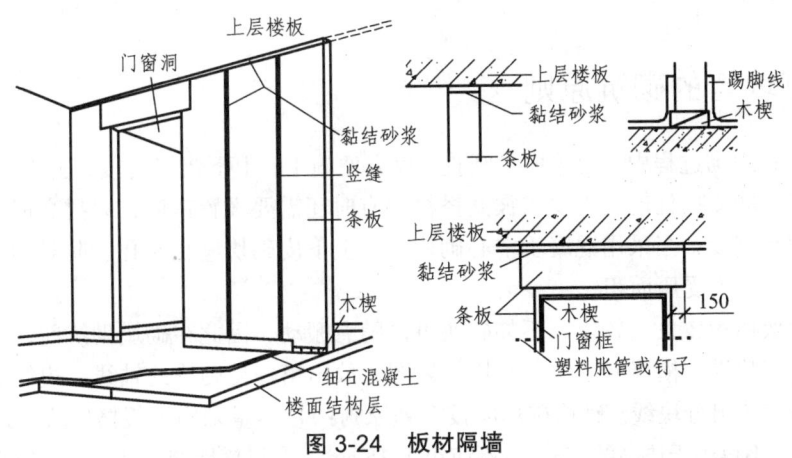

图 3-24　板材隔墙

第五节　砌块墙构造

砌块墙是采用预制好的砌块按一定技术要求砌筑而成的墙体。预制砌块利用工业废料（煤渣、矿渣等）和地方资源材料制作而成，既不占用耕地，又解决了环境污染问题，施工方便、适应性强，就地取材，具有生产投资小、见效快、生产工艺简单、节约能源等优点。采用砌块墙是我国目前墙体改革的主要途径之一。

一、砌块的类型、规格与尺寸

砌块按其构造方式可分为实心砌块和空心砌块，空心砌块有单排方孔、单排圆孔和多排扁孔三种形式。其中，多排扁孔砌块有利于保温，如图 3-25 所示。砌块按在组砌中的位置与作用可分为主砌块和辅助砌块。

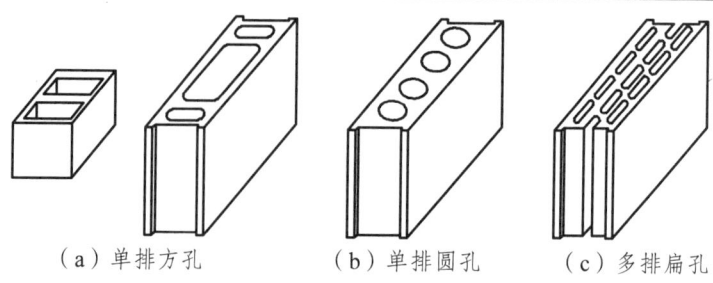

图 3-25 空心砌块的形式

砌块按单块质量和尺寸大小分为小型砌块、中型砌块和大型砌块三种规格。单块质量在 20 kg 以下,高度在 115～380 mm 之间的称作小型砌块;单块质量在 20～350 kg,高度在 380～980 mm 之间的称为中型砌块;单块质量大于 350 kg,高度大于 980 mm 的称作大型砌块。砌块的厚度多为 190 mm 或 200 mm。小型砌块单块质量比较轻,便于人工砌筑。大型砌块和中型砌块由于体积和质量较大,不便于人工搬运,必须采用起重运输设备施工。我国目前采用的砌块以中型和小型为主。

二、砌块墙的砌筑原则

砌块墙体在组砌过程中,力求横平竖直,以方便施工;上下错缝搭接,避免产生垂直通缝;墙体转角及丁字墙交接处砌块也要求彼此搭接,有时还需要设置钢筋,以提高墙体的整体性,保证墙身强度和刚度;当采用混凝土空心砌块时,上下皮砌块应孔对孔、肋对肋,使其之间有足够的接触面,扩大受压面积。

中小型砌块体积较大、较重,不如砖块可以随意搬动,因此在砌块砌筑前,应在基础平面和楼层平面按每片纵、横墙分别绘制砌块排列图,放出第一皮砌块的轴线、边线和洞口线,对于空心砌块还应放出分块线。砌块排列应按下列原则:① 尽量采用主规格砌块;② 砌块应错缝搭砌,搭砌长度不得小于块高的 1/3,也不应小于 15 cm;③ 纵横墙交接处,应交错搭砌;④ 必须镶砖时,砖应分散、对称布置,以保证砌体受力均匀。砌块排列组合图见图 3-26 所示。

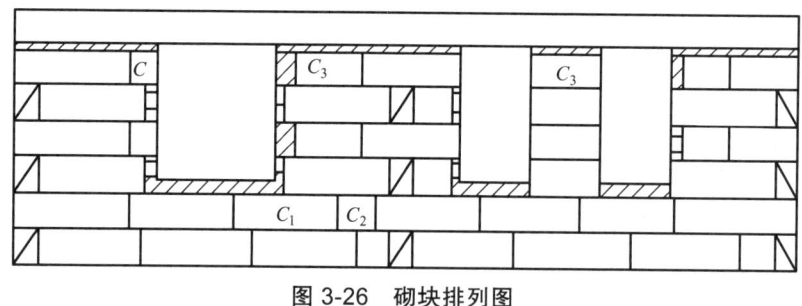

图 3-26 砌块排列图

三、砌块墙的细部构造

1. 砌块灰缝

砌块灰缝有平缝、凹槽缝和高低缝,平缝多用于水平缝,凹槽缝多用于垂直缝。灰缝的宽度主要根据砌块材料和规格大小确定,一般情况下,小型砌块为 10~15 mm,中型砌块为 15~20 mm。砌块墙砌筑砂浆的强度一般应为不低于 M5 的水泥砂浆。当竖缝宽大于 30 mm 时,须用 C20 细石混凝土灌实。

2. 块墙的组砌与错缝

良好的错缝和搭接是保证砌块墙整体性的重要措施。由于砌块尺寸比较大,砌块墙在厚度方向大多没有搭接,因此对砌块的长向错缝搭接要求比较高,要求纵横墙交接处和外墙转角处均应咬接。如图中型砌块上下皮搭接长度不少于砌块高度的 1/3,且不小于 150 mm。小型空心砌块上下皮搭接长度不小于 90 mm。当搭接长度不足时,应在水平灰缝内设置不小于 2φ4 的钢筋网片,网片每端均应超过该垂直缝不小于 300 mm,如图 3-27 所示。

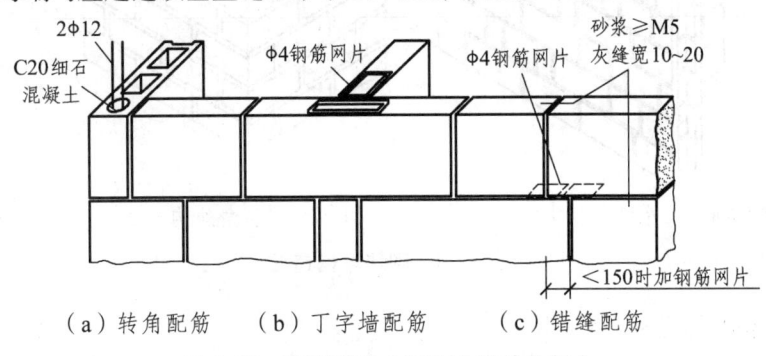

(a) 转角配筋　　(b) 丁字墙配筋　　(c) 错缝配筋

图 3-27　砌缝处理(以空心砌块为例)

3. 圈　梁

为加强砌块墙的整体性,多层砌块建筑应在适当的位置设置圈梁。设置圈梁的原则见表 3-4。

表 3-4　小砌块房屋圈梁设置要求

墙类型	地震烈度	
	6 度、7 度	8 度
外墙和内纵墙	屋盖处及每层楼盖处	屋盖处及每层楼盖处
内横墙	同上;屋盖处沿所有横墙;楼盖处间距不应大于 7 m;构造柱对应部位	同上;各层所有横墙

圈梁有现浇和预制两种。当圈梁与过梁标高相近时,圈梁可以代替窗过梁。为了增强建筑物的抗震性能,圈梁通常设置在楼板同一标高处,将楼板与圈梁联系起来。砌块预制圈梁构造见图 3-28。

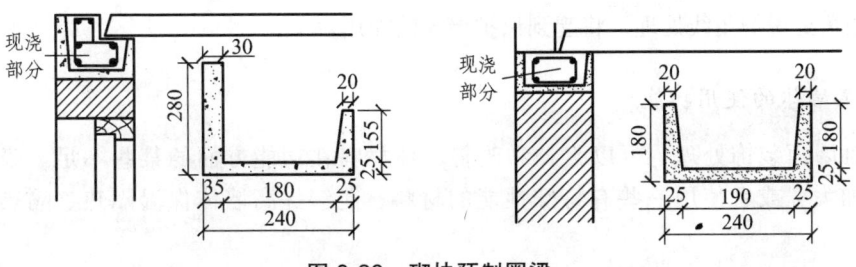

图 3-28　砌块预制圈梁

4. 砌块墙构造柱（墙芯柱）

当采用混凝土空心砌块时应在纵横墙交接处、外墙转角处、楼梯间四角设置构造柱，将砌块在垂直方向连成整体。构造柱多利用空心砌块上下孔洞对齐，并在孔中用 φ12～14 的钢筋分层插入，再用 C20 细石混凝土分层灌实。构造柱与砌块墙连接处的拉结钢筋网片，每边深入墙内不少于 1 m。空心砌块墙构造柱构造如图 3-29 所示。

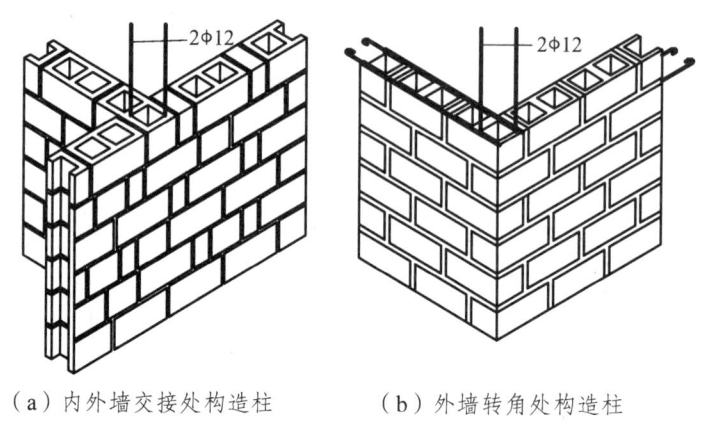

（a）内外墙交接处构造柱　　（b）外墙转角处构造柱

图 3-29　砌块墙构造柱

5. 勒　脚

砌块墙的勒脚，根据具体情况确定，但吸水性较大的砌块不宜用来做勒脚，例如硅酸盐砌块、加气混凝土砌块。

第六节　墙体的装饰装修

一、墙面装饰装修的作用

1. 保护墙体

外墙面装饰在一定程度上保护墙体不受外界的侵蚀和影响，提高墙体防潮、抗腐蚀、抗老化的能力，提高墙体的耐久性和坚固性。建筑物的内墙饰面与外墙饰面一样，也具有保护墙体的作用。例如浴室、厨房等处，室内湿度相对比较高，墙面会被溅湿或需水洗刷，若墙面贴瓷砖或进行防水、隔水处理，墙体就不会受潮；人流较多的门厅、走廊等处，在适当高度上做墙裙、内墙阳角处做护角线处理，将起到保护墙体的作用。

2. 改善墙体的使用功能

通过对墙面装饰处理，可以弥补和改善墙体材料在功能方面的某些不足。墙体经过装饰而厚度加大，或者使用一些有特殊性能的材料，能够提高墙体保温隔热、隔热、隔声等功能。

室内墙面经过装饰变得平整、光滑，不仅便于清扫和保持卫生，并且可以增加光线和反射，提高室内照度，保证人们在室内的正常工作和生活需要。

当墙体本身热工性能不能满足使用要求时，可以在墙体内侧结合饰面做保温隔热处理，提高墙体的保温隔热能力。一些有特殊要求的空间，通过选用不同材料的饰面，能达到防尘、防腐蚀、防辐射等目的。

3. 提高建筑的艺术效果，美化环境

由于建筑物的立面是人们在正常视野内所能观赏到的一个主要面，所以外墙面的装饰处理即立面装饰所体现的质感、色彩、线形等，对构成建筑总体艺术效果具有十分重要的作用。

内墙装饰在不同程度上起到装饰和美化室内环境的作用，这种装饰美化应与地面、顶棚等的装饰效果相协调，同家具、灯具及其他陈设相结合。

二、墙面装饰装修的类型

（1）按装修所处部位不同，装修有室外装修和室内装修两类。室外装修要求采用强度高、抗冻性强、耐水性好以及具有抗腐蚀性的材料。室内装修材料则因室内使用功能不同，要求有一定的强度、耐水及耐火性。

（2）按饰面常用装饰材料、构造方式和装饰效果不同，墙面装饰可分为抹灰类、贴面类、涂刷类、镶板（材）类、卷材类、其他材料类（如玻璃幕墙等）。

三、抹灰类饰面构造

抹灰类饰面是用各种加色的、不加色的水泥砂浆，或者石灰砂浆、混合砂浆等做成的各种饰面抹灰层。根据使用要求不同，抹灰分为一般抹灰和装饰面抹灰。

1. 墙面抹灰的构造组成及作用

墙面抹灰一般由底层抹灰、中间抹灰和面层抹灰三部分组成，如图3-30所示。

（1）底层抹灰。

底层抹灰主要是对墙体基层的表面处理，起到与基层黏结和初步找平的作用。抹灰施工时应先清理基层，除去浮尘，保证底层与基层黏结牢固。底层砂浆根据基层材料的不同和受水浸湿情况的不同，可分别选用石灰砂浆、水泥石灰混合砂浆和水泥砂浆，底层抹灰厚度一般为 5~10 mm。

普通砖墙由于吸水性较大，在抹灰前须将墙面浇湿，以免抹灰后过多吸收砂浆中水分而影响黏结。

轻质砌块墙体因砌块表面的空隙大，吸水性极强，为避免抹灰砂浆中的水分被墙体吸收，而导致墙体与底层抹灰间的黏结力降低，常见处理方法

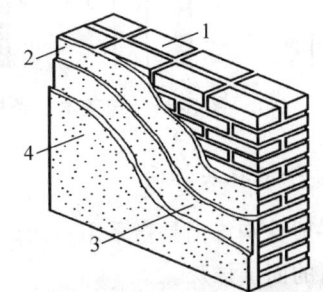

图 3-30 抹灰的构造组成
1—基层；2—底层；3—中间层；4—面层

是：采用107胶水[配合比是107胶水：水（比为1：4）]，满涂墙面，以封闭砌块表面空隙，再做底层抹灰。在装饰要求较高的饰面中，还应在墙面满钉0.7 mm细径镀锌钢丝网（网格尺寸32 mm×32 mm），再做抹灰。内墙可用石灰砂浆或混合砂浆，外墙宜用混合砂浆。

外墙门窗洞口的外侧壁、窗套、勒脚及腰线等应用水泥砂浆。

（2）中间抹灰。

中间抹灰主要作用是找平与黏结，还可以弥补底层砂浆的干缩裂缝。其一般用料与底层相同，厚5~10 mm，根据墙体平整度与饰面质量要求，可一次抹成，也可分多次抹成。

（3）面层抹灰。

面层抹灰又称"罩面"，主要是满足装饰和其他使用功能要求。根据所选装饰材料和施工方法不同，面层抹灰可分为各种不同性质和外观的抹灰。

2. 抹灰类饰面的主要特点

墙面抹灰的优点是材料来源丰富，便于就地取材，施工简单，价格便宜；通过适当工艺，可获得多种装饰效果，如拉毛、喷毛、仿面砖等；具有保护墙体、改善墙体物理性能的功能，如保温隔热等。缺点是抹灰构造多为手工操作，现场湿作业量大。

抹灰类饰面应用于外墙面时，要慎选材料，并采取相应改进措施，如掺加疏水剂，可降低吸水性，掺加聚合物，可提高黏结性等。

外墙面抹面一般面积较大，为操作方便、保证质量、利于日后维修、满足立面要求，通常将抹灰层进行分块。分块缝宽一般为20 mm，有凸线、凹线和嵌线三种方式。凹线是最常见的一种形式，嵌木条分格构造如图3-31所示。

另外，由于抹灰类墙面阳角处很容易碰坏，通常在抹灰前应先在内墙阳角、门洞转角、柱子四角等处，用强度较高的 1：2 水泥砂浆抹制护角或预埋角钢护角，护角高度应高出楼地面1.5~2 m，每侧宽度不小于50 mm，如图3-32所示。

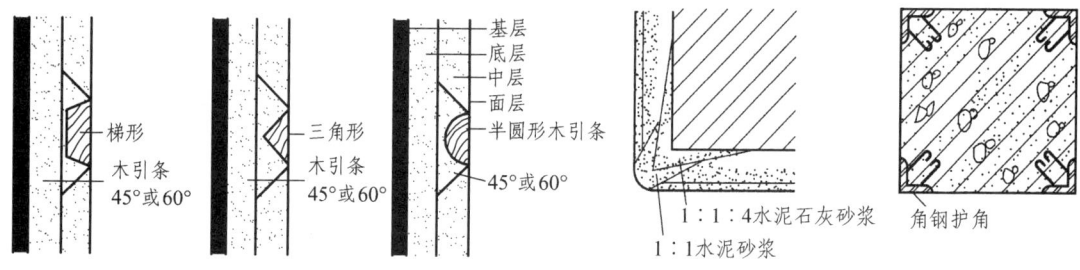

图 3-31 抹灰木引条构造　　　　　　　图 3-32 墙和柱的护角

3. 一般抹灰饰面

一般抹灰饰面是指采用石灰砂浆、混合砂浆、聚合物水泥砂浆、麻刀灰、纸筋灰等对建筑物进行的面层抹灰。

根据房屋使用标准和设计要求，一般抹灰可分为普通、中级和高级三个等级。

普通抹灰是由底层和面层构成的，一般内墙厚18 mm，外墙厚20 mm，适用于简易住宅、大型临时设施、仓库及高标准建筑物的附属工程等。

中级抹灰是由底层、中间层和面层构成的，一般内墙厚20 mm，外墙厚20 mm，适用于一般住宅和公共建筑、工业建筑以及高标准建筑物的附属工程等。

高级抹灰是由底层、多层中间层和面层构成的，一般内墙厚 25 mm，外墙厚 20 mm，适用于大型公共建筑、纪念性建筑以及有特殊功能要求的高级建筑物。

4. 装饰抹灰饰面

（1）拉条抹灰饰面。

拉条抹灰饰面是用杉木板制作的刻有凹凸形状的模具，沿贴在墙面上的木导轨，在抹灰面层上通过上下拉动而形成规则的细条、粗条、波形条等图案效果。

拉条抹灰的基层处理与一般抹灰类同，面层砂浆根据所拉条形的粗细有不同的配比。细条形拉条抹灰面层用水泥∶细纸筋石灰∶细黄砂为 1∶2∶0.5 的混合砂浆。粗条形拉条抹灰分两层，黏结层用水泥∶细纸筋石灰∶中粗砂为 1∶2.5∶0.5 的混合砂浆，面层为水泥∶细纸筋石灰为 1∶0.5 的混合砂浆。

（2）拉毛、甩毛、扫毛及搓毛饰面。

① 拉毛饰面。拉毛饰面是用抹子或硬毛棕刷等工具将砂浆拉出波纹或突起的毛头而做成的装饰面层，有小拉毛和大拉毛两种做法。外墙还有先拉出大拉毛再用铁抹子压平毛尖的做法。

毛面层一般采用普通水泥掺适量石灰膏的素浆或掺入适量砂子的砂浆。小拉毛掺入的石灰膏为水泥量的 5%~20%，大拉毛掺入的石灰膏为水泥量的 20%~30%。

② 甩毛饰面。甩毛饰面是将面层灰浆用工具甩在抹灰中层上，形成大小不一但又有规律的毛面的饰面做法。

③ 扫毛饰面。扫毛抹灰饰面是进行水泥砂浆抹灰后，在其面层砂浆凝固前，按设计图案，用毛柴帚扫出条纹。其基层处理和底层刮糙与一般抹灰饰面相同，面层粉刷是用水泥∶石灰膏∶黄砂 = 1∶0.3∶4 的混合砂浆，其厚度一般为 10 mm。

④ 搓毛饰面。搓毛抹灰饰面是用 1∶1∶6 水泥石灰砂浆打底，罩面也用 1∶1∶6 水泥石灰砂浆，最后进行搓毛。

（3）扒拉灰饰面和扒拉石饰面。

扒拉灰饰面是用 1∶0.5∶3∶5 混合砂浆打底，待底层干燥到六七成时，用 1∶1 水泥砂浆罩面，面层抹灰厚 10 mm，然后用露钉尖的木块（钉耙子）作工具，挠去水泥浆皮而形成的饰面。

扒拉石饰面的做法基本同扒拉灰饰面，只是把 1∶1 水泥砂浆改成 1∶1 水泥细石渣浆。由于能露出细石渣的颜色，质感明显。

扒拉灰饰面和扒拉石饰面一般用于公共建筑外墙面。

（4）假面砖面。

假面砖饰面是用掺氧化铁黄、氧化铁红等颜料的彩色水泥砂浆作面层，通过手工操作达到模拟面砖装饰效果的饰面做法。常用的配合比是水泥∶石灰膏∶氧化铁黄∶氧化铁红∶砂子 = 100∶20∶（6~8）∶2∶150（质量比）。有两种做法：一种是用铁梳子拉假面砖，将铁梳子顺着靠尺板由上向下划纹，深度不超过 1 mm，然后按面砖宽度用铁钩子沿靠尺板横向划沟，其深度为 3~4 mm，露出中层砂浆即可；另一种是用铁辊滚压刻纹。假面砖沟纹清晰，表面平整，色泽均匀，可以假乱真。

（5）聚合物水泥砂浆的喷涂、弹涂、滚涂饰面。

聚合物水泥砂浆是在普通水泥砂浆中掺入适量有机聚合物，一般为水泥质量的（10%～15%），从而改善原来材料的性能。

① 喷涂饰面。用挤压式砂浆泵或喷斗，将聚合物水泥砂浆连续均匀地喷涂在墙体外表形成饰面层。

② 弹涂饰面。先在墙体表面刷一道聚合混合物水泥色浆，用弹涂器分几遍将不同色彩的聚合物水泥浆弹在已涂刷的涂层上，形成3～5 mm的扁圆形花点，再喷罩甲基硅树脂或聚乙烯醇缩丁醛溶液。

③ 滚涂饰面。先将聚合混合物水泥砂浆抹在墙面上，用滚子滚出花纹，再喷罩甲基硅醇钠疏水剂，从而形成装饰层。

四、贴面类饰面

常用的贴面材料可分为三类：一是陶瓷制品，如瓷砖、面砖、陶瓷棉砖、玻璃马赛克等；二是天然石材，如大理石、花岗岩等；三是预制块材，如水磨石饰面板、人造石材等。由于块料的形状、质量、适用部位不同，其构造方法也有一定差异。轻而小的块面可以直接镶贴，构造比较简单，由底层砂浆、黏结层砂浆和块状贴面材料面层组成；大而厚重的块材则必须采用一定的构造连接措施，用贴挂等方式加强与主体结构连接。

1. 面砖饰面

面砖饰面的构造做法是：先在基层上抹15 mm厚1∶3的水泥砂浆作底灰，分两层抹平即可；粘贴砂浆用1∶2.5水泥砂浆或1∶0.2∶2.5水泥石灰混合砂浆，其厚度不小于10 mm；然后在其上贴面砖，并用1∶1白色水泥砂浆填缝，并清理面砖表面，构造如图3-33（a）所示。

面砖类型很多，按其特征有上釉的和不上釉的，釉面砖又分为有光釉和无光釉的两种表面。砖的表面有平滑的和带一定纹理质感的。面砖背部质地粗糙且带有凹槽，以增强面砖和砂浆之间的黏结力，如图3-33（b）所示。

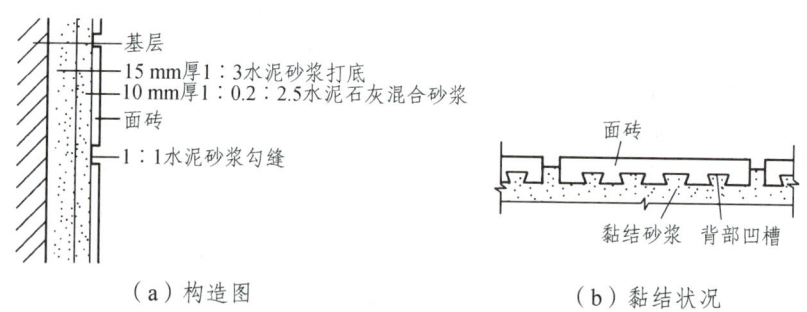

（a）构造图　　　　　　　　　　（b）黏结状况

图3-33　外墙面砖饰面构造

2. 瓷砖饰面

瓷砖又称"釉面瓷砖"，它是用瓷土或优质陶土经高温烧制成的饰面材料。其底胎均为白色，表面上釉有白色的和彩色的。彩色釉面砖又分有光和无光两种。此外还有装饰釉面砖、图案釉面砖、瓷画砖等。装饰釉面砖有花釉砖、结晶釉砖、斑纹釉砖、理石釉砖等。图案砖能做成各种彩色和图案、浮雕，别具风格。瓷砖画则是将画稿按我国传统陶瓷彩绘技术分块烧成釉面砖，然后再拼成整幅画面。

瓷砖饰面构造做法是：先在基层用 1：3 水泥砂浆打底，厚度为 10～15 mm；黏结砂浆用 1：0.1：2.5 水泥石灰膏混合砂浆，厚度为 5～8 mm。黏结砂浆也可用掺 5%～7% 的 107 胶的水泥素浆，厚度为 2～3 mm。釉面砖贴好后，要用清水将表面擦洗干净，然后用白水泥擦缝，随即将瓷砖擦干净。

3. 陶瓷锦砖与玻璃锦砖饰面

（1）陶瓷锦砖。

陶瓷锦砖又称"马赛克"，是以优质瓷土烧制而成的小块瓷砖，分为挂釉和不挂釉两种。陶瓷锦砖规格较小，常用的有：18.5 mm×18.5 mm、39 mm×39 mm、39 mm×18.5 mm、25 mm 六角形等，厚度为 5 mm。陶瓷锦砖是不透明的饰面材料，具有质地坚实、经久耐用、花色繁多、耐酸、耐碱、耐火、耐磨、不渗水、易清洁等优点。

陶瓷锦砖饰面构造做法是：在清理好基层的基础上，用 15 mm 厚 1：3 的水泥砂浆打底；黏结层用 3 mm 厚、配合比为纸筋：石灰膏：水泥 = 1：1：8 的水泥浆，或采用掺加水泥量 5%～10% 的 107 胶或聚乙酸乙烯乳胶的水泥浆。

（2）玻璃锦砖。

玻璃锦砖又称"玻璃马赛克"，是由各种颜色玻璃掺入其他原料经高温熔炼发泡后，压制而成的。玻璃马赛克是乳浊状半透明的玻璃质饰面材料，色彩更为鲜明，并具有透明光亮的特征。

玻璃马赛克饰面的构造做法是：在清理好基层的基础上，用 15 mm 厚 1：3 的水泥砂浆做底层并刮糙，分层抹平，两遍即可；若为混凝土墙板基层，在抹水泥砂浆前，应先刷一道素水泥浆（掺水泥质量 5% 的 107 胶）；抹 3 mm 厚 1：（1～1.5）水泥砂浆黏结层，在黏结层水泥砂浆凝固前，适时粘贴玻璃马赛克。粘贴玻璃马赛克时，在其麻面上抹一层 2 mm 左右厚的白水泥浆，纸面朝外，把玻璃马赛克镶贴在黏结层上。为了使面层黏结牢固，应在白水泥素浆中掺水泥质量 4%～5% 的白胶及掺适量的与面层颜色相同的矿物颜料，然后用同种水泥色浆擦缝。玻璃马赛克饰面构造如图 3-34 所示。

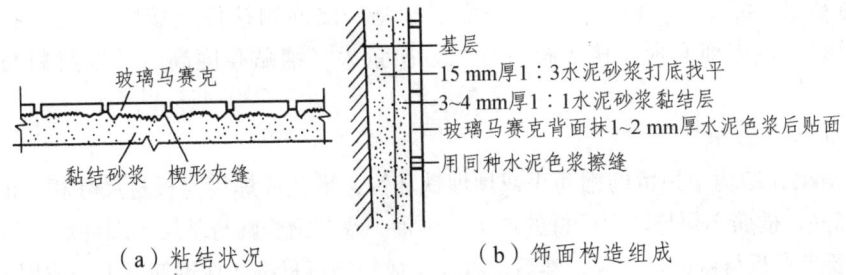

（a）粘结状况　　　　（b）饰面构造组成

图 3-34　玻璃马赛克饰面构造

4. 人造石材饰面

预制人造石材饰面板亦称预制饰面板，大多都在工厂预制，然后现场进行安装。其主要类型有：人造大理石材饰面板、预制水磨石饰面板、预制斩假石饰面板、预制水刷石饰面板以及预制陶瓷砖饰面板。根据材料的厚度不同，又分为厚型和薄型两种，厚度为 40 mm 以下的称为板材，厚度在 40~130 mm 的称为块材。

（1）人造大理石饰面板饰面。

人造大理石饰面板是仿天然大理石的纹理预制生产的一种墙面装饰材料，根据所用材料和生产工艺的不同可分为聚酯型人造大理石、无机胶结型人造大理石、复合型人造大理石和烧结型人造大理石四类。这四类人造大理板在物理学性能、与水有关的性能、黏附性能等方面各不相同，对它们采用的构造固定方式也不同，有水泥砂浆粘贴法、聚酯砂浆粘贴法、有机胶黏剂粘贴法和挂贴法四种方法。

（2）预制水磨石饰面板饰面。

预制水磨石板饰面构造方法是：先在墙体内预埋铁件或甩出钢筋，绑扎 6 mm、间距为 400 mm 的钢筋骨架后，通过预埋在预制板上的铁件与钢筋网固定牢，然后分层灌注 1∶2.5 水泥砂浆，每次灌浆高度为 20~30 mm，灌浆接缝应留在预制板的水平接缝以下 5~10 cm 处。第一次灌完浆，将上口临时固定石膏剔掉，清洗干净再安装第二行预制饰面板。

无论是哪种类型的人造石材饰面板，当板材厚度较大、尺寸规格较大、铺贴高度较高时，应考虑采用挂贴相结合的方法，以保证粘贴更为可靠。人造石材饰面构造见图 3-35。

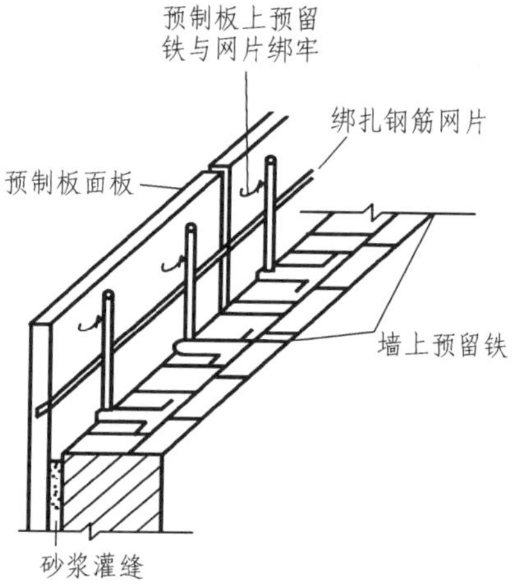

5. 天然石材饰面

天然石料如花岗岩、大理石等可以加工成板材、块材和面砖，用作饰面材料。天然石材饰面板不仅具有各种颜色、花纹、斑点等天然材料的自然美感，装饰效果强，而且质地密实坚硬，故耐久性、耐磨性等均较好。

大理石和花岗岩饰面板材的构造方法一般有：钢筋网固定挂贴法、金属件锚固挂贴法、干挂法、聚酯砂浆固定法、树脂胶黏结法等几种。

钢筋网固定挂贴法和金属件锚固挂贴法，其基本构造层次分为基层、浇注层、饰面层，在饰面层和基层之间用挂件连接固定。这种"双保险"构造法，能够保证当饰面板（块）材尺寸大、质量大、铺贴高度高时饰面材料与基层连接牢固。

图 3-35 人造石材饰面板安装构造

（1）钢筋网挂贴法。

首先提凿出在结构中预留的钢筋头或预埋铁环钩，绑扎或焊接与板材尺寸相应的一个直径 6 mm 的钢筋网，横筋必须与饰面板材的连接孔位置一致，钢筋网与基层预埋件焊牢如图 3-36 所示，按施工要求在板材侧面打孔洞；然后，将加工成型的石材绑扎在钢筋网上，或用不锈钢挂钩与基层的钢筋网套紧，石材与墙面之间的距离一般为 30~50 mm，墙面与石材之间灌注 1∶2.5 水泥砂浆，第三层灌浆至板材上口 80~100 mm，所留余量为上排板材灌浆的结合层，以使上下排连成整体。钢筋网挂贴法构造如图 3-37 所示。

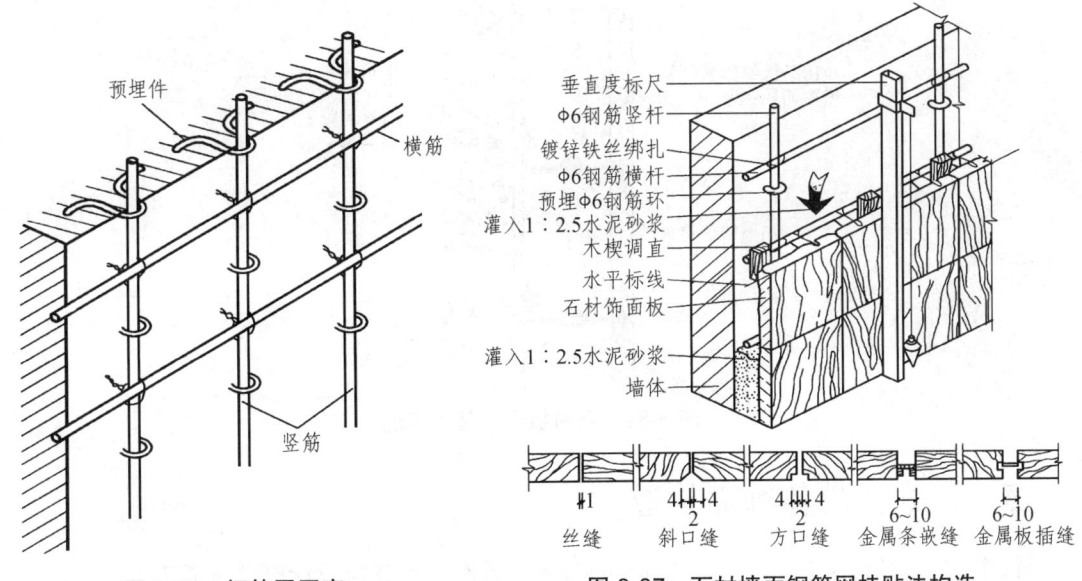

图 3-36 钢筋网固定　　　图 3-37 石材墙面钢筋网挂贴法构造

（2）金属件挂贴法。

金属件挂贴法又称木楔固定法，其主要构造做法是：首先对石板钻孔和剔槽，对应板块上孔的位置对基体进行钻孔；板材安装定位后将 U 形钉端勾进石板直孔，并随即用硬木楔搋紧，U 形钉另一端勾入基体上的斜孔内，调整定位后用木楔塞紧基体斜孔内的 U 形钉部分，接着用大木楔塞紧于石板与基体之间；最后分层浇注水泥砂浆，其做法与钢筋网挂贴法相同。木楔固定法构造如图 3-38 所示。

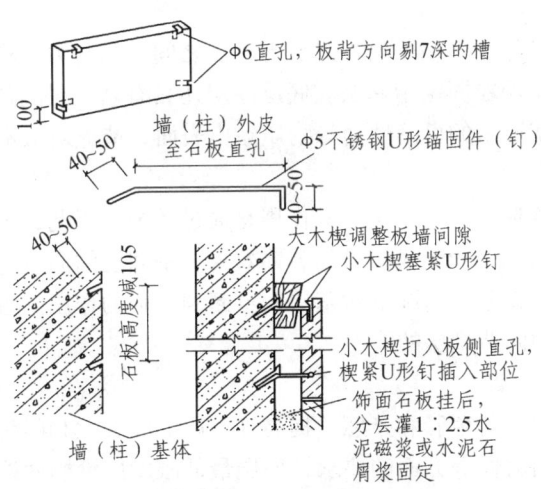

图 3-38 U 形钉锚固石材板构造

（3）干挂法。

直接用不锈钢型材或金属连接件将石板材支托并锚固在墙体基面上，而不采用灌浆湿作业的方法称为干挂法。干挂法构造要点是：首先按照设计在墙体基面上电钻打孔，固定不锈钢膨胀螺栓；将不锈钢挂件安装在膨胀螺栓上；安装石板，并调整固定。其基本构造如图 3-39 所示。

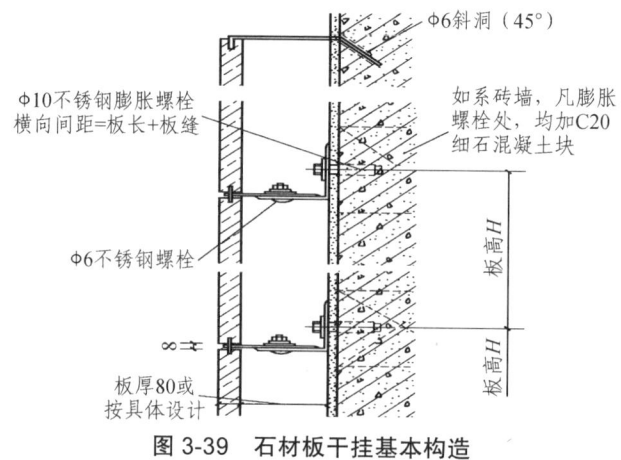

图 3-39 石材板干挂基本构造

五、涂刷类墙体饰面构造

涂刷类饰面材料几乎可以配成任何一种需要的颜色，为建筑设计提供灵了活多样的表现手段，这也是在装饰效果上的其他饰面材料所不能及的。但由于涂料所形成的涂层较薄、较为平滑，涂刷类饰面只能掩盖基层表面的微小瑕疵，不能形成凹凸程度较大的粗糙质感表面，即使采用厚涂料，或拉毛做法，也只能形成微弱的小毛面。所以，外墙涂料的装饰作用主要在于改变墙面色彩，而不在于改善质感。

1. 涂刷类饰面的构造层次

涂刷类饰面的涂层构造，一般可分为三层，即底层、中间层和面层。

（1）底层。

底层俗称刷底漆，其主要作用是增加涂层与基层之间的黏附力，进一步清理基层表面的灰尘，使一部分悬浮的灰尘颗粒固定于基层。底层涂层还具有基层封闭剂（封底）的作用，可以防止木脂、水泥砂浆抹灰层中的可溶性盐等物质渗出表面，造成对涂饰饰面的破坏。

（2）中间层。

中间层是整个涂层构造中的成型层。其作用是通过适当的工艺，形成具有一定厚度的、匀实饱满的涂层，达到保护基层和形成所需的装饰效果。中间层的质量好，不仅可以保证涂层的耐久性、耐水性和强度，在某些情况下对基层尚可起到补强的作用。近年来常采用厚涂料、白水泥、砂粒等材料配制中间造型层的涂料。

（3）面层。

面层的作用是体现涂层的色彩和光感，提高饰面层的耐久性和耐污染能力。为了保证色彩均匀，并满足耐久性、耐磨性等方面的要求，面层最低限度应涂刷两遍。一般来说，油性漆、溶剂型涂料的光泽度普遍要高一些。采用适当的涂料生产工艺、施工工艺，水性涂料和无机涂料的光泽度可以赶上或超过油性涂料、溶剂型涂料的光泽度。

2. 刷浆类饰面

刷浆类饰面是将水质类涂料刷在建筑物抹灰层或基体等表面上形成的装饰层。水质涂料种类很多，主要有水泥浆、石灰浆、大白粉浆饰面、可赛银浆等。

3. 涂料类饰面

（1）溶剂型涂料饰面。

溶剂型涂料是以高分子合成树脂为主要成膜物质，有机溶剂为稀释剂，加入适量的颜料填料及辅料，经辊轧塑化、研磨搅拌溶解而配制成的一种挥发性涂料。溶剂型涂料一般都有较好的硬度、光泽、耐水性、耐化学药品性及一定的耐老化性。它与类似树脂的乳液型外墙涂料相比，在耐大气污染、耐水和耐酸碱性方面都比较好。

（2）乳液型涂料饰面。

各种有机物单体经乳液聚合反应后生成的聚合物，以非常细小的颗粒分散在水中，形成乳状液，将这种乳状液作为主要成膜物质配成的涂料称为乳液型涂料。当所用的填充料为细粉末时，所得涂料可以形成类似油漆涂膜的平滑涂层，这种涂料称为乳胶漆，一般用于室内墙面装饰。若掺有类似云母粉、粗砂粒等粗填料所配得的涂料，能形成有一定粗糙质感的涂层，称为乳液型厚涂料。乳液型厚涂料对墙面基层有一定的遮盖能力，涂层均实饱满，有较好的装饰质感，通常用于建筑外墙或大墙面装饰。

（3）硅酸盐无机涂料饰面。

硅酸盐无机涂料以碱性硅酸盐为基料（常用硅酸钠、硅酸钾和胶体氧化硅），外加硬化剂、颜料、填料及助剂配制而成。硅酸盐无机涂料具有良好的耐光、耐热、耐放射线及耐老化性，加入硬化剂后涂层具有较好的耐水性及耐冻融性，有较好的装饰效果，同时无机涂料的原料来源方便、无毒、对空气无污染，成膜温度比乳液涂料低，适用于一般建筑外饰面。无机建筑涂料用喷涂或滚涂的施工方法。

（4）水溶性涂料饰面——聚乙烯醇类涂料饰面。

聚乙烯醇内墙涂料是以聚乙烯醇树脂为主要成膜物质，其优点是不掉粉，有的能经受湿布轻擦，价格不高，施工也较方便。它是介于大白浆与油漆和乳胶漆之间的一种饰面材料。聚乙烯醇类涂料主要有聚乙烯醇水玻璃内墙涂料和聚乙烯醇缩甲醛内墙涂料。聚乙烯醇水玻璃内墙涂料的商品名称是"106内墙涂料"，聚乙烯醇缩甲醛内墙涂料又称SJ-803内墙涂料。

4. 油漆类饰面

油漆是指涂刷在材料表面能够干结成膜的有机涂料，用这种涂料做成的饰面称为油漆饰面。油漆的类型很多，按使用效果分为清漆、色漆等；按使用方法分为喷漆、烘漆等；按漆膜外观分为有光漆、亚光漆、皱纹漆等；按成膜物进行分类，有油基漆、含油合成树脂漆、不含油合成树脂漆、纤维衍生物漆、橡胶衍生物漆等。

油漆耐水、易清洗，装饰效果好，但涂层的耐光性差，施工工序繁，工期长。

用油漆做墙面装饰时，要求基层平整，充分干燥，且无任何细小裂纹。油漆墙面一般构造做法是：先在墙面上用水泥石灰砂浆打底，再用水泥、石灰膏、细黄砂粉面两层，总厚度在 20 mm 左右，最后刷油漆，一般油漆至少涂刷一底二度。

六、镶板（材）类墙体饰面构造

1. 镶板类饰面的特点

（1）装饰效果丰富。

不同的饰面板，因材质不同，可以达到不同的装饰效果。如：采用木条、木板做墙裙、护壁使人感到温暖、亲切、舒适、美观；采用木材还可以按设计需要加工成各种弧面或形体转折，若保持木材原有的纹理和色泽，则更显质朴、高雅；采用经过烤漆、镀锌、电化等处理过的铜、不锈钢等金属薄板饰面，则会使墙体饰面色泽美观，花纹精巧，装饰效果华贵。

（2）耐久性能好。

根据墙体所处环境选择适宜的饰板材料，若技术措施和构造处理合理，墙体饰面必然具有良好的耐久性。

（3）施工安装简便。

饰面板通过镶、钉、拼、贴等构造方法与墙体基层固定，虽然施工技术要求较高，但现场湿作业量少，安全简便。

2. 镶板类墙体饰面构造做法

镶板类墙体饰面构造做法较多，在这里简单介绍以下几类：

（1）木与木制品护壁的基本构造。

光洁坚硬的原木、胶合板、装饰板、硬质纤维板等可用作墙面护壁，护壁高度为 1~1.8 m，甚至与顶棚做平。其构造方法是：先在墙内预埋木砖，墙面抹底灰，刷热沥青或铺油毡防潮，然后钉双向木墙筋，一般为 400~600 mm（视面板规格而定），木筋断面为（20~45）mm×（40~45）mm。当要求护壁离墙面一定距离时，可由木砖挑出。木护壁构造如图 3-40 所示。

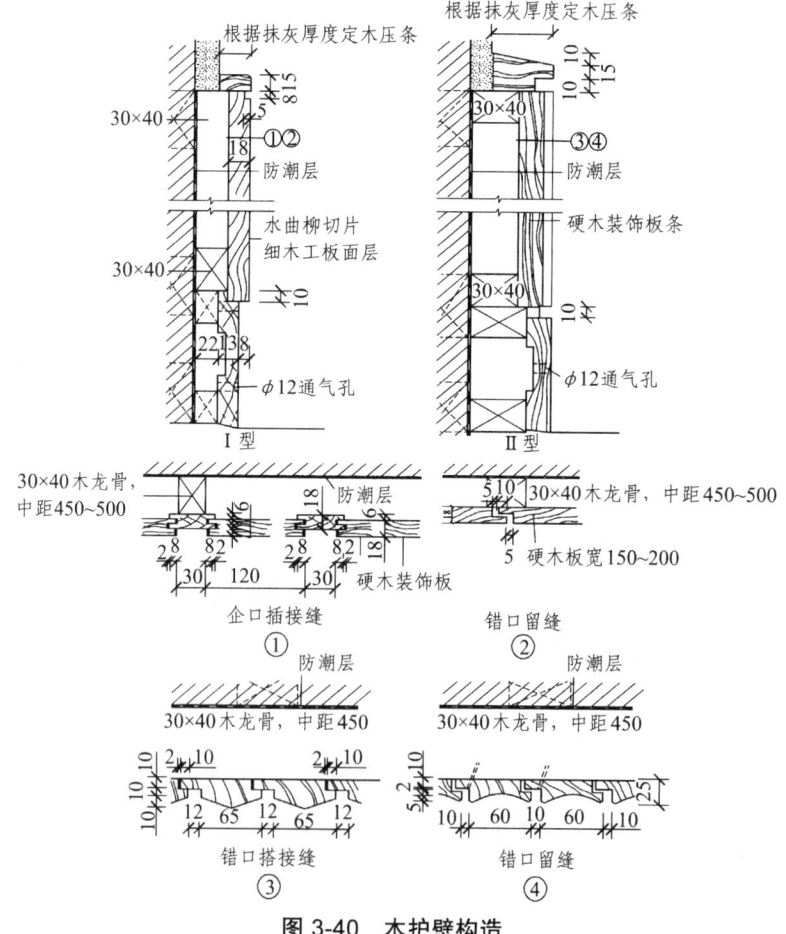

图 3-40 木护壁构造

(2) 金属薄板饰面。

金属饰面板是利用一些轻金属，如铝、铜、铝合金、不锈钢、钢材等，经加工制成各类压型薄板，或者在这些薄板上进行搪瓷、烤漆、喷漆、镀锌、电化覆盖塑料等处理后，用来做室内外墙面装饰的材料。工程中应用较多的有单层铝合金板、塑铝板、不锈钢板、镜面不锈钢板、钛金板、彩色搪瓷钢板、铜合金板等。

3. 金属板饰面的构造层次

金属板饰面的构造层次与木质类饰面基本相同，在具体连接固定和用料上又有区别。

(1) 铝合金饰面板。

铝合金饰面板根据表面处理的不同，可分为阳极氧化处理和漆膜处理两种；根据几何尺寸的不同，可分为条形扣板和方形板。条形扣板的板条宽度在 150 mm 以下，长度可视使用要求确定。方形板包括正方形板、矩形板、异形板。有时为了加强板的刚度，可压出肋条加劲；有时为保暖、隔音，还可将其断面加工成空腔蜂窝状板材。

铝合金饰面板一般安装在型钢或铝合金型材所构成的骨架上，由于型钢强度高、焊接方便、价格便宜、操作简便，所以用型钢做骨架的较多。

铝合金饰面板构造连接方式通常有两种：一是直接固定，将铝合金板块用螺栓直接固定在型钢上，因其耐久性好，常用于外墙饰面工程；二是利用铝合金板材压延、拉伸、冲压成型的特点，做成各种形状，然后将其压卡在特制的龙骨上，这种连接方式适应于内墙装饰。

铝合金墙板的构造如图 3-41 所示。

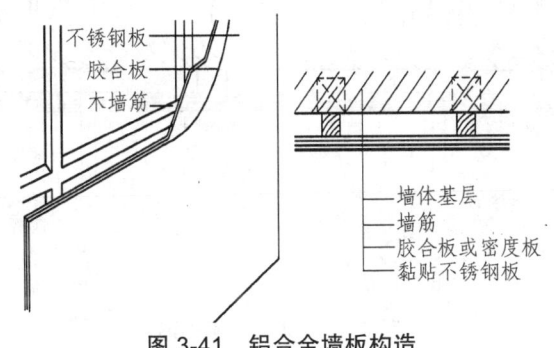

图 3-41 铝合金墙板构造

(2) 不锈钢板饰面。

不锈钢板按其表面处理方式不同分为镜面不锈钢板、压光不锈钢板、彩色不锈钢板和不锈钢浮雕板。

不锈钢板的构造固定与铝合金饰板构造相似，通常将骨架与墙体固定，用木板或木夹板固定在龙骨架上作为结合层，将不锈钢饰面镶嵌或粘贴在结合层上，如图 3-42 所示。也可以采用直接贴墙法，即不需要龙骨，将不锈钢饰面直接粘贴在墙表面上。

(3) 玻璃饰面。

玻璃饰面是采用各种平板玻璃、压花玻璃、磨砂玻璃、彩绘玻璃、蚀刻玻璃、镜面玻璃等作为墙体饰面。玻璃饰面具有光滑、易于清洁、装饰效果豪华美观的特点，如采用镜面玻璃墙面可使视觉延伸、扩大空间感，与灯具和照明结合起来会形成各种不同的环境气氛和光影趣味。但玻璃饰面容易破碎，故不宜设在墙、柱面较低的部位，否则要加以保护。

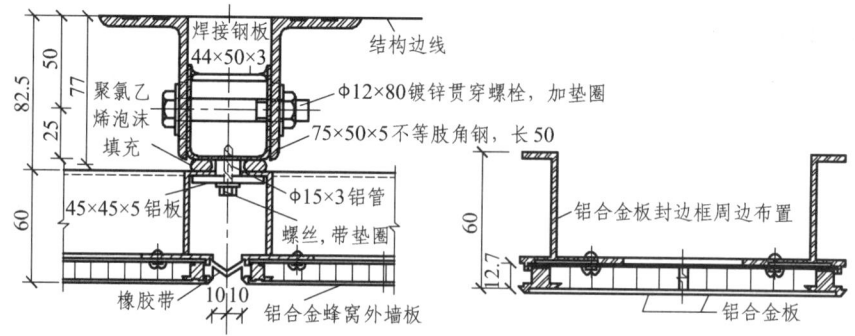

图 3-42　不锈钢饰面构造

玻璃饰面基本构造是：在墙基层上设置一层隔汽防潮层；按要求立木筋，间距按玻璃尺寸，做成木框格；在木筋上钉一层胶合板或纤维板等衬板；最后将玻璃固定在木边框上。

固定玻璃的方法主要有四种：一是螺钉固定法，在玻璃上钻孔，用不锈钢螺钉或铜螺钉直接把玻璃固定在板筋上；二是嵌条固定法，用硬木、塑料、金属（铝合金、不锈钢、铜）等压条压住玻璃，压条用螺钉固定在板筋上；三是嵌钉固定法，在玻璃的交点用嵌钉固定；四是粘贴固定法，用环氧树脂把玻璃直接粘在衬板上。构造方法如图 3-43 所示。

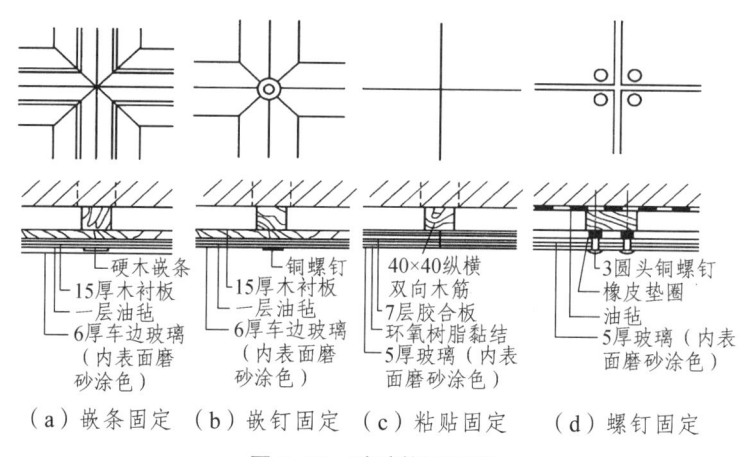

图 3-43　玻璃饰面构造

（4）装饰吸声板。

常用的装饰吸声板有：石膏纤维装饰吸声板、软质纤维装饰吸声板、硬质纤维装饰吸声板、钙塑泡沫装饰吸声板、矿棉装饰吸声板、玻璃棉装饰吸声板、聚苯乙烯泡沫塑料装饰吸声板、珍珠岩装饰吸声板等。它们具有良好的吸声效果，且有质轻、防火、保温、隔热等特性，多用于室内墙面。装饰吸声板饰面构造比较简单，一般方法是直接贴在墙面上或钉在龙骨上。

七、裱糊类内墙饰面构造

裱糊类墙面装修是将各种装饰性的墙纸、墙布、织锦等卷材类的装饰材料裱糊在墙面的一种装修做法。墙纸，也称为壁纸，是一种用于裱糊墙面的室内装修材料。壁纸的种类很多，按外观装饰效果分为印花壁纸、压花壁纸、浮雕壁纸等；按施工方法分为现场刷胶裱贴壁纸和背面预涂胶直接铺贴壁纸；按使用功能分为防火壁纸、耐水壁纸、装饰性壁纸；按壁纸的所用材料分为塑料壁纸、纸质壁纸、织物壁纸、石棉纤维或玻璃纤维壁纸、天然材料壁纸等。

1. 壁布饰面

（1）玻纤贴壁布。

玻纤贴壁布是以中碱玻璃纤维作为基材，表面涂以耐磨树脂，经染色印花而成的一种卷材。这种壁布本身有布纹质感，经套色印花后色彩鲜艳，有较好的装饰效果。玻璃纤维壁布除了具有材料强度大、韧性好、耐水耐火、不褪色、不老化、价格相对低廉、裱糊工艺比较简单等优点外，它还是非燃烧体。

（2）无纺贴壁布。

无纺贴壁布是采用棉、麻等天然纤维或涤纶、腈纶等合成纤维，经无纺成型，然后上树脂、印花而成的卷材。无纺贴壁布挺括光洁，表面色彩鲜艳、有绒毛感，有一定的透气性和防潮性，有弹性，不易折断，能擦洗不褪色，纤维不老化等特性，适用于各种建筑的内墙面。

（3）锦缎壁布。

锦缎壁布是丝织物的一种，它的优点是花纹图案绚丽多彩、质感柔软、接触感很好，是一种高级墙面装饰材料。

壁纸壁布饰面构造如图 3-44 所示。

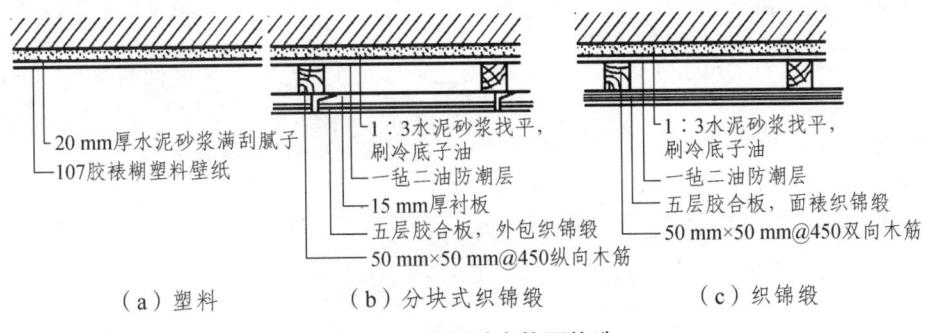

图 3-44　壁纸壁布饰面构造

2. 微薄木饰面

微薄木是由天然木材经机械旋切加工而成（0.2~0.5）mm 厚的薄木片。其特点是厚薄均匀、木纹清晰，并且保持了天然木材的真实质感。微薄木表面是经旋切后再覆上一层增强用的衬纸所形成的复合贴面材料，一般规格尺寸为 2 100 mm × 1 350 mm。微薄木是一种新型的高档室内装饰材料。

微薄木的基本构造与裱贴壁纸相似。首先是基层处理，在基层上以化学糨糊加老粉调成腻子，满批两遍，干后用 0 号砂纸打磨平整，再满涂清油一道；然后涂胶粘贴，在微薄木背面和基层表面同时均匀涂刷胶液（聚乙烯乙酸乳液：107 胶 = 7：30），涂胶晾置 10~15 min，当粘贴表面胶液呈半干状态时，即可开始粘贴，接缝处采用衔接拼缝，拼缝后，宜随手用电熨斗烫平压实；最后漆饰处理，待微薄木干后，即可按木材饰面的设计要求进行漆饰处理，油漆表面必须尽可能地将木材纹理显露出来。

复习思考题

1. 简述墙体的类型。
2. 砌墙常用的砂浆有哪些？如何选用？
3. 砖墙的组砌原则是什么？实心砖墙有哪些组砌方式？
4. 墙的承重方案有几种？各自有什么优缺点？
5. 防潮层的作用是什么？水平防潮层的位置应当如何确定？
6. 过梁主要有哪几种？构造如何？
7. 圈梁的作用是什么？一般设置在什么位置？
8. 简述构造柱的作用及构造？
9. 隔墙的类型和构造要求有哪些？
10. 简述墙面装修的作用和基本类型。
11. 抹灰为什么要分层进行？各层的作用是什么？

第四章 楼地层

【学习目标】

本章重点介绍了楼板层的构造组成及类型、钢筋混凝土楼板的分类及构造、地坪层及地面构造,其次介绍了顶棚的构造、阳台与雨篷的类型及构造。通过学习,学生应达到以下要求:

(1)掌握现浇式钢筋混凝土楼板的类型及细部构造。
(2)掌握地面的类型及细部构造。
(3)熟悉预制装配式、装配整体式钢筋混凝土楼板的类型及细部构造。
(4)熟悉顶棚的类型及细部构造。
(5)熟悉阳台与雨篷的类型及细部构造。

第一节 楼板的组成及类型

楼板层与地坪层是建筑空间的水平分隔构件,同时又是建筑结构的承重构件。一方面承受自重和楼板层上的全部荷载,并合理有序地把荷载传给墙和柱,增强房屋的刚度和整体稳定性;另一方面对墙体起水平支撑作用,以减少风和地震产生的水平力对墙体的影响,增加建筑物的整体刚度。此外,楼地层还具备一定的防火、隔声、防水、防潮等能力,并具有一定的装饰和保温作用。

一、楼板层的构造组成

楼板层主要由面层、结构层和顶棚三部分组成,为了满足保温、隔声、隔热等方面的要求,必要时可根据实际情况增设附加层,如图 4-1 所示。

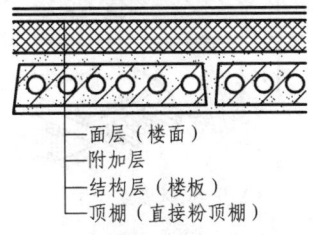
(a)预制钢筋混凝土楼板层

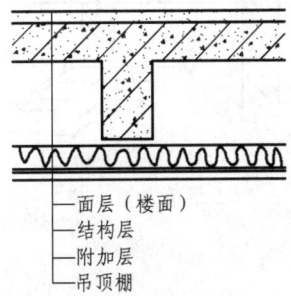
(b)现浇钢筋混凝土楼板层

图 4-1 楼板层的组成

1. 面层

面层，又称楼面或地面，位于楼板层的最上层，起着保护楼板层、分布荷载、承受并传递荷载的作用，同时又对室内起美化装饰作用。根据使用要求和选用材料的不同，面层可有多种做法。

2. 结构层

结构层，又称楼板，是楼板层的承重构件，一般包括梁和板，主要功能是承受楼板层上的全部荷载，并将荷载传给墙和柱，同时对墙身起水平支撑作用，以加强建筑物的刚度和整体性。

3. 顶棚层

顶棚层，又称天花板，位于楼板层的最下层，主要起着保护楼板、安装灯具、遮掩各种水平管线设备、改善室内光照条件、装饰美化室内空间的作用，在构造上有直接抹灰顶棚、粘贴类顶棚和吊顶等多种形式。

4. 附加层

附加层，又称功能层，根据楼板层的具体要求、使用功能的不同而设置，主要作用是保温、隔声、隔热、防水、防潮、防腐蚀、防静电等。根据需要，附加层有时和面层合二为一，有时又和吊顶合为一体。

二、楼板层的类型

楼板层按结构层所用材料的不同，可分为木楼板、砖拱楼板、钢筋混凝土楼板、钢楼板及压型钢板与混凝土组合楼板等，如图4-2所示。

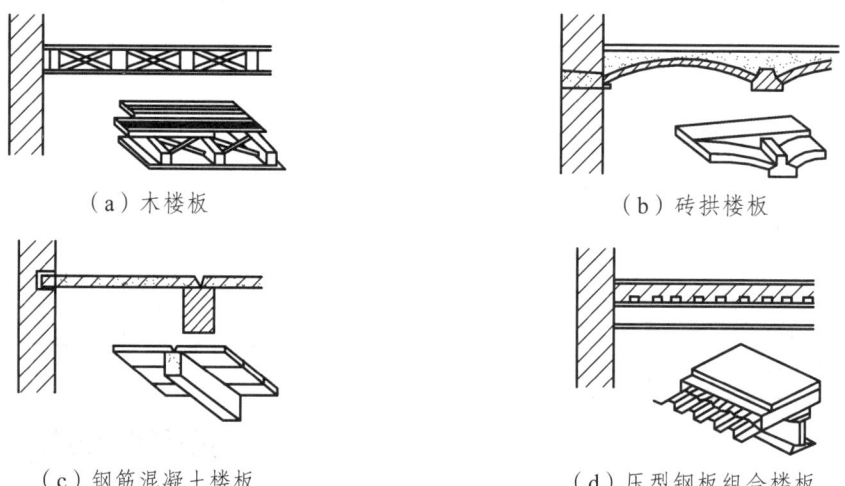

图4-2 楼板层的类型

1. 木楼板

木楼板是在木搁栅之间设置剪刀撑，形成有足够整体性和稳定性的骨架，并在木搁栅上下铺钉木板所形成的楼板，如图 4-2（a）所示。这种楼板构造简单，自重轻，导热系数小，但耐久性和耐火性差，耗费木材量大，除木材产区外较少采用。

2. 砖拱楼板

砖拱楼板是先在墙或柱上架设钢筋混凝土小梁，然后在钢筋混凝土小梁之间用砖砌成拱形结构所形成的楼板，如图 4-2（b）所示。砖拱楼板可节约钢材、水泥、木材，造价低，但承载能力和抗震能力差，结构层所占的空间大，顶棚不平整，施工较烦琐，所以现在已基本不用。

3. 钢筋混凝土楼板

钢筋混凝土楼板的强度高、刚度大、耐久性和耐火性好，还具有良好的可塑性，便于工业化的生产和施工，是目前应用最广泛的楼板类型，如图 4-2（c）所示。

4. 钢楼板

钢楼板自重轻、强度高、整体性好、易连接、施工方便、便于建筑工业化，但用钢量大、造价高、易腐蚀、维护费用高、耐火性比钢筋混凝土差，一般常用于工业类建筑。

5. 压型钢板组合楼板

压型钢板组合楼板是在钢筋混凝土楼板的基础上发展起来的，利用压型钢板作衬板和底模，与混凝土浇注在一起，既提高了楼板的刚度和强度，又加快了施工进度，是目前正大力推广的一种新型楼板。其特点是刚度大、整体性好、可简化施工程序，但需经常维护，如图 4-2（d）所示。

三、楼板层的设计要求

楼板层的设计应满足建筑的使用、结构、施工以及经济等多方面的要求。

1. 具有足够的强度和刚度

楼板层必须具有足够的强度和刚度才能保证楼板正常和安全使用。

足够的强度是指楼板能够承受自重和不同使用要求下的使用荷载（如人群、家具设备等，也称活荷载）而不损坏。自重是楼板层构件材料的净重，其大小也将影响墙、柱、墩、基础等支承部分的尺寸。

足够的刚度是指楼板在一定的荷载作用下，不发生超过规定的形变挠度，以及人走动和重力作用下不发生显著的振动，否则就会使面层材料以及其他构配件损坏，产生裂缝等。刚度用相对挠度来衡量，即绝对挠度与跨度的比值。

楼板层是在整体结构中保证房屋总体强度、刚度和稳定性的构件之一，对房屋起稳定作用。比如：在框架建筑中，楼板是保证全部结构在水平方向不变形的水平支承构件；在砖混结构建筑中，当横向隔墙间距较大时，楼板构件也可以使外墙承受的水平风力传至横向隔墙上，以增加房屋的稳定性。

2. 满足隔声要求

为了防止噪声通过楼板传到上下相邻的房间,影响其使用,楼板层应具有一定的隔声能力。不同使用要求的房间对隔声的要求不同,如居住建筑因为量大面广,所以必须考虑经济条件。我国对住宅楼板的隔声标准中规定:一级隔声标准为 65 dB,二级隔声标准为 75 dB 等。对一些有特殊使用要求的公共建筑使用空间,如医院、广播室、录音室等,则有着更高的隔声要求。

楼板的隔声包括隔绝空气传声和固体传声两方面,后者更为重要。空气传声如说话声及演奏乐器等,声音都是通过空气来传播的。隔绝空气传声应采取使楼板无裂缝、无孔洞及增加楼板层的容重等措施。

固体传声一般由上层房间对下层产生影响,如步履声、移动家具对楼板的撞击声、缝纫机和洗衣机等振动对楼板的影响声等,都是通过楼板层构配件来传递的。由于声音在固体中传递时,声能衰减很少,所以固体传声的影响更大,是楼板隔声的重点。

提高楼层隔声能力的措施有以下几种:

(1)选用空心构件来隔绝空气传声。
(2)在楼板面铺设弹性面层,如橡胶、地毡等。
(3)在面层下铺设弹性垫层。
(4)在楼板下设置吊顶棚。

3. 满足热工、防火、防潮等要求

在冬季采暖建筑中,假如上下两层温度不同时,应在楼板层构造中设置保温材料,尽可能使采暖方面减少热损失,并应使构件表面的温度与房间的温度相差不超过规定数值。在不采暖的建筑中像起居室、卧室等房间,从满足人们卫生和舒适出发,楼面铺面材料亦不宜采用蓄热系数过小的材料,如红砖、石块、锦砖、水磨石等,因为这些材料在冬季容易传导人们足部的热量而使人缺乏舒适感。

采暖建筑中楼板等构件搁入外墙部分应具备足够的热阻,或可以设置保温材料提高该部分的隔热性能;否则热量可能通过此处散失,而且易产生凝结水,影响卫生及构件的寿命。

从防火和安全角度考虑,一般楼板层承重构件,应尽量采用耐火与半耐火材料制造。如果局部采用可燃材料时,应作防火特殊处理。木构件除了防火以外,还应注意防腐、防蛀。

潮湿的房间如卫生间、厨房等应要求楼板层有不透水性。除了支承构件采用钢筋混凝土以外,还可以设置有防水性能、易于清洁的各种铺面,如面砖、水磨石等。与防潮要求较高的房间上下相邻时,还应对楼板层作特殊处理。

4. 满足经济方面的要求

在多层房屋中,楼板层的造价一般约占建筑造价的 20%~30%,因此,楼板层的设计应力求经济合理,应尽量就地取材和提高装配化的程度。在进行结构布置和确定构造方案时,应与建筑物的质量标准和房间的使用要求相适应,并须结合施工要求,避免不切合实际而造成浪费。

5. 满足建筑工业化的要求

在多层或高层建筑中,楼板结构占相当大的比重,要求在楼板层设计时,应尽量考虑减轻自重和减少材料的消耗,并为建筑工业化创造条件,以加快建设速度。

第二节 钢筋混凝土楼板

钢筋混凝土楼板按其施工方法不同,可分为现浇式钢筋混凝土楼板、预制装配式钢筋混凝土楼板和装配整体式钢筋混凝土楼板三种。

现浇式钢筋混凝土楼板是指在施工现场通过支模、绑扎钢筋、整体浇筑混凝土及养护等工序而成型的楼板。这种楼板具有整体性好、刚度大、利于抗震、梁板布置灵活等特点,但其模板耗材大、施工进度慢、施工受季节限制,适用于地震区及平面形状不规则或防水要求较高的房间。

预制式钢筋混凝土楼板是指在构件预制厂或施工现场预先制作,然后在施工现场装配而成的楼板。这种楼板可节省模板、改善劳动条件、提高生产效率、加快施工速度并利于推广建筑工业化,但楼板的整体性差,适用于非地震区、平面形状较规整的房间中。

装配整体式钢筋混凝土楼板是指预制构件与现浇混凝土面层叠合而成的楼板。它既可节省模板、提高其整体性,又可加快施工速度,但其施工较复杂,目前多用于住宅、宾馆、学校、办公楼等大量性建筑中。

一、现浇式钢筋混凝土楼板

现浇式钢筋混凝土楼板根据受力和传力情况分为板式楼板、梁板式楼板、井字梁楼板、无梁楼板和压型钢板组合楼板。

1. 板式楼板

楼板内不设置梁,将板直接搁置在墙上的楼板称为板式楼板。板式楼板有单向板与双向板之分,如图4-3所示。当板的长边与短边之比大于2时,板基本上沿短边方向传递荷载,这种板称为单向板,板内受力钢筋沿短边方向设置。单向板的代号如B/80,其中B代表板,80代表板厚为80 mm。双向板长边与短边之比不大于2,荷载沿双向传递,短边方向内力较大,长边方向内力较小,受力主筋平行于短边,并摆在下面。双向板板厚的确定原则与单向板相同。

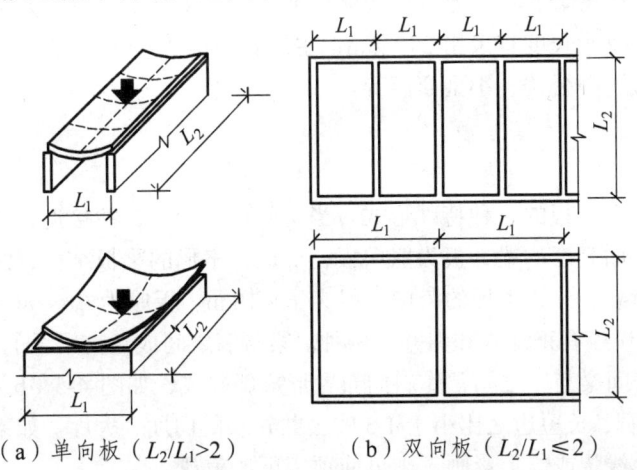

(a)单向板($L_2/L_1>2$)　　(b)双向板($L_2/L_1 \leqslant 2$)

图4-3 楼板的受力、传力方式

板式楼板底面平整、美观、施工方便，但板的跨度较小，经济跨度为 2~3 m，适用于小跨度房间或走廊，如厨房、卫生间等。板的厚度一般为 60~120 mm。

2. 梁板式楼板

当跨度较大时，常在板下设梁以减小板的跨度，使楼板结构更经济合理，楼板上的荷载先由板传给梁，再由梁传给墙或柱。这种楼板称为梁板式楼板或梁式楼板，也称为肋形楼板，如图 4-4 所示。梁板式楼板中的梁可有主梁、次梁之分，次梁与主梁一般垂直相交，板搁置在次梁上，次梁搁置在主梁上，主梁搁置在墙或柱上，主梁可沿房间的纵向或横向布置。

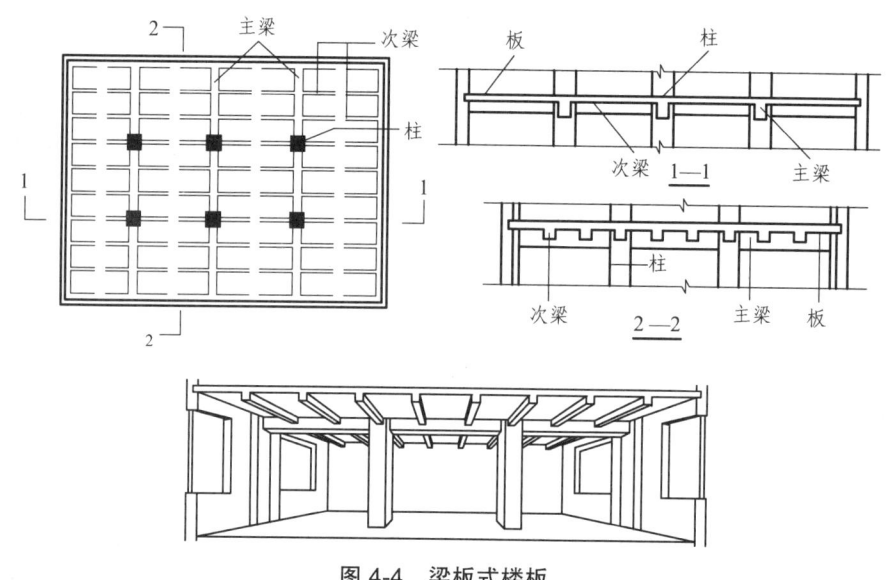

图 4-4　梁板式楼板

主梁的经济跨度 5~8 m，梁高为跨度的 1/18~1/14。次梁的经济跨度为 4~6 m，梁高为跨度的 1/18~1/12。主梁、次梁宽度均为各自梁高的 1/3~1/2。板的跨度为 1.5~3 m，板厚一般 60~80 mm。当梁支承在墙上时，为避免墙体局部压坏，支承处应有一定的支承面积，一般情况下，次梁在墙上的支承长度宜采用 240 mm，主梁宜采用 370 mm。该楼板适用于房间跨度较大的建筑，如教学楼、办公楼、小型商店等。

3. 井字梁楼板

井字梁楼板是肋形楼板的一种特殊形式。当房间尺寸较大，并接近正方形时，常沿两个方向布置等距离、等截面高度的梁，板为双向板，形成井格形的梁板结构，纵梁和横梁同时承担着由板传递下来的荷载。井式楼板的跨度一般为 6~10 m，板厚为 70~80 mm，井格边长一般在 2.5 m 之内。井式楼板有正井式和斜井式两种。梁与墙之间成正交系的为正井式，如图 4-5（a）所示；长方形房间梁与墙之间常作斜向布置形成斜井式，如图 4-5（b）所示。井式楼板常用于跨度为 10 m 左右、长短边之比小于 1.5 的公共建筑的门厅、大厅。如果在井格梁下面加以艺术装饰处理，抹上线腰或绘上彩画，则可使顶棚更加美观。

第四章 楼地层

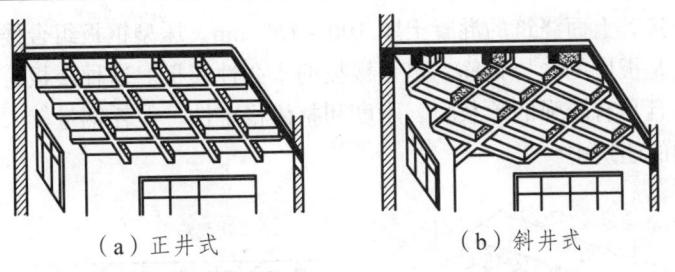

(a) 正井式　　(b) 斜井式

图 4-5　井式楼板

4. 无梁楼板

无梁楼板是在楼板跨中设置柱子来减小板跨，不设主梁和次梁的楼板，如图 4-6 所示。在柱与楼板连接处，柱顶构造分为有柱帽和无柱帽两种。当楼面荷载较小时，采用无柱帽的形式；当楼面荷载较大时，为提高板的承载能力、刚度和抗冲切能力，可以在柱顶设置柱帽和托板来减小板跨、增加柱对板的支托面积。无梁楼板的柱间距宜为 6 m，成方形布置。由于板的跨度较大，故板厚不宜小于 150 mm，一般为 160~200 mm。

无梁楼板的板底平整，室内净空高度大，采光、通风条件好，便于采用工业化的施工方式，适用于楼面荷载较大的公共建筑（如商店、仓库、展览馆等）和多层工业厂房。

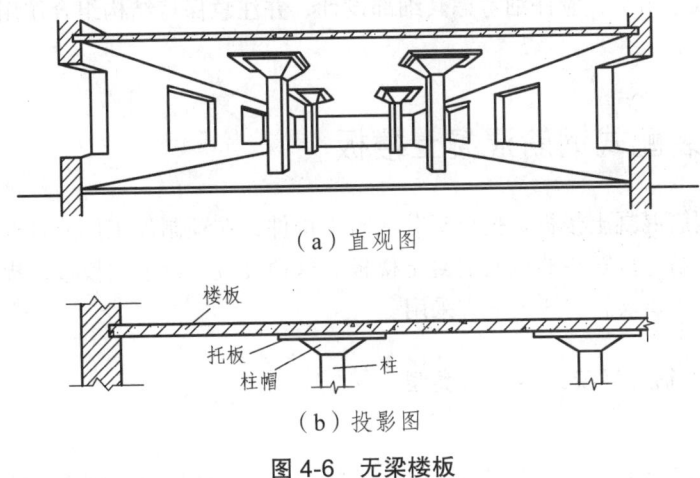

(a) 直观图

(b) 投影图

图 4-6　无梁楼板

5. 压型钢板组合楼板

压型钢板组合楼板由钢梁、压型钢板和现浇混凝土三部分组成。压型钢板组合楼板的基本组成及其构造形式如图 4-7、图 4-8 所示。

压型钢板组合楼板的整体连接是由栓钉（又称抗剪螺钉）将钢筋混凝土、压型钢板和钢梁组合成整体的。栓钉是组合楼板的抗剪连接件，楼面的水平荷载通过它传递到梁、柱上，所以又称剪力螺栓，其规格和数量是按楼板与钢梁连接的剪力大小确定的。栓钉应与钢梁焊接。

压型钢板的跨度一般为 2~3 m，铺设在钢梁上，与

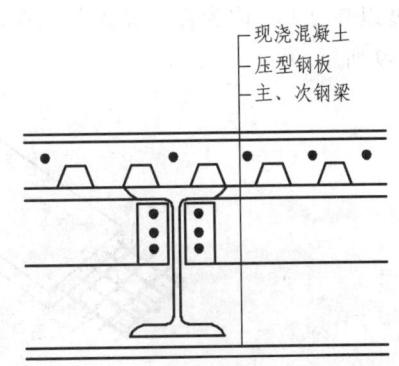

图 4-7　压型钢板组合楼板的基本组成

钢梁之间用栓钉连接。上面浇筑的混凝土厚 100~150 mm。压型钢板组合楼板中的压型钢板承受施工时的荷载，是板底的受拉钢筋，也是楼板的永久性模板。这种楼板简化了施工程序，加快了施工进度，并且具有较强的承载力、刚度和整体稳定性，但耗钢量较大，适用于多、高层的框架或框剪结构的建筑中。

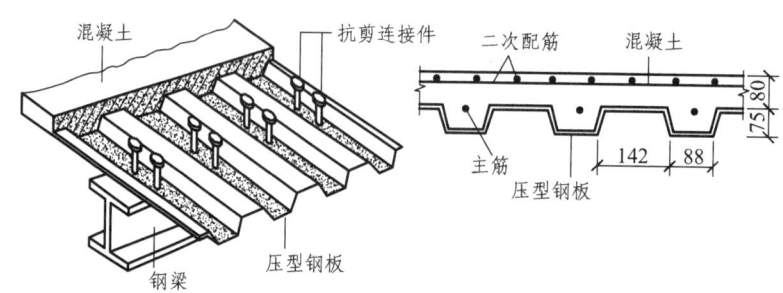

图 4-8　压型钢板组合楼板的构造形式

使用压型钢板组合楼板应注意的问题：
（1）有腐蚀的环境中应避免应用。
（2）应避免压型钢板长期暴露，以防钢板和梁生锈，破坏结构的连接性能。
（3）在动荷载作用下，应仔细考虑其细部设计，并注意保持结构组合作用的完整性和共振问题。

二、预制装配式钢筋混凝土楼板

预制装配式钢筋混凝土楼板是把楼板分成若干构件，在预制加工厂或者施工现场外预先制作，然后在施工现场进行安装的钢筋混凝土楼板。这种楼板可以节约模板、提高工效，但整体性差，一些抗震设防要求高的地区不宜采用。

1. 预制装配式钢筋混凝土楼板的类型

（1）实心平板。

实心平板上下板面平整，制作简单，但自重较大，隔声效果差，宜用于跨度小的走廊板、楼梯平台板、阳台板、管沟盖板等处。板的两端支承在墙或梁上，板厚一般为 50~80 mm，跨度以在 2.4 m 内为宜，板宽为 500~900 mm。实心平板由于构件小，起吊机械要求不高，如图 4-9 所示。

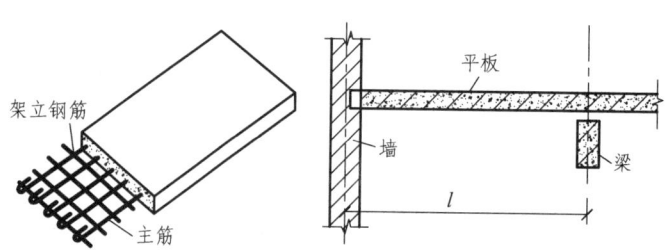

图 4-9　实心平板

（2）空心板。

根据板的受力情况，结合考虑隔声的要求，并使板面上下平整，可将预制板沿纵向将受力小的一部分混凝土抽去做成空心板。空心板的孔洞有矩形、方形、圆形、椭圆形等。矩形孔较为经济但抽孔困难，圆形孔的板刚度较好，制作也较方便，因此使用较广。根据板的宽度，孔数有单孔、双孔、三孔、多孔之分。目前，我国预应力空心板的跨度尺寸可达到 6 m、6.6 m、7.2 m 等。板的厚度为 120～300 mm。空心板的优点是节省材料、隔音隔热性能较好，缺点是板面不能任意打洞。目前以圆孔板的制作最为方便，应用最广，如图 4-10 所示。

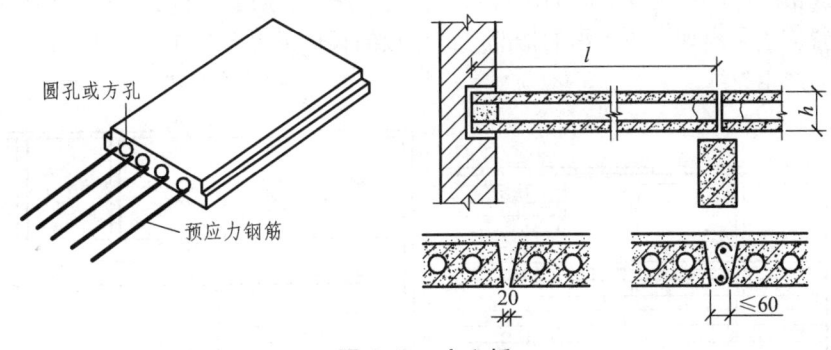

图 4-10 空心板

（3）槽形板。

当板的跨度尺寸较大时，为了减轻板的自重，根据板的受力状况，可将板做成由肋和板构成的槽形板。板长为 3～6 m 的非预应力槽形板，板肋高为 120～240 mm，板的厚度仅 30 mm。槽形板减轻了板的自重，具有省材料、便于在板上开洞等优点，但隔声效果差。当槽形板正放（肋朝下）时，板底不平整。槽形板倒放（肋向上）时，需在板上进行构造处理，使其平整。槽内可填轻质材料起保温、隔声作用。槽形板正放常用作厨房、卫生间、库房等楼板。当对楼板有保温、隔声要求时，可考虑采用倒放槽形板，如图 4-11 所示。

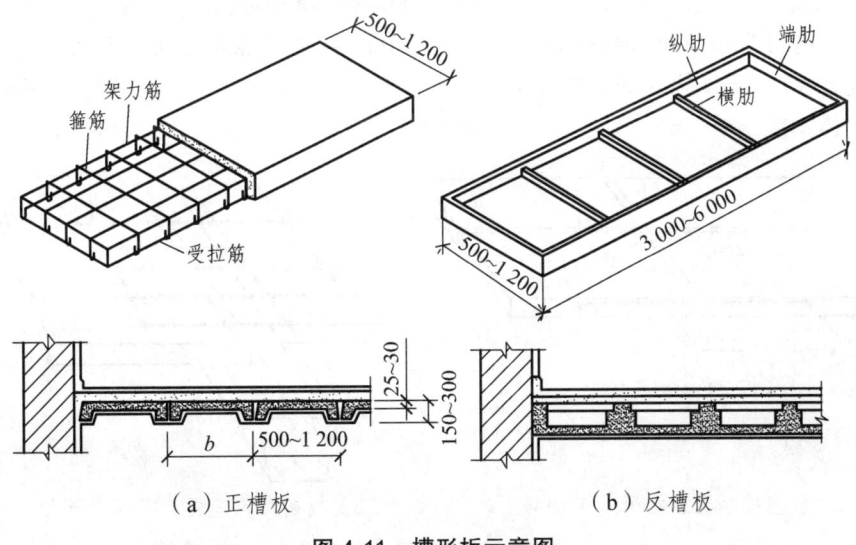

(a) 正槽板　　(b) 反槽板

图 4-11 槽形板示意图

2. 预制装配式钢筋混凝土楼板的布置与细部构造

（1）板的布置方式。

① 对建筑方案进行楼板布置时，首先应根据房间的使用要求确定板的种类，再根据开间与进深尺寸确定楼板的支承方式，然后根据现有板的规格进行合理的安排。板的支承方式有板式和梁板式，预制板直接搁置在墙上的称板式布置，若预制楼板支承在梁上，梁再搁置在墙上的称为梁板式布置，如图4-12所示。板式结构布置多用于房间的开间和进深尺寸都不大的建筑，如住宅、宿舍等。梁板式结构布置多用于房间的开间和进深尺寸都比较大的建筑，如教学楼等。在确定板的规格时，应首选以房间的短边长度作为板跨。一般要求板的规格、类型愈少愈好。

板的布置应避免出现三边支承的情况，即楼板的长边不得布置在梁或砖墙内，否则在荷载作用下，板会产生裂缝。

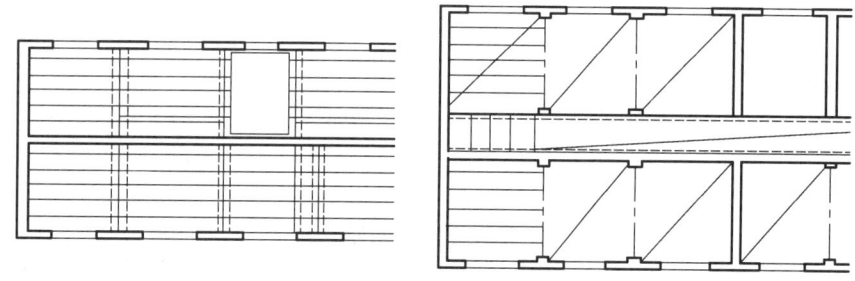

图4-12 预制楼板的结构布置

② 板在梁上的搁置方式。

当采用梁板式支承方式时，板在梁上的搁置方案一般有两种：一种是板直接搁在梁顶上，如图4-13（a）所示；另一种是将板搁置在花篮梁或十字形梁两翼梁肩上，如图4-13（b）所示，板面与梁顶相平，在梁高不变的情况下，这种方式相应地提高了室内净空高度。但这时在选用预制板的规格时应注意，它的搁置长度不能按梁中线计算，而是要减去梁顶宽度。

预制板直接搁置在砖墙或者梁上时，应有足够的支承长度。在墙上的支承长度不宜小于100 mm；在钢筋混凝土梁上的支承长度不宜小于80 m；当利用板端伸出钢筋拉结和混凝土灌缝时，其支承长度可为40 mm，但板端缝宽不小于80 mm，灌缝混凝土强度等级不宜低于C20。铺板前，先在墙或梁上用20 mm厚M5的水泥砂浆找平（即坐浆），然后铺板。此外，为增强建筑物的整体刚度，板与墙、梁之间及板与板之间常用钢筋拉结，如图4-14所示。

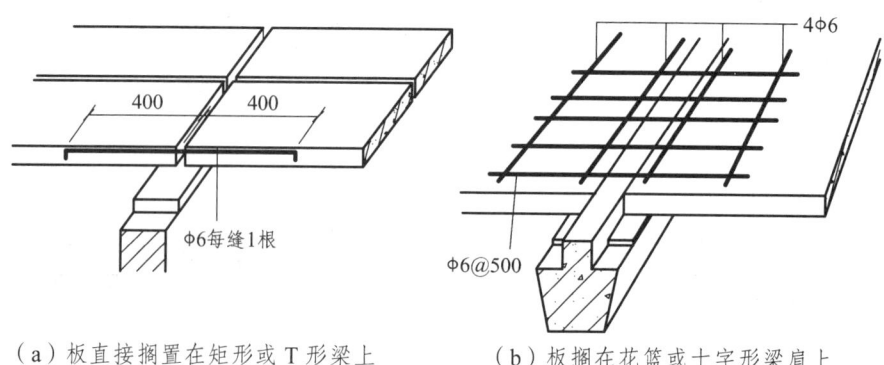

（a）板直接搁置在矩形或T形梁上　　（b）板搁在花篮或十字形梁肩上

图4-13 板在梁上的搁置

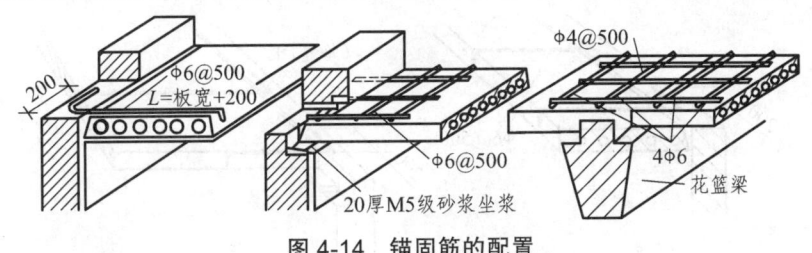

图 4-14 锚固筋的配置

（2）板的细部构造。

① 板缝处理。

为了便于板的安装铺设，板与板之间常留有 10~20 mm 的缝隙。为了加强板的整体性，板缝内须灌入细石混凝土，并要求灌缝密实，避免在板缝处出现裂缝而影响楼板的使用和美观。板的侧缝构造一般有三种形式：V 形缝、U 形缝和凹槽缝，如图 4-15 所示。

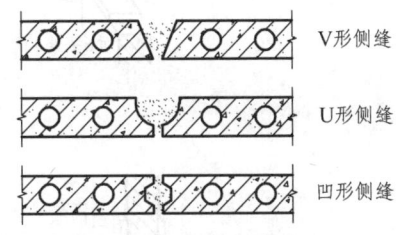

图 4-15 板的侧缝构造

V 形缝与 U 形缝板缝构造简单，便于灌缝，所以应用较广，凹形缝有利于加强楼板的整体刚度，板缝能起到传递荷载的作用，使相邻板能共同工作，但施工较麻烦。

② 板缝差的调整与处理。

板的排列受到板宽规格的限制，因此，排板的结果常出现较大的缝隙。根据排板数量和缝隙的大小，可考虑采用调整板缝的方式解决。当板缝宽在 30 mm 时，用细石混凝土灌实即可。当板缝宽达 50 mm 时，常在缝中配置钢筋再灌以细石混凝土，如图 4-16（a）、（b）所示。也可以将板缝调至靠墙处，当缝宽≤120 mm 时，可沿墙挑砖填缝，当缝宽≥120 mm 时，采用钢筋骨架现浇板带处理，如图 4-16（c）、（d）所示。

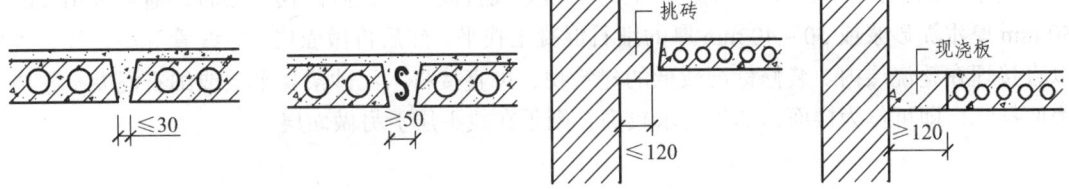

（a）缝宽<50 mm 时用水泥　（b）缝宽≥50 mm 需配　（c）缝宽≤120 mm 时可沿　（d）缝宽≥200 mm 时用现
　　砂浆或细石混凝土灌缝　　　　筋灌缝　　　　　　墙挑砖处理　　　　　　浇板填补

图 4-16 板缝及板缝差的处理

③ 板的锚固。

为增强建筑物的整体刚度，特别是处于地基条件较差地段或地震区，应在板与墙及板端与板端连接处设置锚固钢筋，如图 4-17 所示。

④ 楼板与隔墙。

隔墙若为轻质材料时，可直接立于楼板之上。如果采用自重较大的材料，如黏土砖等作隔墙，则不宜将隔墙直接搁置在楼板上，特别应避免将隔墙的荷载集中在一块楼板上。对有小梁搁置的楼板或槽形板，通常将隔墙搁置在小梁上或槽形板的边肋上，如果是空心板作楼板，可在隔墙下作现浇板带或设置预制梁解决，如图 4-18 所示。

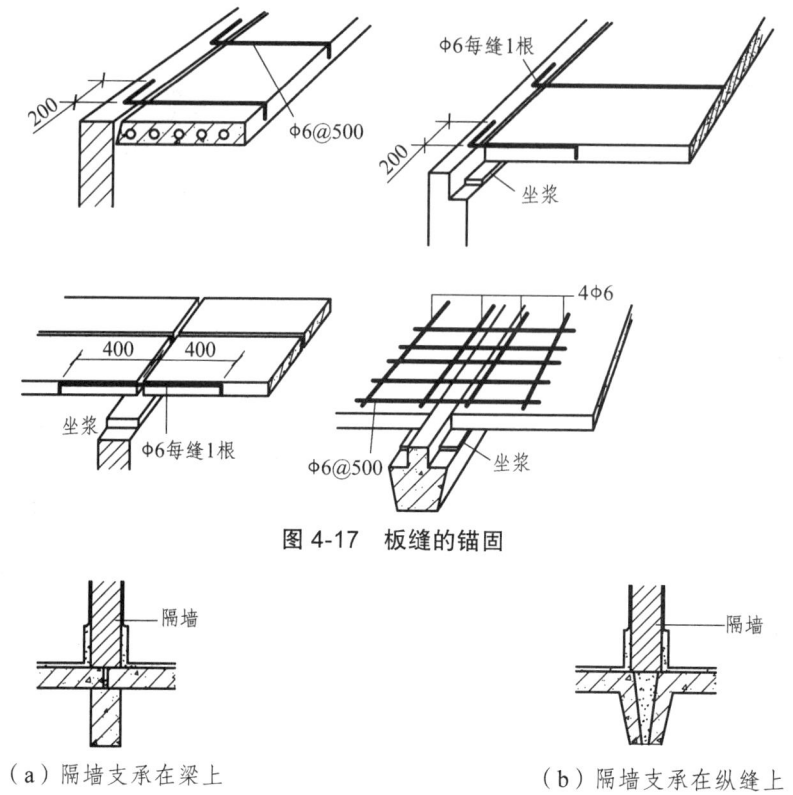

图 4-17 板缝的锚固

（a）隔墙支承在梁上　　　　　　（b）隔墙支承在纵缝上

图 4-18 隔墙的楼板的关系

⑤ 板的面层处理。

由于预制构件的尺寸误差或施工上的原因造成板面不平，需做找平层时，通常采用 20～30 mm 厚水泥砂浆或 30～40 mm 厚的细石混凝土找平，然后再做面层，电线管等小口径管线可以直接埋在整浇层内。装修标准较低的建筑物，可直接将水泥砂浆找平层或细石混凝土整浇层表面抹光，即可作为楼面，如果要求较高，则须在找平层上另做面层。

三、装配整体式钢筋混凝土楼板

装配整体式钢筋混凝土楼板是先预制部分构件，然后在现场安装，再以整体浇筑方法连成一体的楼板。它克服了现浇板消耗模板量大、预制板整体性差的缺点，整合了现浇式楼板整体性好和装配式楼板施工简单、工期短的优点。装配整体式钢筋混凝土楼板按结构及构造方式可分为密肋填充块楼板和预制薄板叠合楼板。

1. 密肋填充块楼板

密肋填充块楼板的密肋小梁有现浇和预制两种。现浇密肋填充块楼板是以陶土空心砖、矿渣混凝土实心块等作为肋间填充块来现浇密肋和面板而成。预制小梁填充块楼板是在预制小梁之间填充陶土空心砖、矿渣混凝土实心块、煤渣空心块，上面现浇面层而成。密肋填充块楼板板底平整，有较好的隔声、保温、隔热效果，在施工中空心砖还可起到模板作用，也有利于管道的敷设。此种楼板常用于学校、住宅、医院等建筑中,如图 4-19 所示。

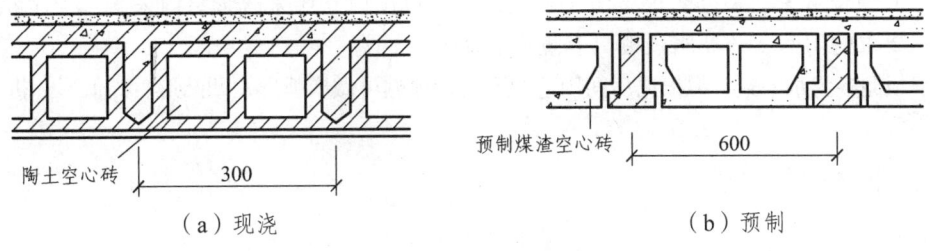

图 4-19 密肋楼板

2. 预制薄板叠合楼板

预制薄板叠合楼板是由预制薄板和现浇钢筋混凝土层叠合而成的装配整体式楼板。预制板既是叠合楼板结构的组成部分,又是现浇钢筋混凝土叠合层的永久性模板,现浇叠合层内可敷设水平管线。预制板底面平整,可直接喷涂或粘贴其他装饰材料做顶棚。

为了保证预制薄板与叠合层有较好的连接,薄板上表面需做处理,如将薄板表面作刻槽处理、板面露出较规则的三角形结合钢筋等。预制薄板跨度一般为 2.4~6 m,最大可达到 9 m,板宽为 1.1~1.8 m,板厚通常不小于 50 mm。现浇叠合层厚度一般为 100~120 mm,以大于或等于薄板厚度的两倍为宜。叠合楼板的总厚度一般为 150~250 mm。叠合楼板的预制部分,也可采用普通的钢筋混凝土空心板,只是现浇叠合层的厚度较薄,一般为 30~50 mm,如图 4-20 所示。

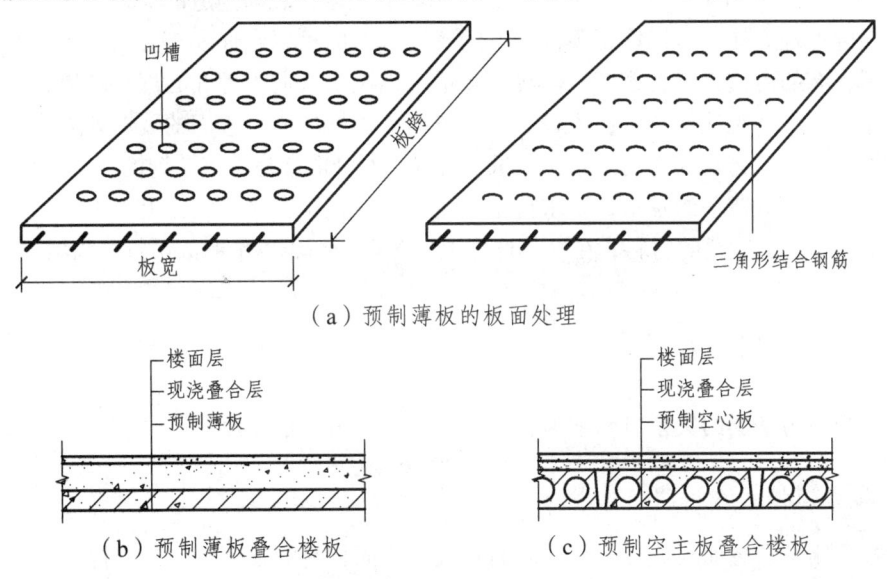

图 4-20 预制薄板叠合楼板

第三节 顶棚构造

顶棚是指建筑物屋顶和楼层下表面的装饰构件,又称天棚、天花板。顶棚是室内空间的顶界面,同墙面、楼地面一样,是建筑物主要装修部位之一。顶棚的构造设计与选择应从建筑功能、建筑声学、建筑照明、建筑热工、设备安装、管线敷设、维护检修、防火安全以及美观要求等多方面综合考虑。顶棚要求光洁、美观，能通过反射光照来改善室内采光及卫生状况，对某些特殊要求的房间，还要求顶棚具有隔声、防水、保温、隔热等功能。

一般顶棚多为水平式，但根据房间用途的不同，顶棚可做成弧形、凹凸形、高低形、折线形等。

一、顶棚的作用

1. 改善室内环境，满足使用要求

顶棚的处理首先要考虑室内使用功能对建筑技术的要求。照明、通风、保温、隔热、吸声或反射、音响、防火等技术性能，直接影响室内的环境与使用。如剧场的顶棚，要综合考虑光学、声学两个方面的设计问题。在表演区，多采用综合照明，面光、耳光、追光、顶光甚至脚光一并采用；观众厅的顶棚则应以声学为主，结合光学的要求，做成多种造型，以满足声音反射、漫射、吸收和混响等方面的需要。

2. 装饰室内空间

顶棚是室内装饰的一个重要组成部分，除满足使用要求外，还要考虑室内的装饰效果、艺术风格的要求，即从空间造型、光影、材质等方面，来渲染环境、烘托气氛。

不同功能的建筑和建筑空间对顶棚装饰的要求不一样，装饰构造的处理手法也有区别。顶棚选用不同的处理方法，可以取得不同的空间感觉。有的可以延伸和扩大空间感，对人的视觉起导向作用；有的可使人感到亲切、温暖、舒适，以满足人们生理和心理对环境的需要。如建筑物的大厅、门厅，是建筑物的出入口、人流进出的集散场所，它们的装饰效果往往极大地影响人的视觉对该建筑物及其空间的第一印象。所以，入口常常是重点装饰的部位。它们的顶棚，在造型上多运用高低错落的手法，以求得富有生机的变化；在材料选择上，多选用一些不同色彩、不同纹理和富于质感的材料；在灯具选择上，多选用高雅、华丽的吊灯，以增加豪华气氛。

二、顶棚的分类

顶棚按饰面与基层的关系可归纳为直接式顶棚与悬吊式顶棚两大类。

1. 直接式顶棚

直接式顶棚是在屋面板或楼板结构底面直接做饰面材料的顶棚。它具有构造简单、构造层厚度小、施工方便、可取得较高的室内净空、造价较低等特点，但没有供隐蔽管线、设备的内部空间，故用于普通建筑或空间高度受到限制的房间。

直接式顶棚按施工方法可分为直接式抹灰顶棚、直接喷刷式顶棚、直接粘贴式顶棚、直接固定装饰板顶棚及结构顶棚。

2. 悬吊式顶棚

悬吊式顶棚是指顶棚的装饰表面悬吊于屋面板或楼板下，并与屋面板或楼板留有一定距离

的顶棚，俗称吊顶。悬吊式顶棚可结合灯具、通风口、音响、喷淋、消防设施等进行整体设计，形成变化丰富的立体造型，改善室内环境，满足不同使用功能的要求。

悬吊式顶棚的类型很多，从外观上分有平滑式顶棚、井格式顶棚、叠落式顶棚、悬浮式顶棚；以龙骨材料分类，有木龙骨悬吊式顶棚、轻钢龙骨悬吊式顶棚、铝合金龙骨悬吊式顶棚；以饰面层和龙骨的关系分类，有活动装配式悬吊式顶棚、固定式悬吊式顶棚；以顶棚结构层的显露状况分类，有开敞式悬吊式顶棚、封闭式悬吊式顶棚；以顶棚面层材料分类，有木质悬吊式顶棚、石膏板悬吊式顶棚、矿棉板悬吊式顶棚、金属板悬吊式顶棚、玻璃发光悬吊式顶棚、软质悬吊式顶棚；以顶棚受力大小分类，有上人悬吊式顶棚、不上人悬吊式顶棚；以施工工艺不同分类，有暗龙骨悬吊式顶棚和明龙骨悬吊式顶棚。

三、直接式顶棚

直接在结构层底面进行喷浆、抹灰、粘贴壁纸、粘贴面砖、粘或钉接石膏板条与其他板材等饰面材料或铺设固定搁栅所做成的顶棚。

1. 饰面特点

直接式顶棚一般具有构造简单、构造层厚度小、可以充分利用空间的特点；采用适当的处理手法，可获得多种装饰效果；材料用量少，施工方便，造价也较低。但这类顶棚没有供隐藏管线等设备、设施的内部空间，故小口径的管线应预埋在楼、屋盖结构及其构造层内，大口径的管道则无法隐蔽。它适用于普通建筑及室内建筑高度空间受到限制的场所。

2. 材料选用

直接式顶棚常用的材料有：

（1）各类抹灰：纸筋灰抹灰、石灰砂浆抹灰、水泥砂浆抹灰等。普通抹灰用于一般房间，装饰抹灰用于要求较高的房间。

（2）涂刷材料：石灰浆、大白浆、彩色水泥浆、可赛银等。用于一般房间。

（3）壁纸等各类卷材：墙纸、墙布、其他织物等。用于装饰要求较高的房间。

（4）面砖等块材：常用釉面砖。用于有防潮、防腐、防霉或清洁要求较高的房间。

（5）各类板材：胶合板、石膏板、各种装饰面板等。用于装饰要求较高的房间。

还有石膏线条、木线条、金属线条等。

3. 基本构造

（1）直接喷刷顶棚。

直接喷刷顶棚是在楼板底面填缝刮平后直接喷或刷大白浆、石灰浆等涂料，以增加顶棚的反射光照作用，通常用于观瞻要求不高的房间。

（2）抹灰顶棚。

抹灰顶棚是在楼板底面勾缝或刷素水泥浆后进行抹灰装修，抹灰表面可喷刷涂料，适用于一般装修标准的房间。

抹灰顶棚一般有麻刀灰（或纸筋灰）顶棚、水泥砂浆顶棚和混合砂浆顶棚等，其中麻刀灰顶棚应用最普遍。麻刀灰顶棚的做法是先用混合砂浆打底，再用麻刀灰罩面，如图 4-21（a）、（b）所示。

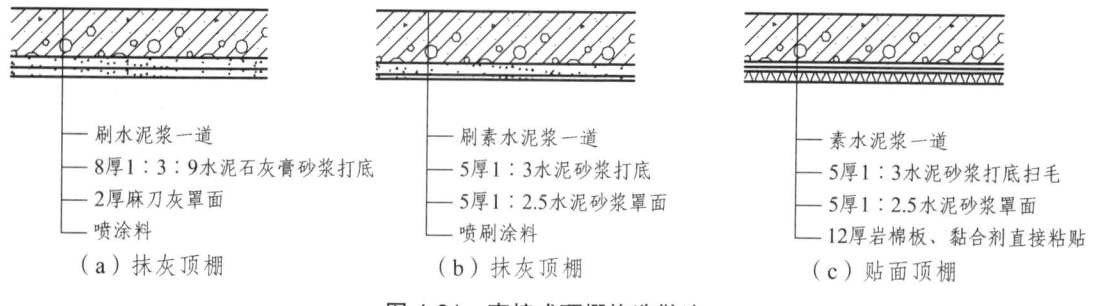

图 4-21 直接式顶棚构造做法

（3）贴面顶棚。

贴面顶棚是在楼板底面用砂浆打底找平后，用胶黏剂粘贴墙纸、泡沫塑胶板或装饰吸声板等，一般用于楼板底部平整、不需要顶棚敷设管线而装修要求又较高的房间，或有吸声、保温隔热等要求的房间，如图 4-21（c）所示。

4. 直接式顶棚的装饰线脚

直接式顶棚装饰线脚是安装在顶棚与墙顶交界部位的线材，简称装饰线，如图 4-22 所示。其作用是满足室内的艺术装饰效果和接缝处理的构造要求。直接式顶棚的装饰线可采用粘贴法或直接钉固法与顶棚固定。

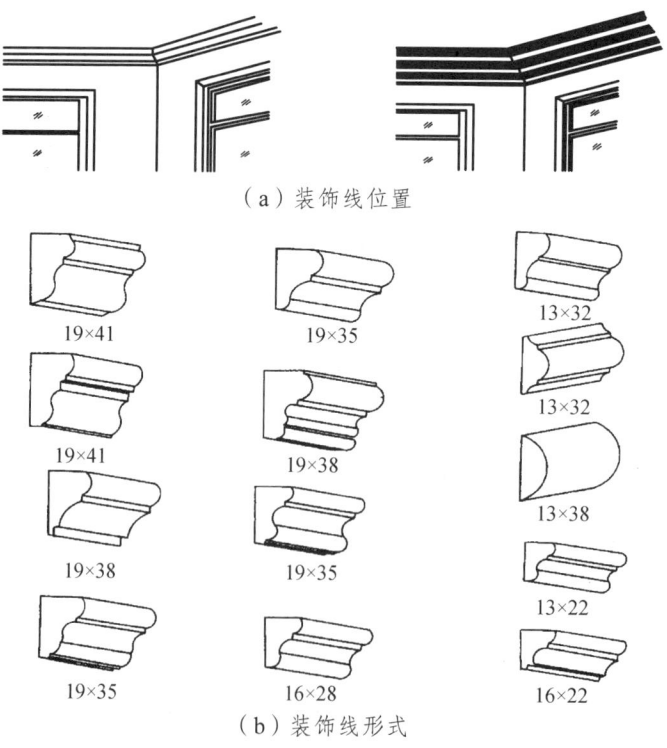

图 4-22 直接式顶棚的装饰线

（1）木线。

木线采用质硬、木质较细的木料经定型加工而成。其安装方法是在墙内预埋木砖，再用直钉固定，要求线条挺直、接缝严密。

（2）石膏线。

石膏线采用石膏为主的材料经定型加工而成，其正面具有各种花纹图案，要用粘贴法固定。在墙面与顶棚交接处要联系紧密，避免产生缝隙、影响美观。

（3）金属线。

金属线包括不锈钢线条、铜线条、铝合金线条，常用于办公室、会议室、电梯间、楼梯间、走道及过厅等场所，其装饰效果给人以轻松之感。金属线的断面形状很多，在选用时要与墙面与顶棚的规格及尺寸配合好，其构造方法是用木衬条镶嵌，万能胶黏固。

四、悬吊式顶棚

悬吊式顶棚（吊顶棚）又称吊顶，是将饰面层悬吊在楼板结构上而形成的顶棚。

吊顶棚应具有足够的净空高度，以便于照明、空调、灭火喷淋、感应器、广播设备等管线及其装置各种设备管线的敷设；合理地安排灯具、通风口的位置，以符合照明、通风要求；选择合适的材料和构造做法，使其燃烧性能和耐火极限符合防火规范的规定；应便于制作、安装和维修，自重宜轻，以减少结构负荷。同时，吊顶棚还应满足美观和经济等方面的要求。对有些房间，吊顶棚应满足隔声、音质等特殊要求。

1. 饰面特点

吊顶可埋设各种管线，可镶嵌灯具，可灵活调节顶棚高度，可丰富顶棚空间层次和形式，等等；或对建筑起到保温隔热、隔声的作用。同时，悬吊式顶棚的形式不必与结构形式相对应。但要注意：若无特殊要求，则悬挂空间越小越利于节约材料和造价；必要时应留检修孔、铺设走道以便检修，防止破坏面层；饰面应根据设计留出相应灯具、空调等电器设备安装和送风口、回风口的位置。这类顶棚多适用于中、高档次的建筑顶棚装饰。

2. 吊顶的类型

（1）根据结构构造形式的不同，吊顶可分为整体式吊顶、活动式装配吊顶、隐蔽式装配吊顶和开敞式吊顶等。

（2）根据材料的不同，常见的吊顶有板材吊顶、轻钢龙骨吊顶、金属吊顶等。

3. 悬吊式顶棚的构造

（1）悬吊式顶棚的构造组成。

悬吊式顶棚一般由悬吊部分、顶棚骨架、饰面层和连接部分组成，如图4-23所示。

① 悬吊部分。

悬吊部分包括吊点、吊杆和连接杆。

a. 吊点：吊杆与楼板或屋面板连接的节点为吊点。在荷载变化处和龙骨被截断处要增设吊点。

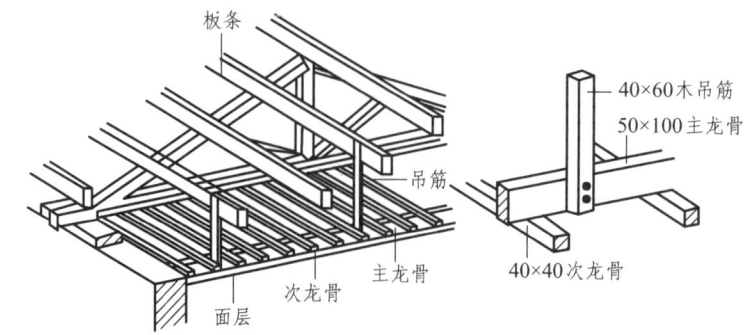

（a）木骨架吊顶

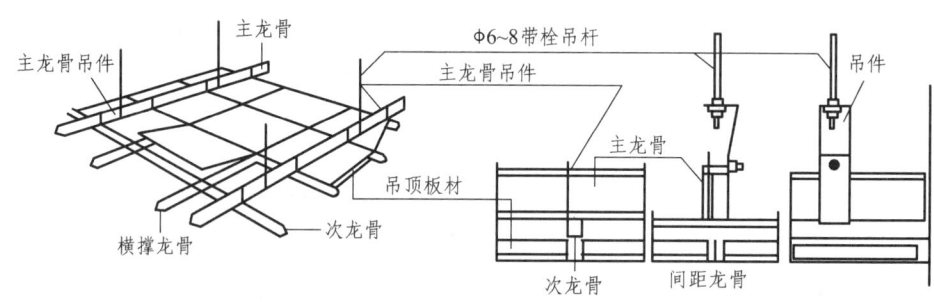

（b）金属骨架吊顶

图 4-23 吊顶的组成

b. 吊杆（吊筋）：吊杆（吊筋）是连接龙骨和承重结构的承重传力构件。吊杆的作用是承受整个悬吊式顶棚的重量（如饰面层、龙骨以及检修人员），并将这些重量传递给屋面板、楼板、屋架或屋面梁，同时还可调整、确定悬吊式顶棚的空间高度。

吊杆按材料分有钢筋吊杆、型钢吊杆、木吊杆。钢筋吊杆的直径一般为 6~8 mm，用于一般悬吊式顶棚；型钢吊杆用于重型悬吊式顶棚或整体刚度要求高的悬吊式顶棚，其规格尺寸要通过结构计算确定；木吊杆用 40 mm×40 mm 或 50 mm×50 mm 的方木制作，一般用于木龙骨悬吊式顶棚。

② 顶棚骨架。

顶棚骨架又叫顶棚基层，是由主龙骨、次龙骨、小龙骨（或称主搁栅、次搁栅）所形成的网格骨架体系。其作用是承受饰面层的重量并通过吊杆传递到楼板或屋面板上。

悬吊式顶棚的龙骨按材料分有木龙骨、型钢龙骨、轻钢龙骨、铝合金龙骨。

③ 饰面层。

饰面层又叫面层，其主要作用是装饰室内空间，并且还兼有吸音、反射、隔热等特定的功能。饰面层一般有抹灰类、板材类、开敞类。饰面常用板材性能及适用范围见表 4-1。

表 4-1 饰面常用板材性能及适用范围

名　　称	材料性能	适用范围
纸面石膏板、石膏吸声板	质量轻、强度高、阻燃防火、保温隔热，可锯、钉、刨、粘贴，加工性能好，施工方便	适用于各类公共建筑的顶棚
矿棉吸声板	质量轻、吸声、防火、保温隔热、美观、施工方便	适用于公共建筑的顶棚

续表

名　称	材料性能	适用范围
珍珠岩吸声板	质量轻、防火、防潮、防蛀、耐酸，装饰效果好，可锯、可割，施工方便	适用于各类公共建筑的顶棚
钙塑泡沫吸声板	质量轻、吸声、隔热、耐水，施工方便	适用于公共建筑的顶棚
金属穿孔吸声板	质量轻、强度高、耐高温、耐压、耐腐蚀、防火、防潮、化学稳定性好、组装方便	适用于各类公共建筑的顶棚
石棉水泥穿孔吸声板	质量大，耐腐蚀，防火、吸声效果好	适用于地下建筑、降低噪声的公共建筑和工业厂房的顶棚
金属面吸声板	质量轻、吸声、防火、保温隔热、美观、施工方便	适用于各类公共建筑的顶棚
贴塑吸声板	导热系数低、不燃、吸声效果好	适用于各类公共建筑的顶棚
珍珠岩织物复合板	防火、防水、防霉、防蛀、吸声、隔热，可锯、可钉，加工方便	适用于公共建筑的顶棚

④ 连接部分。

连接部分是指悬吊式顶棚龙骨之间、悬吊式顶棚龙骨与饰面层、龙骨与吊杆之间的连接件、紧固件。一般有吊挂件、插挂件、自攻螺钉、木螺钉、圆钢钉、特制卡具、胶黏剂等。

（2）吊杆、吊点连接构造。

① 空心板、槽形板缝中吊杆的安装。

板缝中预埋 φ10 连接钢筋，伸出板底 100 mm，与吊杆焊接，并用细石混凝土灌缝，如图 4-24 所示。

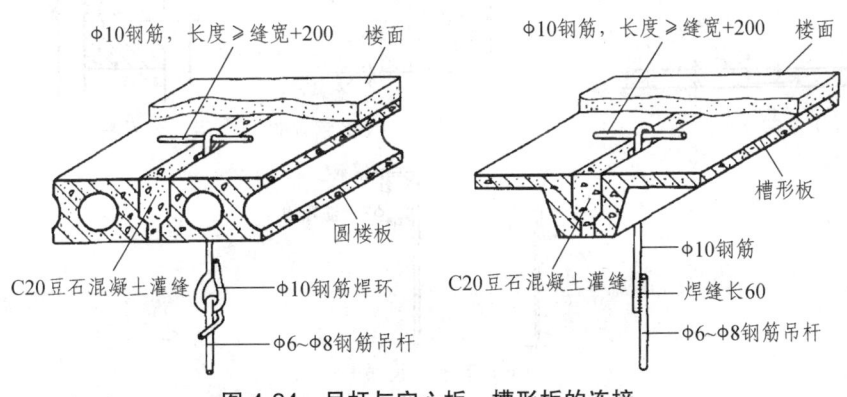

图 4-24　吊杆与空心板、槽形板的连接

② 现浇钢筋混凝土板上吊杆的安装。

a. 将吊杆绕于现浇钢筋混凝土板底预埋件焊接的半圆环上，如图 4-25（a）所示。

b. 在现浇钢筋混凝土板底预埋件、预埋钢板上焊 φ10 连接钢筋，并将吊杆焊于连接钢筋上，如图 4-25（b）所示。

c. 将吊杆绕于焊有半圆环的钢板上，并将此钢板用射钉固定于板底，如图 4-25（c）所示。

d. 将吊杆绕于板底附加的 ∟50×70×5 角钢上，角钢用射钉固定于板底，如图 4-25（d）所示。

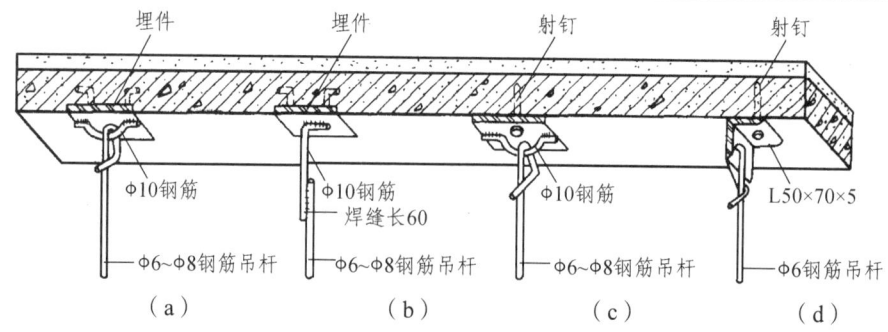

图 4-25　吊杆与现浇钢筋混凝土板的连接

③ 梁上设吊杆的安装。

a. 木梁或木楼上设吊杆。

可采用木吊杆，用铁钉固定，如图 4-26（a）所示。

b. 钢筋混凝土梁上设吊杆。

可在梁侧面合适的部位钻孔（注意避开钢筋），设横向螺栓固定吊杆。如果是钢筋吊杆，可用角钢钻孔用射钉固定，射钉固定点距梁底应大于等于 100 mm，如图 4-26（b）所示。

c. 钢梁上设吊杆。

可用 φ6~8 钢筋吊杆，上端弯钩，下端套螺纹，固定在钢梁上，如图 4-26（c）所示。

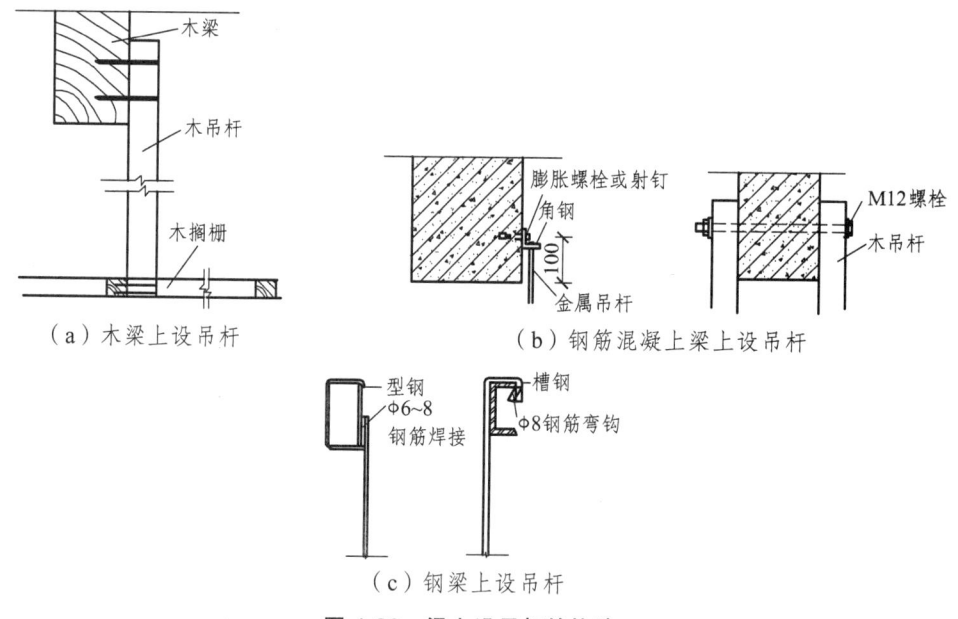

图 4-26　梁上设吊杆的构造

④ 吊杆安装应注意的问题。

a. 吊杆距主龙骨端部距离不得大于 300 mm，当大于 300 mm 时，应增加吊杆。吊杆间距一般为 900~1 200 mm。

b. 吊杆长度大于 1.5 m 时，应设置反支撑。

c. 当预埋的吊杆需接长时，必须搭接焊牢。

(3) 龙骨的布置与连接构造。

① 龙骨的布置要求。

a. 主龙骨。

主龙骨是悬吊式顶棚的承重结构,又称承载龙骨、大龙骨。主龙骨吊点间距应按设计选择。当顶棚跨度较大时,为保证顶棚的水平度,其中部应适当起拱:一般 7~10 m 的跨度,按 3/1 000 高度起拱;10~15 m 的跨度,按 5/1000 高度起拱。

b. 次龙骨。

次龙骨也叫中龙骨、覆面龙骨,主要用于固定面板。次龙骨与主龙骨垂直布置,并紧贴主龙骨安装。

c. 小龙骨。

小龙骨也叫间距龙骨、横撑龙骨,一般与次龙骨垂直布置,个别情况也可平行。小龙骨底面与次龙骨底面相平,其间距和断面形状应配合次龙骨并利于面板的安装。

② 龙骨的连接构造。

a. 木龙骨连接构造。

木龙骨的断面一般为方形或矩形。主龙骨为 50 mm×70 mm,钉接或栓接在吊杆上,间距一般为 1.2~1.5 m;主龙骨的底部钉装次龙骨,其间距由面板规格而定。次龙骨一般双向布置,其中一个方向的次龙骨为 50 mm×50 mm 断面,垂直钉于主龙骨上,另一个方向的次龙骨断面尺寸一般为 30 mm×50 mm,可直接钉在 50 mm×50 mm 的次龙骨上。木龙骨使用前必须进行防火、防腐处理,处理的基本方法是:先涂氟化钠防腐剂 1~2 道,然后再涂防火涂料 3 道,龙骨之间用榫接、粘钉方式连接,如图 4-27 所示。木龙骨多用于造型复杂的悬吊式顶棚。

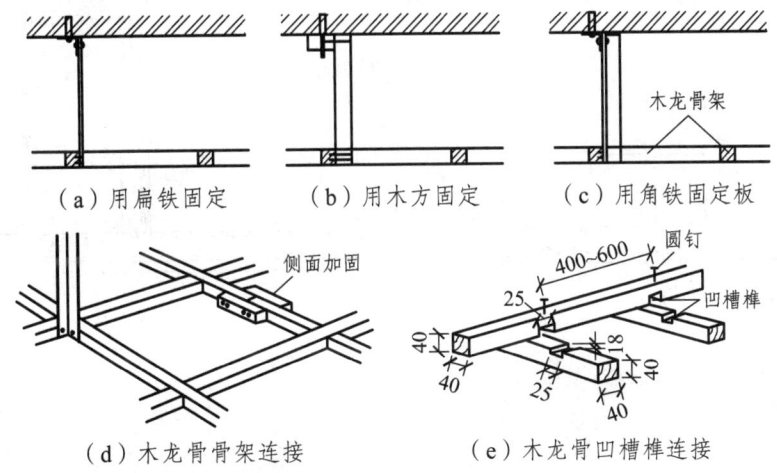

图 4-27 木龙骨构造示意图

b. 型钢龙骨。

型钢龙骨的主龙骨间距为 1~2 m,其规格应根据荷载的大小确定。主龙骨与吊杆常用螺栓连接,主次龙骨之间采用铁卡子、弯钩螺栓连接或焊接。当荷载较大、吊点间距很大或在特殊环境下时,必须采用角钢、槽钢、工字钢等型钢龙骨。

c. 轻钢龙骨。

轻钢龙骨由主龙骨、中龙骨、横撑小龙骨、次龙骨、吊件、接插件和挂插件组成。主龙骨一般用特制的型材，断面有 U 形、C 形，一般多为 U 形。主龙骨按其承载能力分为 38、50、60 三个系列：38 系列龙骨适用于吊点距离 0.9~1.2 m 的不上人悬吊式顶棚；50 系列龙骨适用于吊点距离 0.9~1.2 m 的上人悬吊式顶棚，主龙骨可承受 80 kg 的检修荷载；60 系列龙骨适用于吊点距离 1.5 m 的上人悬吊式顶棚，可承受 80~100 kg 检修荷载。注意龙骨的承载能力还与型材的厚度有关，荷载大时必须采用厚形材料。中龙骨、小龙骨断面有 C 形和 T 形两种。吊杆与主龙骨、主龙骨与中龙骨、中龙骨与小龙骨之间是通过吊挂件、接插件连接的，如图 4-28 所示。

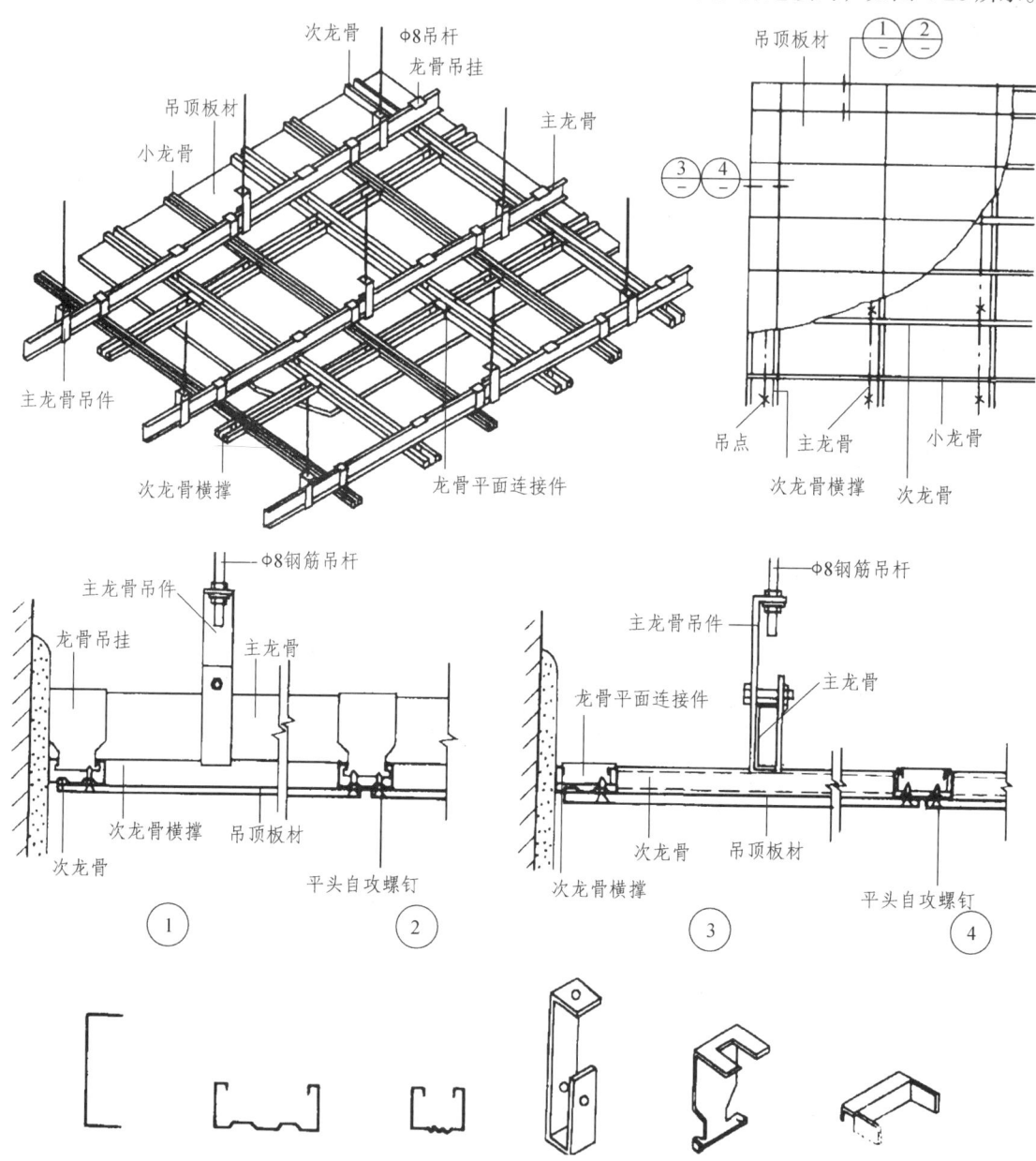

图 4-28　U 形轻钢龙骨悬吊式顶棚构造

U 形轻钢龙骨悬吊式顶棚构造方式有单层和双层两种。中龙骨、横撑小龙骨、次龙骨紧贴主龙骨底面的吊挂方式（不在同一水平）称为双层构造；主龙骨与次龙骨在同一水平面的吊挂方式称为单层构造,单层轻钢龙骨悬吊式顶棚仅用于不上人悬吊式顶棚。当悬吊式顶棚面积大于 120 m^2 或长度方向大于 12 m 时,必须设置控制缝;当悬吊式顶棚面积小于 120 m^2 时,可考虑在龙骨与墙体连接处设置柔性节点,以控制悬吊式顶棚整体的变形量。

d. 铝合金龙骨。

铝合金龙骨断面有 T 形、U 形、LT 形及各种特制龙骨断面,应用最多的是 LT 形龙骨。LT 形龙骨的主龙骨断面为 U 形,次龙骨、小龙骨断面为倒 T 形,边龙骨断面为 L 形。吊杆与主龙骨、主龙骨与次龙骨之间的连接如图 4-29 所示。

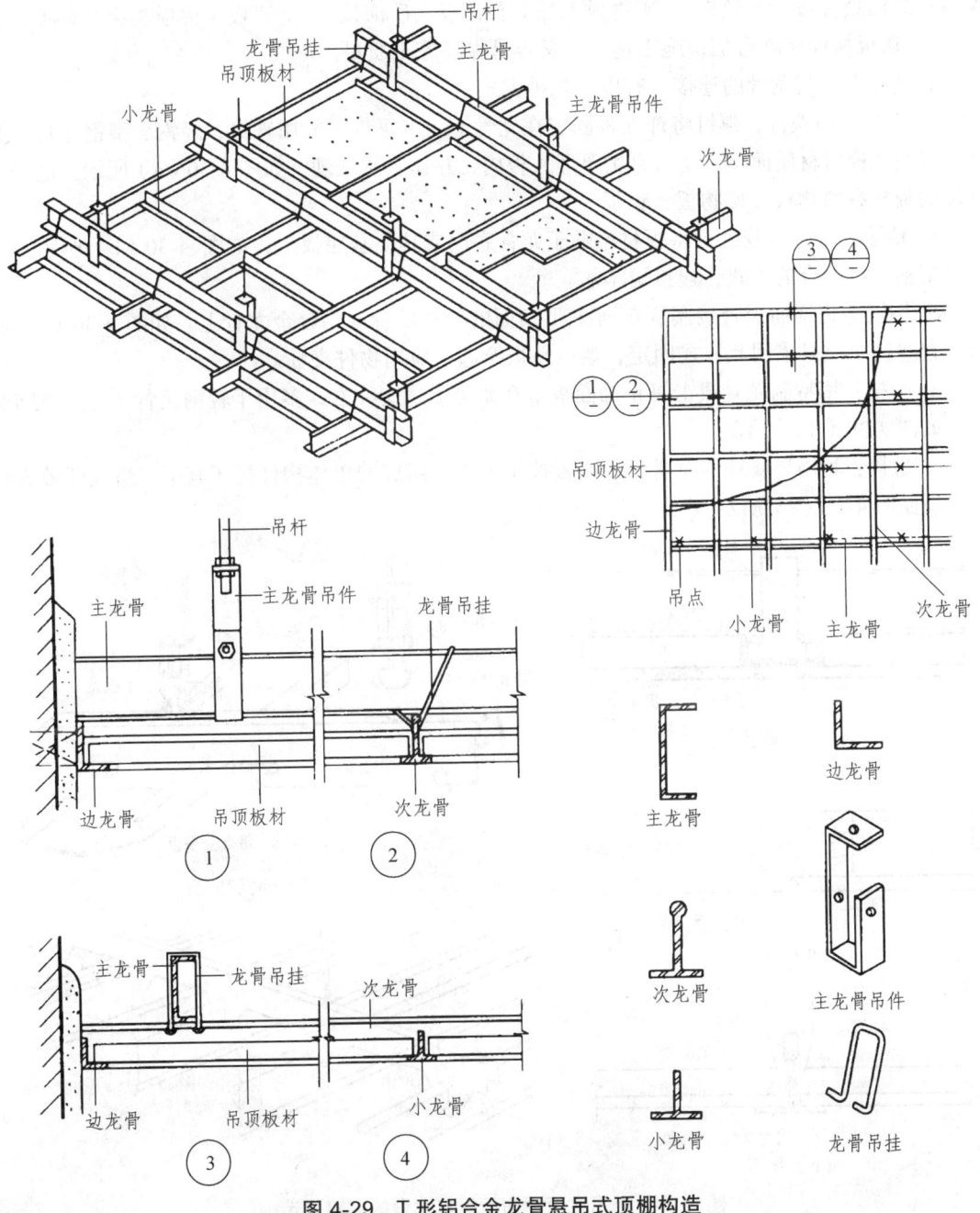

图 4-29 T 形铝合金龙骨悬吊式顶棚构造

（4）顶棚饰面层连接构造。

吊顶面层分为抹灰面层和板材面层两大类。

① 抹灰类饰面层。

在龙骨上钉木板条、钢丝网或钢板网，然后再做抹灰饰面层。抹灰面层为湿作业施工，费工费时，目前这种做法已不多见。

② 板材类饰面层。

板材类饰面层也可称悬吊式顶棚饰面板。最常用的饰面板有植物板材（木材、胶合板、纤维板、装饰吸音板、木丝板）、矿物板（各类石膏板、矿棉板）、金属板（铝板、铝合金板、薄钢板）。做板材面层既可加快施工速度，又容易保证施工质量。

各类饰面板与龙骨的连接，有以下几种方式：

a. 钉接：用铁钉、螺钉将饰面板固定在龙骨上。木龙骨一般用铁钉，轻钢、型钢龙骨用螺钉，钉距视板材材质而定，要求钉帽要埋入板内，并作防锈处理，如图4-30（a）所示。适用于钉接的板材有植物板、矿物板、铝板等。

b. 粘接：用各种胶黏剂将板材粘贴于龙骨底面或其他基层板上，如图4-30（b）所示。也可采用粘、钉结合的方式，连接更牢靠。

c. 搁置：将饰面板直接搁置在倒T形断面的轻钢龙骨或铝合金龙骨上，如图4-30（c）所示。有些轻质板材采用此方式固定，遇风易被掀起，应用物件夹住。

d. 卡接：用特制龙骨或卡具将饰面板卡在龙骨上，这种方式多用于轻钢龙骨、金属类饰面板，如图4-30（d）所示。

e. 吊挂：利用金属挂钩龙骨将饰面板按排列次序组成的单体构件挂于其下，组成开敞式悬吊式顶棚图4-30（e）所示。

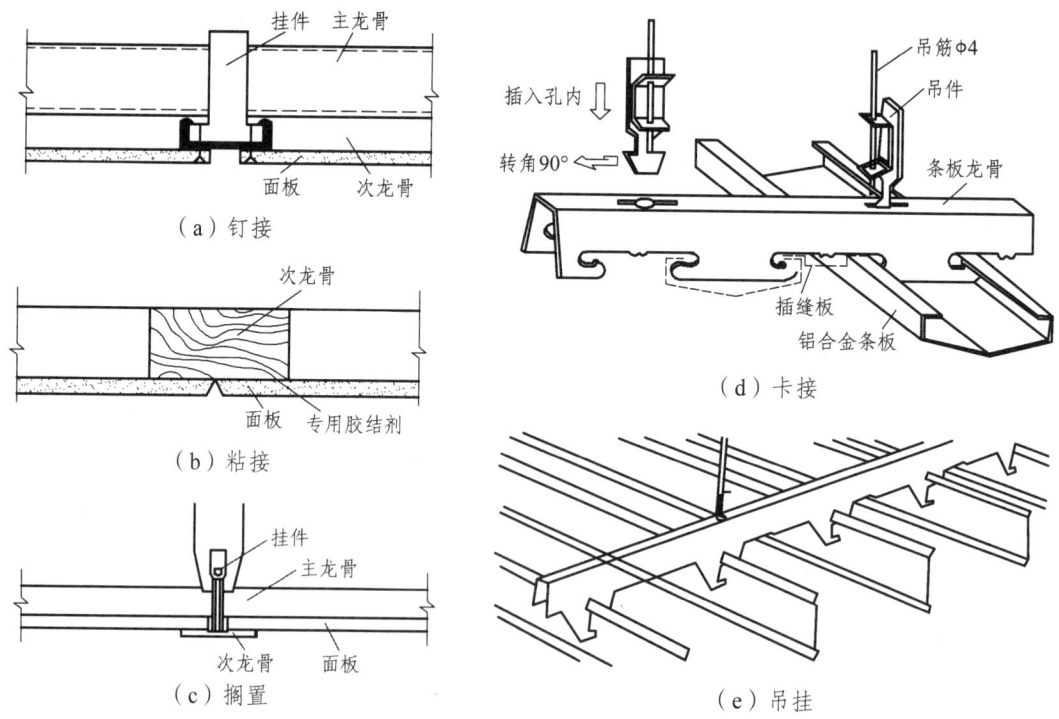

图4-30 悬吊式顶棚饰面板与龙骨的连接构造

③ 饰面板的拼缝。

a. 对缝。

对缝也称密缝，是板与板在龙骨处对接而形成的缝，如图 4-31（a）所示。粘、钉固定饰面板时可采用对缝。对缝适用于裱糊、涂饰的饰面板。

b. 凹缝。

凹缝是利用饰面板的形状、厚度所形成的拼接缝，也称离缝，凹缝的宽度不应小于 10 mm，如图 4-31（b）所示。凹缝有 V 形和矩形两种，纤维板、细木工板等可刨坡口，一般做成 V 形缝。石膏板做矩形缝，镶金属护角。

c. 盖缝。

盖缝是利用装饰压条将板缝盖起来，如图 4-31（c）所示，这样可克服缝隙宽窄不均、线条不顺直等施工质量问题。

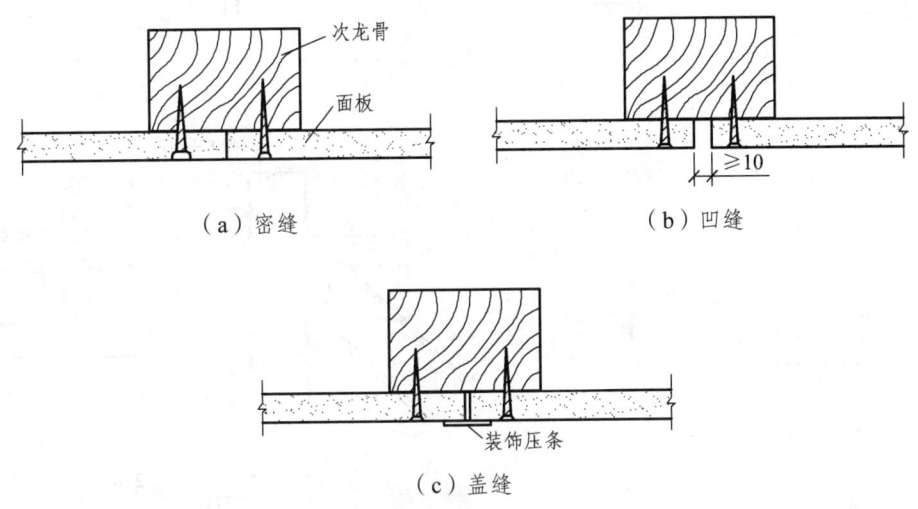

图 4-31 悬吊式顶棚饰面板拼缝形式

4. 顶棚的细部构造

（1）顶棚端部的构造处理。

顶棚端部的构造处理，是指顶棚与墙体交接部位的处理。

顶棚边缘与墙体固定因吊顶形式不同而异，通常采用在墙内预埋铁件或螺栓、预埋木砖、射钉连接、龙骨端部伸入墙体等构造方法。

端部造型处理有凹角、直角、斜角等形式。直角时要用压条处理，压条有木制和金属两种。

（2）叠落式悬吊式顶棚高低相交处的构造。

悬吊式顶棚通过不同标高的变化，形成叠落式造型顶棚，使室内空间高度产生变化，形成一定的立体感，同时满足照明、音响、设备安装等方面的要求。

悬吊式顶棚高低相交处的构造处理关键是顶棚不同标高的部分要整体连接，保证其整体刚度，避免因变形不一致而导致饰面层的破坏，如图 4-32 所示。

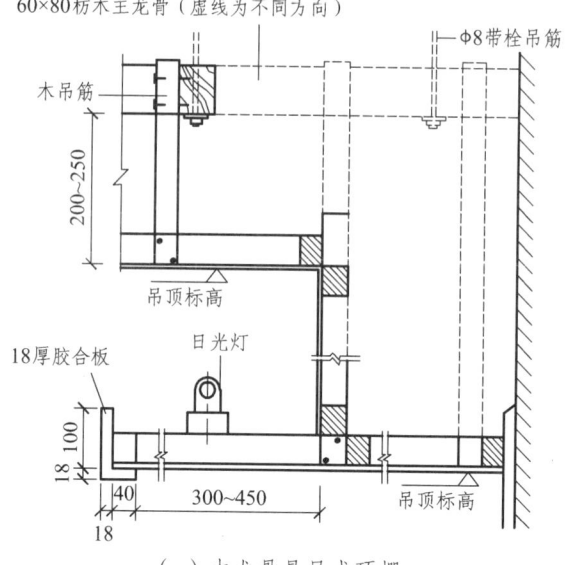

(a)木龙骨悬吊式顶棚

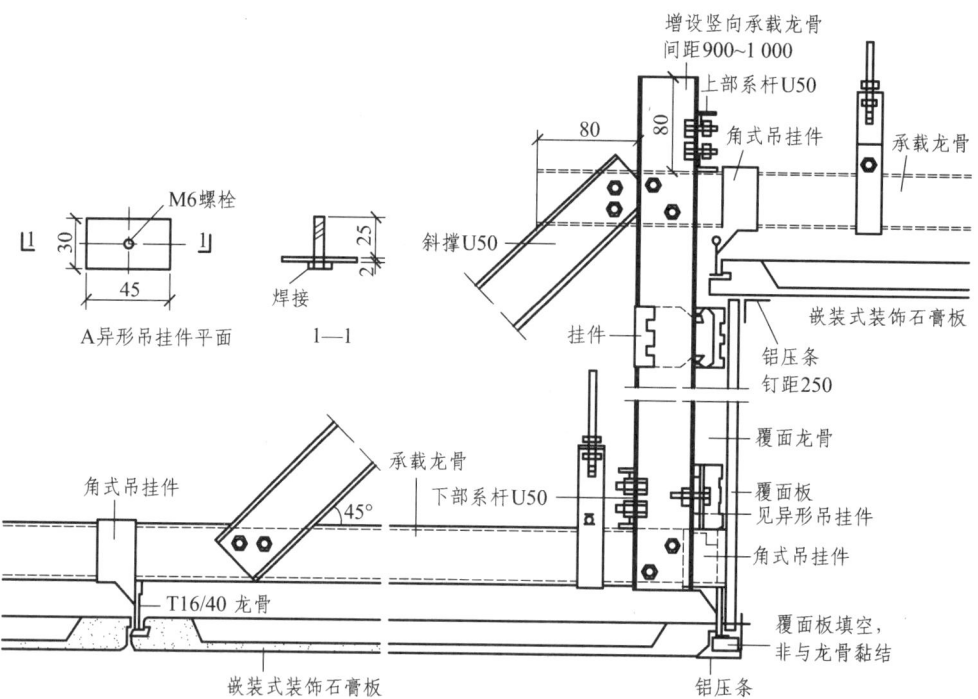

注:(1)承载龙骨与斜杆间的固接采用φ4抽芯铆钉或M5×16螺栓。
（2）铝压条由具体工程选定,用平圆头自攻螺钉固定。

(b)轻钢龙骨悬吊式顶棚

图 4-32 悬吊式顶棚高低相交处的构造处理

(3)顶棚检修孔及检修走道的构造处理。

① 检修孔。

设置要求:检修方便,尽量隐蔽,保持顶棚完整。

设置方式：活动板进人孔、灯罩进人孔。

对大厅式房间，一般设不少于两个的检修孔，位置尽量隐蔽。

② 检修走道。

检修走道的设置要靠近灯具等需维修的设施。

设置形式：主走道、次走道、简易走道。

构造要求：设置在大龙骨上，并增加大龙骨及吊点。

（4）灯饰、通风口、扬声器与顶棚的连接构造。

灯饰、通风口、扬声器有的悬挂在顶棚下，有的嵌入顶棚内，其构造处理不同。

构造要求：设置附加龙骨或孔洞边框；对超重灯具及有振动的设备应专设龙骨及吊挂件；灯具与扬声器、灯具与通风口可结合设置。

嵌入式灯具及风口、扬声器等要按其位置和外形尺寸设置龙骨边框，用于安装灯具等及加强顶棚局部，且外形要尽量与周围的面板装饰形成统一整体。

（5）顶棚反光灯槽构造处理。

反光灯槽的造型和灯光可以营造特殊的环境效果，其形式多种多样。

设计时要考虑反光灯槽到顶棚的距离和视线保护角，且控制灯槽挑出长度与灯槽到顶棚距离的比值。同时还要注意避免出现暗影，如图 4-33 所示。

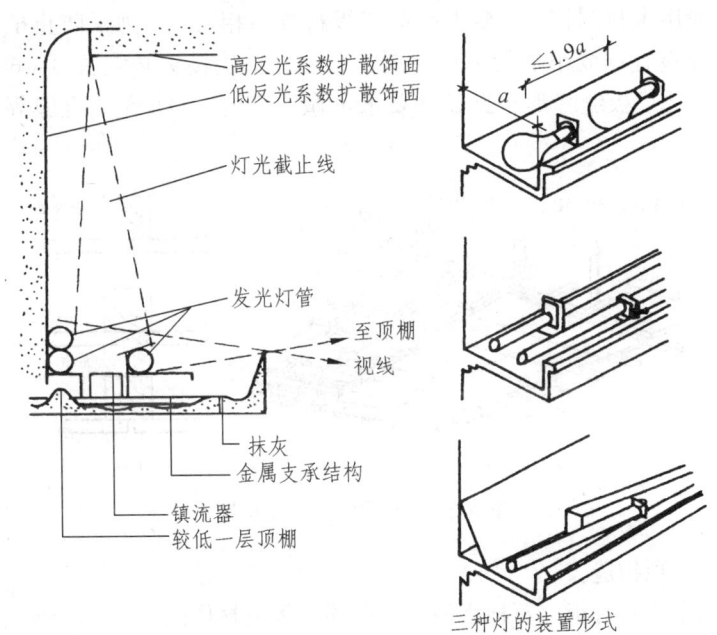

图 4-33 基本结构构造示意

（6）顶棚内管线、管道的敷设构造。

① 管线、管道的安装位置应放线抄平。

② 用膨胀螺栓固定支架、线槽，放置管线、管道及设备，并做水压、电压试验。

③ 在悬吊式顶棚饰面板上，留灯具、送风口、烟感器、自动喷淋头的安装口。喷淋头周围不能有遮挡物。

④ 自动喷淋头必须与自动喷淋系统的水管相接。消防给水管道不能伸出悬吊式顶棚平面，

也不能留短了,以至与喷淋头无法连接。应按照设计安装位置准确地用膨胀螺栓固定支架,放置消防给水管道。

5. 常见饰面层的悬吊式顶棚

(1)木质(植物)板材吊顶构造。

木质顶棚的面层材料是实木条板和各种人造板(胶合板、木丝板、刨花板、填芯板等),特点是构造简单、施工方便,具有自然、亲切、温暖、舒适的感觉。

① 实木条板顶棚。

实木顶棚基本构造:结构层下间距1 m左右固定吊杆;吊杆上固定主龙骨;面层条板与主龙骨呈垂直状固定。

实木条板的拼缝形式有企口平铺、离缝平铺、嵌榫平铺、鱼鳞斜铺等。

② 人造木板顶棚。

基本构造:结构层下固定吊杆;龙骨呈格子状固定在吊杆下,分格大小与板材规格协调;面板与龙骨固定。

人造板材的铺设视板材厚度、饰面效果而定。较厚的板材(胶合板、填芯板)直接整张铺钉;较薄的板材宜分割成小块的条板、方板或异形板铺钉,以免凹凸变形。

吊顶龙骨一般用木材制作,分格大小应与板材规格相协调。为了防止植物板材因吸湿而产生凹凸变形,面板宜锯成小块板铺钉在次龙骨上,板块接头必须留3~6 mm的间隙作为预防板面翘曲的措施。板缝缝形根据设计要求可做成密缝、斜槽缝、立缝等形式,如图4-34所示。

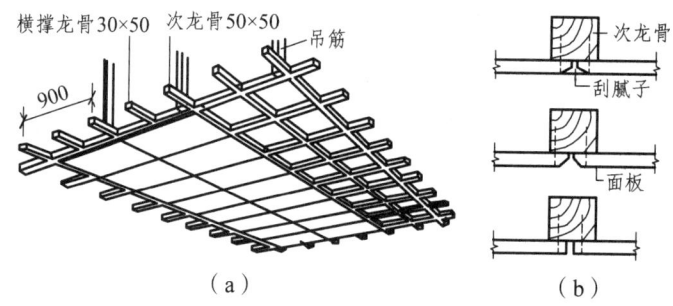

图4-34 木质板材吊顶构造

(2)矿物板材吊顶构造。

矿物板材吊顶常用石膏板、石棉水泥板、矿棉板等板材作面层,用轻钢或铝合金型材作龙骨。这类吊顶的优点是自重轻、施工安装快、无湿作业、耐火性能优于植物板材吊顶和抹灰吊顶,故在公共建筑或高级工程中应用较广。

轻钢和铝合金龙骨的布置方式有两种:

① 龙骨外露的布置方式,如图4-35所示。

② 不露龙骨的布置方式。

这种布置方式的主龙骨仍采用槽形断面的轻钢型材,但次龙骨采用U形断面轻钢型材,用专门的吊挂件将次龙骨固定在主龙骨上,面板用自攻螺钉固定于次龙骨上,如图4-36所示。

第四章 楼地层

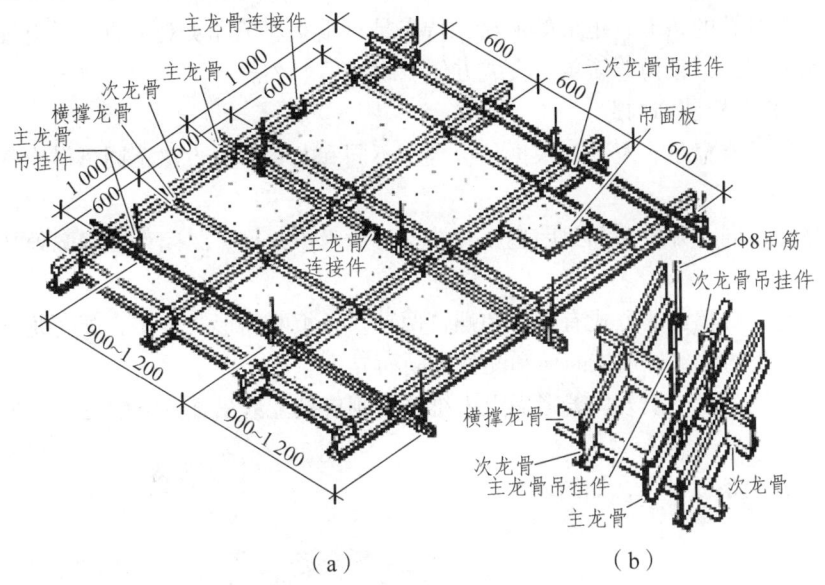

图 4-35 龙骨外露吊顶的构造

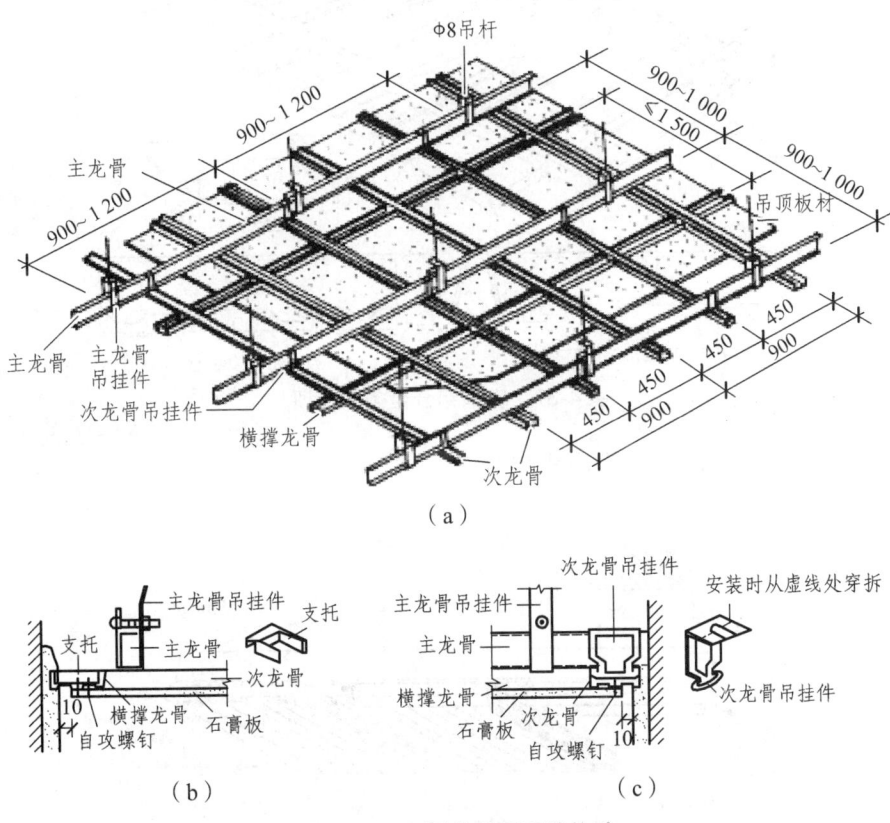

图 4-36 不露龙骨吊顶的构造

（3）金属板材吊顶构造。

采用铝合金板、薄钢板等金属板材面层的顶棚。

铝合金板表面作电化铝饰面处理，薄钢板表面可用镀锌、涂塑、涂漆等防锈饰面处理。金属板有打孔和不打孔的条形、矩形等形材,特点是自重小、色泽美观大方,具有独特的质感、平挺、线条刚劲明快,且构造简单、安装方便、耐火、耐久。

① 金属条板顶棚装饰构造。

条板呈槽形,有窄条、宽条,根据条板类型不同和龙骨布置方法不同可做成各式各样的变化效果。

条板按缝隙不同有开放型和封闭型:开放型可做吸声顶棚,封闭型在缝隙处加嵌条或条板边设翼盖。

金属条板与龙骨相连的方式有卡口和螺钉两种。条板断面形式很多,配套龙骨及配件各产家自成系列。条板的端部处理依断面和配件不同而异。

金属条板顶棚一般不上人。若考虑上人维修,则应按上人吊顶的方法处理,加强吊筋和主龙骨来承重。

a. 密铺铝合金条板吊顶,如图4-37所示。

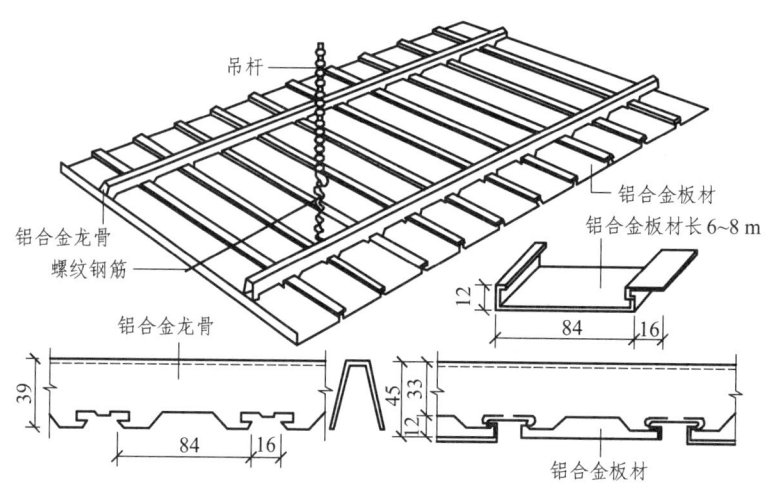

图 4-37 密铺铝合金条板吊顶

b. 开敞式铝合金条板吊顶,如图4-38所示。

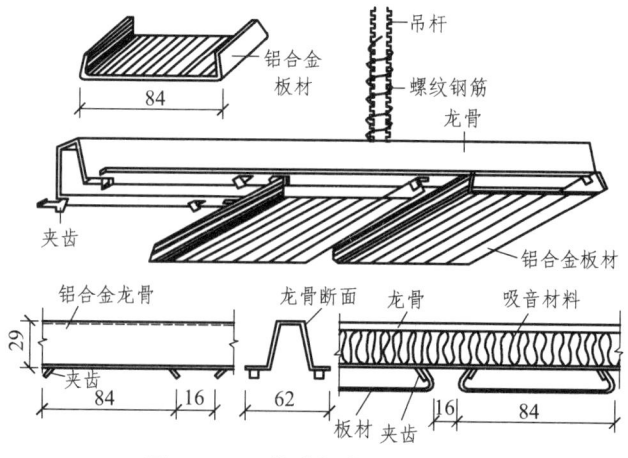

图 4-38 开敞式铝合金条板吊顶

② 金属方板顶棚装饰构造。

金属方板装饰效果别具一格，易于同灯具、风口、喇叭等协调一致，与柱边、墙边处理较方便，且可与条板形成组合吊顶，采用开放型，可起通风作用。

安装构造有搁置式和卡入式两种，如图 4-39 所示。搁置式龙骨为 T 型，方板的四边带翼缘搁在龙骨翼缘上。卡入式的方板卷边向上，设有凸出的卡口，卡入有夹翼的龙骨中。方板可打孔，也可压成各种纹饰图案。

金属方板顶棚靠墙边的尺寸不符合方板规格时，可用条板或纸面石膏板处理。

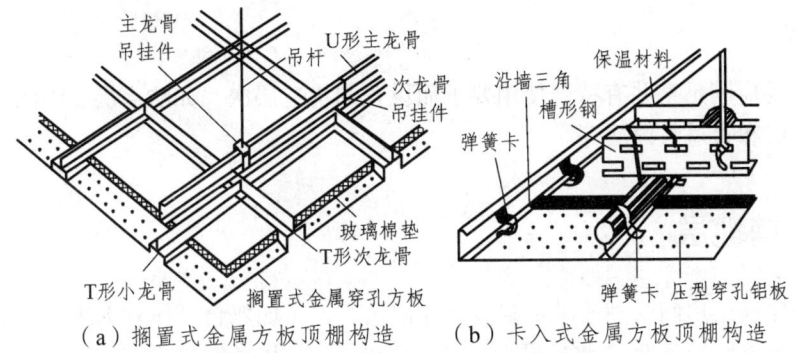

(a) 搁置式金属方板顶棚构造　　(b) 卡入式金属方板顶棚构造

图 4-39　金属方板顶棚装饰构造

第四节　地坪层构造

一、地坪层分类

地坪层指建筑物底层房间与土层的交接处，其所起作用是承受地坪上的荷载，并均匀地传给地坪以下的土层。地坪层按与土层间的关系不同，可分为实铺地层和空铺地层两类。

由于位置特殊，地层有防潮、防水及保温方面的要求。

二、实铺地层

地坪的基本组成部分有面层、垫层和基层，对有特殊要求的地坪，常在面层和垫层之间增设一些附加层，如图 4-40 所示。

1. 面　层

地坪的面层又称地面，起着保护结构层和美化室内的作用。地面的做法和楼面相同。

2. 垫　层

垫层是基层和面层之间的填充层，其作用是承重传力，一般采用 60～100 mm 厚的 C10 混凝土垫层。垫层材料分为刚性和柔

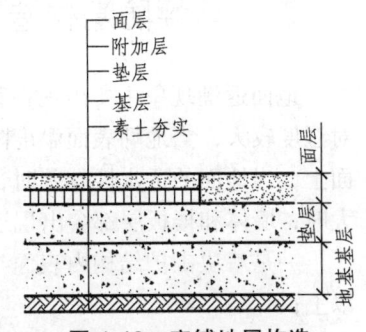

图 4-40　实铺地层构造

性两大类:刚性垫层如混凝土、碎砖三合土等,有足够的整体刚度,受力后不产生塑性变形,多用于整体地面和小块料地面。柔性垫层如砂、碎石、炉渣等松散材料,无整体刚度,受力后产生塑性变形,多用于块料地面。

3. 基 层

基层即地基,一般为原土层或填土分层夯实。当上部荷载较大时,增设 2∶8 灰土 100 ~ 150 mm 厚,或碎砖、道砟三合土 100 ~ 150 mm 厚。

4. 附加层

附加层主要应满足某些有特殊使用要求而设置的构造层次,如防水层、防潮层、保温层、隔热层、隔声层和管道敷设层等。

三、空铺地层

为防止房屋底层房间受潮或满足某些特殊使用要求(如舞台、体育训练、比赛场、幼儿园等的地层需要有较好的弹性),将地层架空形成空铺地层。用预制板或其他材料将底层室内地层架空,使地层下的回填土同地层结构间保留一定的距离,相互不接触。其具体构造做法如图 4-41 所示。

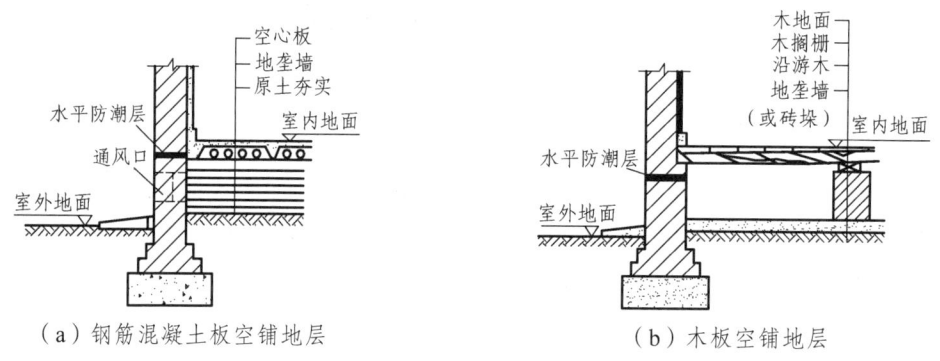

图 4-41 空铺地层构造

四、地坪防潮构造

地面返潮现象主要出现在我国南方,每当春夏之交,气温升高,加之雨水增多,空气中相对湿度较大,当地坪表面温度降到露点温度时,空气中的水蒸气遇冷便凝聚成小水珠附在地表面上,当地面的透水性较差时,往往会在地面形成一层水珠,使室内物品受潮。当空气湿度很大时,墙体和楼板层都会出现返潮现象。解决返潮现象主要是解决如下两个问题:

一是解决围护结构内表面与室内空气温差过大的问题,使围护结构内表面温度在露点温度以上;

二是降低空气相对湿度,加强通风。

建筑构造只是解决第一个问题,第二个问题可用机械设备(如去湿机)等手段来解决。

1. 保温地面

对地下水位较低、地基土壤干燥的地区,可在水泥地面以下铺设一层 150 mm 厚的 1∶3 水泥炉渣保温层或聚苯板保温层,以改善地面温差过大的矛盾。在地下水位较高地区,可将保温层设在面层与垫层之间,并在保温层下设防水层,上铺 30 mm 厚细石混凝土层,最后做面层,如图 4-42 所示。

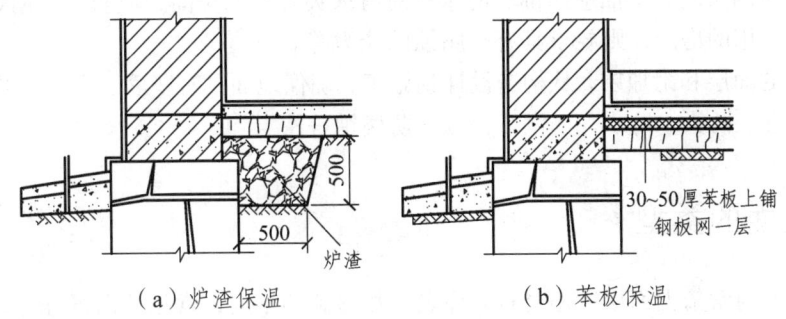

图 4-42 地层的保温处理

2. 吸湿地面

用黏土砖、大阶砖、陶土防潮砖作地面时,由于这些材料中存在大量孔隙,当返潮时,面层会吸收冷凝水,待空气湿度较小时,水分又能自动蒸发掉,因此地面不会感到有明显的潮湿现象。

第五节　地面构造

一、地面的设计要求

地面是人们日常工作、生活和生产时,必须接触的部分,也是建筑物直接承受荷载,经常受到摩擦、清扫和冲洗的部分。因此,它应具备下列功能要求。

1. 具有足够的坚固性

所设计的地面要求在各种外力作用下不易被磨损、破坏,且表面要平整、光洁、不起灰和易清洁。

2. 保温性能好

作为人们经常接触的地面,应给人们以温暖舒适的感觉,保证寒冷季节脚部舒适。

3. 具有良好的隔声、吸声要求

良好的隔声、吸声要求主要是隔绝人或家具与地面产生的撞击声,应能有效地控制室内噪声,满足不同功能房间的要求,可通过选择楼地面垫层的厚度与材料类型来达到要求。

4. 具有一定的弹性

所设计的地面当人们行走时不致有过硬的感觉，同时有弹性的地面有利于减轻撞击声。

5. 美观要求

地面是建筑内部空间的重要组成部分，应具有与建筑功能相适应的外观形象。

6. 其他要求

对经常有水的房间，地面应防潮、防水；对有火灾隐患的房间，应防火、耐燃烧；有酸碱等腐蚀性介质作用的房间，则要求具有耐腐蚀的能力等。

选择适宜的面层和附加层，从构造设计到施工，确保地面具有坚固、耐磨、平整、不起灰、易清洁、有弹性、防火、防水、防潮、保温、防腐蚀等特点。

二、地面的类型

地面的名称通常依据面层所用材料来命名。按材料的不同，常见地面可分为以下几类：
（1）整体类地面，包括水泥砂浆、细石混凝土、水磨石及菱苦土地面等。
（2）块状类地面，包括水泥花砖、缸砖、大阶砖、陶瓷锦砖、人造石板、天然石板以及木地板等。
（3）粘贴类地面，包括橡胶地毡、塑料地毡、油地毡以及各种地毯等。
（4）涂料类地面，包括各种高分子合成涂料形成的地面。

三、地面的构造做法

1. 整体类地面

地面面层没有缝隙，整体效果好，一般是整片施工，也可分区分块施工，按材料不同有水泥砂浆地面、混凝土地面、水磨石地面及菱苦土地面等。

（1）水泥砂浆地面。

它具有构造简单、施工方便、造价低等特点，但易起尘、易结露，适用于标准较低的建筑物中。常见做法有普通水泥地面、干硬性水泥地面、防滑水泥地面、磨光水泥地面、水泥石屑地面和彩色水泥地面等，如图4-43所示。

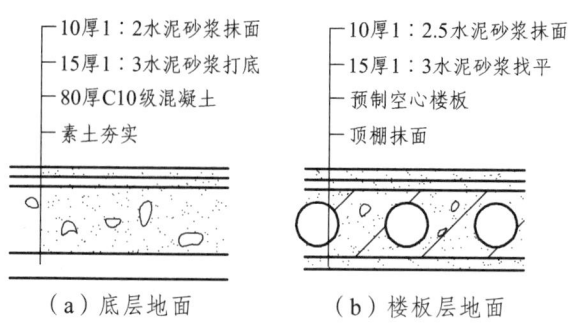

图4-43 水泥砂浆地面

水泥砂浆地面有单层与双层构造之分,当前以双层水泥砂浆地面居多。

(2)细石混凝土地面。

这种地面刚性好、强度高且不易起尘。其做法是在基层上浇筑 30~40 mm 厚 C20 细石混凝土随打随压光。为提高整体性、满足抗震要求可内配直径 4@200 的钢筋网。也可用沥青代替水泥做胶结剂,做成沥青砂浆和沥青混凝土地面,增强地面的防潮、耐水性。

(3)水磨石地面。

水磨石地面是将水泥作胶结材料、大理石或白云石等中等硬度的石屑做骨料而形成的水泥石屑面层,经磨光打蜡而成。这种地面坚硬、耐磨、光洁、不透水、装饰效果好,常用于较高要求的地面。

水磨石地面一般分为两层施工。先在刚性垫层或结构层上用 10~20 mm 厚的 1∶3 水泥砂浆找平,然后在找平层上按设计图案嵌 10 mm 高分格条(玻璃条、钢条、铝条等),并用 1∶1 水泥砂浆固定,最后,将拌和好的水泥石屑浆铺入压实,经浇水养护后磨光、打蜡,如图 4-44 所示。

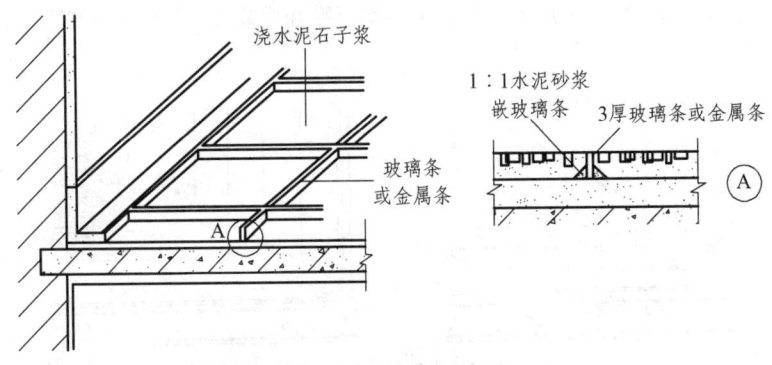

图 4-44 水磨石地面

(4)菱苦土地面。

菱苦土面层是用菱苦土、锯木屑和氯化镁溶液等拌和铺设而成的。菱苦土地面保温性能好,有一定的弹性,又美观;缺点是不耐水,易产生裂缝,这是氯化镁溶液遇水溶解、木屑遇水膨胀之故。其构造做法有单面层和双面层两种。

2. 块材类地面

块材类地面指利用各种人造或天然的预制板材、块材镶铺在基层上的地面,按材料不同有黏土砖、水泥砖、石板、陶瓷锦砖、塑料板和木地板等。

(1)黏土砖、水泥砖预制混凝土砖地面。

其铺设方法有两种:干铺和湿铺。

① 干铺是指在基层上铺一层 20~40 mm 厚的砂子,将砖块直接铺在砂上,校正平整后用砂或砂浆填缝。

② 湿铺是在基层上抹 1∶3 水泥砂浆 12~20 mm 厚,再将砖块铺平压实,最后 1∶1 水泥砂浆灌缝。

(2)缸砖、陶瓷地砖及陶瓷锦砖地面。

缸砖是用陶土焙烧而成的一种无釉砖块,形状有正方形(尺寸为 100 mm × 100 mm 和 150 mm × 150 mm,厚 10~19 mm)、六边形、八角形等。颜色也有多种,由不同形状和色彩可以组成各种图案。缸砖背面有凹槽，使砖块和基层黏结牢固。铺贴时一般用 15～20 mm 厚 1：3 水泥砂浆做结合材料，要求平整，横平竖直，如图 4-44 所示。缸砖具有质地坚硬、耐磨、耐水、耐酸碱、易清洁等优点。

陶瓷地砖又称墙地砖，其类型有釉面地砖、无光釉面砖和无釉防滑地砖及抛光同质地砖。陶瓷地砖有红、浅红、白、浅黄、浅绿、蓝等各种颜色。地砖色调均匀，砖面平整，抗腐耐磨，施工方便，且块大缝少，装饰效果好，特别是防滑地砖和抛光地砖又能防滑，因而越来越多地用于办公、商店、旅馆和住宅中。

陶瓷地砖一般厚 6～10 mm，其规格有 400 mm×400 mm、300 mm×300 mm、250 mm×250 mm、200 mm×200 mm，一般来说，块越大价格越高，装饰效果越好。

陶瓷锦砖又称马赛克，其特点与面砖相似。陶瓷锦砖有不同大小、形状和颜色并由此而可以组合成各种图案，使饰面能达到一定艺术效果。

陶瓷锦砖主要用于防滑、卫生要求较高的卫生间、浴室等房间的地面，也可用于外墙面。

陶瓷锦砖同玻璃锦砖一样，出厂前已按各种图案反贴在牛皮纸上，以便于施工，如图 4-45 所示。

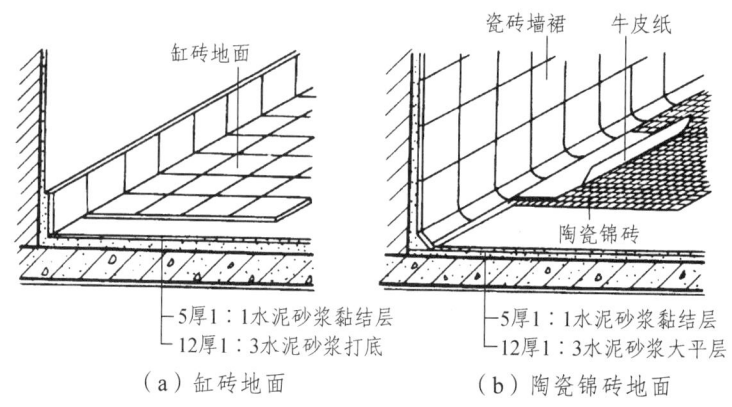

图 4-45 缸砖、陶瓷砖地面构造做法

（3）天然石板地面。

常用的天然石板有大理石和花岗石板，天然石板具有质地坚硬、色泽艳丽的特点，多用于高标准的建筑中。

其构造做法是：先在基层上刷素水泥浆一道，抹 1：3 干硬性水泥砂浆找平 30 mm 厚，再撒 2 mm 厚素水泥（洒适量清水），后粘贴 20 mm 厚大理石板（花岗石）。另外，再用素水泥浆擦缝，如图 4-46 所示。

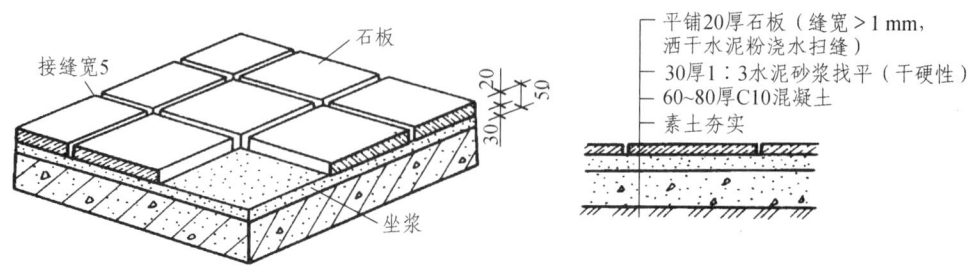

图 4-46 大理石和花岗石地面构造做法

（4）木地面。

木地面按其所用木板规格不同有普通木地面、硬木条地面和拼花木地面三种；按其构造形式不同有空铺、实铺和粘贴三种。

空铺木地面常用于底层地面，其做法是砌筑地垄墙，将木地板架空，以防止木地板受潮腐烂，如图 4-47 所示。

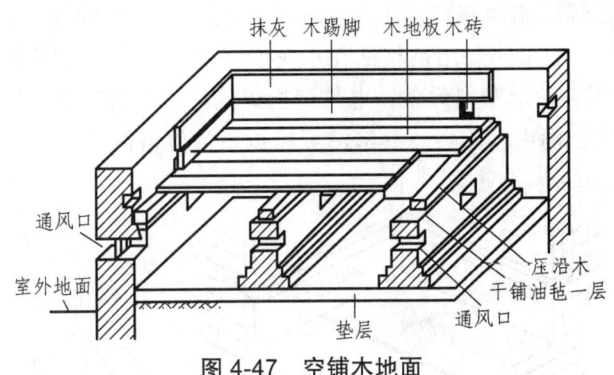

图 4-47 空铺木地面

实铺木地面是在刚性垫层或结构层上直接钉铺小搁栅，再在小搁栅上固定木板。其搁栅间的空当可用来安装各种管线，如图 4-48 所示。

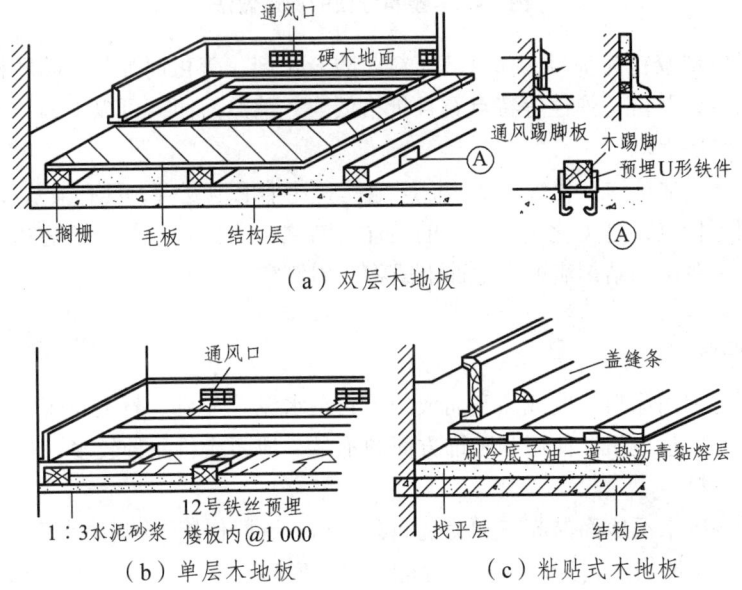

图 4-48 实铺式木地面

粘贴式木地面是将木地板用沥青胶或环氧树脂等黏结材料直接粘贴在找平层上，若为底层地面时，找平层上应做防潮处理。

3. 粘贴类地面

粘贴类地面以粘贴卷材为主，常见的有塑料地毡、橡胶地毡以及各种地毯等。这些材料表面美观、干净，装饰效果好，具有良好的保温、消声性能，适用于公共建筑和居住建筑。

随着石油化工业的发展，塑料地面的应用日益广泛。塑料地面材料的种类很多，目前聚氯乙烯塑料地面材料应用最广泛，有块材、卷材之分。其材质有软质和半硬质两种，目前在我国应用较多的是半硬质聚氯乙烯块材，其规格尺寸一般为 100 mm × 100 mm ~ 500 mm × 500 mm，厚度为 1.5 ~ 2.0 mm。塑料板块地面的构造做法是先用 15 ~ 20 mm 厚 1∶2 水泥砂浆找平，干燥后再用胶黏剂粘贴塑料板。

塑料地毯以聚氯乙烯树脂为基料，加入增塑剂、稳定剂、石棉绒等经塑化热压而成。有卷材和片材，卷材可干铺，也可用黏结剂粘贴在水泥砂浆找平层上，如图 4-49 所示，拼接时将板缝切割成 V 形，然后用三角形塑料焊条、电热焊枪焊接。它具有步感舒适、有弹性、防滑、防火、耐磨、绝缘、防腐、消声、阻燃、易清洁等特点，且价格低廉。

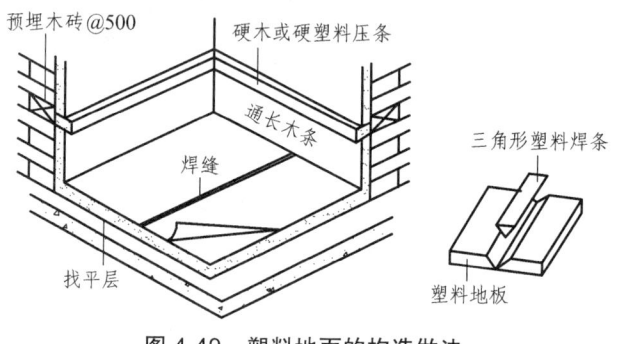

图 4-49　塑料地面的构造做法

橡胶地毯是以橡胶粉为基料，掺入填充料、防老化剂、硫化剂等制成的卷材，具有耐磨、柔软、防滑、消声以及富有弹性等特点石且价格低廉，铺贴简便，可以干铺，也可用黏结剂粘贴在水泥砂浆找平层上。

地毯类型较多，常见的有化纤地毯、棉织地毯和纯羊毛地毯等，具有柔软舒适、清洁吸声、保温、美观适用等特点，是美化装饰房间的最佳材料之一。其有局部、满铺和干铺、固定等不同铺法。固定式一般用黏结剂满贴在地面上或将四周钉牢。

4. 涂料类地面

涂料类地面是利用涂料涂刷或涂刮而成的。它是水泥砂浆或混凝土地面的一种表面处理形式，用以改善水泥砂浆地面在使用和装饰方面的不足。地面涂料品种较多，有溶剂型、水溶性和水乳型等地面涂料。

涂料地面对解决水泥地面易起灰和美观问题起到了重要作用。涂料与水泥表面的黏结力强，具有良好的耐磨、抗冲击、耐酸、耐碱等性能，水乳型和溶剂型涂料还具有良好的防水性能。

四、楼地面的细部构造

1. 踢脚线与墙裙

为保护墙面，防止外界碰撞损坏墙面，或擦洗地面时弄脏墙面，通常在墙面靠近地面处设踢脚线（又称踢脚板）。踢脚线的材料一般与地面相同，故可看作是地面的一部分，即地面在墙面上的延伸部分。踢脚线通常凸出墙面，也可与墙面平齐或凹进墙面，其高度一般为 100 ~ 150 mm。

踢脚板是楼地面与内墙面相交处的一个重要构造节点。它的主要作用是遮盖楼地面与墙面的接缝；保护墙面，以防搬运东西、行走或做清洁卫生时将墙面弄脏，如图4-50所示。

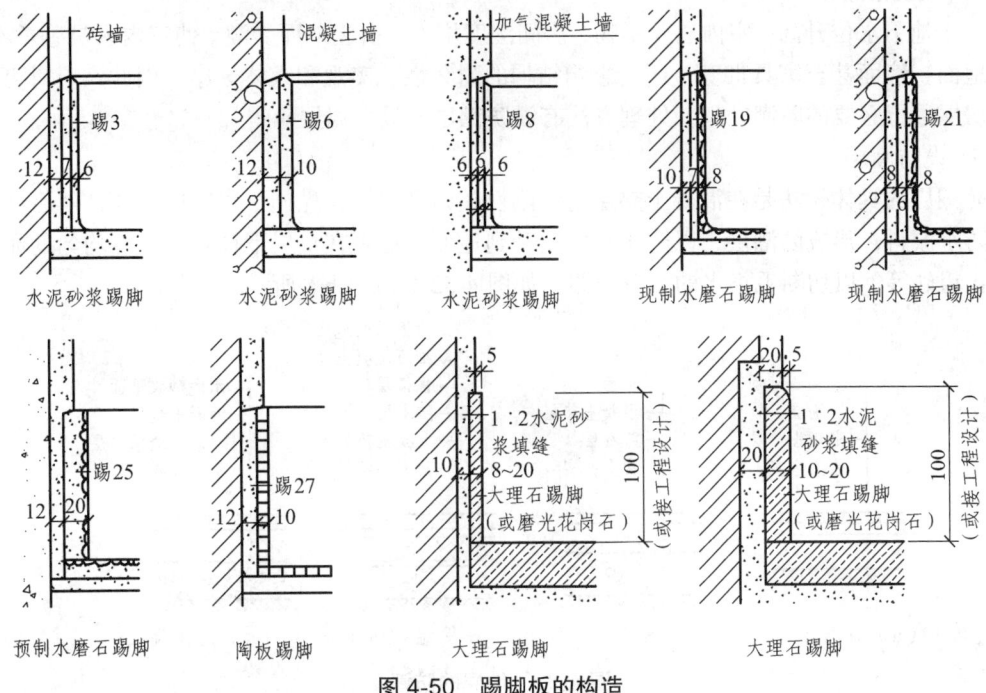

图4-50 踢脚板的构造

墙裙是踢脚线沿墙面往上的继续延伸，做法与踢脚类似，常用不透水材料做成，如油漆、水泥砂浆、瓷砖、木材等，通常为贴瓷砖的做法。墙裙的高度和房间的用途有关，一般为900~1 200 mm，对于受水影响的房间，高度为900~2 000 mm。其主要作用是防止人们在建筑物内活动时碰撞或污染墙面，并起一定的装饰作用。

2. 楼地层变形缝

地面变形缝包括温度伸缩缝、沉降缝和防震缝。其设置的位置和大小应与墙面、屋面变形缝一致。构造上要求变形缝应贯通楼地层的各个层次，并在构造上保证楼板层和地坪层能够满足美观和变形需求。缝内常用可压缩变形的玛琋脂、金属调节片、沥青麻丝等材料做封缝处理，如图4-51所示。

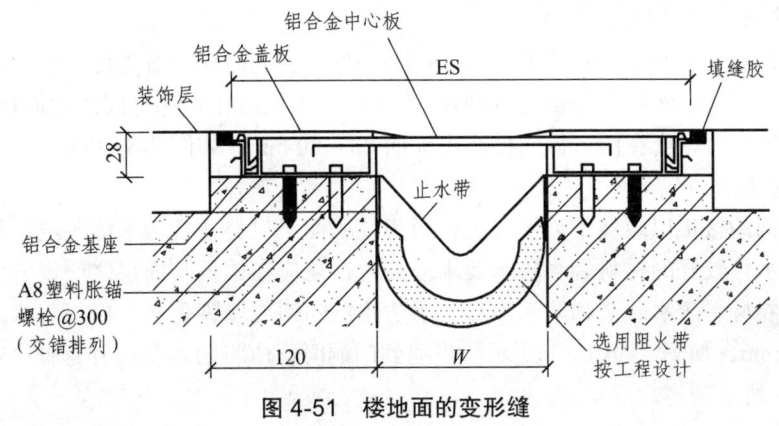

图4-51 楼地面的变形缝

3. 楼地层的防潮、防水

（1）地层防潮。

由于地下水位升高，室内通风不畅，房间湿度增大，引起地面受潮，使室内人员感觉不适，造成地面、墙面甚至家具霉变，还会影响结构的耐久性、美观和人体健康。因此，应对可能受潮的房屋进行必要的防潮处理，处理方法有设防潮层、设保温层等。

① 设防潮层。

防潮层的具体做法是在混凝土垫层上，刚性整体面层下，先刷一道冷底子油，然后铺热沥青或防水涂料，形成防潮层，以防止潮气上升到地面；也可在垫层下铺一层粒径均匀的卵石或碎石、粗砂等，以切断毛细水的上升通路。如图 4-52（a）、（b）所示。

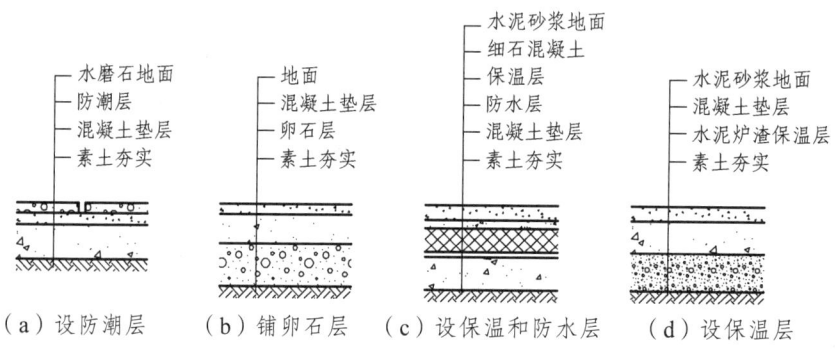

图 4-52 地层的防潮

② 设保温层。

室内潮气大多是室内与地层温差引起的，设保温层可以降低温差。设保温层有两种做法：一种是在地下水位低、土壤较干燥的地面，可在垫层下铺一层 1∶3 水泥炉渣或其他工业废料做保温层；另一种是在地下水位较高的地区，可在面层与混凝土垫层间设保温层，并在保温层下做防水层，如图 4-52（c）、（d）所示。

另外，也可将地层底板搁置在地垄墙上，将地层架空，使地层与土壤之间形成通风层，以带走地下潮气。

（2）楼地层防水。

用水房间，如厕所、盥洗室、实验室、淋浴室等，地面易集水，发生渗漏现象，要做好楼地面的排水和防水。

① 地面排水。

为排除室内积水，地面一般应有 1%～1.5%的坡度，同时应设置地漏，使水有组织地排向地漏；为防止积水外溢，影响其他房间的使用，有水房间地面应比相邻房间的地面低 20～30 mm；当两房间地面等高时，应在门口做门槛高出地面 20～30 mm。如图 4-53 所示。

② 地面防水。

常用水房间的楼板以现浇钢筋混凝土楼板为佳，面层材料通常为整体现浇水泥砂浆、水磨石或瓷砖等防水性较好的材料。当防水要求较高时，还应在楼板与面层之间设置防水层。常见的防水材料有卷材、防水砂浆和防水涂料。为防止房间四周墙脚受水，应将防水层沿周边向上泛起至少 150 mm，如图 4-54（a）所示。当遇到门洞时，应将防水层向外延伸 250 mm 以上，如图 4-54（b）所示。

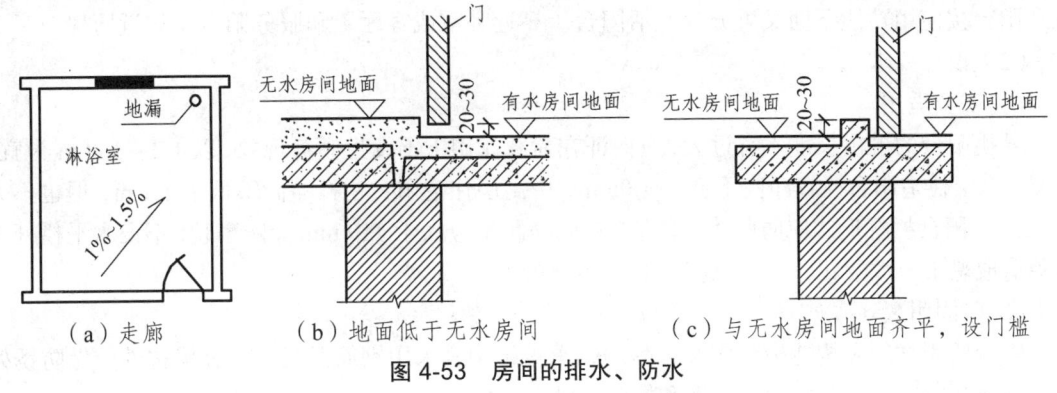

图 4-53 房间的排水、防水

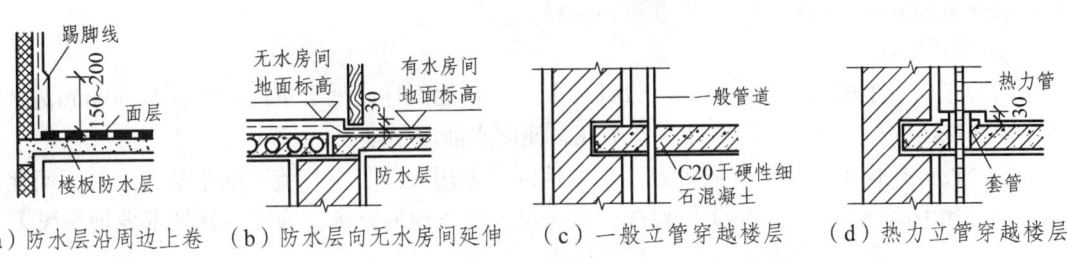

图 4-54 楼地面的防水构造

当楼地面有竖向管道穿越时，也容易产生渗透，一般有两种处理方法：对于冷水管道，可在穿越竖管的四周用 C20 干硬性细石混凝土填实，再以卷材或涂料做密封处理，如图 4-53（c）所示；对于热水管道，为防止温度变化引起的热胀冷缩现象，常在穿管位置预埋比竖管管径稍大的套管，高出地面 30 mm 左右，并在缝隙内填塞弹性防水材料，如图 4-53（d）所示。

第六节　阳台与雨篷

一、阳　台

阳台是连接室内的室外平台，给居住在建筑里的人们提供一个舒适的室外活动空间，是多层住宅、高层住宅和旅馆等建筑中不可缺少的一部分。

1. 阳台的类型和设计要求

（1）类型。

阳台按其与外墙的相对位置分为挑阳台、凹阳台、半挑半凹阳台、转角阳台，按结构处理不同分有挑梁式、挑板式、压梁式及墙承式，如图 4-55 所示。

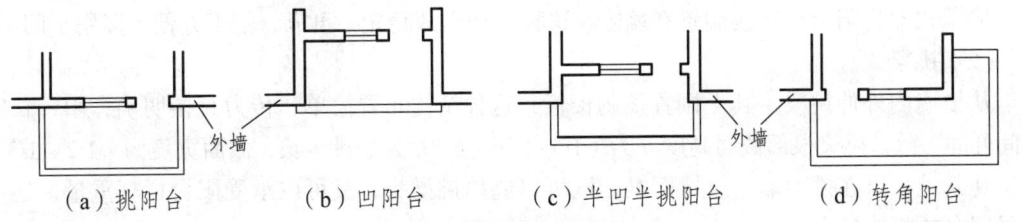

图 4-55 阳台的类型

阳台按使用功能不同又可分为生活阳台（靠近卧室或客厅）和服务阳台（靠近厨房）。

（2）设计要求。

① 安全适用。

悬挑阳台的挑出长度不宜过大，应保证在荷载作用下不发生倾覆现象，以 1.2~1.8 m 为宜。低层、多层住宅阳台栏杆净高不低于 1.05 m，中高层住宅阳台栏杆净高不低于 1.1 m，但也不大于 1.2 m。阳台栏杆形式应防坠落（垂直栏杆间净距不应大于 110 mm），防攀爬（不设水平栏杆），以免造成恶果。放置花盆处，也应采取防坠落措施。

② 坚固耐久。

阳台所用材料和构造措施应经久耐用，承重结构宜采用钢筋混凝土，金属构件应做防锈处理，表面装修应注意色彩的耐久性和抗污染性。

③ 排水顺畅。

为防止阳台上的雨水流入室内，设计时要求阳台地面标高低于室内地面标高 60 mm 左右，并在地面抹出 5‰ 的排水坡将水导入排水孔，使雨水能顺利排出。

阳台设计还应考虑地区气候特点。南方地区宜采用有助于空气流通的空透式栏杆，而北方寒冷地区和中高层住宅应采用实体栏杆，并满足立面美观的要求，为建筑物的形象增添风采。

2. 阳台结构布置方式

阳台承重结构通常是楼板的一部分，因此应与楼板的结构布置统一考虑。钢筋混凝土阳台可采用现浇或装配两种施工方式，如图 4-56 所示。

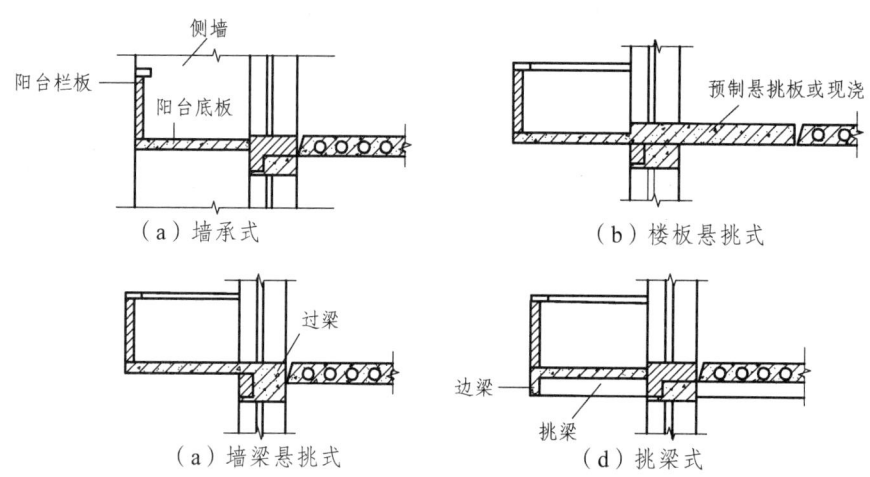

图 4-56 阳台的结构布置

（1）墙承式。

墙承式即将阳台板直接搁置在墙上。这种结构形式稳定、可靠，施工方便，多用于凹阳台。

（2）挑梁式。

从横墙内外伸挑梁，其上搁置预制楼板，这种结构布置简单，传力直接明确，阳台长度与房间开间一致。挑梁根部截面高度 h 为 $(1/5~1/6)L$，L 为悬挑净长，截面宽度为 $(1/2~1/3)h$。为美观起见，可在挑梁端头设置面梁，既可以遮挡挑梁头，又可以承受阳台栏杆重量，还可以加强阳台的整体性。

（3）挑板式。

当楼板为现浇楼板时，可选择挑板式，悬挑长度一般为 1.2 m 左右，即从楼板外延挑出平板，板底平整美观而且阳台平面形式可做成半圆形、弧形、梯形、斜三角等各种形状。挑板厚度不小于挑出长度的 1/12，一般有两种做法：一种是将房间楼板直接向墙外悬挑形成阳台板；另一种是将阳台板和墙梁现浇在一起，利用梁上部墙体的重量来防止阳台倾覆。

3. 阳台细部构造

（1）阳台栏杆。

栏杆是在阳台外围设置的竖向构件，其作用一方面是承担人们推倚的侧向力，以保证人的安全；另一方面是对建筑物起装饰作用。因而栏杆的构造要求坚固和美观。栏杆的高度应高于人体的重心，一般不宜低于 1.05 m，高层建筑不应低于 1.1 m，但不宜超过 1.2 m。

① 按阳台栏杆空透的情况不同有实体、空花和混合式，如图 4-57 所示。

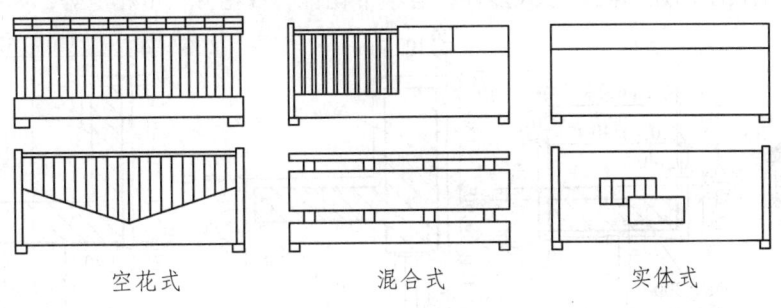

图 4-57 阳台栏杆形式

② 按材料可分为砖砌、钢筋混凝土和金属栏杆，如图 4-58 所示。

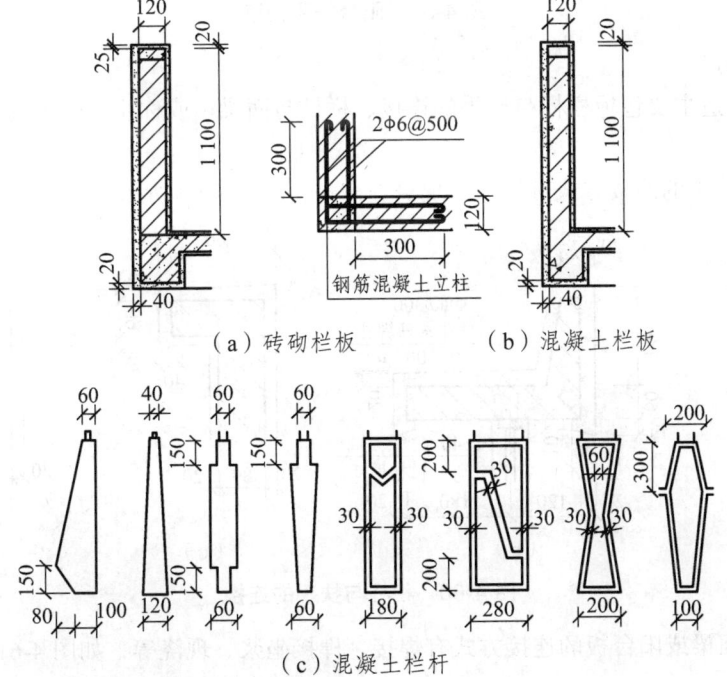

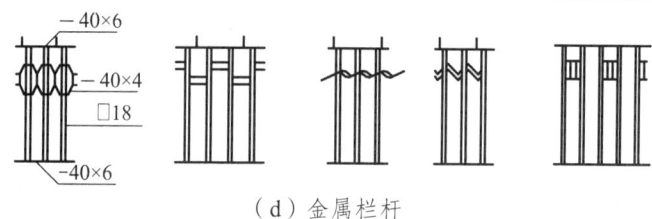

(d)金属栏杆

图 4-58 栏杆构造

(2)栏杆扶手。

扶手是供人手扶使用的,有金属和钢筋混凝土两种。金属扶手一般为钢管与金属栏杆焊接。钢筋混凝土扶手应用广泛,形式多样,一般直接用作栏杆压顶,宽度有 80 mm、120 mm、160 mm。当扶手上需放置花盆时,需在外侧设保护栏杆,一般高 180~200 mm,花台净宽为 240 mm。

栏杆扶手有金属和钢筋混凝土两种。

钢筋混凝土扶手用途广泛,形式多样,有不带花台、带花台、带花池等,如图 4-59 所示。

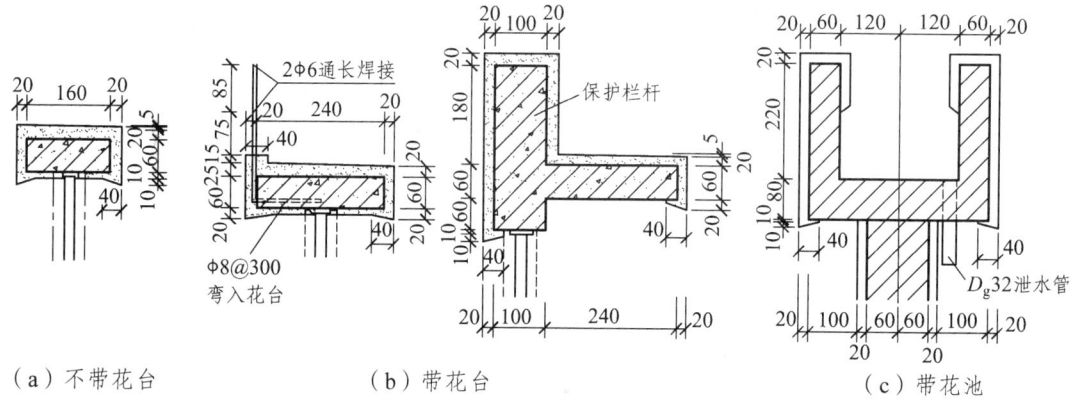

(a)不带花台　　　(b)带花台　　　(c)带花池

图 4-59 阳台扶手构造

(3)细部构造。

阳台细部构造主要包括栏杆与扶手的连接、栏杆与面梁(或称止水带)的连接、栏杆与墙体的连接等。

① 栏杆与扶手的连接方式有焊接、现浇等方式,如图 4-60 所示。

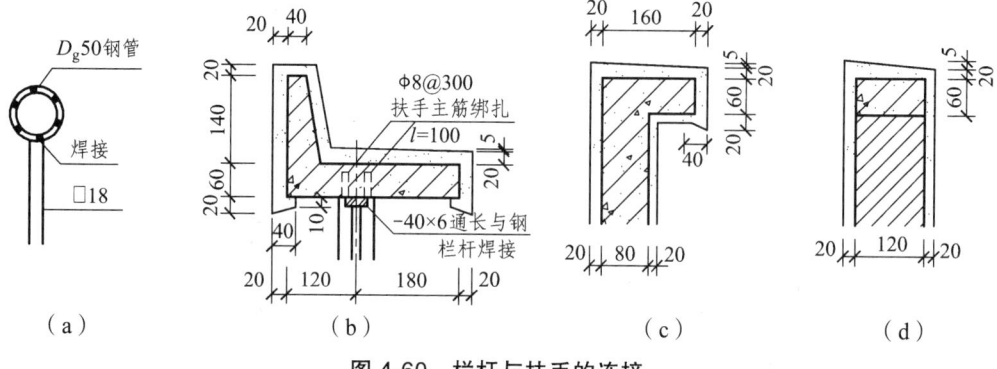

(a)　　　(b)　　　(c)　　　(d)

图 4-60 栏杆与扶手的连接

② 栏杆与面梁或阳台板的连接方式有焊接、榫接坐浆、现浇等,如图 4-61 所示。

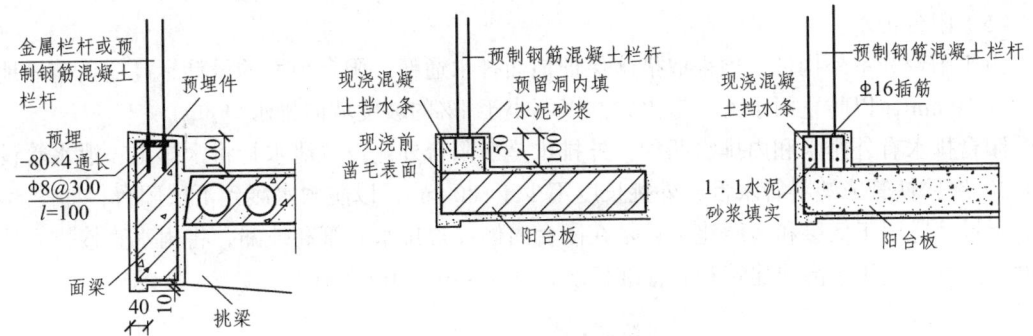

图 4-61 栏杆与面梁或阳台板的连接

③ 扶手与墙的连接,应将扶手或扶手中的钢筋伸入外墙的预留洞中,用细石混凝土或水泥砂浆填实固牢;现浇钢筋混凝土栏杆与墙连接时,应在墙体内预埋 240 mm × 240 mm × 120 mm C20 细石混凝土块,从中伸出 2Φ6,长 300 mm,与扶手中的钢筋绑扎后再进行现浇,如图 4-62 所示。

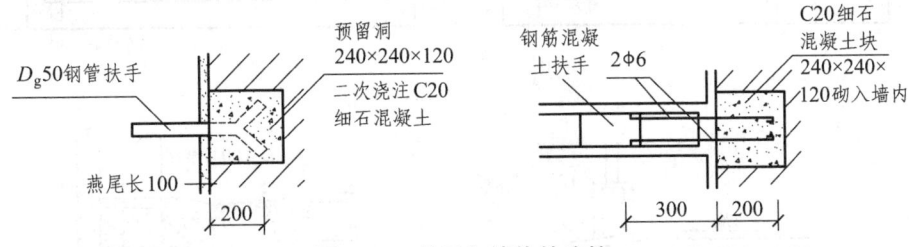

图 4-62 扶手与墙体的连接

(4) 阳台隔板。

阳台隔板用于连接双阳台,有砖砌和钢筋混凝土隔板两种。砖砌隔板一般采用 60 mm 和 120 mm 厚两种,由于荷载较大且整体性较差,所以现多采用钢筋混凝土隔板。隔板采用 C20 细石混凝土预制 60 mm 厚,下部预埋铁件与阳台预埋铁件焊接,其余各边伸出 Φ6 钢筋与墙体、挑梁和阳台栏杆、扶手相连,如图 4-63 所示。

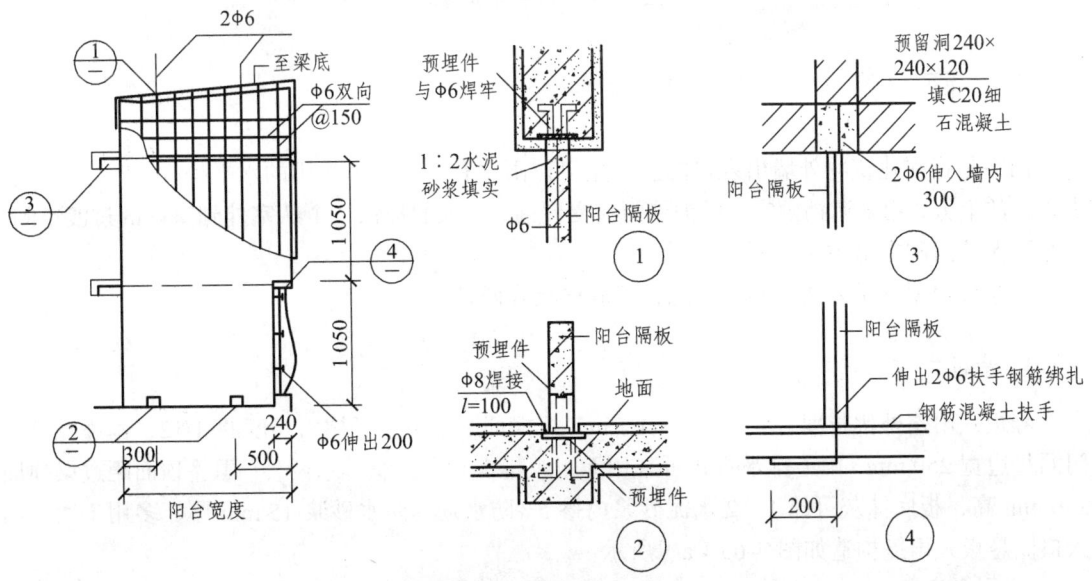

图 4-63 阳台隔板构造

（5）阳台排水。

由于阳台为室外构件，须采取措施保证地面排水通畅。阳台地面的设计标高应比室内地面低 30~50 mm，以防止雨水流入室内，并以不小于1%的坡度坡向排水口。

阳台排水有外排水和内排水两种：外排水是在阳台外侧设置泄水管将水排出，泄水管设置 40~50 镀锌铁管或塑料管水舌，外挑长度不少于 80 mm，以防雨水溅到下层阳台，如图 4-64（a）所示，适用于低层和多层建筑；是在阳台内侧设置排水立管和地漏，将雨水直接排入地下管网，内排水适用于高层建筑和高标准建筑，如图 4-64（b）所示。

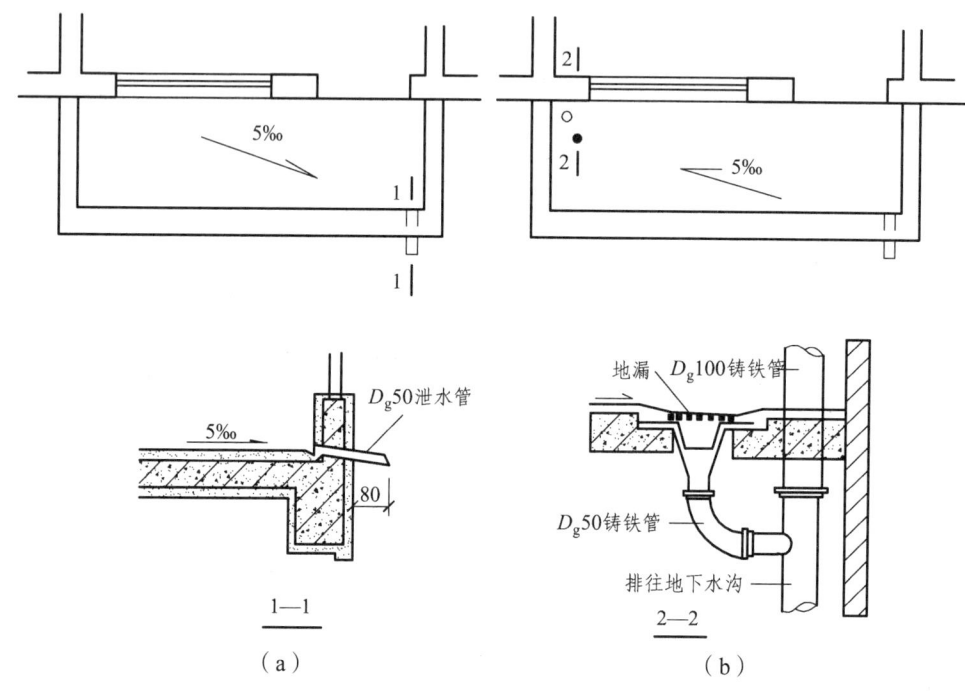

图 4-64　阳台排水构造

二、雨　篷

雨篷是指在建筑物外墙出入口的上方用以挡雨并有一定装饰作用的水平构件，位于建筑物出入口的上方，用来遮挡雨雪，保护外门免受侵蚀，给人们提供一个从室外到室内的过渡空间，并起到保护门和丰富建筑立面的作用。

雨篷板根据支承方式不同，有悬板式和梁板式两种。

1. 悬板式

悬板式雨篷外挑长度一般为 0.9~1.5 m，板根部厚度不小于挑出长度的 1/12，雨篷宽度比门洞每边宽 250 mm，雨篷排水方式可采用无组织排水和有组织排水两种。雨篷顶面距过梁顶面 250 mm 高，板底抹灰可抹 1∶2 水泥砂浆内掺 5%防水剂的防水砂浆 15 mm 厚，多用于次要出入口。悬板式雨篷构造如图 4-65（a）所示。

2. 梁板式

当门洞口尺寸较大,雨篷挑出尺寸也较大时,雨篷应采用梁板式结构,即雨篷由梁和板组成。为使雨篷底面平整,梁一般翻在板的上面成翻梁,如图 4-65(b)所示。当雨篷尺寸更大时,可在雨篷下面设柱支撑。

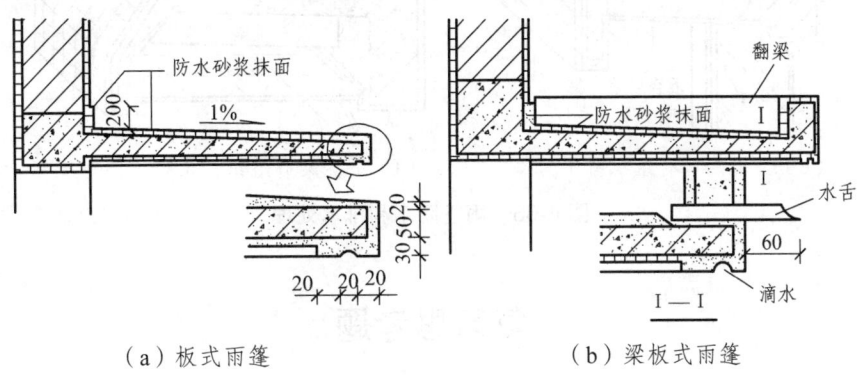

(a)板式雨篷   (b)梁板式雨篷

图 4-65 雨篷

雨篷顶面应做好防水和排水处理如图 4-66 所示,一般采用 20 mm 厚的防水砂浆抹面进行防水处理,防水砂浆应沿墙面上升,高度不小于 250 mm,同时在板的下部边缘做滴水,防止雨水沿板底漫流。雨篷顶面需设置1%的排水坡,并在一侧或双侧设排水管将雨水排除。为了立面需要,可将雨水由雨水管集中排除,这时雨篷外缘上部需做挡水边坎。

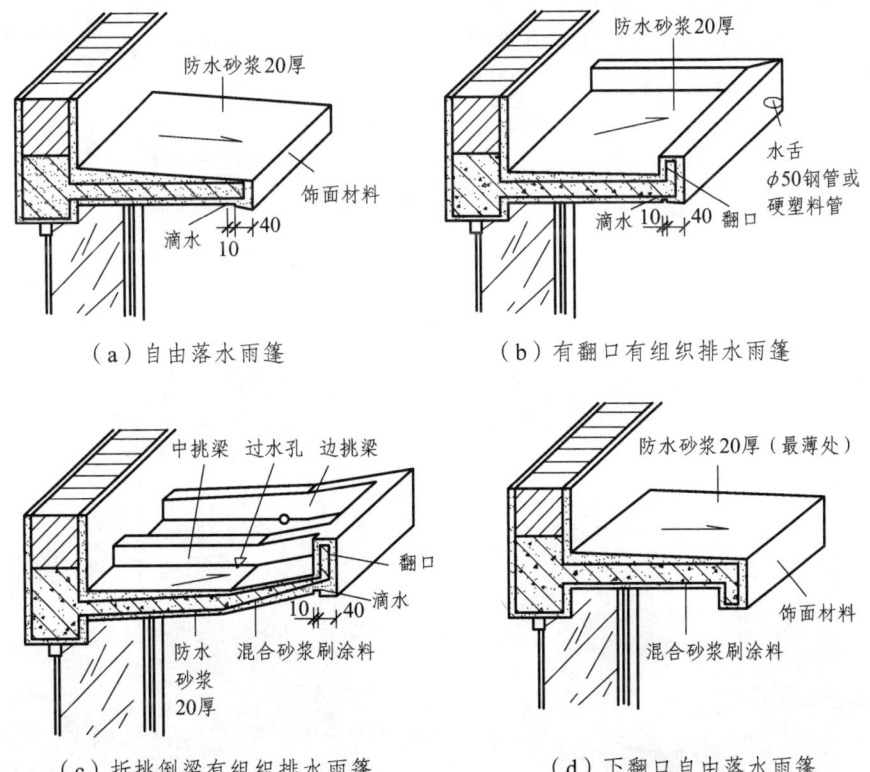

(a)自由落水雨篷   (b)有翻口有组织排水雨篷

(c)折挑倒梁有组织排水雨篷   (d)下翻口自由落水雨篷

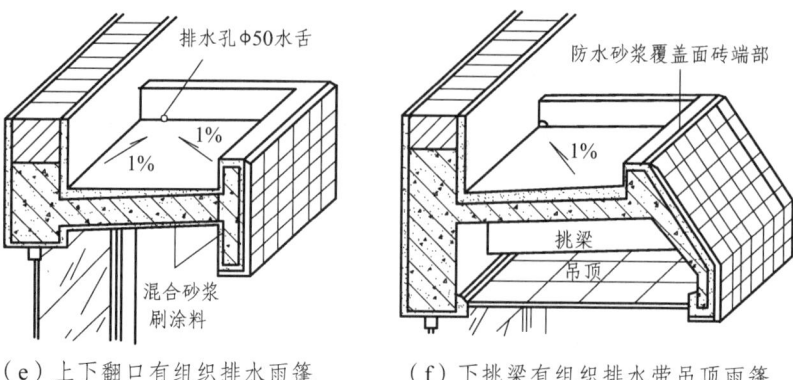

(e)上下翻口有组织排水雨篷　　(f)下挑梁有组织排水带吊顶雨篷

图 4-66　雨篷防水和排水处理

复习思考题

1. 楼板层、地坪层的相同与不同之处有哪些?其基本组成有哪些?
2. 现浇钢筋混凝土楼板的种类及其传力特点是什么?
3. 简述预制空心板的制作原理、常用尺寸及图集代码。
4. 楼地层的防水构造有哪些要点?
5. 简述压型钢板组合楼板的构造组成?
6. 简述阳台的种类及其作用。
7. 雨篷的作用是什么?其构造要点有哪些?
8. 图示悬板式雨篷的构造。

第五章 楼 梯

【学习目标】

本章重点介绍了楼梯的组成及尺度要求、钢筋混凝土楼梯的构造、台阶与坡道构造、电梯与自动扶梯构造等内容。通过学习，学生应达到以下要求：

（1）掌握楼梯的组成、类型及尺度要求。
（2）掌握钢筋混凝土楼梯的基本构造。
（3）熟悉楼梯踏步、栏杆、扶手等细部构造和做法。
（4）了解台阶、坡道的形式、构造做法。
（5）了解电梯、自动扶梯的基本构造。

第一节 楼梯概述

楼梯是建筑物中最重要的垂直交通设施，两层及两层以上建筑都必须设置楼梯。楼梯联系了建筑中标高不同的楼层，是建筑空间解决垂直交通和人员紧急疏散的主要手段。与楼梯一样担负垂直交通重任的还有电梯、自动扶梯、台阶、坡道和爬梯。电梯常用于7层及7层以上的多层及高层建筑中，有时也用于标准较高的低层建筑，如旅馆、医院等；自动扶梯常用于人流量大且持续的公共建筑，如商场、航空港等建筑；台阶主要联系建筑的室内外高差，也用于联系室内局部高差；坡道用于无障碍交通要求的建筑中，如汽车通行、公共建筑中的残疾人轮椅坡道等；爬梯常设于建筑外墙，主要用于检修或消防人员专用。

一、楼梯的组成

楼梯一般由楼梯段、楼梯平台及栏杆（或栏板）扶手三部分组成，如图 5-1 所示。

1. 楼梯段

楼梯段设于两楼梯平台之间，又称楼梯跑，是

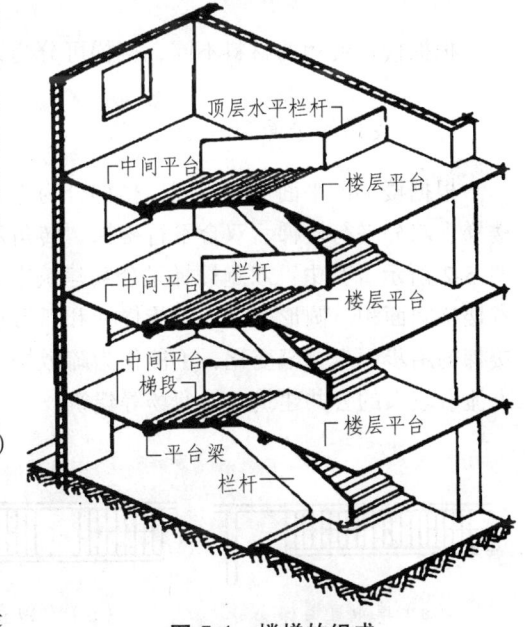

图 5-1 楼梯的组成

楼梯的主要使用和承重部分，是组成楼梯的重要构件。它由若干个踏步组成。为减缓人们上下楼梯时的疲劳和适应人行走的习惯，一个楼梯段的踏步数最多不超过18级，最少不少于3级。公共建筑中装饰性弧形楼梯可略超过18级。

2. 楼梯平台

楼梯平台是指两楼梯段之间的水平板。其主要作用在于转换方向和缓解疲劳，让人们在连续上楼时可在平台上稍加休息，故又称休息平台。楼梯平台有楼层平台、中间平台之分，楼层平台台面标高和楼层标高相同，中间平台往往平分楼层层高。

3. 楼梯栏杆

栏杆是楼梯段的安全设施，一般设置在梯段段的边缘和平台临空的一边，要求楼梯栏杆必须坚固可靠，并保证有足够的安全高度。

二、楼梯的类型

1. 按楼梯的位置不同分

根据楼梯的位置不同，楼梯可分为室内与室外两种。

2. 按使用性质分

根据楼梯的使用性质不同，楼梯可分为主楼梯、辅助楼梯、疏散楼梯、消防楼梯。

3. 按楼梯材料分

根据楼梯使用的材料不同，楼梯可分为钢筋混凝土楼梯、钢楼梯、木楼梯与组合楼梯。

4. 按楼梯的平面形式分

根据楼梯的平面形式不同，楼梯分为直行单跑楼梯、直行多跑楼梯、双跑平行楼梯、三跑楼梯、双分平行楼梯、双合平行楼梯、转角双跑楼梯、交叉楼梯、螺旋形楼梯、弧形楼梯，如图 5-2 所示。其中：双跑楼梯是公共建筑中应用最广泛的一种。它紧凑、方便，双跑楼梯能节省楼梯间面积。圆形楼梯、螺旋楼梯和弧形楼梯造型流畅、优美，是很好的装饰楼梯，但这类楼梯的踏步面有宽窄变化，不能作为疏散楼梯而用。剪刀楼梯的使用方向有多种选择，常用于人流量较大的公共建筑，如商场等建筑。

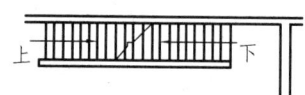
（a）单跑直楼梯

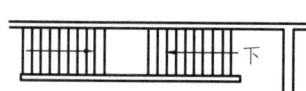
（b）双跑直楼梯

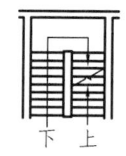
（c）双跑平行楼梯

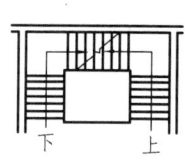
（d）三跑楼梯

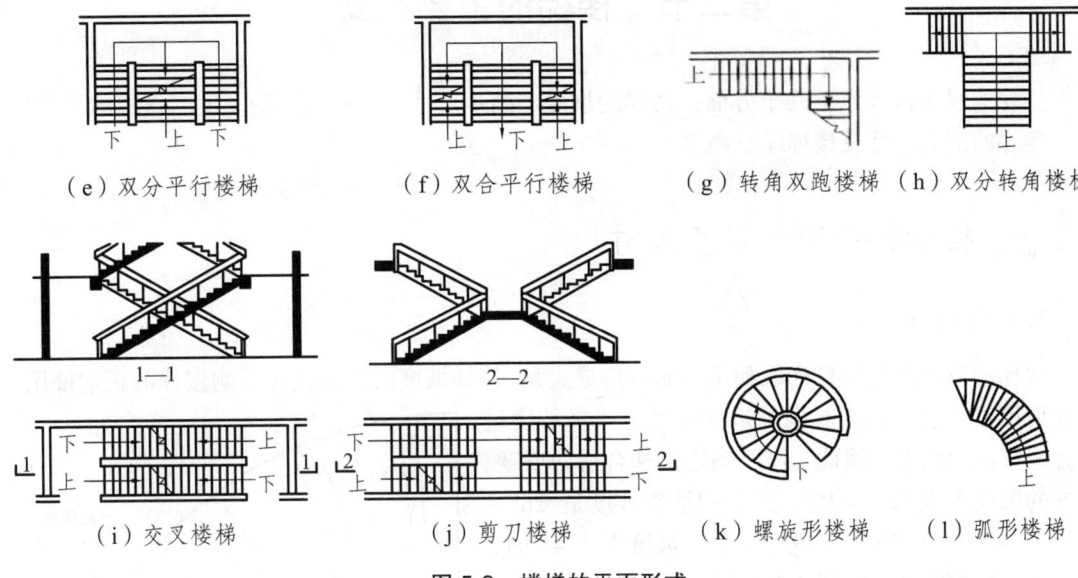

图 5-2 楼梯的平面形式

三、楼梯的设计要求

楼梯的设计应满足以下要求：
（1）保证楼梯有一定的强度、刚度和整体稳定性的要求。
（2）楼梯必须有足够的宽度、适合的坡度，保证通行顺畅，行走舒适。
（3）满足交通导向的要求，作为主要的楼梯应与主要出入口邻近，且位置明显；同时还应避免垂直交通与水平交通在交接处拥挤、堵塞。
（4）满足建筑防火要求，楼梯间除允许直接对外开窗采光外，不得向室内任何房间开窗；楼梯间四周墙体必须为防火墙；对防火要求较高的建筑物特别是高层建筑，应设计成封闭式楼梯或防烟楼梯。
（5）选择合理的构造措施，方便施工，且保证楼梯造型优美，造价合理。
（6）满足良好的自然采光要求。

四、梯井

为了方便施工及满足消防需要，两梯段之间应留有一定的空隙，该空隙称为梯井，梯井的宽度一般应在 60~200 mm。

多层公共建筑室内双跑疏散楼梯两梯段间梯井的水平净距（是指装修后完成面）不宜小于 0.15 m；住宅梯井净宽大于 0.11 m 时，必须采取防止儿童攀滑的措施，楼梯栏杆的垂直杆件间的净空不应大于 0.11 m。托儿所、幼儿园、中小学及少年儿童专用活动场所的楼梯，梯井净宽大于 0.20 m 时，必须采取防止少年儿童攀滑的措施，楼梯栏杆应采取不易攀登的构造，当采用垂直杆件做栏杆时，其杆件净距不应大于 0.11 m。

第二节 楼梯的主要尺度

楼梯的尺度涉及以下几个方面:楼梯的坡度和踏步尺寸、栏杆扶手的高度、楼梯的平面尺寸、楼梯的剖面尺寸及楼梯净空高度

一、楼梯的坡度和踏步尺寸

1. 楼梯的坡度

楼梯的坡度指的是楼梯段和水平面所形成夹角。楼梯坡度的大小直接影响楼梯的正常使用,楼梯坡度过小会增加楼梯间的进深尺寸,楼梯坡度过大会造成行走吃力。因此,需要确定楼梯合适的坡度。楼梯的坡度范围 23°~45°,楼梯的适宜坡度是 26°~33°。当坡度小于 20°时,设坡道;当坡度大于 45°时,设爬梯。楼梯的坡度如图 5-3 所示。

楼梯的坡度应根据建筑物的使用性质、层高以及便于通行和节省面积等因素确定。一般公共建筑的人流量大,坡度应较平缓,常用不超过 30°;而住宅建筑的人流通行量较小,楼梯坡度可较陡,但最好不超过 38°。

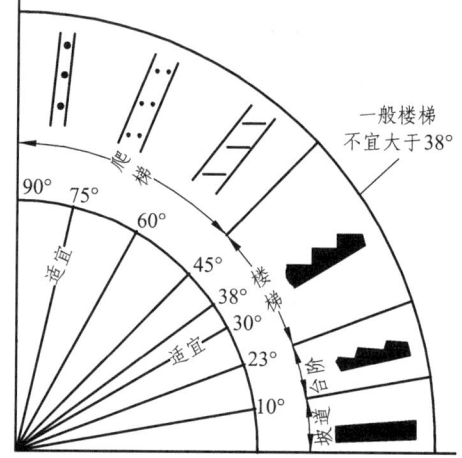

图 5-3 楼梯的坡度

2. 踏步尺寸

楼梯的坡度实质上与楼梯踏步尺寸密切相关,在实际工程中,楼梯的坡度是由楼梯段上的踏步的高宽比决定的。踏步由踏面和踢面组成,踏面宽以 b 表示,踏步高以 h 表示,踏面宽 b 和踢面高 h 之比构成了楼梯的坡度。踏面越窄,踢面越高,则楼梯的坡度越陡;反之,踏面越宽,踢面越矮,则楼梯的坡度越缓。

楼梯踏步尺寸的确定与人的步距有关,计算公式是:

$$b + 2h = 600 \sim 620 \text{ mm}$$

式中 b——踏步的踏面宽,mm;

h——踏步的踢面高,mm;

600 mm——成人的平均步距。

民用建筑中,楼梯踏步的高宽尺寸具体规定见表 5-1。

表 5-1 常用楼梯踏步高宽尺寸   mm

楼梯类别	踏步宽度 b	踏步高度 h
住宅公用楼梯	260~300	150~175
幼儿园楼梯	260~280	120~150
医院、疗养院等楼梯	300~350	120~150
学校、办公楼等楼梯	280~340	140~160
剧院、会堂等楼梯	300~350	120~150

二、楼梯栏杆扶手的高度

楼梯栏杆扶手的高度,指踏面前缘至扶手顶面的垂直距离。楼梯扶手的高度与楼梯的坡度、楼梯的使用要求有关,很陡的楼梯,扶手的高度矮些,坡度平缓时高度可稍大。在 30°左右的坡度下常采用 900 mm;在普通楼梯加装的儿童使用的楼梯栏杆扶手的高度一般不应超过 600 mm。对一般室内楼梯栏杆扶手的高度不得小于 900 mm,通常取 900 mm。室外楼梯栏杆高 ≥1 050 mm;高层建筑室外楼梯栏杆高度不应小于 1.1 m;室外楼梯垂直栏杆间距不得大于 110 mm。托幼建筑的扶手高度不能降低,可增加一道 600 mm 高的儿童扶手。楼梯栏杆扶手高度如图 5-4 所示。

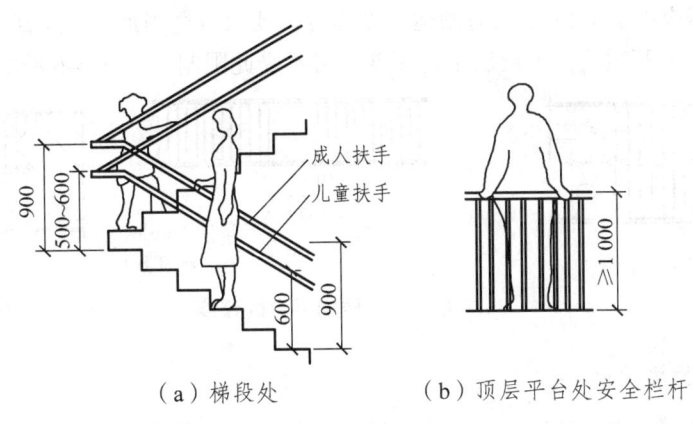

(a) 梯段处　　(b) 顶层平台处安全栏杆

图 5-4　楼梯栏杆扶手高度

三、楼梯的平面尺寸

楼梯的平面尺寸包括楼梯段的宽度 B、楼梯平台的深度 D、楼梯段的长度 L,如图 5-5 所示。

1. 楼梯段的宽度 B

楼梯的宽度必须满足上下人流及搬运物品的需要。从确保安全的角度出发,楼梯段的宽度应根据人流量、防火要求及建筑物的使用性质等因素确定。在公共建筑中,楼梯段的净宽按每股人流 0.55 m +(0~0.15)m 计算,并不少于 2 股人流。0~0.15 m 是人流在行进中人体的摆幅,公共建筑人流较多的场所应取上限值。多层住宅楼梯段的最小宽度为 1 000 mm。住宅套内楼梯的梯段净宽,当两侧有墙时,不应小于 900 mm。

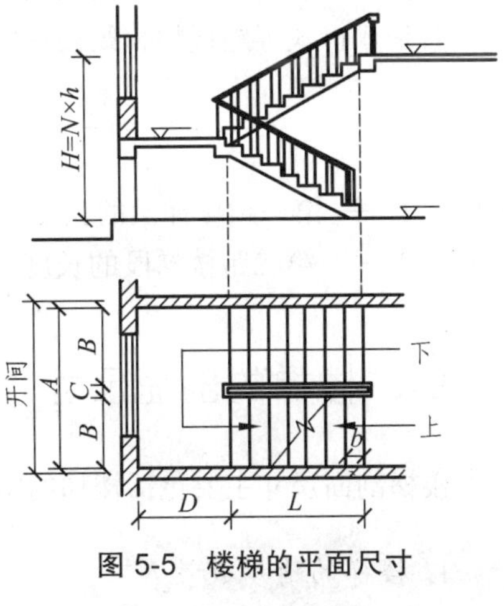

若楼梯间的开间已定,双跑楼梯段宽度 B 的计算公式如下:

$$B = \frac{A-C}{2}$$

图 5-5　楼梯的平面尺寸

式中　B——楼梯段的宽度,mm;

A——楼梯段的净开间，mm；

C——楼梯井的宽度，其值一般取 $C = 60$ mm、160 mm、200 mm 等。

高层建筑梯段的宽度指标高于一般建筑。要求每层疏散楼梯总宽度按其通过人数每 100 人不小于 1 000 mm 计算。各层人数不相等时，楼梯梯段的总宽度可分段计算，下层疏散楼梯的总宽度按其上层人数最多的一层计算。

2. 楼梯平台的深度

楼梯段平台的深度是指楼梯平台边缘到楼梯间墙面间的净距，包括中间平台和楼层平台。考虑交通顺畅、方便和家具搬运等因素，规范规定楼梯平台的深度 D 不得小于楼梯段的宽度 B，即 $D \geq B$，并不应小于 1.2 m；当有搬运大型物件需要时应适当加宽。但直跑楼梯的中间平台深度以及通向走廊的开敞式楼梯楼层平台深度，可不受此限制，如图 5-6 所示。

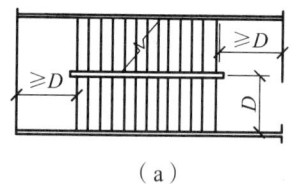
（a）
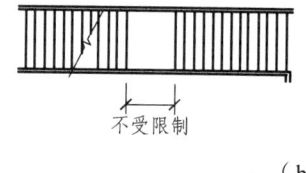
（b）
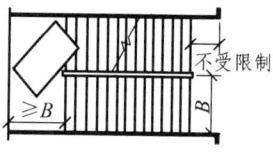

图 5-6　楼梯平台的深度

3. 楼梯段长度的确定

楼梯段的长度是指楼梯始末两踏步之间的水平距离。楼梯段的长度 L 与踏步宽度 b 以及该楼梯段的踏步数量 N 有关，直跑楼梯中，楼梯段的长度为：

$$L = (N-1)b$$

由于楼梯上行的最后一个踏步面的标高与楼梯平台的标高一致，其宽度已计入平台的深度，因此，在计算楼梯段长度时应该减去一个踏步宽度。

若是双折式等跑楼梯，则楼梯段的长度为：

$$L_1 = L_2 = \left(\frac{N}{2} - 1\right)b$$

式中　L_1——第一跑楼梯段的长度，mm；

　　　L_2——第二跑楼梯段的长度，mm。

四、楼梯的剖面尺寸

楼梯剖面尺寸主要包括楼梯的踏步数量、楼梯段的高度、楼梯的净高。

1. 楼梯的踏步数量 N

楼梯的踏步数量 N 可由建筑的层高 H、楼梯的踏步踢面高 h 求得，即：

$$N = \frac{H}{h}$$

2. 楼梯段的高度 H_n

楼梯段的高度 H_n 与该楼梯段的踏步数量 N_n 和踏步踢面高 h 之间的关系是：

$$H_n = N_n \times h$$

3. 楼梯的净高 H_0

为了保证行人的正常通行、心理感觉和考虑家具的搬运，要求楼梯段上的净高应大于 2.2 m，楼梯平台上的净高应大于 2.0 m，如图 5-7 所示。

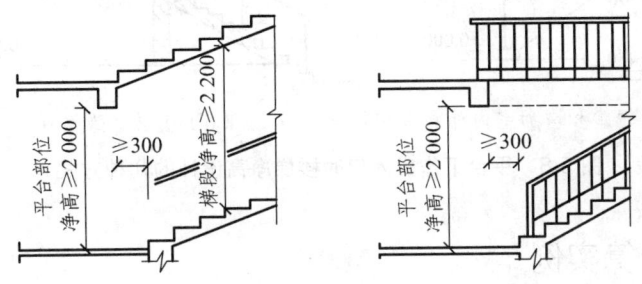

图 5-7 楼梯的净高

在住宅建筑中，为降低交通面积在平面中的比例，常在楼梯平台下作出入口，为保证楼梯平台下的净高大于 2.0 m，通常需要对底层楼梯间做必要的设计，其处理手法有：

① 将底层楼梯设计成长短跑，第一跑梯段长一些，第二跑梯段短一些，即可抬高中间平台，以满足楼梯净高要求，如图 5-8（a）所示。

② 增加室内外高差，即把部分室外台阶内移，这种方法需要注意的是不能把所有台阶都移进来。为防止雨水流进室内，室外一般需要留一级台阶（该台阶至少要高 0.06 m）。若建筑室内外高差足够时，即可采用这种方法，如图 5-8（b）所示。

③ 以上两种方法结合，即降低底层中间平台下的地面标高，同时增加楼梯底层第一个梯段的踏步数量，如图 5-8（c）所示。

④ 将底层楼梯设计成直跑楼梯。这种方法一定要保证雨篷底到楼梯段上的净距大于 2.0 m，如图 5-8（d）所示。

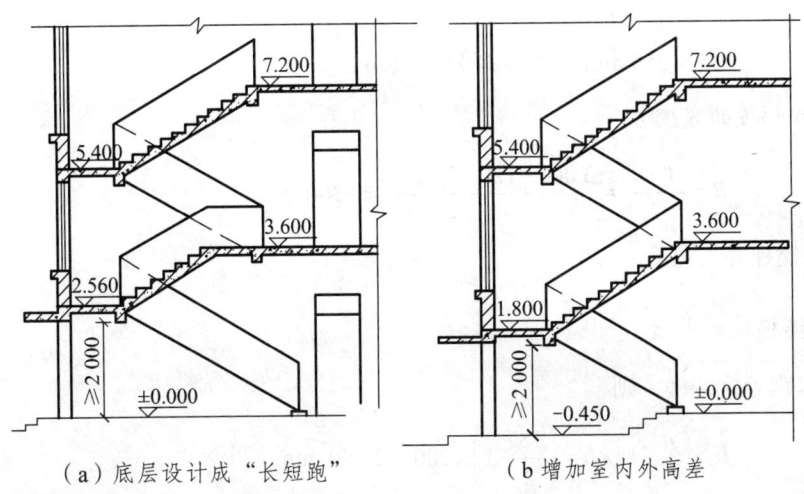

（a）底层设计成"长短跑"　　　　（b）增加室内外高差

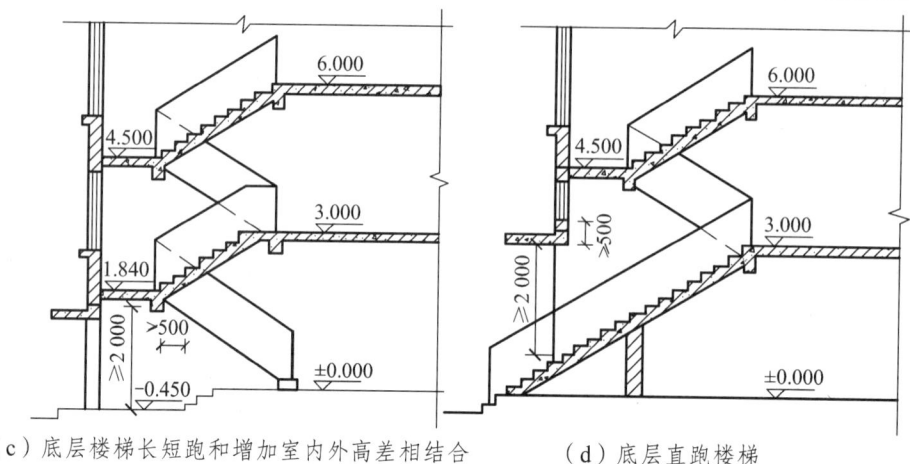

（c）底层楼梯长短跑和增加室内外高差相结合　　（d）底层直跑楼梯

图 5-8　平台下作出入口时楼梯净高设计的几种方式

五、楼梯计算实例

某住宅楼梯间的开间为 3 000 mm，进深为 6 300 mm，层高 3.0 m，墙厚均为 240 mm，轴线居中，室内外高差为 600 m，底层楼梯平台下过人，采用双跑平行楼梯，试设计该楼梯。

解：

1. 确定踏步的尺寸

根据 $b + 2h = 600 \sim 620$ mm，结合表 5-1，初步确定踏步宽为 $b = 280$ mm，踏步高为 $h = 160$ mm，则每一层楼梯踏步级数：

$$n = \frac{H}{h} = \frac{3\,000}{160} = 18.75$$

假定为双跑等跑楼梯，则踏步个数应为偶数，取 $n = 18$，则调整踏步高为：

$$h = \frac{H}{n} = \frac{3\,000}{18} = 166.67 \text{ mm}$$

所以，踏步宽为 $b = 280$ mm，踏步高为 $h = 166.67$ mm。

2. 计算楼梯段的宽度 B

$$B = \frac{A - C}{2} = \frac{3\,000 - 120 \times 2 - 160}{2} = 1\,300 \text{ mm}$$

式中：160 为楼梯井的宽度。

3. 计算楼梯段的长度

因为是双跑等跑楼梯，则

$$L = \left(\frac{n}{2} - 1\right) \times b = \left(\frac{18}{2} - 1\right) \times 280 = 2\,240 \text{ mm}$$

4. 楼梯平台宽度的确定

中间平台宽要求：$D \geqslant 1\,300$ mm，所以取 $D = 1\,300$ mm；则楼层平台宽度为 $D' = 6\,300 - 120 \times 2 - 2\,240 - 1\,300 = 2\,520$ mm（考虑到楼层平台容易引起水平运输和垂直运输的堵塞）。

5. 确定楼梯的结构形式

因为 $L = 2\,240$ mm $< 3\,000$ mm，采用板式楼梯较为经济，现采用现浇钢筋混凝土板式楼梯。

梯段板厚：楼梯板的厚度具体由结构计算而定。楼梯板厚约为板斜向跨度的 $1/25 \sim 1/30$，板的斜向跨度为 $(2\,240^2 + 1\,500^2)^{1/2} \approx 2\,696$ mm，$2\,696 \times (1/30 \sim 1/25) = 90 \sim 107$ mm。

平台板厚：平台板通常是四边支承。可近似按小跨方向的简支板计算，板厚一般为 $L/30 \sim L/40$，楼板最小厚度为 60 mm，取平台板厚为 60 mm。

平台梁截面尺寸：平台梁截面高为梁跨度的 $1/15$，$300 \times 1/15 = 200$ mm，取平台梁高为 300 mm。梁截面宽为高的 $1/2 \sim 1/3$，取 200 mm。

6. 验算楼梯净空高度

底层平台下净空高度验算：

$1\,500 - 300 = 1\,200$ mm $< 2\,000$ mm，需调整。

调整方案为：既将底层楼梯设为长短跑楼梯，又降低室内外高差 450 mm。则第一梯段所需踏步个数为

$$n_1 = \frac{2\,000 + 300 - 450}{166.67} = 11.1 \text{（级）}$$

取 $n_1 = 12$（级）。

此时，底层楼层平台宽度 $D' = 6\,300 - 120 \times 2 - 11 \times 280 - 1\,300 = 1\,680$ mm $> 1\,300$ mm，满足要求。
第二层以上中间平台下的高度为 $6\,000 - 12 \times 166.67 - 300 = 3\,670$ mm $> 2\,000$ mm，满足要求。

第三节　钢筋混凝土楼梯构造

钢筋混凝土楼梯的耐久、耐火性能比其他材料好，具有较高的结构刚度和强度，并且在施工、造型和造价等方面也有较多优势，因此钢筋混凝土楼梯在工程中应用最广泛，是比较重要的一种楼梯形式。

钢筋混凝土楼梯按施工方式不同，主要有现浇整体式和预制装配式两类。

一、现浇钢筋混凝土楼梯

现浇钢筋混凝土楼梯是在施工现场支模、绑扎钢筋和浇筑混凝土，将楼梯段和平台整体浇筑在一起的楼梯。其整体性能好，刚度大，有利于抗震；但模板耗费量大，施工工序多，施工周期长，受季节温度影响大。因此多用于抗震设防要求高、楼梯形式复杂和尺寸变化多的楼梯形式。

现浇钢筋混凝土楼梯按梯段的结构形式不同，可分为板式楼梯和梁板式楼梯。

1. 板式梯段

板式梯段是指楼梯段作为一块整板，斜搁在楼梯的平台梁上，楼梯板承受梯段上的全部荷载，通过平台梁把荷载传递给承重墙或柱，平台梁之间的距离即板的跨度，如图 5-9（a）所示。若平台梁影响其下部空间高度或影响美观时，也可以取消一端或两端的平台梁，将楼梯板和平台板连接成一体，组合成一块折板，折板直接支承于墙体或柱子上，但会增加楼梯板的计算跨度，增加板厚，如图 5-9（b）所示。

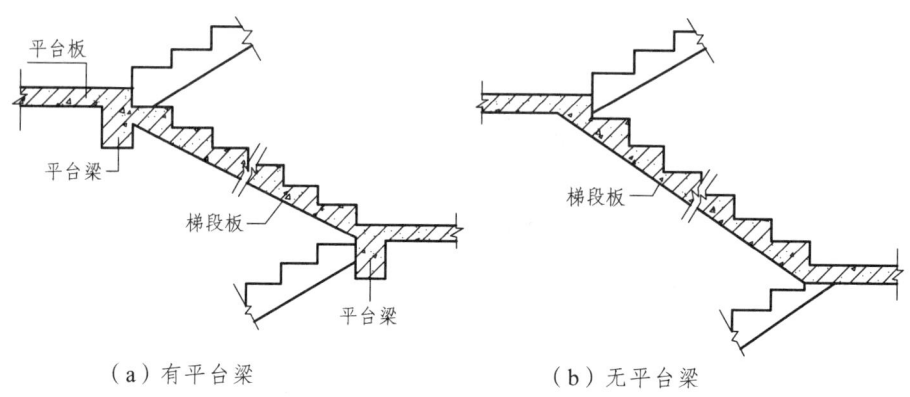

（a）有平台梁　　　　（b）无平台梁

图 5-9　现浇钢筋混凝土板式梯段

板式楼梯的梯段底面平整，外形简洁，便于支模施工；但梯段上三角形截面不能起结构作用，当梯段跨度较大时，梯段板厚度增加，自重较大，钢材和混凝土用量较多，不经济。因此，板式楼梯适用于楼梯荷载较小、楼梯段跨度较小的住宅、宿舍等建筑。

2. 梁板式楼梯段

当梯段较宽或楼梯负载较大时，采用板式梯段往往不经济，须增加梯段斜梁（简称梯梁）以承受板的荷载，并将荷载传给平台梁，通过平台梁将所有荷载传给墙体或柱子，这种梯段称梁板式梯段。梁板式楼梯适用于使用荷载较大、层高较大的情况，如商场、教学楼等公共建筑。梁板式梯段在结构布置上有双梁布置和单梁布置之分。

双梁板式楼梯的斜梁一般设置在梯段的两侧，这时踏步板的跨度便是梯段的宽度。梯梁与踏步板的相对位置有两种：

（1）梯梁在踏步板下面，踏步外露，称为正梁式梯段，形成明步楼梯，如图 5-10（a）所示。

（2）梯梁在踏步板上面，使斜梁和踏步板的下表面取平，称为反梁式梯段，形成暗步楼梯，如图 5-10（b）所示。

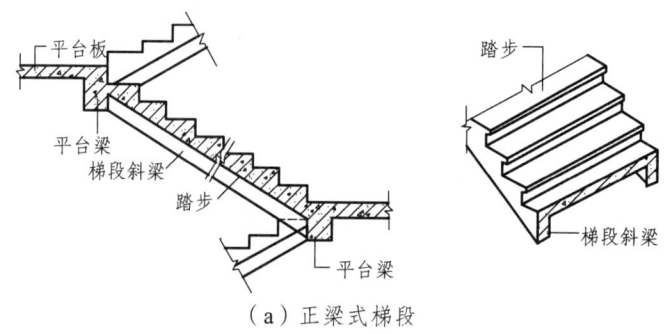

（a）正梁式梯段

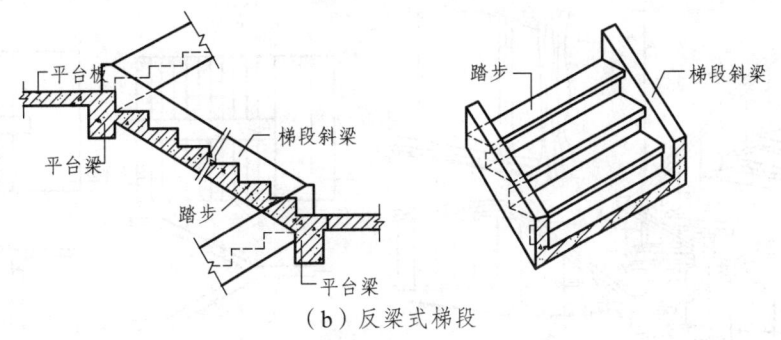

（b）反梁式梯段

图 5-10　现浇钢筋混凝土梁板式梯段

单梁式楼梯是近年来公共建筑中采用较多的一种结构形式。单梁式楼梯是每个梯段由一根梯梁支承踏步。其梯梁布置有两种方式：

一种是单梁悬臂式楼梯。它是将梯梁布置在踏步板的一侧，而将踏步板悬挑。这种形式的楼梯结构受力较复杂，但外形独特、轻巧，一般适用于通行量小、梯段尺度与荷载都不大的楼梯，如图 5-11 所示。

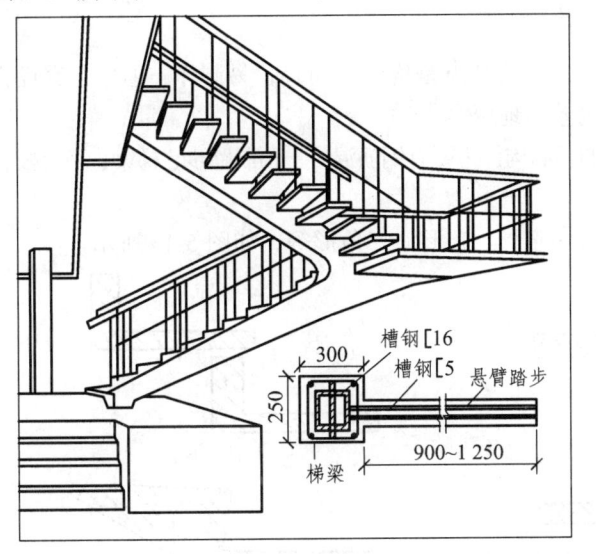
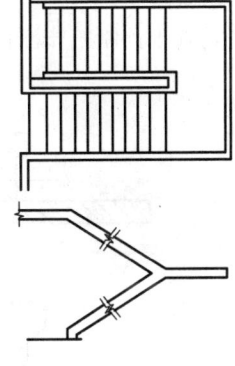

图 5-11　单梁悬臂式楼梯

另一种是单梁挑板式楼梯。它是将梯梁布置在踏步板的中部，让踏步从梁的两侧悬挑，如图 5-12 所示。

二、预制装配式钢筋混凝土楼梯

预制装配式钢筋混凝土楼梯是将楼梯分成休息板、楼梯梁、楼梯段三个部分，将构件在加工厂或施工现场进行预制，施工时在现场将预制构件进行装配、焊接而成的。这种楼梯现场湿作业少，施工速度快，但整体性差。

预制装配式钢筋混凝土楼梯根据构件尺寸和装配程度，可分为小型构件装配式和大、中型构件装配式两类。

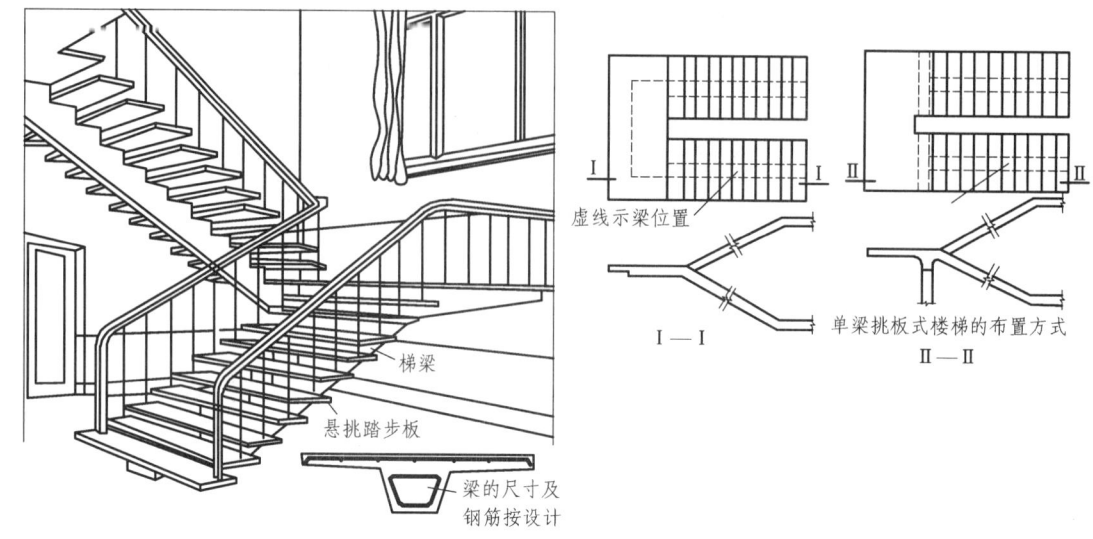

图 5-12　单梁挑板式楼梯

1. 小型构件装配式钢筋混凝土楼梯

小型构件装配式钢筋混凝土楼梯的主要特点是构件小而轻,易制作,但施工繁而慢,湿作业多,耗费人力,适用于施工条件较差的地区。

小型构件装配式钢筋混凝土楼梯的预制构件主要有钢筋混凝土预制踏步、梯梁、平台板、平台梁。

(1) 预制踏步。

钢筋混凝土预制踏步断面形式有一字形、L 形、三角形等,如图 5-13 所示。

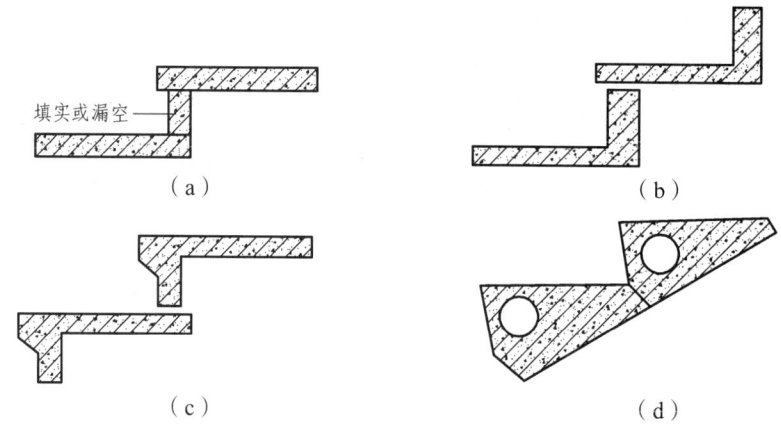

图 5-13　预制踏步的断面形式

预制踏步的支撑方式一般有墙承式、悬臂式、梁承式三种。

① 墙承式。

预制装配墙承式钢筋混凝土楼梯是指预制钢筋混凝土踏步板直接搁置在墙上的一种楼梯形式,其踏步板一般采用一字形、L 形断面。

这种楼梯由于在梯段之间有墙,搬运家具不方便,也阻挡视线,上下人流易相撞。通常在中间墙上开设观察口,以使上下人流视线流通。也可将中间墙两端靠平台部分局部收进,以使空间通透,有利于改善视线和搬运家具物品,但这种方式对抗震不利,施工也较麻烦。

预制装配墙承式钢筋混凝土楼梯构造如图 5-14 所示。

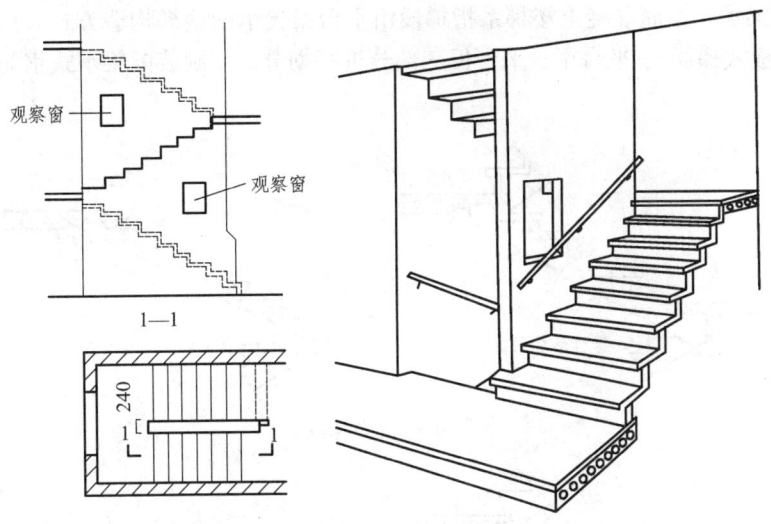

图 5-14　预制装配墙承式钢筋混凝土楼梯

② 悬臂式。

预制装配悬臂式钢筋混凝土楼梯是指预制钢筋混凝土踏步板一端嵌固于楼梯间侧墙上，另一端悬挑的楼梯形式。

预制装配墙悬臂式钢筋混凝土楼梯用于嵌固踏步板的墙体厚度不应小于 240 mm，踏步板悬挑长度一般≤1 800 mm。踏步板一般采用 L 形带肋断面形式，其入墙嵌固端一般做成矩形断面，嵌入深度 240 mm。

一般情况下，没有特殊的冲击荷载，悬臂式钢筋混凝土楼梯还是安全可靠的，但不适宜在 7 度以上的地震区建筑。

预制装配悬臂式钢筋混凝土楼梯构造如图 5-15 所示。

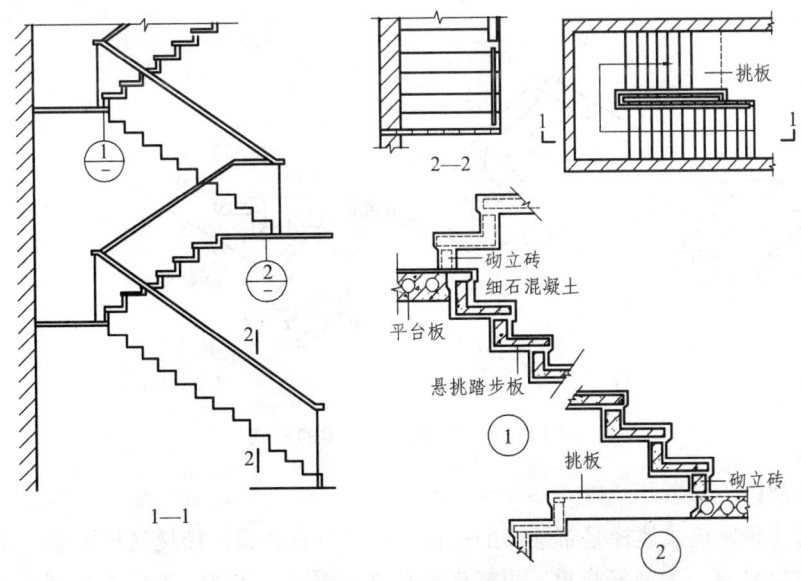

图 5-15　预制装配悬臂式钢筋混凝土楼梯

③ 梁承式。

预制装配梁承式钢筋混凝土楼梯系指梯段由平台梁支承的楼梯构造方式。预制构件可按梯段（板式或梁板式梯段）、平台梁、平台板三部分进行划分。预制装配梁承式钢筋混凝土楼梯如图 5-16 所示。

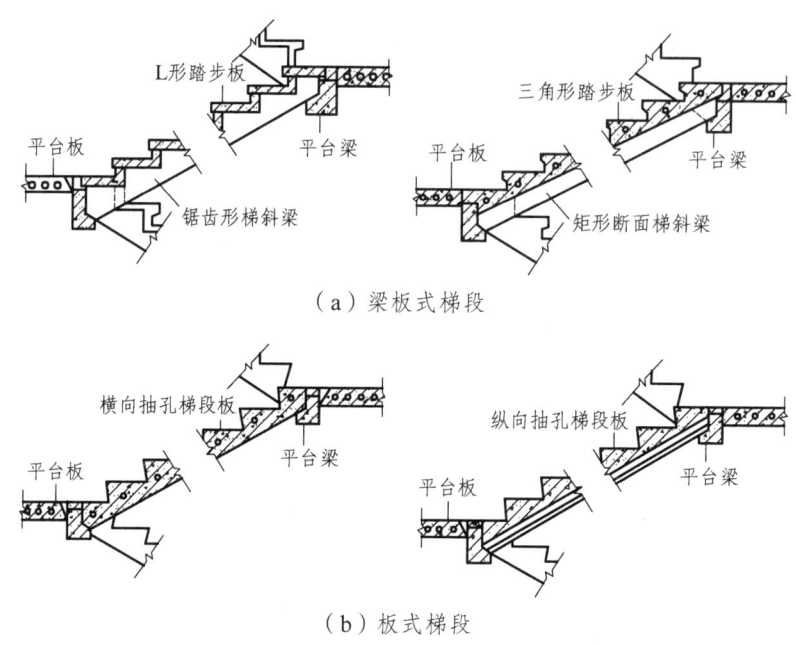

图 5-16 预制装配梁承式钢筋混凝土楼梯

（2）预制楼梯斜段。

钢筋混凝土预制斜梁根据断面形式有矩形梁和锯齿形梁两种。

锯齿形斜梁用于搁置一字形、L 形断面踏步板，矩形斜梁用于搁置三角形断面踏步板，如图 5-17 所示。

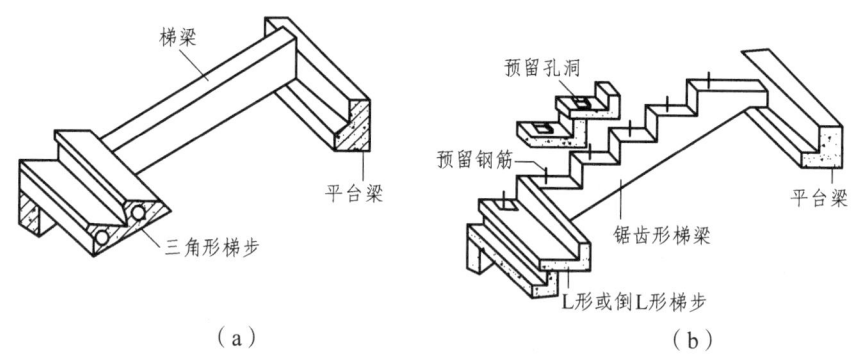

图 5-17 预制梯段斜梁的形式

（3）板式梯段。

钢筋混凝土预制板式楼梯是带踏步的整板，由于没有斜梁，楼梯底板平整，其有效厚度可以按 $L/30 \sim L/20$ 估算。为减轻自重，可横向抽孔制作成空心构件，如图 5-18 所示。

（4）平台梁。

为了便于支承梯斜梁或梯段板，平衡梯段水平分力并减少平台梁所占结构空间，一般将平台梁做成 L 形断面，如图 5-19 所示。

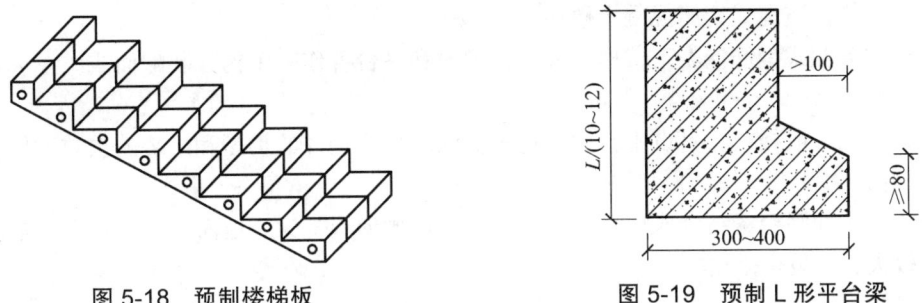

图 5-18　预制楼梯板

图 5-19　预制 L 形平台梁

（5）平台板。

平台板布置于平台梁上，可平行于梁布置，也可垂直于梁布置，前者受力较为合理。平台板可根据需要采用钢筋混凝土空心板、槽板或平板，若平台上有管道井，则不宜布置空心板。如图 5-20 所示。

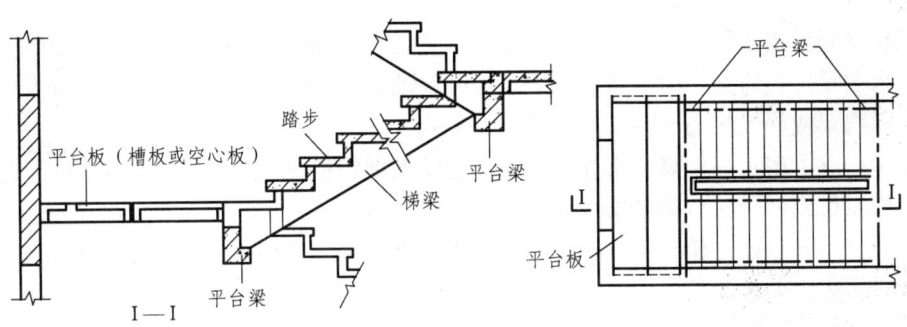

（a）平台板两端支承在楼梯间侧墙上，与平台梁平行布置

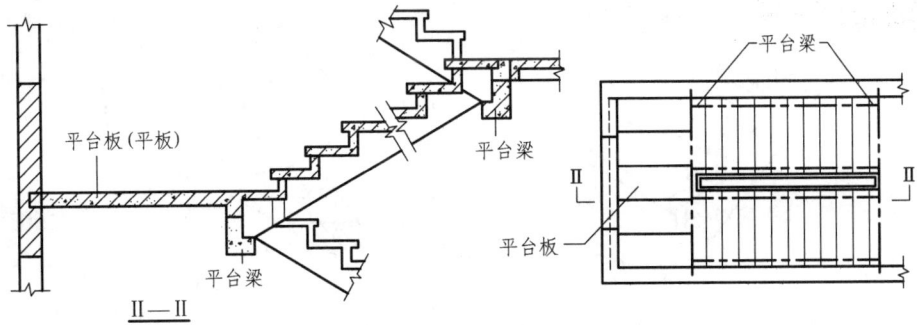

（b）平台板与平台梁垂直布置

图 5-20　平台板与平台梁的布置

2. 大、中型构件装配式钢筋混凝土楼梯

构件从小型改为大、中型可以减少预制构件的品种，利于吊装工具进行安装，从而简化施工，加快速度，减轻劳动强度。

（1）大型构件装配式钢筋混凝土楼梯。

大型构件装配式钢筋混凝土楼梯是将楼梯梁平台预制成一个构件，断面可做成板式或空心板式、双梁槽板式或单梁式。这种楼梯主要用于工业化程度高、专用体系的大型装配式建筑中，或用于建筑平面设计和结构布置有特别需要的场所。

（2）中型构件装配式钢筋混凝土楼梯。

中型构件装配式钢筋混凝土楼梯一般以楼梯段和平台各作一个构件装配而成。

① 平台板。

平台板可用一般楼板，另设平台梁。这种做法增加了构件的类型和吊装的次数，但平台的宽度变化灵活。

平台板也可和平台梁结合成一个构件，一般采用槽形板，为了地面平整，也可用空心板，但厚度需较大，现较少采用。

② 梯段。

梯段有板式和梁板式两种。板式梯段有实心和空心之分：实心板自重较大；空心板可纵向或横向抽孔，纵向抽孔厚度较大，横向抽孔孔型可以是圆形或三角形。

3. 构件连接构造

（1）踏步板与梯斜梁连接。

一般在梯斜梁支承踏步板处用水泥砂浆坐浆连接。如需加强，可在梯斜梁上预埋插筋，与踏步板支承端预留孔插接，用高强度等级水泥砂浆填实。

（2）梯斜梁或梯段板与平台梁连接。

在支座处除了用水泥砂浆坐浆外，应在连接端预埋钢板进行焊接。

（3）梯斜梁或梯段板与梯基连接。

在楼梯底层起步处，梯斜梁或梯段板下应做梯基，梯基常用砖或混凝土，也可用平台梁代替梯基。但需注意该平台梁无梯段处与地坪的关系。

构件连接构造如图 5-21 所示。

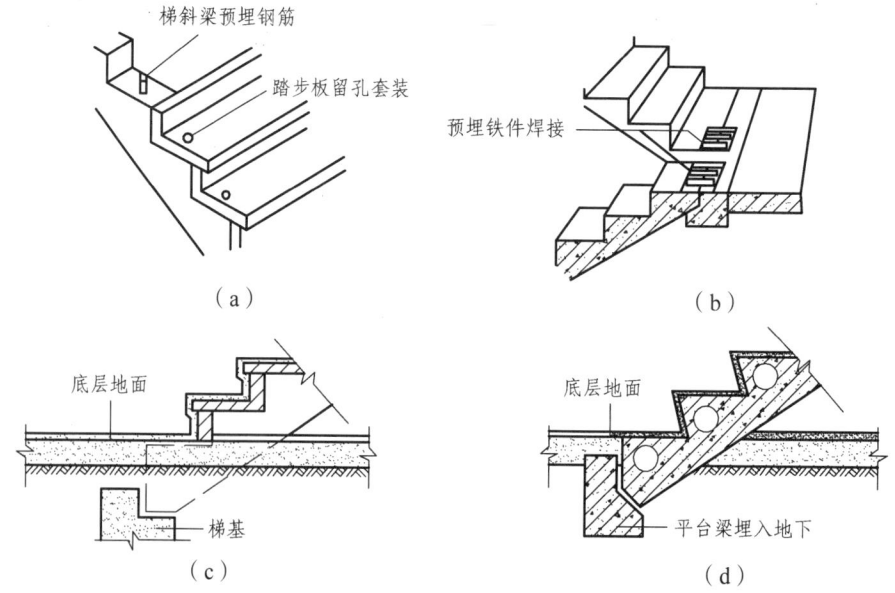

图 5-21　构件连接构造

第四节 楼梯的细部构造

一、踏步的踏面

楼梯踏步的踏面面层应平整光洁,耐磨性好,易于清扫。踏步面层的材料强度一般应高于(至少不应低于)楼地面的面层的材料。常用的面层材料有水泥砂浆、水磨石等,亦可采用缸砖、油地毡或大理石板。前两种多用于一般工业与民用建筑中,后几种多用于有特殊要求或较高级的公共建筑中,如图 5-22 所示。

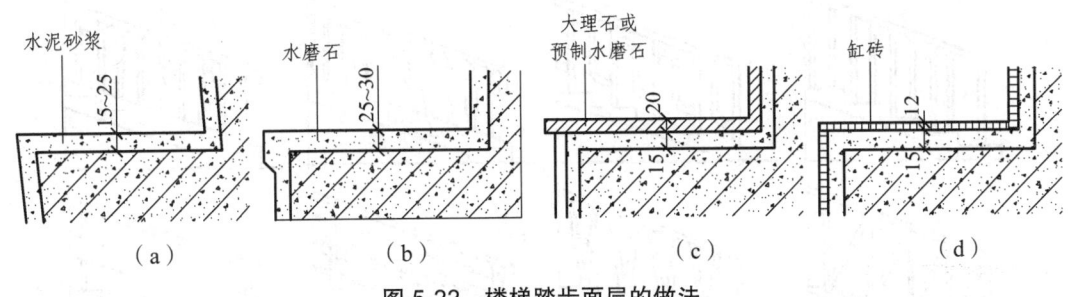

图 5-22 楼梯踏步面层的做法

为防止行人在上下楼梯时滑跌,特别是水磨石面层以及其他表面光滑的面层,楼梯踏步面层需做防滑处理。常在踏步近踏口处,用不同于面层的材料做出略高于踏面的防滑条;或用带有槽口的陶土块或金属板包住踏口(图 5-23)。如果面层系采用水泥砂浆抹面,由于表面粗糙,可不做防滑条。

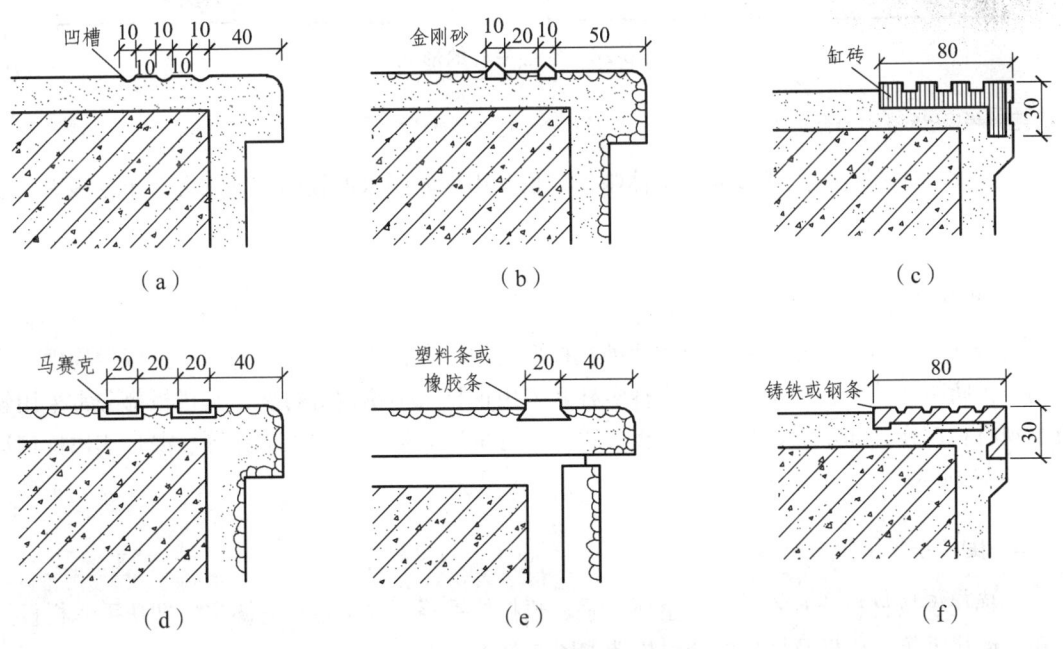

图 5-23 楼梯踏步的防滑处理

二、栏杆、栏板与扶手

楼梯的栏杆、栏板和扶手是梯段上所设置的安全设施,根据梯段的宽度设于一侧或两侧或梯段中间,应满足安全、坚固、美观、舒适、构造简单、施工维修方便等要求。

1. 栏　杆

空心栏杆多采用方钢、圆钢、钢管或扁钢等材料,并可焊接或铆接成各种图案,既起防护作用,又起装饰作用。空心栏杆的常见形式如图5-24所示。

图 5-24　空心栏杆的形式

2. 栏　板

栏板多用钢筋混凝土或加筋砖砌体制作,也有用钢丝网水泥板的。钢筋混凝土栏板有预制和现浇两种。

3. 混合式

混合式栏杆是指空花式和栏板式两种栏杆形式的组合,栏杆竖杆作为主要抗侧力构件,栏板则作为防护和美观装饰构件。其栏杆竖杆常采用钢材或不锈钢等材料;其栏板部分常采用轻质美观材料制作,如木板、塑料贴面板、铝板、有机玻璃板和钢化玻璃板等。混合式栏杆构造如图5-25所示。

4. 扶　手

楼梯扶手按材料分有木扶手、金属扶手、塑料扶手等,以构造分有漏空栏杆扶手、栏板扶手和靠墙扶手等。栏杆及栏板的扶手构造如图5-26所示。

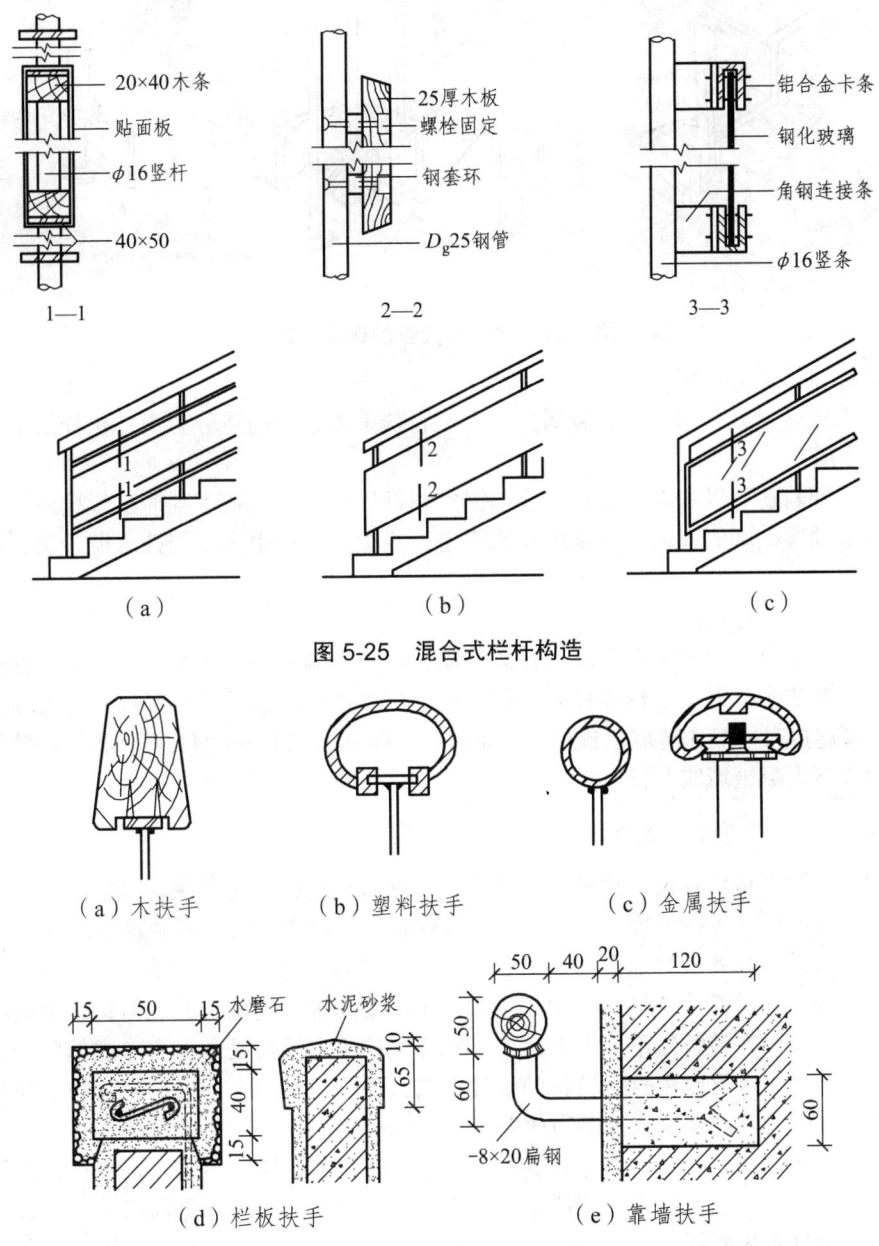

图 5-25 混合式栏杆构造

图 5-26 栏杆及栏板的扶手构造

5. 栏杆与梯段、扶手等构件的连接

（1）栏杆与梯段的连接。

栏杆与踏步的连接方式有锚接、焊接和栓接三种。

锚接是在踏步上预留孔洞，然后将钢条插入孔内，预留孔一般为 50 mm × 50 mm，插入洞内至少 80 mm，洞内浇注水泥砂浆或细石混凝土嵌固。焊接则是在浇注楼梯踏步时，在需要设置栏杆的部位，沿踏面预埋钢板或在踏步内埋套管，然后将钢条焊接在预埋钢板或套管上。栓接系指利用螺栓将栏杆固定在踏步上，方式可有多种。如图 5-27 所示。

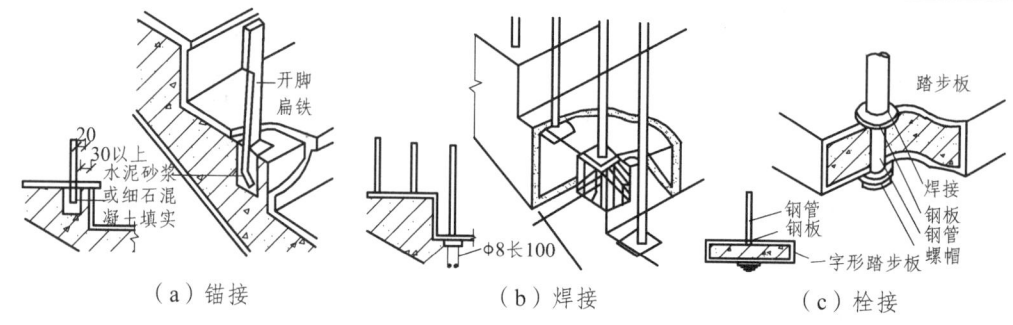

(a)锚接　　　　　(b)焊接　　　　　(c)栓接

图 5-27　栏杆与踏步的连接方式

（2）栏杆与扶手的连接。

楼梯扶手按材料分有木扶手、金属扶手、塑料扶手等，以构造分有漏空栏杆扶手、栏板扶手和靠墙扶手等。

木扶手、塑料扶手以木螺丝通过扁铁与漏空栏杆连接；金属扶手则通过焊接或螺钉连接；靠墙扶手则由预埋铁脚的扁钢通过木螺丝来固定。栏板上的扶手多采用抹水泥砂浆或水磨石粉面的处理方式。

（3）栏杆与墙、柱的连接。

楼梯栏杆扶手有时须固定在混凝土柱或砖墙上，如靠墙扶手、休息平台护窗栏杆、顶层安全栏杆等。栏杆扶手与混凝土柱连接时一般在柱上预埋铁件与扶手铁件焊接，也可用膨胀螺栓连接。与砖墙连接时一般在砖墙上预留 120 mm×120 mm×120 mm 的孔洞，将栏杆铁件伸入洞内，然后用细石混凝土填实。

6. 楼梯转折处扶手高差的处理

在双跑楼梯的平台转弯处，两梯段的扶手存在高差和转折，为了保持高度一致和扶手的连续，需根据不同的情况进行处理。就上下两梯段而言，一般有梯段平齐和错步两种方式。

（1）当上下两梯段齐步时，上下梯段起步和末步踢面对齐，平台完整，各处宽度一致，上下扶手在转折处可同时向平台延伸半步，使梁扶手高度相等，连接自然，但这样做缩小了平台的有效深度。如扶手在转折处不伸入平台，下跑梯段扶手在转折处需上弯形成鹤颈扶手。因鹤颈扶手制作较麻烦，也可改用直线转折的硬接方式，还可以将上下梯段的栏杆扶手断开，各自独立，但栏杆扶手的刚度降低，抗侧力较差。

（2）当上下梯段错开一步，即上下梯段起步和末步踢面相错一步时，扶手在转折处不需向平台延伸即可自然连接，但错步方式使平台不完整，并且多占楼梯间进深尺寸。当长短跑梯段错开几步时将出现水平栏杆。

楼梯转折处扶手高差的处理如图 5-28 所示。

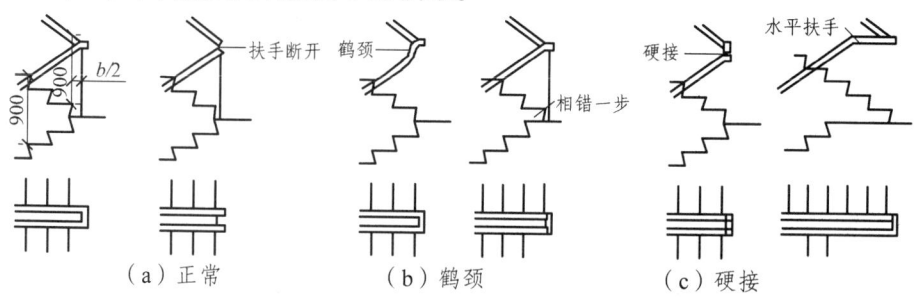

(a)正常　　　　　(b)鹤颈　　　　　(c)硬接

图 5-28　栏杆扶手的转弯处理

三、楼梯的基础

楼梯的基础简称梯基。梯基的做法有两种：一是楼梯直接设砖、石或混凝土基础；另一种是楼梯支承在钢筋混凝土地基梁上。梯基的构造见图 5-29。

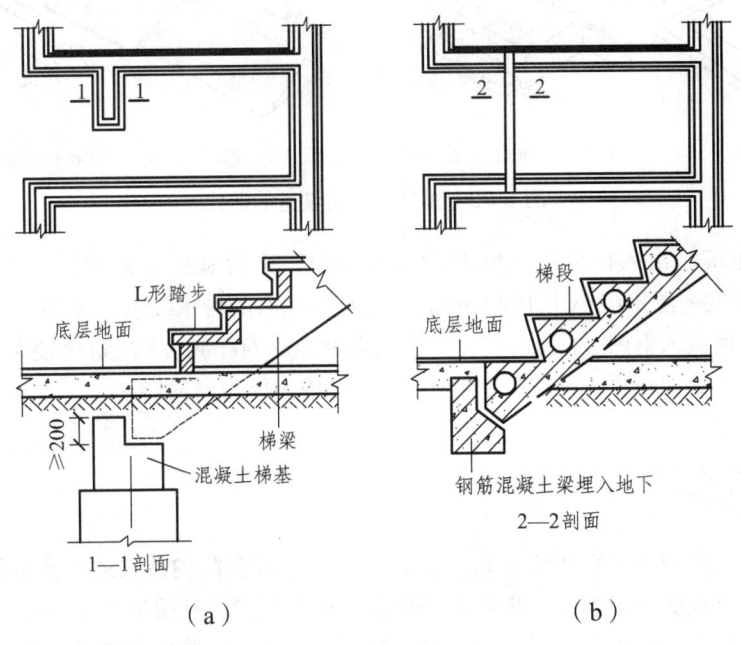

图 5-29　梯基的构造

第五节　室外台阶与坡道

室外台阶和坡道通常设于室外入口处，是建筑物出入口处室内外高差之间的交通联系构件。设置台阶是为人们进出建筑提供方便的，一般民用建筑中台阶更为多用；坡道是为车辆及残疾人设置的，有时也会把台阶和坡道合并在一起设置。

室外台阶和坡道对建筑立面还有一定的装饰作用，因此台阶和坡道除了适用以外，还要求注意美观。

一、台阶与坡道的形式

室外台阶由踏步和平台组成。其形式有单面踏步式、三面踏步式等。室外台阶坡度较楼梯平缓，每级踏步高为 100～150 mm，踏面宽为 300～400 mm。当台阶高度超过 1 m 时，宜有护栏设施。

坡道多为单面坡形式，极少有三面坡的，坡道坡度应以有利推车通行为佳，一般为 1/12～1/6。面层光滑的坡道坡度不宜大于 1/10。当坡道坡度大于 1/8 时，坡道表面需做防滑处理。

无障碍设计坡道的坡度应较为平缓，一般不应大于 1/12，每节坡道最大水平长度不大于 9 m，最大高度不大于 0.75 m，并且在坡道两侧分别设置高度为 0.65 m 和 0.85 m 的两道扶手。

室外台阶与坡道的形式如图 5-30 所示。

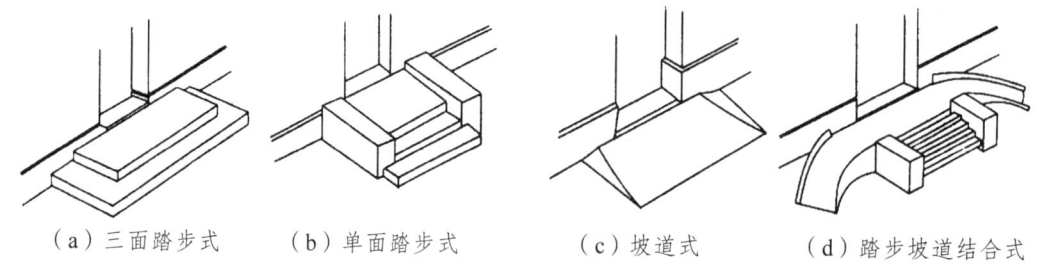

（a）三面踏步式　（b）单面踏步式　（c）坡道式　（d）踏步坡道结合式

图 5-30　室外台阶与坡道的形式

在台阶与建筑物出入口大门之间常设缓冲平台，平台宽度一般要比门洞每边至少宽出 500 mm，平台深度一般不应小于 1 000 mm，并做 3%左右的排水坡度，以利于排除雨水。为了防止雨水积累或倒流入室内，平台面宜比室内地面低 20~60 mm。人流量比较大的公共建筑（如影剧院、体育馆）的观众厅疏散口处 1 400 mm 范围内不能设台阶踏步。

二、台阶构造

台阶按构造有实铺和架空两种，如图 5-31 所示。实铺台阶构造与地坪构造相似，由面层、基层和垫层构成。基层是夯实土；垫层采用抗冻、抗水性能好且质地坚实的材料，如混凝土、缸砖等；面层材料应选择防滑和耐久的材料，如天然石材、防滑地面砖等。架空台阶适用于台阶尺度较大或土壤冻胀严重时，目的是保证台阶不开裂、不隆起或不塌陷。架空台阶的平台板和踏步板通常采用预制钢筋混凝土板。

台阶应在建筑物主体建成并有一定的沉降后再施工，防止台阶与建筑物间出现沉降差而开裂。

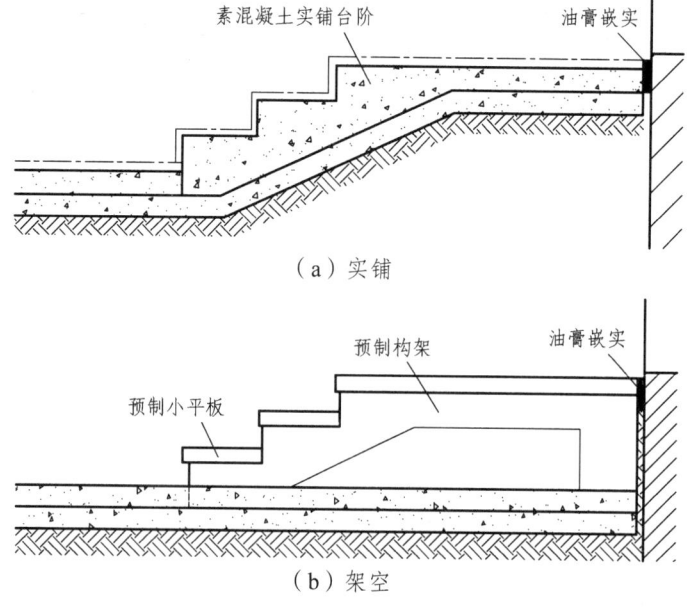

（a）实铺

（b）架空

图 5-31　台阶构造

三、坡道构造

坡道一般采用实铺,构造要求和台阶基本相同。坡道材料常见的有混凝土或石块等,面层以水泥砂浆居多。对经常处于潮湿、坡度较陡或采用水磨石作面层的坡道,其表面必须作防滑处理。坡道构造如图 5-32 所示。

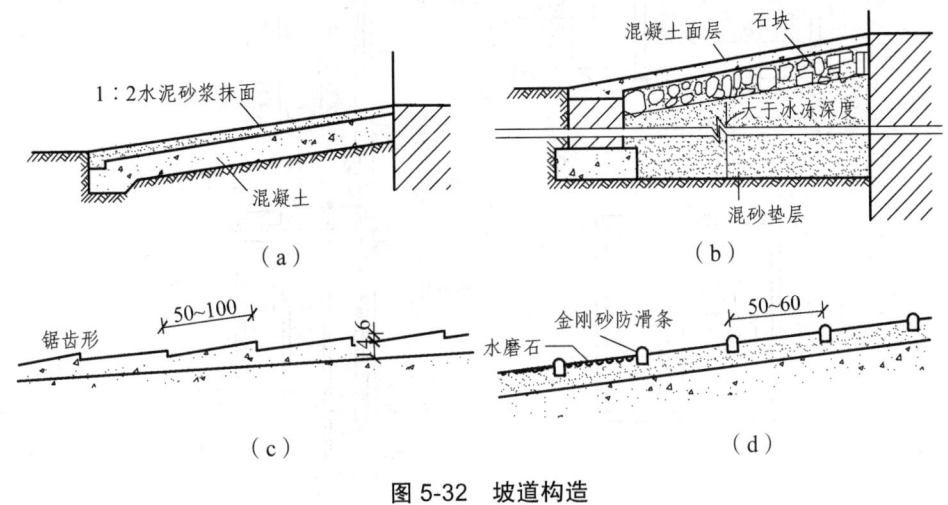

图 5-32 坡道构造

第六节 电梯与自动扶梯

一、电 梯

电梯是高层建筑不可缺少的重要垂直交通设施,有时也可用于标准较高的低层建筑。但电梯并不能作为安全疏散出口。

1. 电梯的类型

(1) 按使用性质可分为客梯、货梯、消防电梯、观光电梯。

(2) 按电梯行驶速度可分为:

① 超高速电梯:速度大于 5 m/s。

② 高速电梯:速度大于 2 m/s,但不超过 5 m/s,梯速随层数增加而提高,消防电梯常用高速。

③ 中速电梯:速度在 2 m/s 之内,一般货梯,按中速考虑。

④ 低速电梯:运送食物电梯常用低速,速度在 1.5 m/s 以内。

(3) 按动力拖动方式可分为:交流拖动电梯、直流拖动电梯和液压电梯。

2. 电梯的组成

电梯一般由轿厢、井道和运载设置三部分组成,如图 5-33 所示。

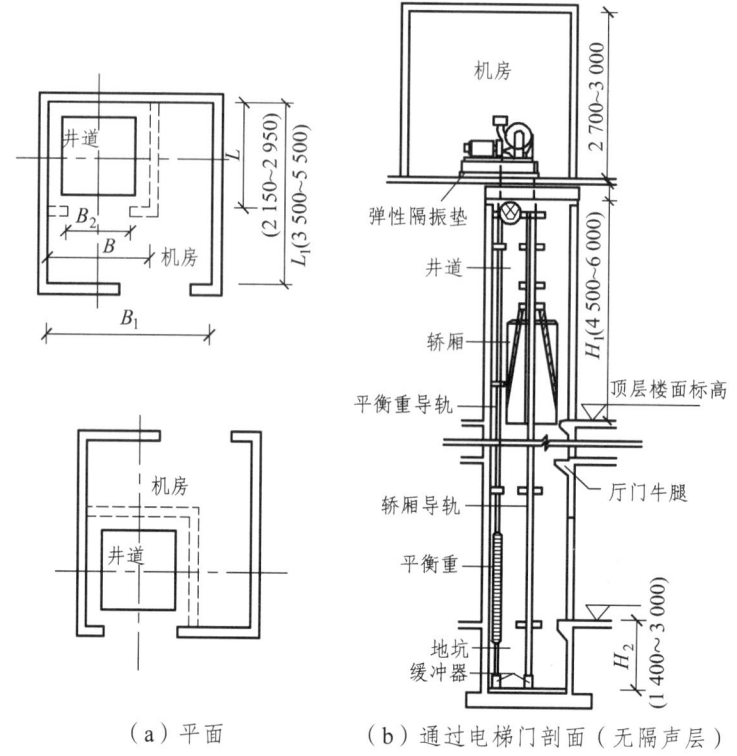

(a)平面　　(b)通过电梯门剖面（无隔声层）

图 5-33　电梯构造示意

（1）电梯井道。

电梯井道是电梯运行的通道。井道内包括出入口、电梯轿厢、导轨、导轨撑架、平衡锤及缓冲器等。不同用途的电梯，井道的平面形式不同。电梯井道属于土建工程内容，涉及井道、地坑、机房三部分。井道地坑在最底层平面标高下 $\geqslant 1.4\,\mathrm{m}$，考虑电梯停靠时的冲力，作为轿厢下降时所需的缓冲器的安装空间。

图 5-34 是客梯、货梯、病床梯和小型杂物梯的井道平面形式。

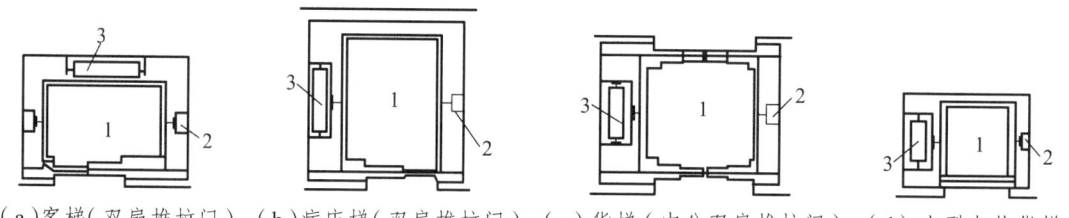

（a）客梯（双扇推拉门）　（b）病床梯（双扇推拉门）　（c）货梯（中分双扇推拉门）　（d）小型杂物货梯

图 5-34　电梯分类及井道平面

1—电梯厢；2—导轨及撑架；3—平衡重

（2）电梯机房。

电梯机房一般设在井道的顶部，也有少数电梯将机房设在井道底层的侧面，如液压电梯。电梯机房的高度在 $2.5\sim3.5\,\mathrm{m}$，面积要大于井道面积。机房楼板应按机器设备要求的部位预留孔洞。

（3）轿厢。

轿厢是直接载人、运货的厢体。电梯轿厢应造型美观，经久耐用。当今轿厢采用金属框架结构，内部用光洁有色钢板壁面或有色有孔钢板壁面、花格钢板地面、荧光灯局部照明以及不锈钢操纵板等。入口处则采用钢材或坚硬铝材制成的电梯门槛。

3. 电梯的设计要求

（1）井道的防火。

井道是建筑中的垂直通道，极易引起火灾的蔓延，因此井道四周应为防火结构。井道壁一般采用现浇钢筋混凝土或框架填充墙井壁。同时当井道内超过两部电梯时，需用防火围护结构予以隔开。

（2）井道的隔振与隔声。

电梯运行时产生振动和噪声。一般在机房机座下设弹性垫层隔振或在机房与井道间设高 1.5 m 左右的隔声层，如图 5-35 所示。

（3）井道的通风。

为使井道内空气流通，火警时能迅速排除烟和热气，应在井道肩部和中部适当位置（高层时）及地坑等处设置不小于 300 mm × 600 mm 的通风口，上部可以和排烟口结合，排烟口面积不少于井道面积的 3.5%。通风口总面积的 1/3 应经常开启。通风管道可在井道顶板上或井道壁上直接通往室外。

（4）其他。

地坑应注意防水、防潮处理，坑壁应设爬梯和检修灯槽。

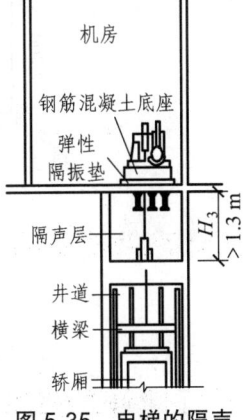

图 5-35 电梯的隔声

二、自动扶梯

自动扶梯的连续运输效率高，适用于有大量人流上下的公共场所，如车站、超市、商场、地铁车站等。自动扶梯可正、逆两个方向运行，可作提升及下降使用，机器停转时可作普通楼梯使用。

自动扶梯是电动机械牵动梯段踏步连同栏杆扶手带一起运转。机房悬挂在楼板下面。

自动扶梯的坡道比较平缓，一般采用 30°，运行速度为 0.5 ~ 0.7 m/s，宽度按输送能力有单人和双人两种。其型号规格见表 5-2。

表 5-2 自动扶梯型号规格

梯型	输送能力/(人/h)	提升高度 H/m	速度/(m/s)	扶梯宽度	
				净宽 B/mm	外宽 B_1/mm
单人梯	5 000	3 ~ 10	0.5	600	1 350
双人梯	8 000	3 ~ 8.5	0.5	1 000	1 750

自动扶梯的组成如图 5-36 所示。

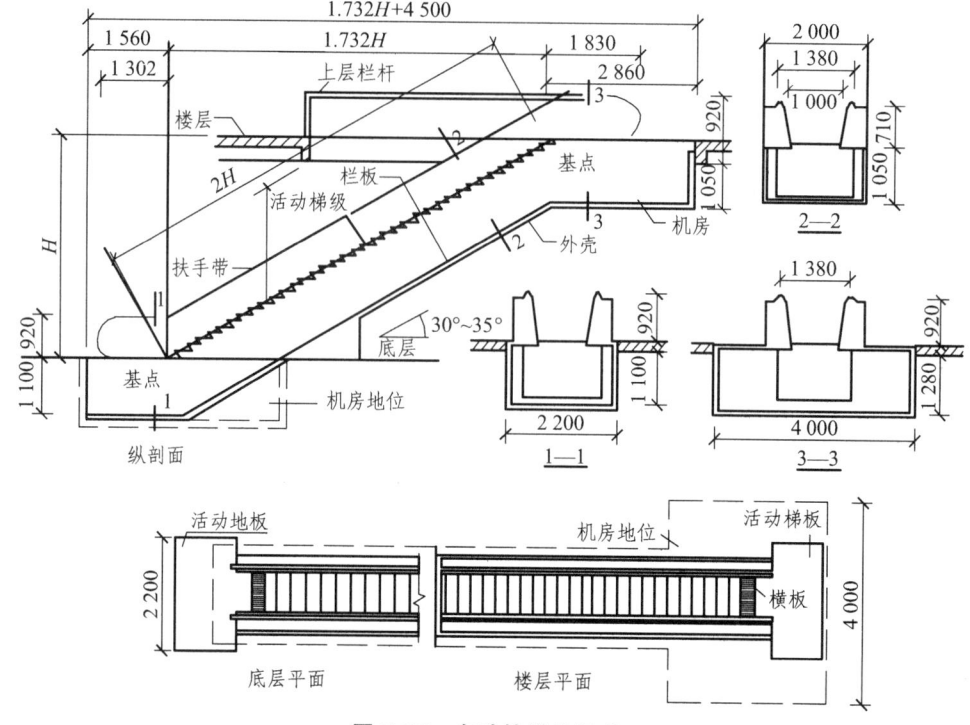

图 5-36 自动扶梯的组成

复习思考题

1. 楼梯由哪几部分组成?各部分的作用和要求是什么?
2. 按平面形式不同,楼梯可分为哪几种?
3. 楼梯的坡度如何确定?与楼梯踏步有何关系?
4. 什么是梯段宽、平台宽?
5. 楼梯的净空高度有什么要求?
6. 如何解决一层平台下过人问题?
7. 钢筋混凝土楼梯的结构形式有哪些?各有何特点?
8. 踏步防滑处理的目的是什么?方法有哪些?
9. 简述室外台阶的构造,并图示。
10. 电梯由哪几部分组成?
11. 电梯的设计要求包括哪些?

第六章 屋 顶

【学习目标】

本章重点介绍了屋顶的类型、平屋顶的排水方式、平屋顶的防水构造、平屋顶防水的细部构造，其次介绍了平屋顶的保温隔热构造、坡屋顶构造及细部构造。通过学习，学生应达到以下要求：

（1）掌握屋顶的作用及类型，了解屋顶的设计要求。
（2）掌握屋顶坡度的形成方法，平屋顶的排水方式。
（3）掌握柔性防水屋面和刚性防水屋面的构造及细部构造。
（4）掌握平屋面的保温隔热构造措施。
（5）掌握坡屋顶的构造及细部构造。

第一节 屋顶的类型及设计要求

一、屋顶的类型

（1）屋顶按外形分为平屋顶、坡屋顶和其他形式的屋顶。
① 平屋顶。
平屋顶通常是指排水坡度小于5%的屋顶,常用坡度为2%～3%。平屋顶常见的几种形式见图6-1。

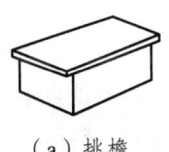 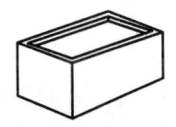 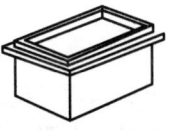 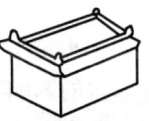

（a）挑檐　　　　（b）女儿墙　　　　（c）挑檐女儿墙　　　　（d）盝（盒）顶

图 6-1　平屋顶的形式

② 坡屋顶。
坡屋顶通常是指屋面坡度大于10%的屋顶。坡屋顶常见的几种形式见图6-2。

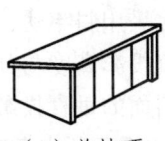 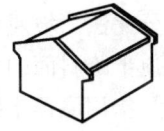 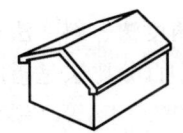 

（a）单坡顶　　　　（b）硬山两坡顶　　　　（c）悬山两坡顶　　　　（d）四坡顶

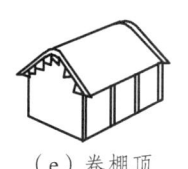   

（e）卷棚顶　　　（f）庑殿顶　　　（g）歇山顶　　　（h）圆攒尖顶

图 6-2　坡屋顶的形式

③ 其他形式的屋顶。

随着科学技术的发展，出现了许多新型的屋顶结构形式，如拱结构、薄壳结构、悬索结构、网架结构屋顶等。这类屋顶多用于较大跨度的公共建筑。其他形式的屋顶见图 6-3。

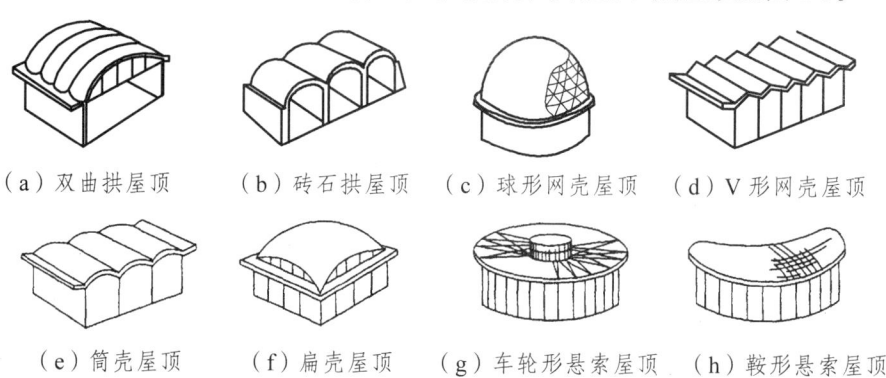

图 6-3　其他形式的屋顶

（2）平屋顶按按屋面防水材料的不同可分为柔性（卷材）防水屋面、刚性防水屋面和涂膜防水屋面。

（3）坡屋顶按屋面围护材料的不同可分为：钢筋混凝土板屋面、瓦屋面、波形瓦屋面、压型金属板屋面等。

（4）屋顶按保温隔热要求分为有保温层屋顶、无保温层屋顶、隔热屋顶。

二、屋顶的组成

屋顶由面层、承重结构、保温隔热层和顶棚层等部分组成。面层是屋顶的最顶层，直接受自然界的各种因素的影响和作用。承重结构承受屋面传来的各种荷载和屋顶自重。保温隔热层是防止室内温度散失和室外高温对室内影响的构造。顶棚是屋顶的底面，构造方法与楼层顶棚相同，有直接式顶棚和悬吊式顶棚两种。

三、屋顶排水坡度的表示方法

常用的坡度表示方法有角度法、斜率法和百分比法。坡屋顶多采用斜率法，平屋顶多采用百分比法，角度法应用较少。百分比法是指用屋顶半跨斜面的垂直投影高度与其水平投影长度的百分比值来表示坡度，如 2%、4%等。斜率法是指用屋顶半跨斜面的垂直投影高度与其水平投影长度之比来表示坡度，如 1∶4 等。角度法是指以倾斜屋面与水平面所夹角度来表示坡度。

通常，较小的坡度常用百分比法，较大的坡度常用斜率法表示。

四、屋顶的设计要求

1. 结构要求

屋顶要求具有足够的强度、刚度和稳定性，能承受风、雨、雪、施工、上人等荷载，地震区还应考虑地震荷载对它的影响，满足抗震的要求，并力求做到自重轻、构造层次简单、就地取材、施工方便，造价经济、便于维修。

2. 功能要求

屋顶要求能起良好的围护作用，具有防水、保温和隔热性能。其中防止雨水渗漏是屋顶的基本功能要求，也是屋顶设计的核心。另外，还要求屋顶构造简单，自重轻，取材方便，经济合理。

3. 建筑艺术要求

屋顶还需满足人们对建筑艺术即美观方面的需求。屋顶是建筑造型的重要组成部分，设计屋顶的构造时，应具有良好的色彩及造型，兼顾技术和艺术要求。

五、屋面防水等级

根据建筑物的性质、重要程度、使用功能要求、防水层耐用年限、防水层选用材料和设防要求，将屋面防水分为四个等级，见表6-1。

表6-1 屋面防水等级和设防要求

项目	屋顶防水等级			
	Ⅰ	Ⅱ	Ⅲ	Ⅳ
建筑物类别	特别重要的民用建筑和对防水有特殊的要求工业建筑	重要的工业与民用建筑、高层建筑	一般的工业与民用建筑	非永久性建筑
防水层耐用年限/年	25	15	10	5
防水层选用材料	宜选用合成高分子防水卷材、高聚物改性沥青防水卷材、合成高分子防水涂料、细石防水混凝土等材料	宜选用高聚物改性沥青防水卷材、合成高分子防水卷材、合成高分子防水涂料、高聚物改性沥青防水涂料、细石防水混凝土、平瓦等材料	应选用三毡四油沥青防水卷材、高聚物改性沥青防水卷材、合成高分子防水卷材、高聚物改性沥青防水涂料、沥青基防水涂料、刚性防水层、平瓦、油毡等材料	可选用二毡三油沥青防水卷材、高聚物改性沥青防水涂料、沥青基防水涂料、波形瓦等材料
设防要求	三道或以上防水设防，其中应有一道合成高分子防水卷材且只能有一道厚度不小于2mm的合成高分子防水涂膜	两道防水设防，其中应有一道卷材；也可采用压型钢板进行一道设防	一道防水设防或两种防水材料复合使用	一道防水设防

第二节 平屋顶排水设计

平屋顶构造简单,室内顶棚平整,能适应各种复杂的建筑平面形状,可提高预制装配化程度、方便施工、节省空间,有利于防水、排水、保温和隔热的构造处理。平屋顶的坡度小排水慢,增加了屋面积水的机会,易产生渗漏现象。为了迅速排除屋面雨水,需进行周密的排水设计,其内容包括:选择屋顶排水坡度,确定排水方式,进行屋顶排水组织设计。

一、平屋顶排水坡度

1. 屋顶坡度的形成方法

(1)材料找坡。

材料找坡是屋顶结构层水平搁置,利用轻质材料在水平结构层上垫置而构成坡度的方法,见图6-4(a)。为了减轻屋面荷载,应选用轻质材料找坡,如水泥炉渣、石灰炉渣等。以上这些材料可以既是保温层又是找坡层,所以在设有保温层的屋顶,可不另设找坡层,而利用保温材料铺放形成坡度。保温层的厚度最薄处不小于20 mm。

材料找坡施工简单方便,室内顶面平整,但会增加屋面自重,宜在小面积屋面中使用,一般用于坡向长度较小的屋面。平屋顶材料找坡的坡度宜为2%。

(2)结构找坡。

结构找坡是屋顶结构自身带有排水坡度,见图6-4(b)。平屋顶结构找坡的坡度宜为3%。

材料找坡的屋面板可以水平放置,天棚面平整,但材料找坡增加屋面荷载,材料和人工消耗较多;结构找坡无须在屋面上另加找坡材料,构造简单,不增加荷载,但天棚顶倾斜,室内空间不够规整。这两种方法在工程实践中均有广泛的运用。

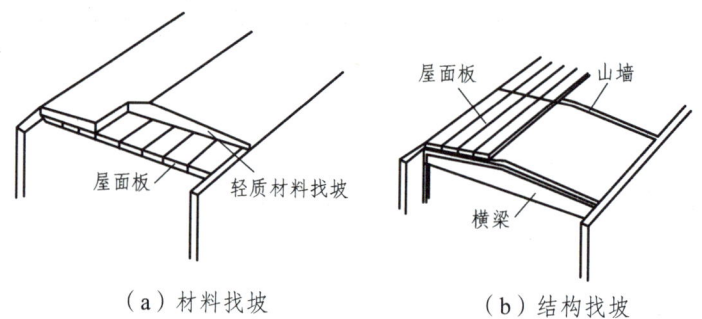

(a)材料找坡　　　(b)结构找坡

图6-4 屋顶坡度的形成

2. 影响屋顶坡度的因素

屋顶坡度一般要考虑排水和结构的要求,屋面防水材料、降雨量、结构形式、建筑造型、造价等因素都会影响坡度的大小。

(1)屋面防水材料与排水坡度的关系。

屋顶坡度的大小与屋面防水材料的防水性能和单块防水材料的面积大小等有直接的关系。防水材料如尺寸较小,接缝必然就较多,产生缝隙渗漏的可能性就大,因而屋面应有较大的排水坡度，以便将屋面积水迅速排除。如果屋面的防水材料覆盖面积大，接缝少而且严密，屋面的排水坡度就可以小一些。

（2）降雨量大小与坡度的关系。

屋顶坡度与排水速度成正比关系。降雨量大时容易造成屋顶积水，屋面渗漏的可能性较大，为了迅速排除屋顶积水，防止渗漏，屋顶的排水坡度应大一些；反之，屋顶排水坡度则宜小一些。

二、屋顶排水方式

平屋顶的坡度小，为了减少雨水滞留时间，需组织屋面的排水系统。平屋顶的排水方式分为无组织排水和有组织排水两种。

1. 无组织排水

无组织排水又称自由落水，如图 6-5 所示。无组织排水是指雨水经屋面坡度排至檐口，再经屋檐直接、自由地滴落到室外地面的排水方式。这种方式构造简单、经济，但雨水下落时会对墙面造成污染，使墙面变得潮湿，对地面产生冲刷。无组织排水主要适用于雨量较少或一般非临街的低层建筑。

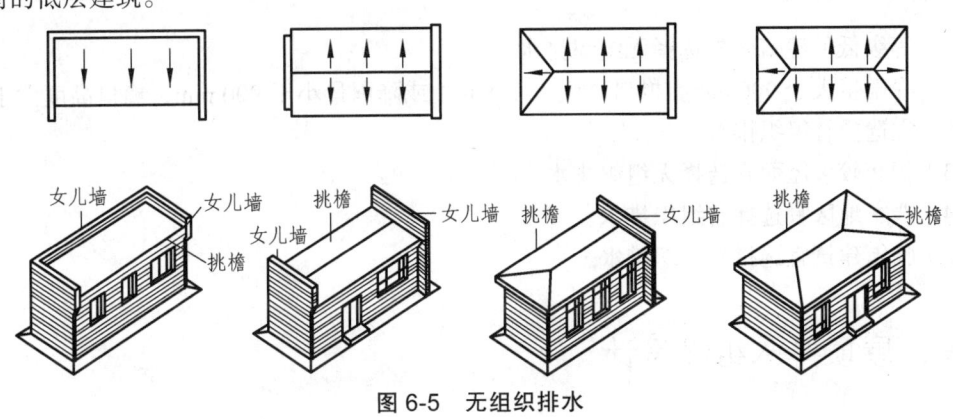

图 6-5 无组织排水

2. 有组织排水

有组织排水又称檐沟或天沟排水，如图 6-6。有组织排水是将屋面划分为若干排水区域，按一定的排水坡度把屋面雨水有组织地排至檐沟或天沟，檐沟或天沟内分段做成 0.5%～1% 纵坡，使雨水集中至雨水口，再经雨水管排至地面或排水管网的排水方式。有组织排水有利于保护墙面和地面，消除了屋顶雨水对环境的影响。有组织排水适用于年降雨量较大地区或高度较大或较为重要的建筑。

有组织排水分为外排水和内排水两种方式。

外排水是指雨水管装设在室外的一种排水方案，其优点是雨水管不妨碍室内空间使用和美观，构造简单，因而被广泛采用。根据檐口的做法，有组织外排水又可分为挑檐沟外排水、女儿墙外排水和女儿墙檐沟外排水。除高层建筑、严寒地区（为防止雨水管冻结堵塞）和屋顶顶积较大（难以组织外排水）外均应优先考虑有组织外排水。

对某些不宜在外墙上设置水落管的建筑，如多跨房屋的中间跨、高层建筑以及容易造成室外雨水管冻裂或冰堵的寒冷地区建筑等，可采用内排水的方式。

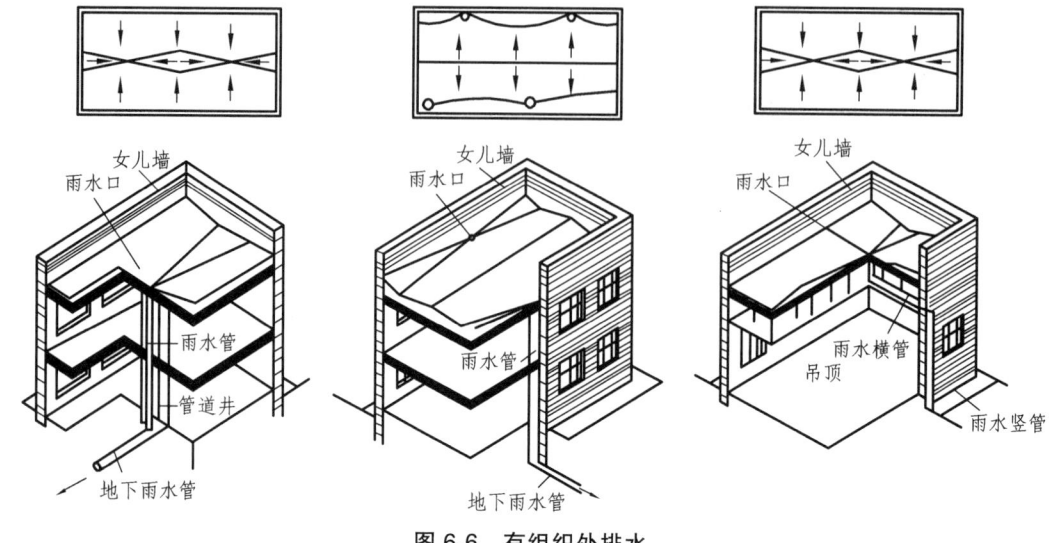

图 6-6 有组织外排水

3. 排水方式选择

（1）等级低的建筑优先选择无组织排水。

（2）降雨量大于 900 mm，檐口高度大于 8 m，或降雨量小于 900 mm，檐口高度大于 10 m 的地区，宜选择有组织排水。

（3）积灰较多屋面宜选择无组织排水。

（4）严寒地区宜选择有组织排水。

（5）临街建筑宜选择有组织排水。

三、屋顶排水组织设计

屋顶排水组织设计的主要任务是将屋面划分成若干排水区，分别将雨水引向雨水管，做到排水线路简捷、雨水口负荷均匀、排水顺畅、避免屋顶积水而引起渗漏。一般按下列步骤进行：

1. 确定排水坡面的数目（分坡）

一般情况下，临街建筑平屋顶屋面宽度小于 12 m 时，可采用单坡排水；其宽度大于 12 m 时，宜采用双坡或四坡排水。坡屋顶应结合建筑造型要求选择单坡、双坡或四坡排水。

2. 划分排水区

汇水区的面积是指屋面水平投影的面积。一个汇水区域的面积一般不超过一个雨水管能负担的排水面积。划分汇水区的目的在于合理地布置雨水管。在年降雨量不超过 900 mm 的地区，每一根直径为 100 mm 的雨水管所能承担的汇水区域面积不超过 200 m^2。在年降雨量超过 900 mm 的地区，每一根直径为 100 mm 的雨水管所能承担的汇水区域面积不超过 150 m^2。雨水口的间距在 18～24 m。

3. 确定天沟所用材料和断面形式及尺寸

天沟即屋面上的排水沟，位于檐口部位时又称檐沟。设置天沟的目的是汇集屋面雨水，并将屋面雨水有组织地迅速排除。天沟根据屋顶类型的不同有多种做法，如坡屋顶中可用钢筋混凝土、镀锌铁皮、石棉水泥等材料做成槽形或三角形天沟。平屋顶的天沟一般用钢筋混凝土制作，当采用女儿墙外排水方案时，可利用倾斜的屋面与垂直的墙面构成三角形天沟，平屋顶女儿墙外排水三角形天沟见图6-7；当采用檐沟外排水方案时，通常用专用的槽形板做成矩形天沟。矩形天沟要求沟宽不应小于 200 mm，天沟上口距沟底分水线的距离不应小于 120 mm。

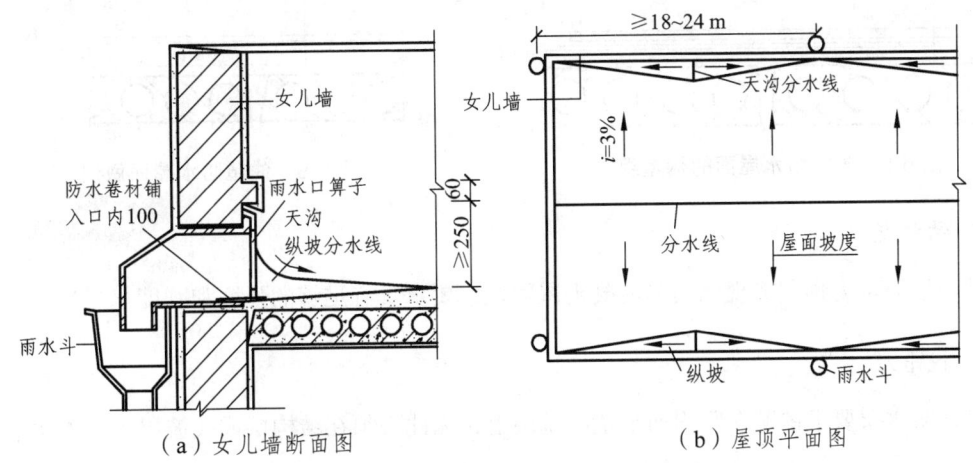

图 6-7 平屋顶女儿墙外排水三角形天沟

4. 确定水落管规格及间距

水落管按材料的不同可分为铸铁、镀锌铁皮、塑料、石棉水泥和陶土等，目前多采用铸铁和塑料水落管，其直径有 50 mm、75 mm、100 mm、125 mm、150 mm、200 mm 几种规格。一般民用建筑最常用的水落管直径为 100 mm，面积较小的露台或阳台可采用 50 mm 或 75 mm 的水落管。水落管的位置应在实墙面处，其间距一般在 18 m 以内，最大间距宜不超过 24 m。因为间距过大，则沟底纵坡面越长，会使沟内的垫坡材料增厚，减少了天沟的容水量，造成雨水溢向屋面引起渗漏或从檐沟外侧涌出。

第三节　平屋顶构造

平屋顶按屋面防水层的不同有刚性防水、卷材防水、涂料防水及粉剂防水等多种做法。

一、卷材防水屋面

卷材防水屋面是将柔性防水卷材粘贴在屋面基层上形成的防水层，由于卷材有一定的柔性，所以也称为柔性防水屋面。卷材防水屋面所用卷材有沥青类卷材、高分子类卷材、高聚物改性沥青类卷材等，适用于防水等级为Ⅰ～Ⅳ级的屋面防水。

卷材防水屋面由多层材料叠合而成，其基本构造层次按构造要求由结构层、找坡层、找平层、结合层、防水层和保护层组成。卷材防水屋面的构造组成和油毡防水屋面做法见图6-8、图6-9。

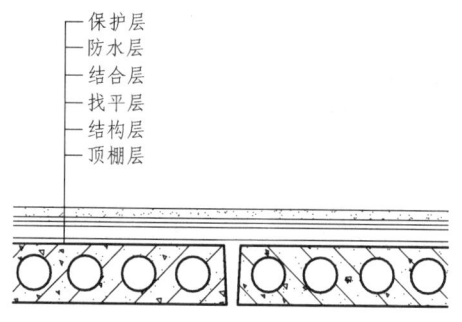

图6-8 卷材防水屋面的构造组成

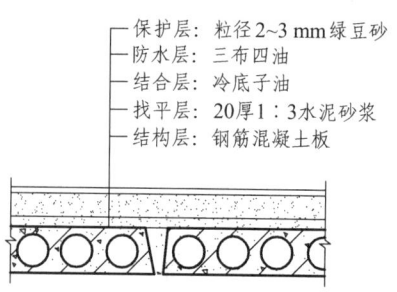

图6-9 油毡防水屋面做法

1. 结构层

结构层通常为预制或现浇钢筋混凝土屋面板，要求具有足够的强度和刚度。

2. 找平层

柔性防水层要求铺贴在坚固而平整的基层上，因此必须在结构层或找坡层上设置找平层。

3. 结合层

结合层的作用是使卷材防水层与基层黏结牢固。结合层所用材料应根据卷材防水层材料的不同来选择，如：油毡卷材、聚氯乙烯卷材及自黏型彩色三元乙丙复合卷材用冷底子油在水泥砂浆找平层上喷涂一至二道；三元乙丙橡胶卷材则采用聚氨酯底胶；氯化聚乙烯橡胶卷材需用氯丁胶乳；等等。冷底子油用沥青加入汽油或煤油等溶剂稀释而成，喷涂时不用加热，在常温下进行，故称冷底子油。

4. 防水层

防水层由胶结材料与卷材黏合而成，卷材连续搭接，形成屋面防水的主要部分。当屋面坡度较小时，卷材一般平行于屋脊铺设，从檐口到屋脊层层向上粘贴，上下搭接不小于70 mm，左右搭接不小于100 mm。

油毡屋面在我国已有几十年的使用历史，具有较好的防水性能，对屋面基层变形有一定的适应能力，但这种屋面施工麻烦、劳动强度大，且容易出现油毡鼓泡、沥青流淌、油毡老化等方面的问题，使油毡屋面的寿命大大缩短，10年左右就要进行大修。

目前所用的新型防水卷材，主要有三元乙丙橡胶防水卷材、自粘型彩色三元乙丙复合卷材、聚氯乙烯防水卷材、氯化聚乙烯防水卷材、氯丁橡胶防水卷材及改性沥青油毡防水卷材等，这些材料一般为单层卷材防水构造，防水要求较高时可采用双层卷材防水构造。这些防水材料的共同优点是自重轻，适用温度范围广，耐候性好，使用寿命长，抗拉强度高，延伸率大，冷作业施工，操作简便，大大改善劳动条件，减少环境污染。

5. 保护层

为保护防水卷材免受高温、阳光及氧化等作用而老化,防水层表面需设保护层。

不上人屋面保护层的做法:当采用油毡防水层时可在最后一层沥青胶上趁热满贴一层粒径为 3～6 mm 的浅色或白色无棱小石子,称为绿豆砂保护层。绿豆砂要求耐风化、颗粒均匀、色浅;三元乙丙橡胶卷材采用银色着色剂,直接涂刷在防水层上表面;当采用改性沥青防水层,如彩色三元乙丙复合卷材防水层直接用 CX-404 胶黏结时,可不做另加保护层,因防水卷材本身向上带反光保护材料。

上人屋面的保护层构造做法:通常可采用水泥砂浆或沥青砂浆铺贴缸砖、大阶砖、混凝土板等,也可现浇 40 mm 厚 C20 细石混凝土。

二、柔性防水屋面细部构造

屋顶细部是指屋面上的泛水、天沟、雨水口、檐口、变形缝等部位。

1. 泛水构造

泛水是指屋面防水层与高出屋面构件(如女儿墙、烟囱等)的防水构造处理。突出于屋面之上的女儿墙、烟囱、楼梯间、变形缝、检修孔、立管等的壁面与屋顶的交接处是最容易漏水的地方,这些部位必须将屋面防水层延伸到这些垂直面上,形成立铺的防水层,做出泛水。

泛水构造需注意以下几个方面:

(1)泛水应有足够的高度,迎水面不小于 250 mm,背水面不小于 180 mm,并加铺一层防水卷材。

(2)应在泛水部位设通常凹槽,将卷材压入凹槽内。

(3)屋面与立墙交接处做成弧形或 45°斜面,防止卷材出现空鼓或断裂。

(4)做好泛水上口的卷材收头固定,防止卷材在垂直墙面下滑,泛水顶部应有挡雨措施,以防雨水顺立墙流入卷材收口处引起渗漏。

(5)卷材在垂直墙上的铺设方法同屋面铺设方法。

卷材防水屋面泛水构造如图 6-10 所示。

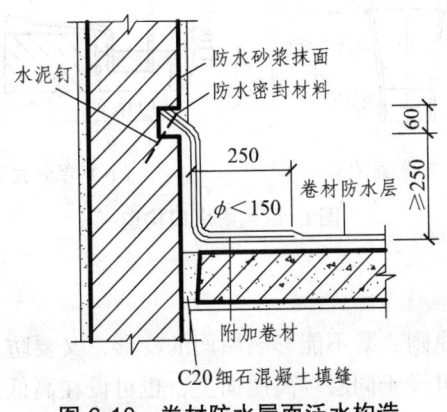

图 6-10 卷材防水屋面泛水构造

2. 檐口构造

柔性防水屋面的檐口构造有无组织排水挑檐和有组织排水挑檐沟及女儿墙檐口等,挑檐和挑檐沟构造都应注意处理好卷材的收头固定、檐口饰面并做好滴水。女儿墙檐口构造的关键是泛水的构造处理,其顶部通常做混凝土压顶,并设有坡度坡向屋面。

檐口构造见图 6-11。

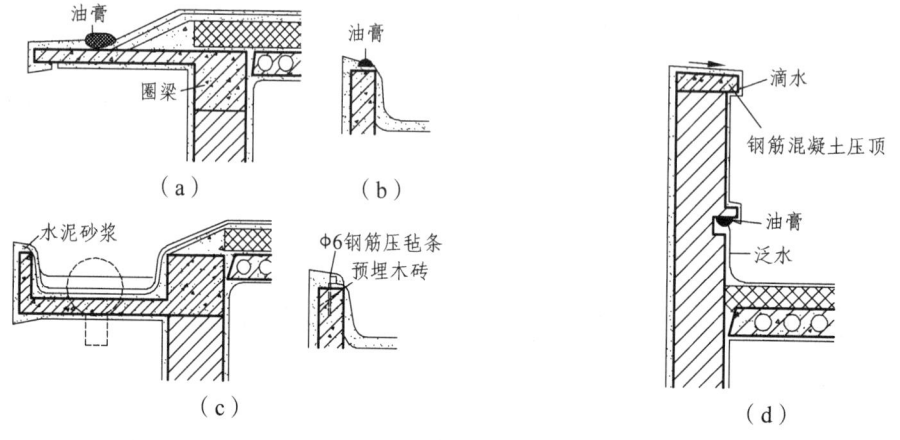

图 6-11 檐口构造

3. 雨水口构造

雨水口的类型有用于檐沟排水的直管式雨水口和女儿墙外排水的弯管式雨水口两种。雨水口在构造上要求排水通畅、防止渗漏水堵塞。直管式雨水口为防止其周边漏水,应加铺一层卷材并贴入连接管内 100 mm,雨水口上用定型铸铁罩或铅丝球盖住,用油膏嵌缝。弯管式雨水口穿过女儿墙预留孔洞内,屋面防水层应铺入雨水口内壁四周不小于 100 mm,并安装铸铁箅子以防杂物流入造成堵塞。

雨水口构造见图 6-12。

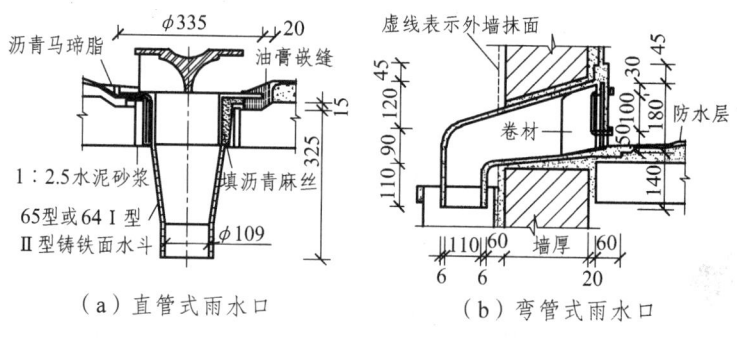

图 6-12 雨水口构造

4. 屋面变形缝构造

屋面变形缝的构造处理原则:既不能影响屋面的变形,又要防止雨水从变形缝渗入室内。

屋面变形缝按建筑设计可设于同层等高屋面上,也可设在高低屋面的交接处。等高屋面变形缝构造见图 6-13。

第六章 屋顶

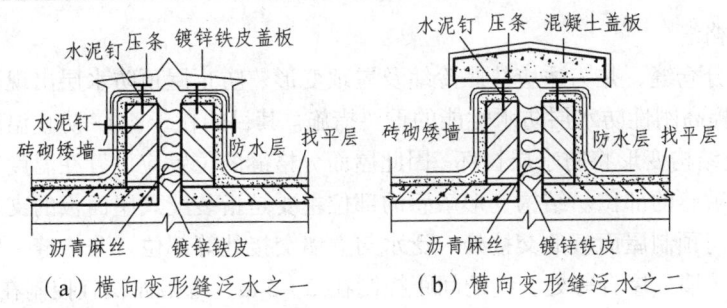

(a) 横向变形缝泛水之一　　(b) 横向变形缝泛水之二

图 6-13　等高屋面变形缝

三、刚性防水屋面

刚性防水屋面是指以刚性材料作为防水层的屋面,如防水砂浆、细石混凝土、配筋细石混凝土防水屋面等。这种屋面具有构造简单、施工方便、造价低廉的优点,但对温度变化和结构变形较敏感,容易产生裂缝而渗水,故多用于我国南方地区的建筑。

1. 刚性防水屋面的构造层次及做法

刚性防水屋面一般由结构层、找平层、隔离层和防水层组成。刚性防水屋面的构造层次如图 6-14 所示。

（1）结构层。

刚性防水屋面的结构层要求具有足够的强度和刚度,一般应采用现浇或预制装配的钢筋混凝土屋面板,并在结构层现浇或铺板时形成屋面的排水坡度。

（2）找平层。

为保证防水层厚薄均匀,通常应在结构层上用 20 mm 厚 1:3 水泥砂浆找平。若采用现浇钢筋混凝土屋面板或设有纸筋灰等材料时,也可不设找平层。

（3）隔离层。

为减少结构层变形及温度变化对防水层的不利影响,宜在防水层下设置隔离层。隔离层可使防水层和结构层上下分离,以适应各自的变形,使刚性防水层免受结构变形的影响。

隔离层可采用纸筋灰、低强度等级砂浆或薄砂层上干铺一层油毡等。当有保温层或有找坡层时,可利用其作为隔离层。

（4）防水层。

细石混凝土防水屋面的做法是用强度等级不应低于 C20,厚度不宜小于 40 mm,双向配置 $\phi 4 \sim \phi 6.5$ 钢筋,间距为 100~200 mm 的双向钢筋网片的混凝土现浇密实。为提高防水层的抗渗性能,可在细石混凝土内掺入适量外加剂（如膨胀剂、减水剂、防水剂等）以提高其密实性能。

2. 刚性防水屋面的细部构造

刚性防水屋面的细部构造包括屋面防水层的分格缝、泛水、檐口、雨水口等部位的构造处理。

(1)屋面分格缝。

分格缝又称分仓缝,是为适应热胀冷缩及屋顶变形、防止屋顶防水层出现不规则通缝而设置的人工缝,是提高刚性防水层防水性能的重要措施。其目的在于:① 防止温度变形引起防水层开裂;② 防止结构变形将防水层拉坏。因此屋面分格缝的位置应设置在温度变形允许的范围以内和结构变形敏感的部位。结构变形敏感的部位主要是指装配式屋面板的支承端、屋面转折处、现浇屋面板与预制屋面板的交接处、泛水与立墙交接处等部位。分格缝一般设置在屋顶变形敏感处,如梁、墙、屋脊等处,缝的间距控制在 3~5 m,每格面积宜控制在 15~25 m²,如图 6-15 所示。分格缝宽度一般为 20~40 mm,有平缝和凸缝之分,缝内一般采用防水油膏嵌缝,也可用油毡等盖缝,如图 6-16 所示。

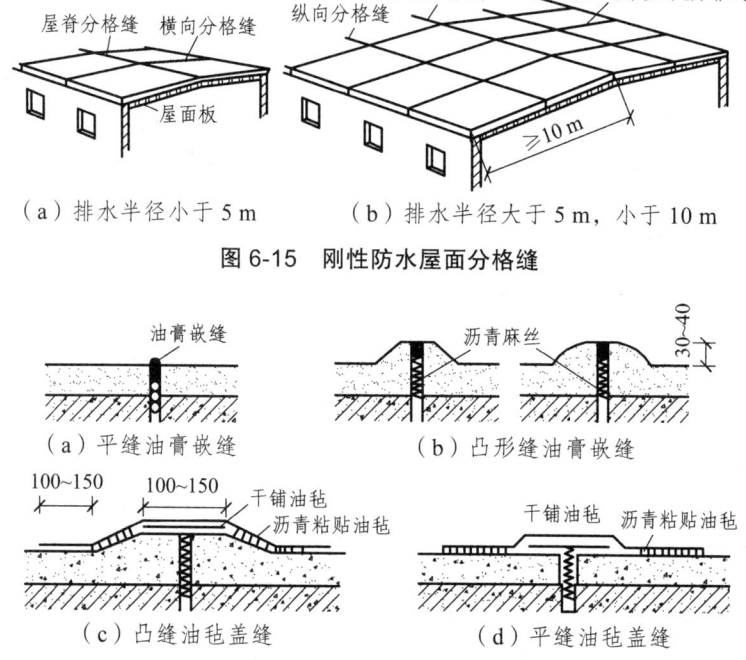

图 6-15 刚性防水屋面分格缝

图 6-16 分格缝构造

分格缝的构造要点:
① 防水层内的钢筋在分格缝处应断开。
② 屋面板缝用浸过沥青的木丝板等密封材料嵌填,缝口用油膏等嵌填;
③ 缝口表面用防水卷材铺贴盖缝,卷材的宽度为 200~300 mm。

(2)泛水构造。

刚性防水屋面的泛水构造要点与卷材屋面基本相同。不同的地方是:刚性防水层与屋面突出物(女儿墙、烟囱等)间须留分格缝,另铺贴附加卷材盖缝形成泛水。刚性防水屋面泛水构造见图 6-17 所示。

(3)檐口构造。

刚性防水屋面檐口的形式一般有自由落水挑

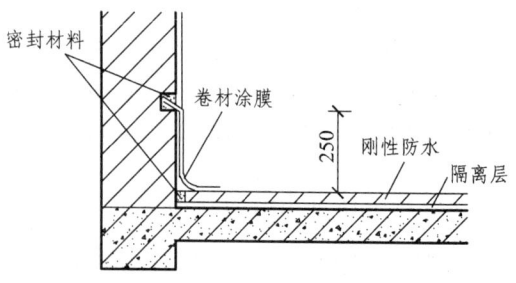

图 6-17 刚性防水屋面泛水构造

檐口、挑檐沟外排水檐口和女儿墙外排水檐口、坡檐口等。

① 自由落水挑檐口。

根据挑檐挑出的长度，自由落水挑檐口有直接利用混凝土防水层悬挑和在增设的现浇或预制钢筋混凝土挑檐板上做防水层等做法。无论采用哪种做法，都应注意做好滴水。自由落水檐口见图6-18。

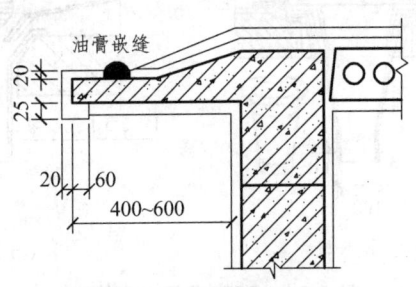

图6-18 自由落水檐口构造

② 挑檐沟外排水檐口。

檐沟构件一般采用现浇或预制的钢筋混凝土槽形天沟板，在沟底用低强度等级的混凝土或水泥炉渣等材料垫置成纵向排水坡度，铺好隔离层后再浇筑防水层，防水层应挑出屋面并做好滴水，如图6-19（a）所示。

③ 女儿墙外排水檐口。

这种做法通常在檐口处做成三角形断面天沟，其构造处理和女儿墙泛水做法基本相同，天沟内须设有纵向排水坡度，如图6-19（b）所示。

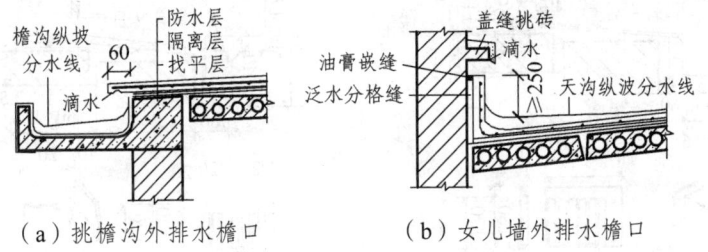

（a）挑檐沟外排水檐口　　（b）女儿墙外排水檐口

图6-19 有组织排水檐口构造

④ 坡檐口。

建筑设计中出于造型方面的考虑，常采用一种平顶坡檐即"平改坡"的处理形式，使较为呆板的平顶建筑具有某种传统的韵味，以丰富城市景观。坡檐口的构造如图6-20所示。

（4）雨水口构造。

刚性防水屋面的雨水口有直管式和弯管式两种做法，直管式一般用于挑檐沟外排水的雨水口，弯管式用于女儿墙外排水的雨水口。

① 直管式雨水口。

直管式雨水口为防止雨水从雨水口套管与沟底接缝处渗漏，应在雨水口周边加铺柔性防水层并铺至套管内壁，檐口处浇筑的

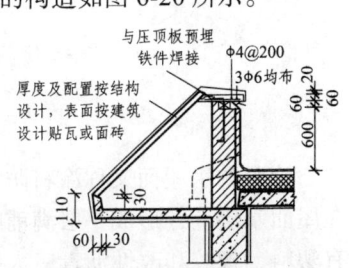

图6-20 平屋顶坡檐构造

混凝土防水层应覆盖于附加的柔性防水层之上，并于防水层与雨水口之间用油膏嵌实。直管式雨水口构造如图 6-21 所示。

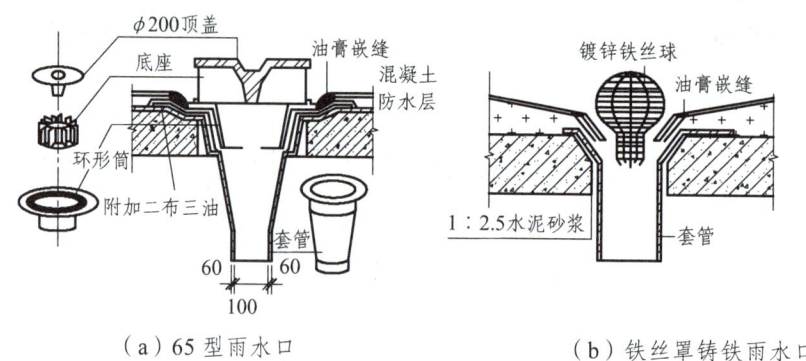

图 6-21 直管式雨水口构造

② 弯管式雨水口。

弯管式雨水口一般用铸铁做成弯头。雨水口安装时，在雨水口处的屋面应加铺附加卷材与弯头搭接，其搭接长度不小于 100 mm，然后浇筑混凝土防水层，防水层与弯头交接处需用油膏嵌缝。弯管式雨水口构造如图 6-22 所示。

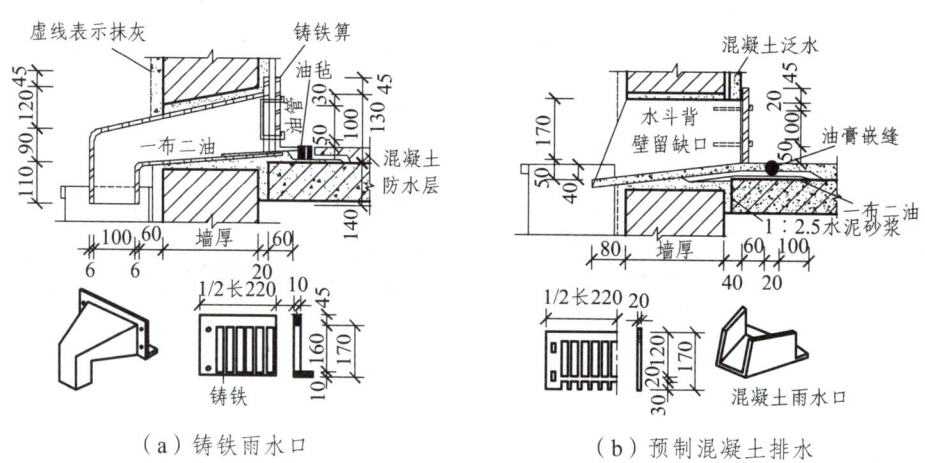

图 6-22 弯管式雨水口构造

第四节 涂膜防水屋面

涂膜防水屋面又称涂料防水屋面，是指用可塑性和黏结力较强的高分子防水涂料直接涂刷在屋面基层上，形成一层满铺的不透水的薄膜层，以达到防水目的的一种屋面做法。防水涂料有塑料、橡胶和改性沥青三大类，常用的有塑料油膏、氯丁胶乳沥青涂料和焦油聚氨酯防水涂膜等。这些材料多数具有防水性好、黏结力强、延伸性大、耐腐蚀、不易老化、施工方便、容易维修等优点，近年来应用较为广泛。这种屋面通常适用于不设保温层的预制屋面板结构，如单层工业厂房的屋面。有较大振动的建筑物或寒冷地区则不宜采用。

一、涂膜防水屋面的构造层次和做法

涂膜防水屋面的构造层次与柔性防水屋面相同，由结构层、找平层、结合层、防水层和保护层组成。

涂膜防水屋面的常见做法：结构层做法与柔性防水屋面相同。找平层通常为 25 mm 厚 1：2.5 水泥砂浆。为保证防水层与基层黏结牢固，结合层应选用与防水涂料相同的材料经稀释后满刷在找平层上。当屋面不上人时保护层的做法根据防水层材料的不同，可用蛭石或细砂撒面、银粉涂料涂刷等做法；当屋面为上人屋面时，保护层做法与柔性防水上人屋面做法相同。

二、涂膜防水屋面细部构造

1. 分格缝构造

涂膜防水只能提高表面的防水能力，由于温度变形和结构变形会导致基层开裂而使得屋面渗漏，因此对屋面面积较大和结构变形敏感的部位，需设置分格缝。

2. 泛水构造

涂膜防水屋面泛水构造要点与柔性防水屋面基本相同，即泛水高度不小于 250 mm；屋面与立墙交接处应做成弧形；泛水上端应有挡雨措施，以防渗漏。

第五节　平屋顶的保温与隔热

一、平屋顶的保温

1. 保温材料类型

保温材料多为轻质多孔材料，一般可分为以下三种类型：
（1）散料类：常用炉渣、矿渣、膨胀蛭石、膨胀珍珠岩等。
（2）现浇轻骨料混凝土：以散料作骨料，掺入一定量的胶结材料，现场浇筑而成，如水泥炉渣、水泥膨胀蛭石、水泥膨胀珍珠岩及沥青膨胀蛭石和沥青膨胀珍珠岩等。
（3）板块类：利用骨料和胶结材料由工厂制作而成的板块状材料，如加气混凝土、泡沫混凝土、膨胀蛭石、膨胀珍珠岩、泡沫塑料等块材或板材等。

保温材料的选择应根据建筑物的使用性质、构造方案、材料来源、经济指标等因素综合考虑确定。

2. 保温层构造

根据保温层在屋顶各层次中的位置，有以下三种保温体系：

（1）正铺保温层。

保温层设在结构层与防水层之间：这是目前最常用的一种做法。保温层设在屋盖系统的低温一侧，保温效果好并且符合热工原理，同时，由于保温层是摊铺在结构层之上的，符合受力的原则，构造也简单。但是要注意处理好保温层的通风散热，否则保温层的水蒸气会使其上的防水层鼓泡。

为了防止室内空气中的水蒸气随热气流上升，透过结构层进入保温层，从而降低保温效果，并有可能使防水层鼓泡，应当在保温层下面设置隔汽层。设置隔汽层的目的是防止室内水蒸气渗入保温层，使保温层受潮而降低保温效果。隔汽层的一般做法是在 20 mm 厚 1：3 水泥砂浆找平层上刷冷底子油两道作为结合层，结合层上做一布二油或两道热沥青隔汽层。

正铺保温层的构造见图 6-23。

（2）倒铺保温层。

保温层设置在防水层上面：这种做法又称为"倒置式保温屋面"。这种屋面防水层不受太阳辐射和剧烈气候变化的直接影响，可增强防水层的防水性能和使用年限，但是对采用的保温材料有特殊的要求，应当使用具有吸湿性低、耐气候性强的憎水材料作为保温层（如聚苯乙烯泡沫塑料板或聚氯脂泡沫塑料板），并在保温层上加设钢筋混凝土、卵石、砖等较重的覆盖层。

倒铺保温层的构造见图 6-24。

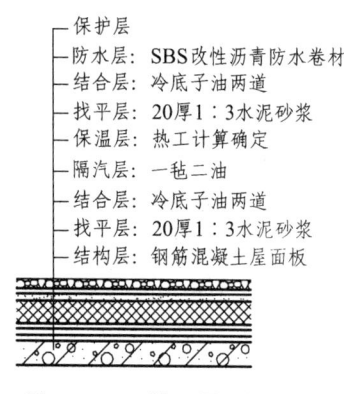

图 6-23 正铺平屋顶保温屋面

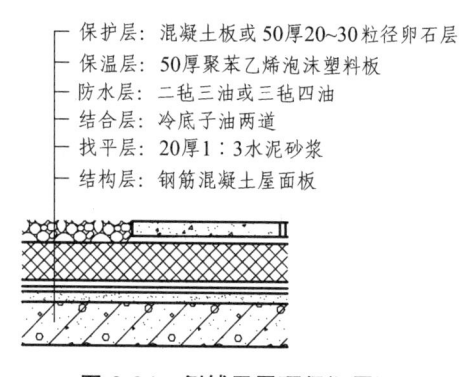

图 6-24 倒铺平屋顶保温屋面

（3）保温层与结构层结合。

这种保温做法比较少见，主要有两种做法：一种是在钢筋混凝土槽形板内设置保温层；另一种是将保温材料与结构融为一体，如配筋加气混凝土板。这种做法使屋面板同时具备结构层和保温层的双重功能，工序简化，还可降低建造成本。

二、平屋顶的隔热

1. 通风隔热屋面

通风隔热屋面是指在屋顶中设置通风间层，使上层表面起着遮挡阳光的作用，利用风压和热压作用把间层中的热空气不断带走，以减少传到室内的热量，从而达到隔热降温的目的。通风隔热屋面一般有架空通风隔热屋面和顶棚通风隔热屋面两种做法。

（1）架空通风隔热屋面：通风层设在防水层之上，其做法很多，图6-25为架空通风隔热屋面构造，其中以架空预制板或大阶砖最为常见。架空通风隔热层设计应满足以下要求：架空层应有适当的净高，一般以180~240 mm为宜；距女儿墙500 mm范围内不铺架空板；隔热板的支点可做成砖垄墙或砖墩，间距视隔热板的尺寸而定。

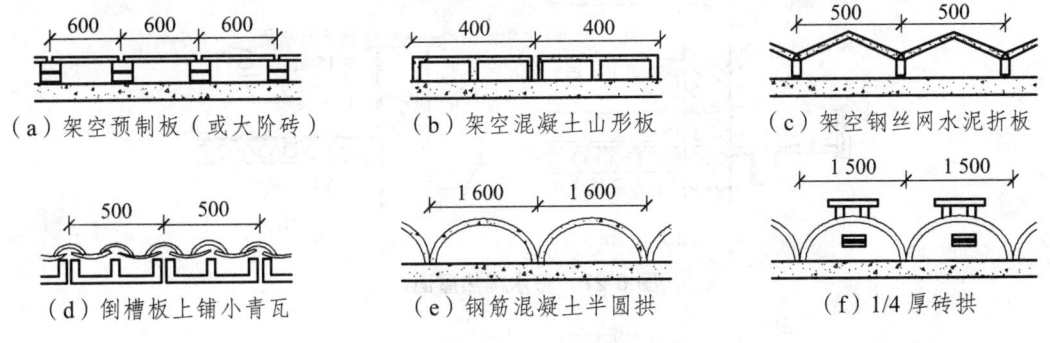

图 6-25　架空通风隔热构造

（2）顶棚通风隔热屋面：这种做法是利用顶棚与屋顶之间的空间作隔热层，如图6-26所示。顶棚通风隔热层设计应满足以下要求：顶棚通风层应有足够的净空高度，一般为500 mm左右；需设置一定数量的通风孔，以利空气对流；通风孔应考虑防飘雨措施。

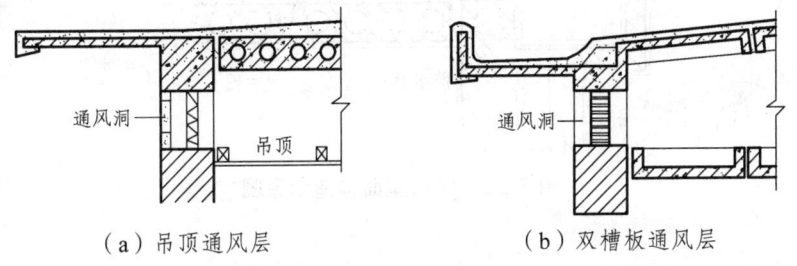

图 6-26　顶棚通风隔热屋面示意

2. 蓄水隔热屋面

蓄水屋面是指在屋顶蓄积一层水，利用水蒸发时需要大量的汽化热，从而大量消耗晒到屋面的太阳辐射热，以减少屋顶吸收的热能，从而达到降温隔热的目的。蓄水屋面构造与刚性防水屋面基本相同，设置一壁三孔，即蓄水分仓壁、溢水孔、泄水孔和过水孔。蓄水隔热屋面构造应注意以下几点：合适的蓄水深度，一般为150~200 mm；根据屋面面积划分成若干蓄水区，每区的边长一般不大于10 m；足够的泛水高度，至少高出水面100 mm；合理设置溢水孔和泄水孔，并应与排水檐沟或水落管连通，以保证多雨季节不超过蓄水深度和检修屋面时能将蓄水排除；注意做好管道的防水处理。蓄水隔热屋面构造见图6-27。

3. 种植隔热屋面

种植屋面是在屋顶上种植植物，利用植被的蒸腾和光合作用，吸收太阳辐射热，从而达到降温隔热的目的。种植隔热屋面构造见图6-28。

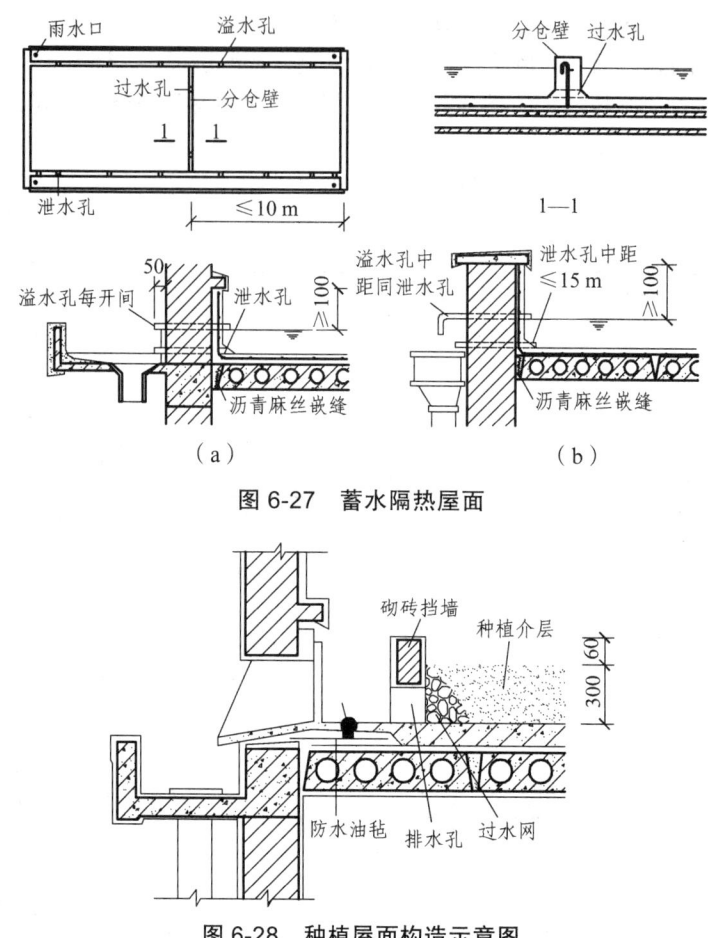

图 6-27 蓄水隔热屋面

图 6-28 种植屋面构造示意图

第六节 坡屋顶构造

一、坡屋顶的组成

坡屋顶由带有坡度的倾斜面相交而成，斜面相交的阳角为脊，相交的阴角为沟，如图 6-29（a）所示。坡屋顶多采用瓦材防水，而瓦材块小，接缝多，易渗漏，故坡屋顶的坡度一般大于 10°，通常取 30°左右。坡屋顶的坡度大，排水快，防水性能好，易于维修，但结构复杂，消耗材料较多。

坡屋顶根据坡面组织的不同，主要有单坡顶、双坡顶及四坡顶。房屋进深不大可采用单坡顶，进深较大时可采用双坡顶，四坡顶是我国古建筑中常见的屋顶形式。

坡屋顶一般由承重结构、屋面、顶棚组成，如图 6-29（b）所示。

屋面的作用是防水和围护；承重结构承受屋面荷载并把它传到垂直构件上；顶棚层既可以增加室内的艺术效果，又可以起到保温隔热的作用。

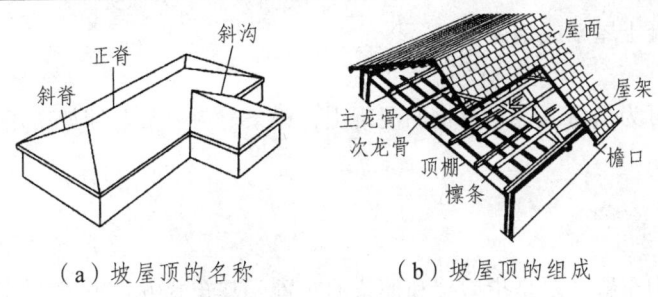

图 6-29　坡屋顶的组成

二、坡屋顶的承重结构

1. 承重结构类型

坡屋顶中常用的承重结构有横墙承重、屋架承重和梁架承重，见图 6-30。

（1）横墙承重：将横墙顶部砌成三角形，形成屋面坡度，直接把檩条搁置在横墙上，这种承重方式称为横墙承重，如图 6-30（a）所示，适用于开间较小的建筑。

（2）屋架承重：在柱或墙上设屋架，再在屋架上放置檩条及椽子而形成的屋顶结构形式称为屋架承重。屋架由上弦杆、下弦杆、腹杆组成。坡屋顶一般采用三角形屋架。屋架有木屋架、钢屋架、混凝土屋架等类型，如图 6-30（b）所示。屋架应根据屋顶坡度进行布置，在四坡顶屋顶及屋顶相互交接处需增加斜梁或半屋架等构件。为保证屋架承重结构坡屋顶的空间刚度和整体稳定性，屋架间需设水平和垂直支撑。屋架承重结构适用于有较大空间的建筑中。

（3）梁架承重：由立柱和梁组成承重排架的承重形式称为梁架承重，它是我国传统建筑的承重形式，檩条置于梁上承受屋面荷载并把各排架联成一个完整的骨架，如图 6-30（c）所示。现代的坡屋顶也有不少采用梁架承重，一般是由钢筋混凝土立柱和斜梁组成承重骨架，垂直骨架斜梁做次梁，主、次梁上可用现浇钢筋混凝土板，也可用其他材料板，这种承重形式也称为梁板承重。

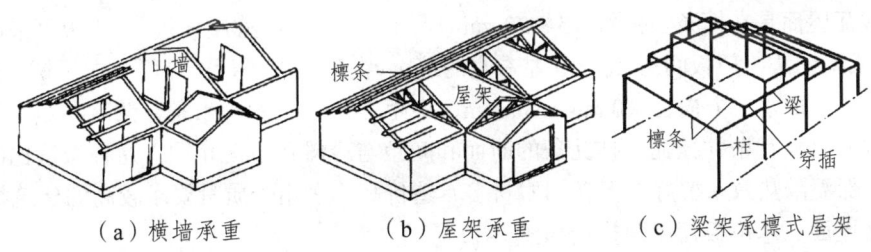

图 6-30　坡屋顶的承重结构类型

2. 坡屋顶的承重结构构件

（1）屋架。

屋架形式常为三角形，由上弦、下弦及腹杆组成，所用材料有木材、钢材及钢筋混凝土等。木屋架一般用于跨度不超过 12 m 的建筑；将木屋架中受拉力的下弦及直腹杆件用钢筋或型钢代替，这种屋架称为钢木屋架。钢木组合屋架一般用于跨度不超过 18 m 的建筑；当跨度更大时需采用预应力钢筋混凝土屋架或钢屋架。

（2）檩条。

檩条所用材料可为木材、钢材及钢筋混凝土，檩条材料一般与屋架所用材料相同，使两者的耐久性接近。

3. 承重结构布置

坡屋顶承重结构布置主要是指屋架和檩条的布置，其布置方式视屋顶形式而定。屋架和檩条布置如图6-31所示。

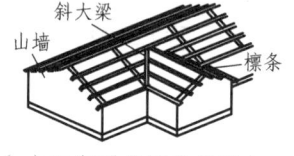
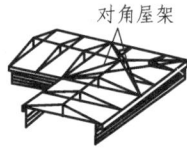

(a) 四坡顶的屋架　　(b) 丁字形交接处屋顶之一　　(c) 丁字形交接处屋顶之二　　(d) 转角屋顶

图6-31　屋架和檩条布置

三、坡屋顶的屋面构造

1. 平瓦屋面做法

坡屋顶屋面一般是利角各种瓦材，如平瓦、波形瓦、小青瓦等作为屋面防水材料。近些年来还有不少采用金属瓦屋面、彩色压型钢板屋面等。

平瓦屋面根据基层的不同有冷摊瓦屋面、木望板平瓦屋面和钢筋混凝土板瓦屋面三种做法。

（1）冷摊瓦屋面。

冷摊瓦屋面是在檩条上钉固椽条，然后在椽条上钉挂瓦条并直接挂瓦。这种做法构造简单，但雨雪易从瓦缝中飘入室内，通常用于南方地区质量要求不高的建筑。

（2）木望板瓦屋面。

木望板瓦屋面是在檩条上铺钉 15～20 mm 厚的木望板（亦称屋面板），望板可采取密铺法（不留缝）或稀铺法（望板间留 20 mm 左右宽的缝），在望板上平行于屋脊方向干铺一层油毡，在油毡上顺着屋面水流方向钉 10 mm×30 mm、中距 500 mm 的顺水条，然后在顺水条上面平行于屋脊方向钉挂瓦条并挂瓦，挂瓦条的断面和间距与冷摊瓦屋面相同。这种做法比冷摊瓦屋面的防水、保温隔热效果要好，但耗用木材多、造价高，多用于质量要求较高的建筑物中。

冷摊瓦屋面、木望板瓦屋面构造如图6-32所示。

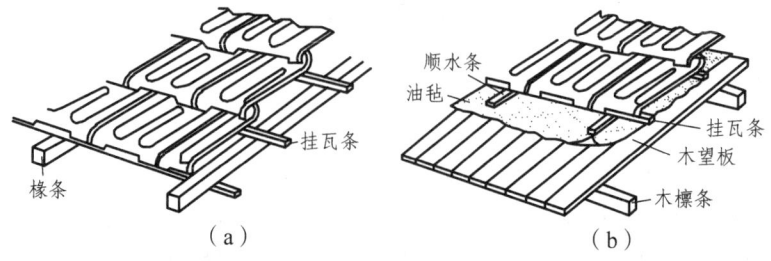

图6-32　平瓦屋面构造

（3）钢筋混凝土板瓦屋面

瓦屋面由于保温、防火或造型等的需要，可将钢筋混凝土板作为瓦屋面的基层盖瓦。盖瓦的方式有两种：一种是在找平层上铺油毡一层，用压毡条钉嵌在板缝内的木楔上，再钉挂瓦条挂瓦；另一种是在屋面板上直接粉刷防水水泥砂浆并贴瓦或陶瓷面砖或平瓦。在仿古建筑中也常常采用钢筋混凝土板瓦屋面。钢筋混凝土板瓦屋面构造如图 6-33 所示。

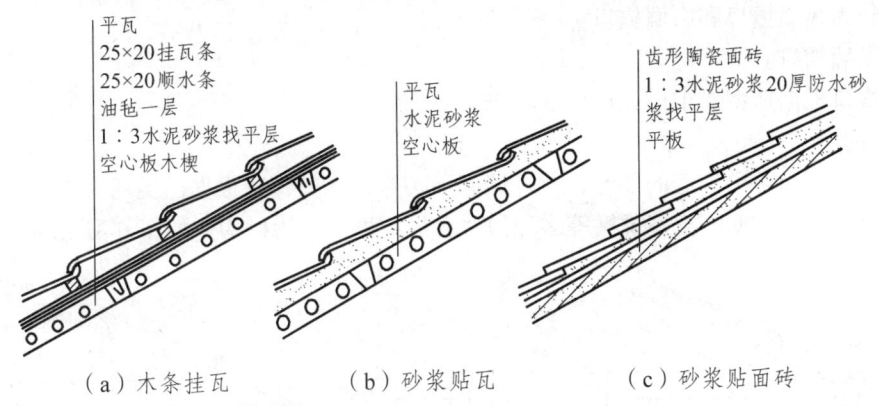

图 6-33　钢筋混凝土板瓦屋面构造

2. 压型钢板屋面构造

彩色压型钢板屋面简称彩板屋面，是近十多年来在大跨度建筑中广泛采用的高效能屋面，它不仅自重轻、强度高且施工安装方便。彩板的连接主要采用螺栓连接，不受季节气候影响。彩板色彩绚丽，质感好，大大增强了建筑的艺术效果。彩板除用于平直坡面的屋顶外，还可根据造型与结构的形式需要，在曲面屋顶上使用。压型钢板屋面构造如图 6-34 所示。

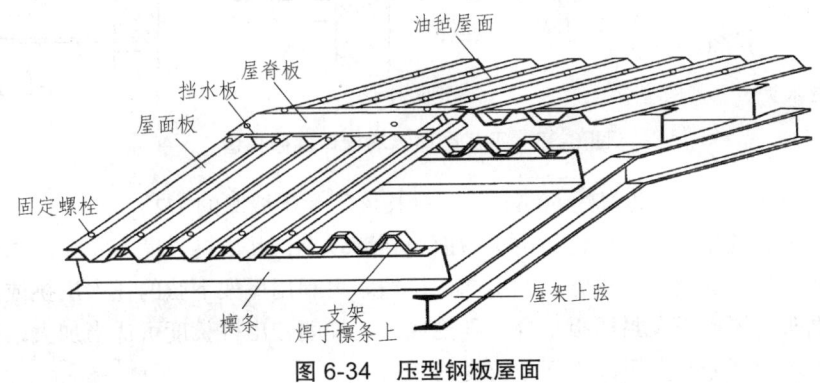

图 6-34　压型钢板屋面

3. 金属瓦屋面

金属瓦屋面是用镀锌铁皮或铝合金瓦做防水层的一种屋面，金属瓦屋面自重轻、防水性能好、使用年限长，主要用于大跨度建筑的屋面。

金属瓦的厚度很薄（厚度在 1 mm 以内），铺设这样薄的瓦材必须用钉子固定在木望板上，木望板则支撑在檩条上，为防止雨水渗漏，瓦材下应干铺一层油毡。所有的金属瓦必须相互连通导电，并与避雷针或避雷带连接。

四、屋面细部构造

平瓦屋面应做好檐口、天沟、屋脊等部位的细部处理。

1. 檐口构造

檐口分为纵墙檐口和山墙檐口。

（1）纵墙檐口。

纵墙檐口根据造型要求做成挑檐或封檐。

① 挑檐。

挑檐是指屋面挑出外墙的部分,对外墙起保护作用。其构造根据出挑的大小有砖挑檐、屋面板挑檐、挑檐木挑檐、挑檩挑檐等多种做法。纵墙檐口的挑檐构造如图6-35所示。

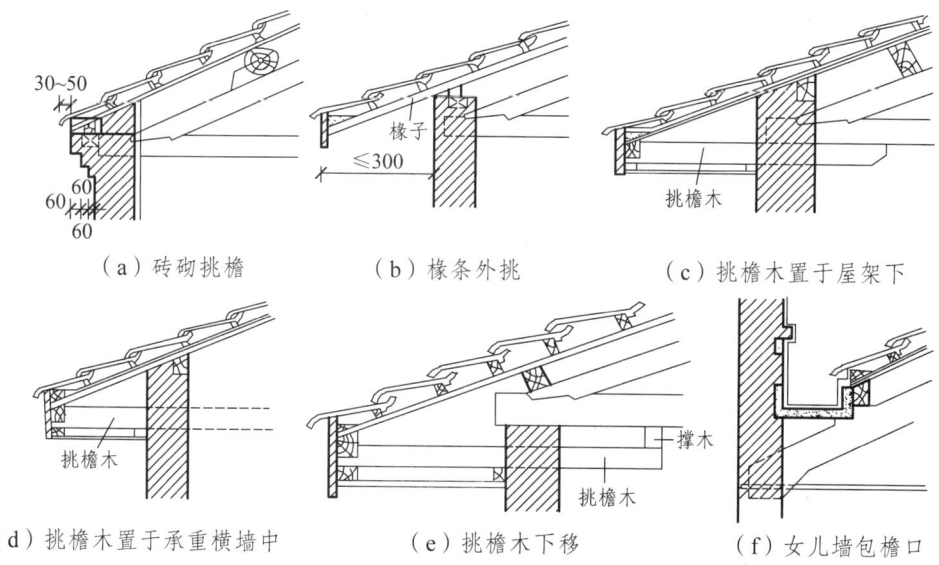

图6-35 平瓦屋面纵墙檐口挑檐构造

砖挑檐：每皮砖挑1/4砖宽约60 mm，出挑长度不大于墙厚的1/2。

屋面板挑檐：利用屋面板出挑，由于屋面板强度较小，其出挑长度不宜大于300 mm。

挑檐木挑檐：根据屋顶承重方式的不同，挑檐木可利用屋架下弦的托木出挑或自横墙中挑出。挑檐木端头与屋面板及封檐板结合，则挑檐可较硬朗，出挑长度可适当加大，挑檐木要注意防晒，压入墙内部要大于出挑部分长度的2倍。

挑檩挑檐：在檐口墙外加一檩条，利用屋架托木或横墙砌入的挑檐木作为檐檩的支托，檐檩与檐墙上沿游木的间距不大于其他部位檩条的间距。

挑椽挑檐：当檐口出挑长度大于300 mm时，利用椽子挑出，在檐口处可将椽子外露或钉封檐板。

② 封檐。

封檐是檐口外墙高出屋面或与屋面相平而将檐口包住的构造做法。为了解决好防水问题，一般需做檐部内侧水平天沟。天沟可采用混凝土槽形天沟板，沟内铺卷材防水层，油毡一直铺到女儿墙上形成泛水；也可用镀锌铁皮放在木底板上，铁皮天沟一边伸入油毡下，并在靠墙一侧做成泛水。地震区女儿墙易坍塌，故非特殊需要不宜采用。

纵墙檐口的封檐构造如图 6-36 所示。

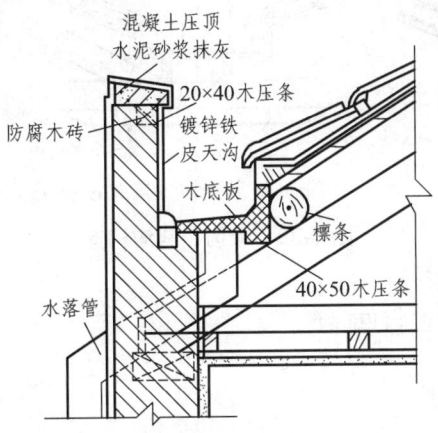

图 6-36　平瓦屋面纵墙檐口封檐构造

（2）山墙檐口。

山墙檐口按屋顶形式分为硬山与悬山两种。硬山檐口构造，将山墙升起包住檐口，女儿墙与屋面交接处应作泛水处理。女儿墙顶应作压顶板，以保护泛水。硬山檐口构造如图 6-37 所示。

悬山屋顶的山墙檐口构造，先将檩条外挑形成悬山，檩条端部钉木封檐板，沿山墙挑檐的一行瓦，应用 1∶2.5 的水泥砂浆做出披水线，将瓦封固。悬山檐口构造如图 6-38 所示。

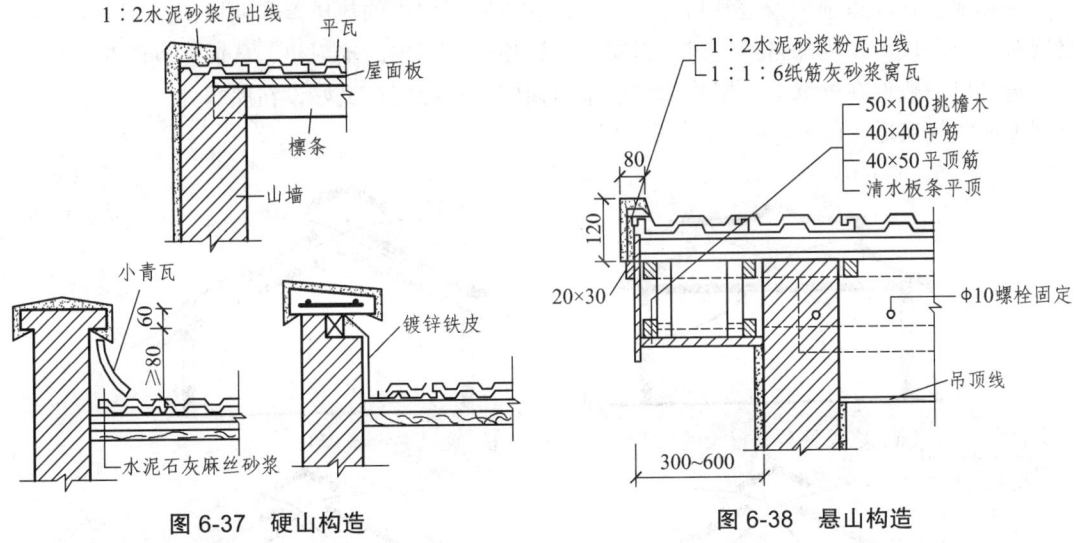

图 6-37　硬山构造　　　　　　　　图 6-38　悬山构造

2. 天沟和斜沟构造

在等高跨或高低跨相交处，常常出现天沟，而两个相互垂直的屋面相交处则形成斜沟。沟应有足够的断面面积，上口宽度不宜小于 300～500 mm，一般用镀锌铁皮铺于木基层上，镀锌铁皮伸入瓦片下面至少 150 mm。高低跨和包檐天沟若采用镀锌铁皮防水层时，应从天沟内延伸至立墙（女儿墙）上形成泛水。天沟、斜沟构造如图 6-39 所示。

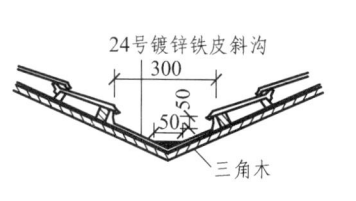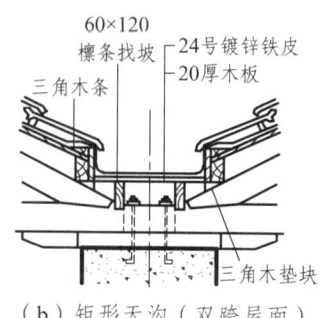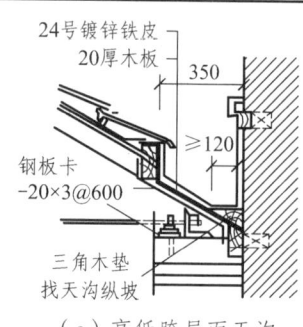

（a）三角形天沟（双跨屋面）　　（b）矩形天沟（双跨屋面）　　（c）高低跨屋面天沟

图 6-39　天沟、斜沟构造

五、坡屋顶的保温与隔热

1. 屋顶保温构造

坡屋顶的保温层一般布置在瓦材与檩条之间或吊顶棚上面。保温材料可根据工程具体要求选用松散材料、块体材料或板状材料。在一般的小青瓦屋面中，采用基层上满铺一层黏土稻草泥作为保温层，小青瓦片黏结在该层上。在平瓦屋面中，可将保温层填充在檩条之间；在设有吊顶的坡屋顶中，常将保温层铺设在顶棚上面，可起到保温和隔热的双重作用。

2. 坡屋顶隔热构造

炎热地区在坡屋顶中设进气口和排气口，利用屋顶内外的热压差和迎风面的压力差，组织空气对流，形成屋顶内的自然通风，以减少由屋顶传入室内的辐射热，从而达到隔热降温的目的。进气口一般设在檐墙上、屋檐部位或室内顶棚上；出气口最好设在屋脊处，以增大高差，有利加速空气流通。图 6-40 为几种通风屋顶的示意图。

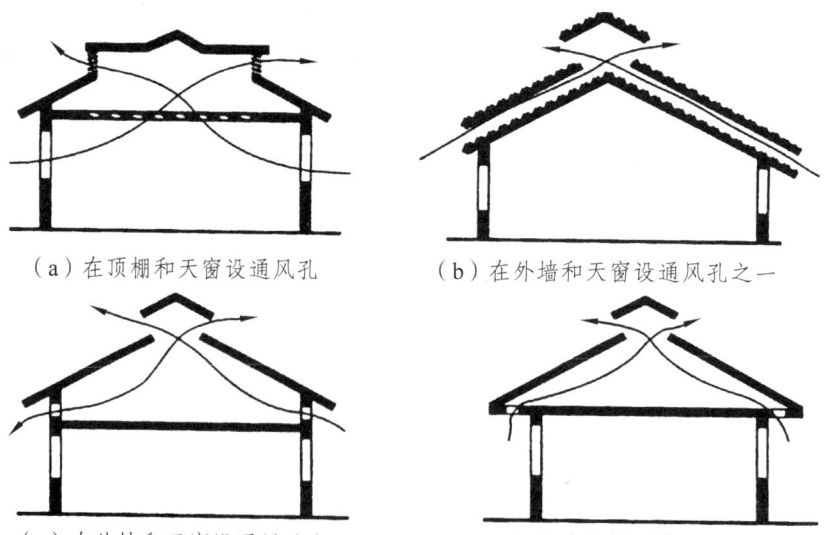

图 6-40　坡屋顶通风示意

复习思考题

1. 屋顶的作用有哪些？对屋顶有哪些设计要求？
2. 屋顶是由哪几部分组成的？各组成部分的作用是什么？
3. 常见屋顶的排水方式有哪些？各适用于什么条件？
4. 如何形成屋顶的排水坡度？各有何特点？
5. 图示柔性防水屋面的构造。
6. 简述刚性防水屋面的构造层次和做法。
7. 什么是泛水？图示其构造。
8. 什么是分隔缝？刚性防水屋面设置分隔缝的目的是什么？哪些部位需要设置分隔缝？
9. 坡屋顶的承重方式有哪几种？各有何特点？
10. 平屋顶的隔热措施有哪些？
11. 平屋顶的保温做法有哪几种？各自的特点是什么？

第七章 门 窗

【学习目标】

本章重点介绍了门窗的作用和类型、平开木门窗的组成及基本尺度和构造做法、推拉铝合金和塑料门窗的基本组成和安装方式,另外还介绍了遮阳板的类型。通过这些学习,学生应达到以下要求:

(1)熟悉门窗的类型和作用,掌握门窗的尺寸和决定因素。
(2)掌握平开木门窗的基本组成和构造要求。
(3)掌握铝合金门窗和塑料门窗的基本组成和安装构造。
(4)了解特种门的基本构造,熟悉遮阳板的类型和作用。

第一节 窗

一、窗的作用

窗的主要作用是采光,同时有眺望观景、分隔室内外空间和围护作用,还兼有美观作用。

二、窗的分类

(1)按开启方式分:固定窗、平开窗、上悬窗、中悬窗、下悬窗、立转窗、水平推拉窗、垂直推拉窗等(图7-1)。

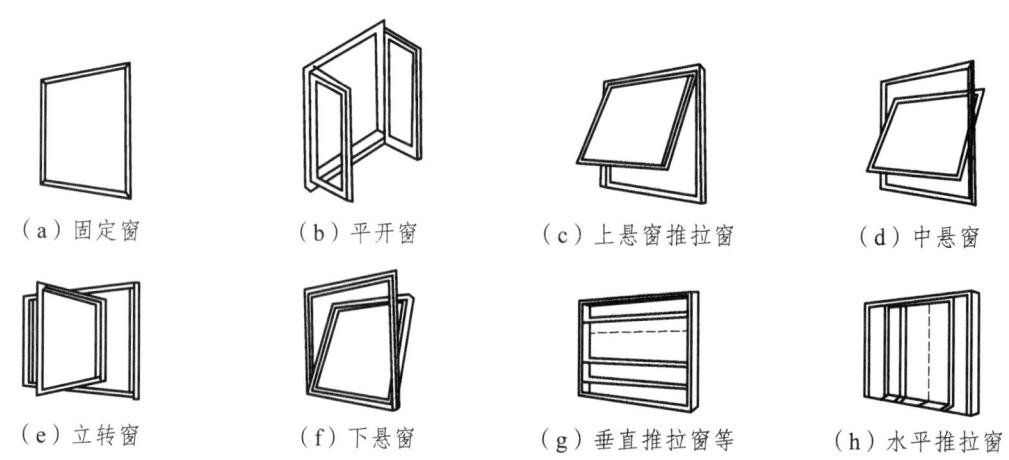

图7-1 窗的开启方式

（2）按框料分：木窗、彩板钢窗、铝合金窗和塑料窗单一材料的窗，以及塑钢窗、铝塑窗等复合材料的窗。
（3）按层数分：单层窗和多层窗。
（4）按镶嵌材料分：玻璃窗、百叶窗和纱窗。

三、窗的组成

窗一般是由窗框、窗扇、五金零件、附件组成的，如图 7-2 所示。其中：窗框又称窗樘，一般由上框、下框、中横框、中竖框及边框等组成；窗扇由上冒头、中冒头（窗芯）、下冒头及边梃组成；五金零件包括铰链、风钩、插销、拉手及导轨、滑轮等；附件指窗框与墙的连接处，为满足不同的要求，有时加设的贴脸、窗台板、窗帘盒等。

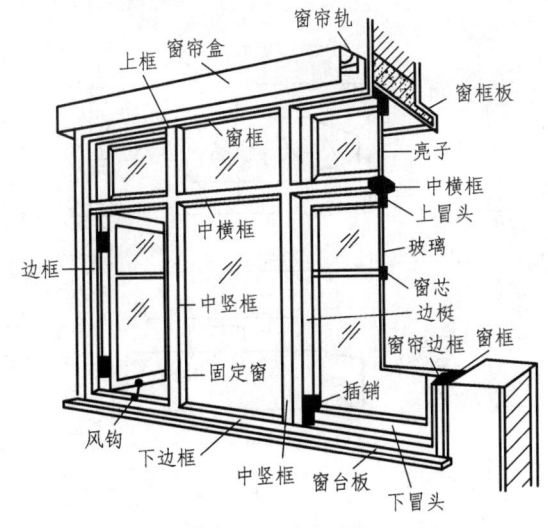

图 7-2　窗的组成

四、窗的尺度

窗的尺度一般应满足下列要求：
（1）要满足采光、通风与日照的需要，见表 7-1。

表 7-1　民用建筑采光等级

采光等级	视觉工作征		房间名称	窗地面积比
	工作或活动要求精确程度	要求识别的最小尺寸/mm		
Ⅰ	极精密	<0.2	绘图室、制图室、画廊、手术室	1/5～1/3
Ⅱ	精密	0.2～1	阅览室、医务室、健身房、专业实验室	1/6～1/4
Ⅲ	中精密	1～10	办公室、会议室、营业厅	1/8～1/6
Ⅳ	粗糙	>10	观众厅、居室、盥洗室、厕所	1/10～1/8
Ⅴ	极粗糙	不作规定	储藏室、门厅、走廊、楼梯间	1/10 以下

（2）要符合建筑立面设计及建筑模数协调的要求。我国大部分地区标准窗的尺寸均采用3M的扩大模数，常用的高、宽尺寸有：600 mm、900 mm、1 200 mm、1 500 mm、1 800 mm、2 100 mm、2 400 mm 等。

五、平开木窗的构造

1. 窗框

（1）窗框断面尺寸：应考虑接榫牢固，一般单层窗的窗框断面 40~60 mm，宽 70~95 mm，中横框上下均有裁口，断面高度应增加 10 mm，横框如有披水，断面尺寸应增加 20 mm。中竖框左右带裁口，应比边框增加 10 mm 厚度。双层窗窗框的断面宽度应比单层窗宽 20~30 mm。窗框构造如图 7-3 所示。

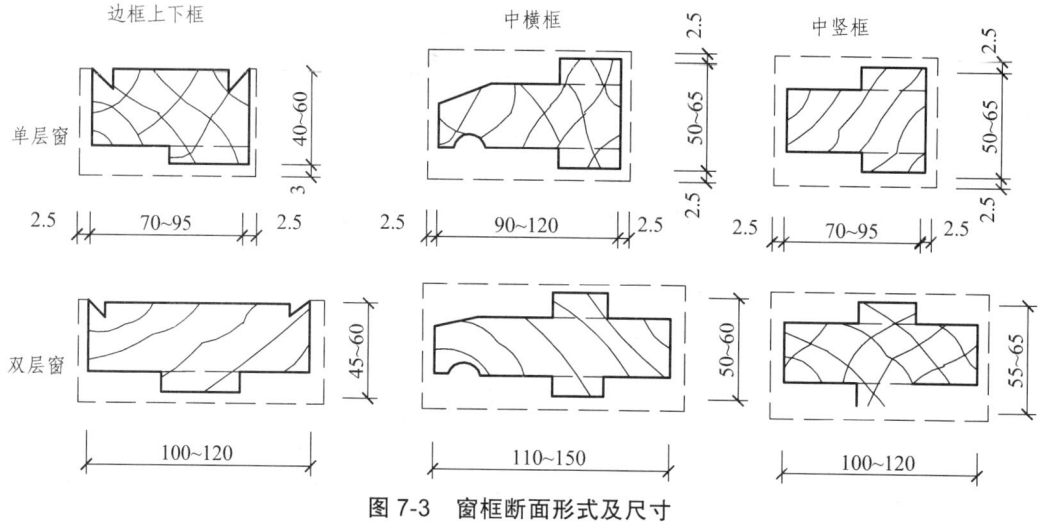

图 7-3 窗框断面形式及尺寸

（2）窗框安装方式。

塞口法：墙砌好后再安装窗框，采用塞口时洞口的高、宽尺寸应比窗框尺寸大 10~30 mm。

立口法：在砌墙前即用支撑先立窗框然后砌墙，框与墙的结合紧密，但是立樘与砌墙工序交叉，施工不便。

（3）窗框在墙中的位置（图 7-4）。

内平：窗框与墙内表面相平，采用较多。安装时框应突出砖面 20 mm，以便墙面粉刷后与抹灰面相平。框与抹灰面交接处，应用贴脸搭盖，以阻止由于抹灰干缩形成缝隙后风渗入室内，同时可增加美观，其形状尺寸与门贴脸板相同。

外平：窗框与墙外表面相平。

居中：窗框位于墙体厚度之间。

（4）窗框与窗扇的防水措施：内开窗的下口和外开窗的中横框处，都是防水的薄弱环节，仅设裁口条还不能防水，一般需做披水条和滴水槽，以防雨水内渗；在近窗台处做积水槽和泄水孔，以利于渗入之雨水排出窗外。

窗框在墙中的位置及防水处理如图 7-4 所示。

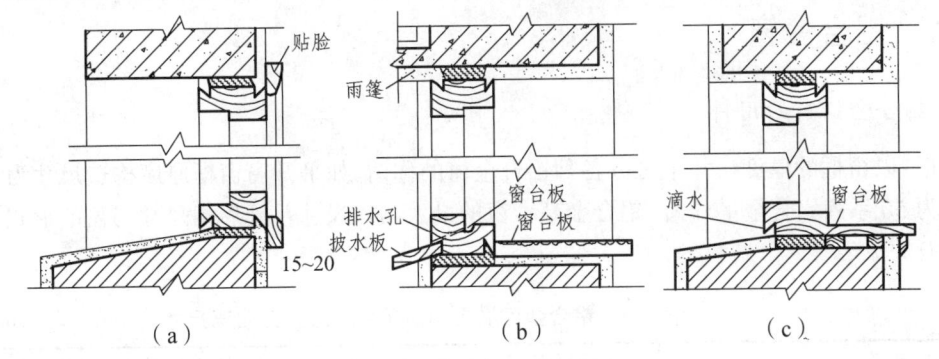

图 7-4　窗框在墙中的位置及防水处理

2. 窗　扇

常见的木窗扇有玻璃扇和纱窗扇。窗扇由上下冒头和边梃榫接而成,有的还用窗芯(也叫窗棂)分格,如图 7-5 所示。

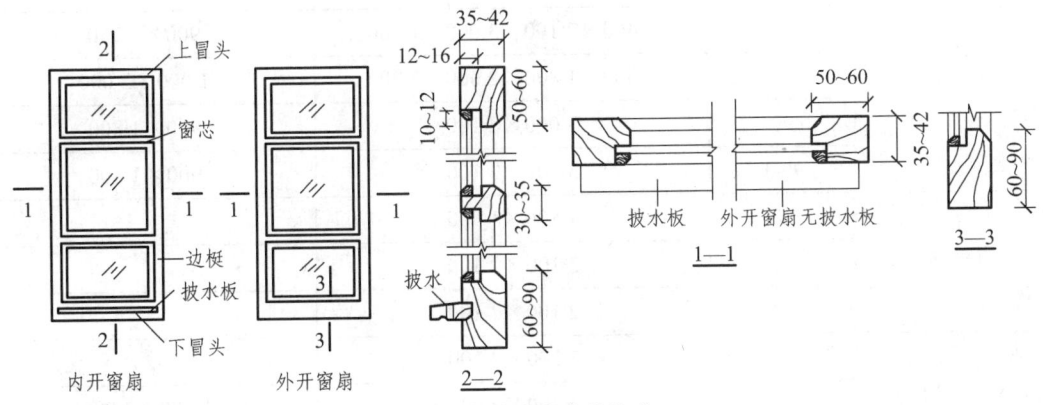

图 7-5　玻璃窗扇的构造

3. 窗的断面形状与尺寸

窗扇一般厚度取 35~42 mm,以采用 40 mm 者较多。纱窗扇的框料厚度可小些,一般为 30 mm 左右。上冒头与边框的宽度取 50~60 mm,下冒头视需要可适当加宽 10~30 mm。窗芯的宽度以 27~35 mm 较多。窗扇的上下冒头、边梃和窗芯均设有裁口,以便安装玻璃或窗纱。

4. 玻璃的选择与安装

(1) 玻璃类型:选择玻璃应兼顾窗的使用及美观要求。普通平板玻璃在民用建筑中应用最为广泛。为了保温、隔声需要,可选用双层中空玻璃;需遮挡或模糊视线的,可选用磨砂玻璃或压花玻璃;为了安全可选用夹丝玻璃、钢化玻璃或有机玻璃;为了防晒可采用有色、吸热和涂层、变色等种类的玻璃。

(2) 玻璃厚度:与窗扇分格的大小有关。单块面积小的,可选用薄的玻璃,一般 2 mm 或 3 mm 厚,单块面积较大时,可选用 5 mm 或 6 mm 厚的玻璃。

(3) 玻璃的安装:应先用小钉将玻璃卡牢,再用油灰嵌固。对于不会受雨水侵蚀的窗扇玻璃,也可用小木条镶钉。

六、铝合金窗

1. 铝合金门窗的用料

窗框:以窗框的厚度尺寸来区分各种铝合金窗的称谓。如平开窗窗框厚度构造尺寸为 50 mm 宽即称为 50 系列铝合金平开窗。铝合金基本窗的最大洞口尺寸及开启扇尺寸与窗的形式及框料的用材有关见表 7-2。

表 7-2　铝合金窗最大洞口尺寸、最大开启扇尺寸　　　　　　　　　mm

窗型种类	系列	最大洞口尺寸（$B \times H$）	最大开启扇面积（$b \times h$）	
平开窗滑轴窗	40	1 800×1 800	600×1 200	
	50	2 100×2 100	600×1 400	
	70	2 100×1 800	600×1 200	
推拉窗	55	2 400×2 100，3 000×1 500	845×1 500	
	60	2 400×2 100，3 000×1 800	900×1 750	
	70	3 300×1 800，2 000×2 700	1 000×2 000	
	90	3 000×2 100	900×1 800	
	90-1	3 000×2 100	900×1 800	
固定窗	40	1 800×1 800		
	50	2 100×2 100		
	70	2 100×2 100		
立轴、中悬窗	70（立）	3 000×2 100		
	70（中）	1 200×2 000	1 200×2 000	
	80	1 200×600	1 200×600	
百叶窗	100	1 400×2 000	700×2 000	非开启
	100	1 400×2 000	(700+700)×2 000	

窗扇玻璃：普通平板玻璃、浮法玻璃、夹层玻璃、钢化玻璃及中空玻璃等。

铝合金窗的常见形式：固定窗、平开窗、滑轴窗、推拉窗、立轴窗和悬窗等，一般多采用水平推拉式。

2. 铝合金窗的安装

一般先在窗框外侧用螺钉固定钢质锚固件，安装时与洞口四周墙中的预埋铁件焊接或锚固在一起，玻璃嵌固在铝合金窗料中的凹槽内，并加密封条。窗框固定铁件，除四周离边角 150 mm 设一点外，一般间距不大于 400～500 mm。其连接方法有（图 7-6）：① 采用墙上预埋铁件连接；② 墙上预留孔洞埋入燕尾铁脚连接；③ 采用金属膨胀螺栓连接；④ 采用射钉固定，锚固铁件用厚度不小于 1.5 mm 的镀锌铁片。窗框固定好后窗洞四周的缝隙一般采用软质保温材料填塞，如泡沫塑料条、泡沫聚氨酯条、矿棉毡条和玻璃丝毡条、聚氨酯发泡剂等。填实处用水泥砂浆抹留 5~8 mm 深的弧形槽。槽内嵌密封胶（图 7-7）。

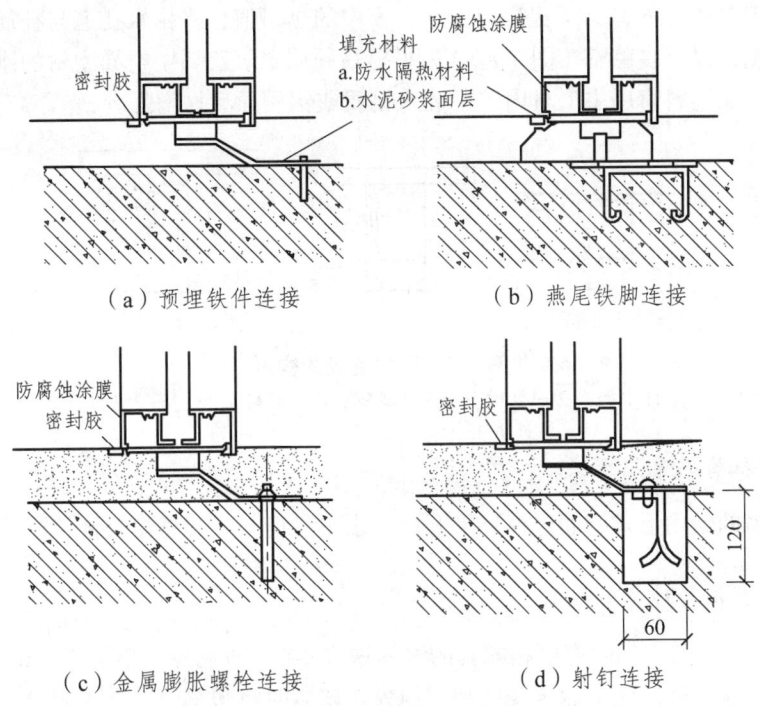

图 7-6　铝合金窗框与墙体的连接构造

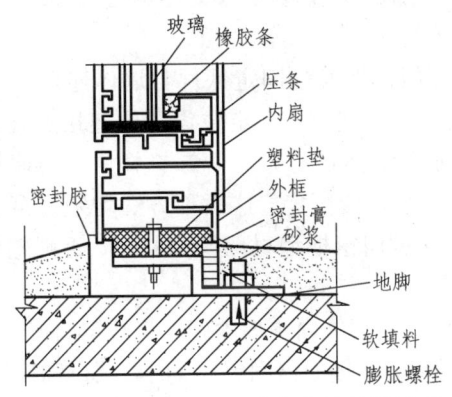

图 7-7　铝合金门窗安装节点及缝隙处理

七、塑钢门窗

1. 特　点

塑钢门窗指以改性硬质聚氯乙烯（简称 UPVC）为主要原料，加上一定比例的稳定剂、着色剂、填充剂、紫外线吸收剂等辅助剂，经挤出机挤出成型为各种断面的中空异型材，经切割后，在其内腔衬以型钢加强筋，用热熔焊接机焊接成型组装制作成门窗框、扇等，配装上橡胶密封条、压条、五金件等附件而制成的门窗。它较之全塑门窗刚度更好，自重更轻，造价适宜。塑钢门窗具有抗风压强度好、耐冲击、耐久性好、耐腐蚀、使用寿命长的等优点。

2. 塑钢门窗的材料

异型材一般是中空的，为了提高门窗框、窗扇的热阻值，将排水孔道与补筋空腔分隔，可以做成为双腔室，以至多腔室（图7-8）。为了提高硬质聚氯乙烯中空异型材的刚性和窗扇窗框的抗风压强度，在塑料窗用主型材内腔中放入钢质或铝质异型材增强。

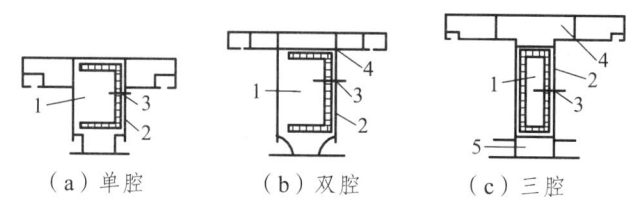

（a）单腔　　　　（b）双腔　　　　（c）三腔

图7-8　型材空腔的构造

1—型材中腔；2—型材壁；3—型钢；4—型材上腔；5—型材下腔

3. 塑钢推拉窗的常用形式

塑钢推拉窗的常用形式有固定窗、平开窗、水平悬窗与立式悬窗及推拉窗等。

4. 塑钢门窗框与墙体的连接

假框法：做一个与塑钢门窗框相配套的镀锌铁金属框，框材厚一般为3mm，预先将其安装在门窗洞口上，抹灰装修完毕后再安装塑钢门窗。安装时将塑钢门窗送入洞口，靠住金属框后用自攻螺钉紧固。此外，旧木门窗，钢门窗更换为塑钢门窗时，可保留木框或钢框，在其上安装塑钢门窗，并用塑料盖口条装饰。

连接件法[图7-9（a）]：门窗框通过固定铁件与墙体连接，先用自攻螺钉将铁件安装在门窗框上，然后将门窗框送入洞口定位。于定位设置的连接点处，穿过铁件预制孔，在墙体相对位置上钻孔，插入尼龙胀管，然后拧入胀管螺钉将铁件与墙体固定。也可以在墙体内预埋木砖，用木螺钉将固定铁件与木砖固定。这两种方法均须注意，连接窗框与铁件的自攻螺钉必须穿过加强衬筋或至少穿过门窗框型材两层型材壁，否则螺钉易松动，不能保证窗的整体稳定性。

直接固定法[图7-9（b）]：在墙体内预埋木砖，将塑钢门窗框送入窗洞口定位后，用木螺钉直接穿过门窗型材与木砖连接。塑钢门窗固定后，门窗洞口和四周缝隙处理和铝合金窗相同。

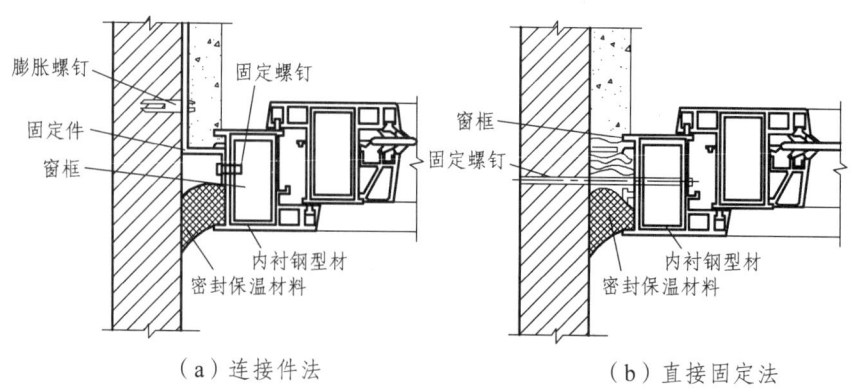

（a）连接件法　　　　（b）直接固定法

图7-9　塑钢门窗窗框与墙体的连接节点

第二节 门

一、门的作用

门的主要用途是交通联系和围护，门在建筑的立面处理和室内装修中也有着重要作用。

二、门的分类

（1）按开启方式分类：平开门、弹簧门、推拉门、折叠门、转门等，如图 7-10 所示。
（2）按门所用材料分：木门、钢门、铝合金门、塑料门及塑钢门等。
（3）按门的功能分：普通门、保温门、隔声门、防火门、防盗门、人防门以及其他特殊要求的门等。

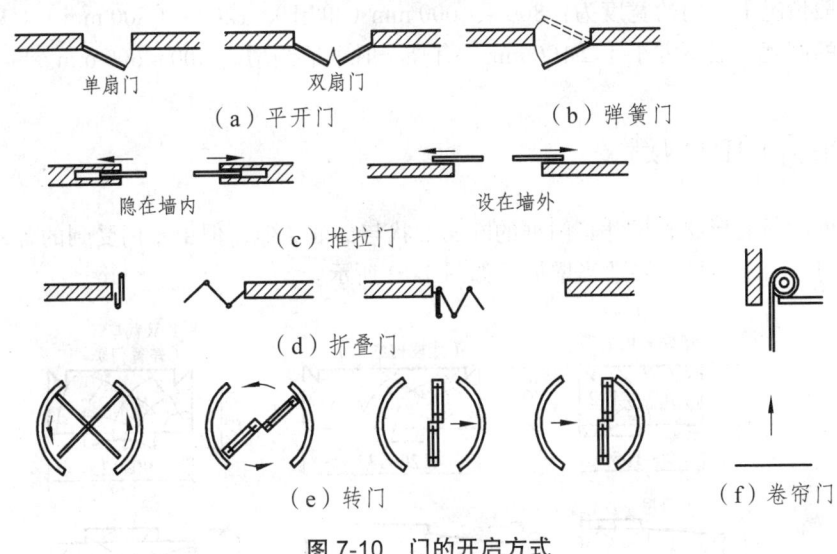

图 7-10　门的开启方式

三、门的组成

门一般由门框、门扇、腰窗、五金零件及附件组成，如图 7-11 所示。门框是门与墙的连接部分，由上框、边框、中横框和中竖框组成。门扇一般由上、中、下冒头和边梃组成骨架，中间固定门芯板。腰窗俗称亮子、气窗，在门的上方，主要作用是辅助采光和通风。五金零件包括铰链、插销、门锁、拉手等。附件有贴脸板、筒子板。

四、门的尺度

（1）门的洞口尺寸可根据交通、运输以及疏散要求来确定。对于大型公共建筑，门的尺度可根据需另行确定。

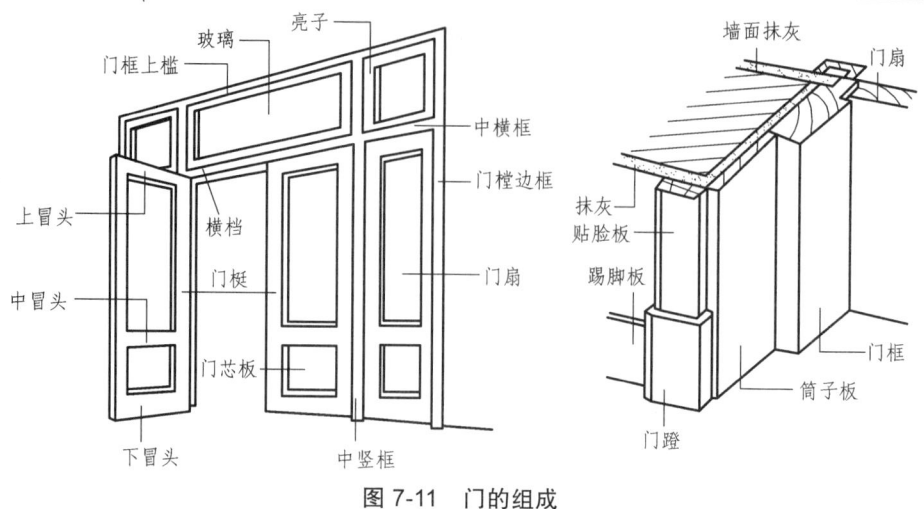

图 7-11 门的组成

（2）一般情况下，门的宽度为：800~1 000 mm（单扇），1 200~1 800 mm（双扇）。

（3）门的高度一般不宜小于 2 100 mm，有亮子时可适当增高 300~600 mm。

五、平开门的构造

（1）门框的断面形状和尺寸：门框的断面形状与窗框类似，但由于门受到的各种冲撞荷载比窗大，故门框的断面尺寸要适当增加，如图 7-12 所示。

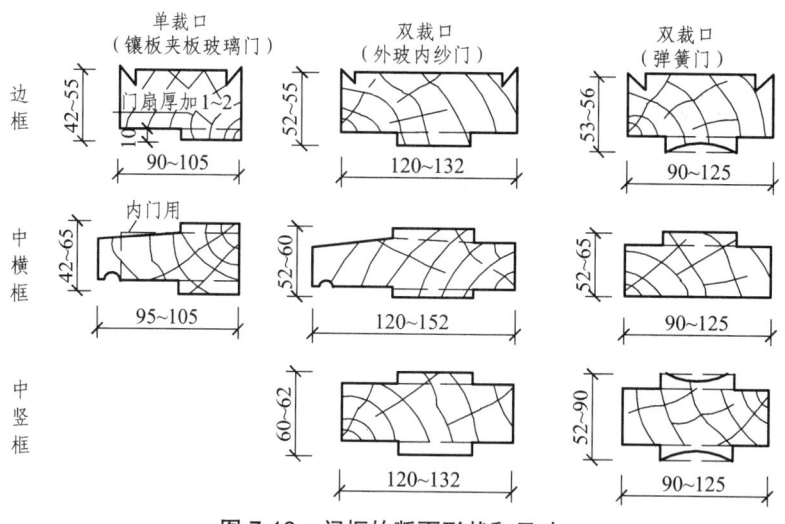

图 7-12 门框的断面形状和尺寸

（2）门框的安装：与窗框相同，分立口和塞口两种施工方法。工厂化生产的成品门，其安装多采用塞口法施工。

（3）门框与墙的关系：有门框内平、门框居中和门框外平三种情况。一般情况下多做在开门方向一边，与抹灰面平齐，使门的开启角度较大。对较大尺寸的门，为牢固地安装，多居中设置，如图 7-13 所示。

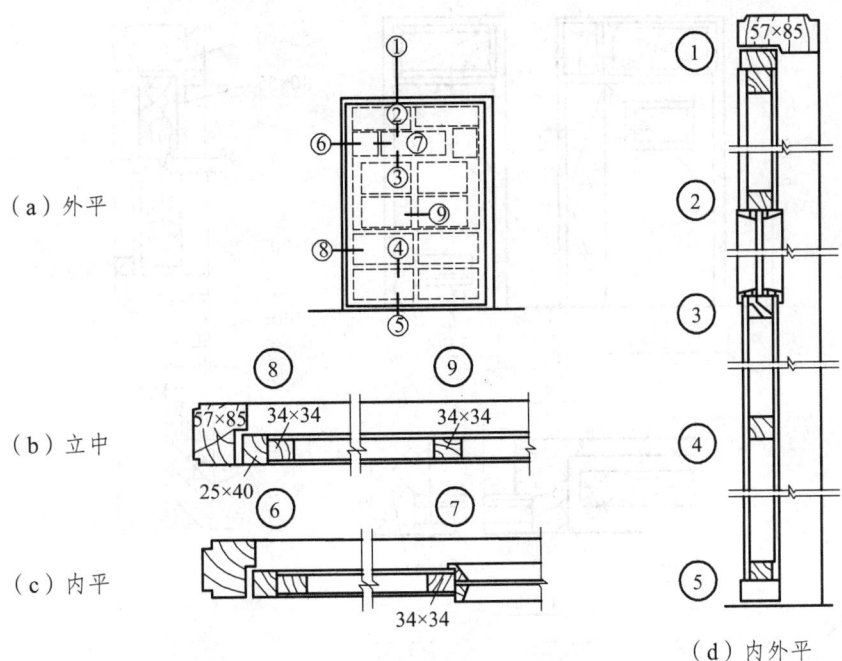

图 7-13　门框在墙洞中的位置

（4）门框的墙缝处理：应比窗框更牢固。门窗靠墙一边开防止因受潮而变形的背槽，并做防潮处理。门框外侧的内外角做灰口，缝内填弹性密封材料。

六、夹板门

夹板门的门扇由骨架和面板组成，骨架通常采用（32~35）mm×（34~36）mm 的木料制作，内部用小木料做成格形纵横肋条，肋距视木料尺寸而定，一般为 300 mm 左右。在上部设小通气孔，保持内部干燥，防止面板变形。面板可用胶合板、硬质纤维板或塑料板等，用胶结材料双面胶结在骨架上。门的四周可用 15~20 mm 厚的木条镶边，以取得整齐美观的效果。根据功能的需要，夹板门上也可以局部加玻璃或百叶，一般在装玻璃或百叶处，做一个木框，用压条镶嵌。夹板门构造如图 7-14 所示。

七、镶板门

镶板门的门扇由骨架和门芯板组成。骨架一般由上冒头、下冒头及边梃组成，有时中间还有中冒头或竖向中梃。门芯板可采用木板、胶合板、硬质纤维板及塑料板等。有时门芯板可部分或全部采用玻璃，则称为半玻璃（镶板）门或全玻璃（镶板）门。与镶板门类似的还有纱门、百叶门等。

镶板门门扇骨架的厚度一般为 40~45 mm。上冒头、中间冒头和边梃的宽度一般为 75~120 mm，下冒头的宽度习惯上同踢脚高度，一般为 200 mm 左右。中冒头为了便于开槽装锁，其宽度可适当增加，以弥补开槽对中冒头材料的削弱。

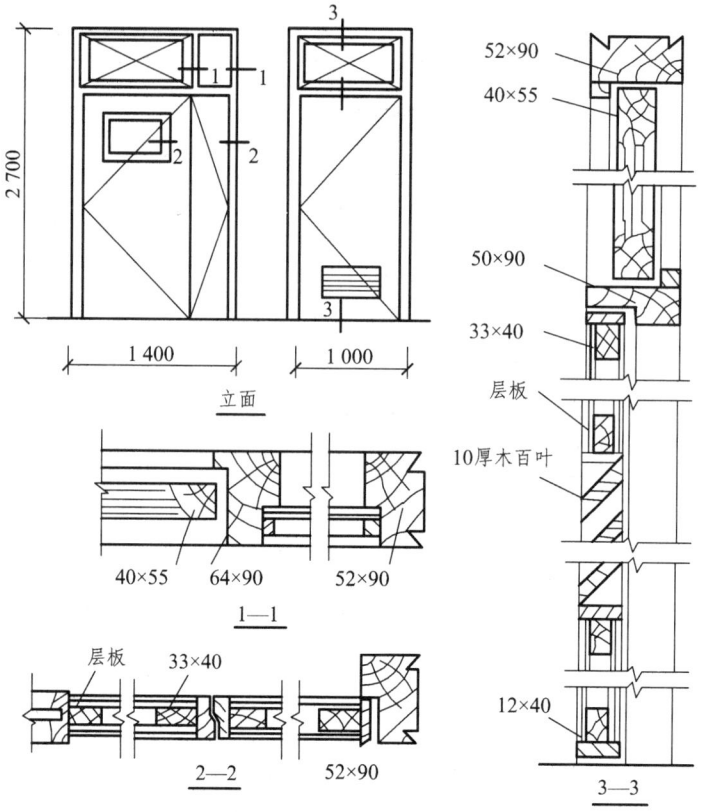

图 7-14 夹板门构造

镶板门的构造如图 7-15 所示。

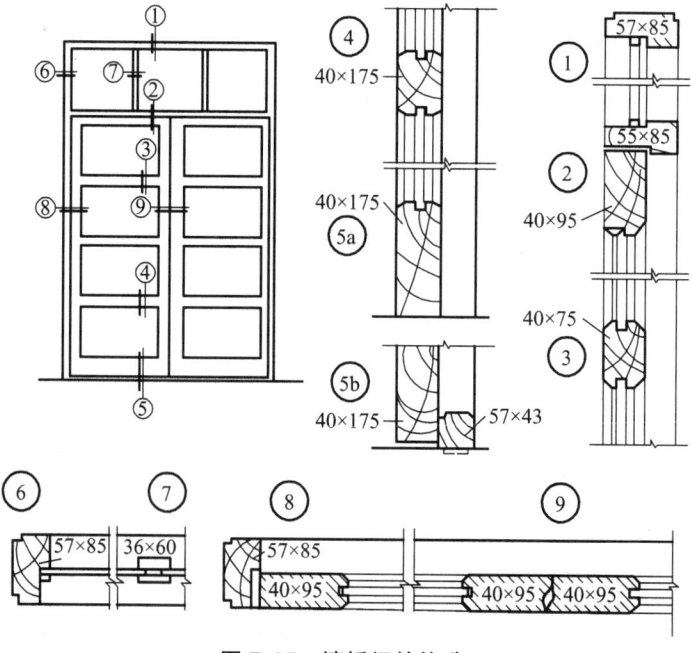

图 7-15 镶板门的构造

八、铝合金门

铝合金门的特性与铝合金窗相同。铝合金门型材系列尺寸如表 7-3 所示。门的开启方式可以推拉，也可采用平开。铝合金门的构造及施工方法可参照铝合金窗的构造做法。

九、塑料门与塑钢门

塑料门与塑钢门的特性、材料、施工方法及细部构造可参照塑料窗与塑钢窗的构造做法，见表 7-3。

表 7-3　铝合金门型材尺寸　　　　　　　　　　　mm

地区	门型			
	平开门	推拉门	有框地弹簧门	无框地弹簧门
北京	50、55、70	70、90	70、100	70、100
华东	45、53、38	90、100	50、55、100	70、100
广东	38、45、50、55、80、100	70、108、73、90	46、70、100	70、100

第三节　其他门窗

一、彩板钢门窗

（1）特点：以彩色镀锌钢板，经机械加工而成的门窗。它具有质量轻、硬度高、采光面积大、防尘、隔声、保温密封性好、造型美观、色彩绚丽、耐腐蚀等特点。

（2）类型：有带副框和不带副框的两种。当外墙面为花岗石、大理石等贴面材料时，常采用带副框的门窗。安装时，先用自攻螺钉将连接件固定在副框副框上，并用密封胶将洞口与副框及副框与窗樘之间的缝隙进行密封，如图 7-16（a）所示。当外墙装修为普通粉刷时，常用不带副框的做法，即直接用膨胀螺钉将门窗樘子固定在墙上，如图 7-16（b）所示。

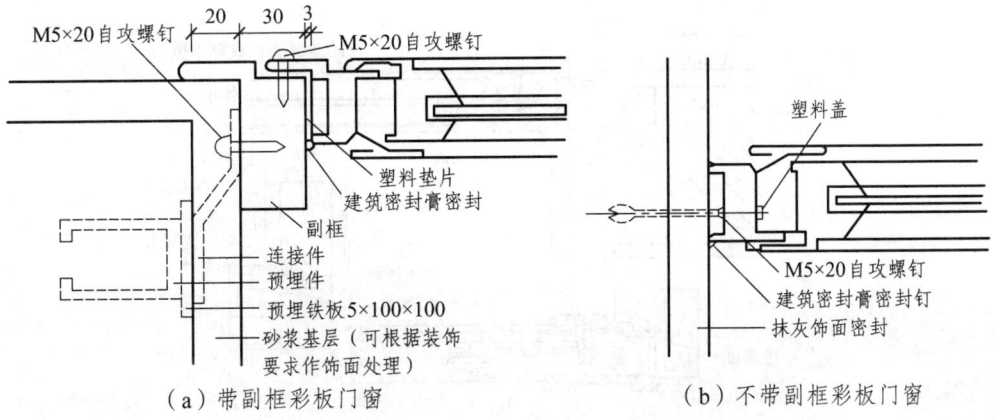

图 7-16　彩板钢门窗

二、保温门窗

设计要点:提高门窗的热阻,减少冷空气渗透量。当室外温度低于零下 20 ℃ 或建筑标准要求较高时,保温窗可采用双层窗,中空玻璃保温窗;保温门采用拼板门,双层门芯板,门芯板间填以保温材料,如毛毡、兽毛或玻璃纤维、矿棉等,如图 7-17 所示。

适用:对寒冷地区及冷库建筑,为了减少热损失,应做保温门窗。

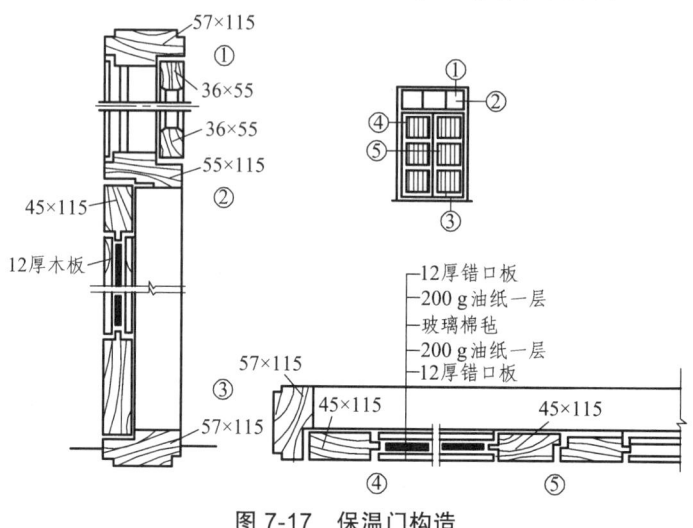

图 7-17 保温门构造

三、隔声门窗

设计要点:为了提高门窗隔声能力,除铲口及缝隙需特别处理外,可适当增加隔声的构造层次;避免刚性连接,以防止连接处固体传声,如图 7-18 所示;当采用双层玻璃时,应选用不同厚度的玻璃。

适用:对录音室、电话会议室、播音室等应采用隔声门窗。

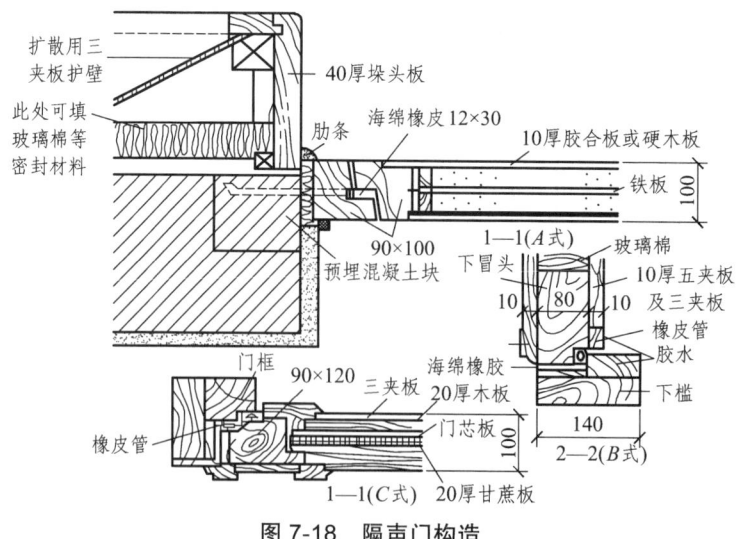

图 7-18 隔声门构造

四、防火门窗

分级：依据我国高层民用建筑防火规范规定，防火门可分为甲、乙、丙三级，其耐火极限分别为 1.2 h、0.9 h、0.6 h。

设计要点：防火门不仅应具有一定的耐火性能，且应关闭紧密、开启方便。防火门一般外包镀锌铁皮或薄钢板，美观性较差。常用防火门多为平开门、推拉门。它平时是敞开的，一旦发生火灾，须关闭且关闭后能从任何一侧手动开启。用于疏散楼梯间的门，应采用向疏散方向开启的单向弹簧门。当建筑物设置防火墙或防火门窗有困难时，可采用防火卷帘代替防火门，但必须用水幕保护。防火门的构造如图 7-19 所示。

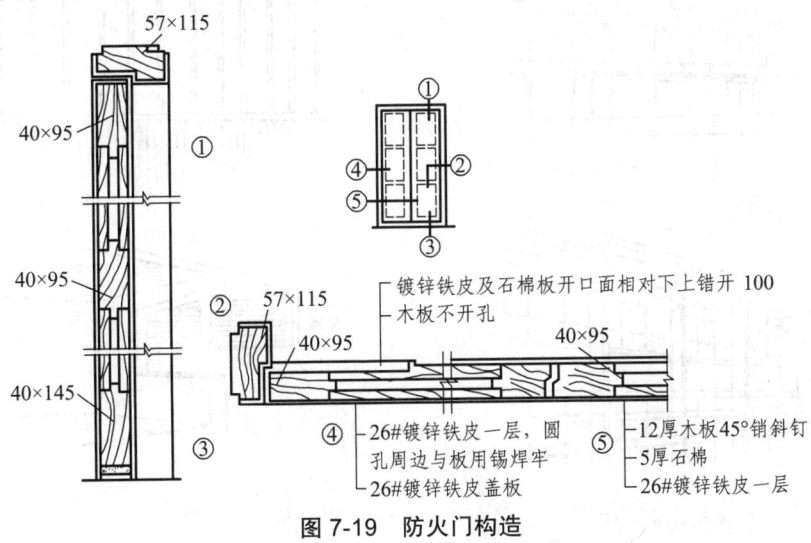

图 7-19 防火门构造

第四节 遮阳构造

遮阳是为了避免阳光直接照射到室内，防止室内温度过高，减少太阳辐射和产生眩光而采取的建筑措施。

在夏热地区，遮阳对降低建筑能耗，提高室内居住舒适性有显著的效果。其种类有：窗口、屋面、墙面、绿化遮阳等形式，在这几组措施中，窗口无疑是最重要的。窗口一般可以分为固定窗口和活动窗口。

一、固定窗口遮阳

固定窗口遮阳主要是设置各种形式的遮阳板，如图 7-20 所示。选择和设置遮阳设施时，应尽量减少对房间的采光和通风的影响，并需与建筑的立面处理统一考虑。一般固定窗口的遮阳构造做法有以下四种：

（1）水平式：能够遮挡太阳高度角较大，从窗上方照射的阳光，适于南向及接近南向的窗口，如图 7-20（a）所示。

（2）垂直式：能够遮挡太阳高度角较小，从窗两侧斜射的阳光，适用于东、西及接近东、西朝向的窗口，如图7-20（b）所示。

（3）综合式：有水平及垂直遮阳，能遮挡窗上方及左右两侧的阳光，故适用南、东南、西南及其附近朝向的窗口，如图7-20（c）所示。

（4）挡板式：能够遮挡太阳高度角较小，正射窗口的阳光，适于东、西向的窗口，如图7-20（d）所示。

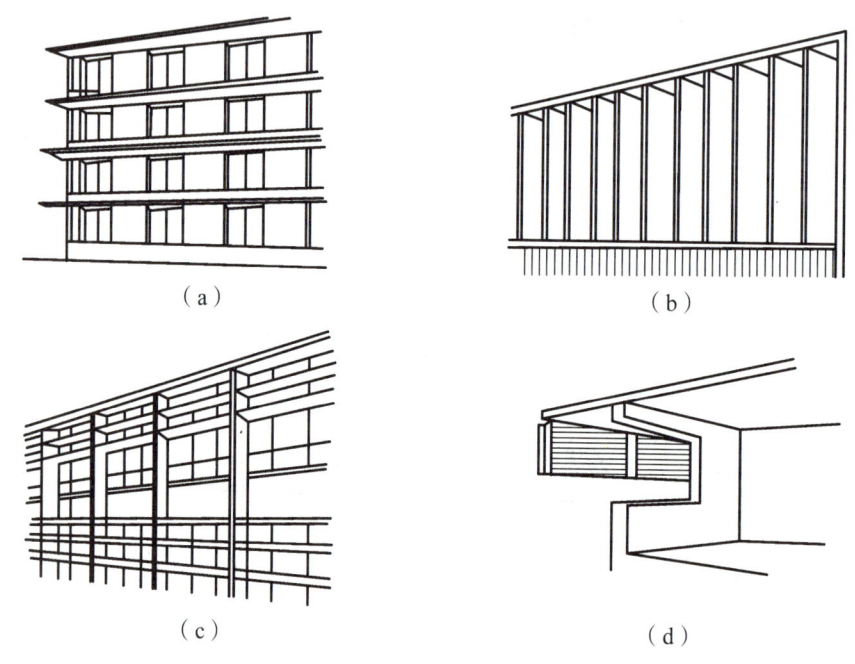

图 7-20　固定窗口的遮阳形式

二、活动窗口遮阳

固定遮阳不可避免地会带来与采光、自然通风、冬季采暖、视野等方面的矛盾。活动遮阳可以根据使用者个人爱好及其他需求，自由地控制遮阳系统的工作状况。其形式有遮阳卷帘、活动百叶遮阳等等。

（1）使用窗外遮阳卷帘是一种有效的措施，它适用于各个朝向的窗户。当卷帘完全放下的时候，能够遮挡住几乎所有的太阳辐射，这时候进入外窗的热量只有卷帘吸收的太阳辐射能量向内传递的部分。如果采用导热系数小的玻璃，则进入窗户的太阳热量非常少。此外也可以适当保持卷帘与窗户玻璃之间的距离，利用自然通风带走卷帘上的热量，也能有效地减少卷帘上的热量向室内传递。

（2）活动百叶遮阳。有升降式百叶帘和百叶护窗等形式。百叶帘既可以升降，也可以调节角度，在遮阳和采光，通风之间达到了平衡，因而在办公楼宇及民用住宅上得到了很广泛的应用。根据材料的不同，活动百叶分为铝百叶帘、木百叶帘和塑料百叶帘。百叶护窗的功能类似于外卷帘，在构造上更为简单，一般为推拉的形式或者外开的形式，在国外得到了大量的应用。

（3）遮阳篷。这类产品很常见，到处有，各自安装太显杂乱。

（4）遮阳纱幕。这类产品既能遮挡阳光辐射，又能根据材料选择控制可见光的进入量，防止紫外线，并能避免眩光。

复习思考题

1. 门和窗在建筑中的作用是什么？门和窗按开启方式可分为哪几类？
2. 门和窗各主要由哪些部分组成？
3. 门窗框的安装有哪两种方式？各有什么特点？
4. 门窗框与墙体之间的缝隙如何处理？
5. 什么叫遮阳？遮阳有哪几种形式？

第八章 工业建筑概论

【学习目标】

本章重点介绍了单层厂房的结构组成和类型,定位轴线的布置,屋面排水方案及主要节点构造;其次介绍了单层厂房常用的起重运输设备,天窗类型,常用天窗组成及构造。通过学习,学生应达到以下要求:

(1) 了解工业建筑的特点和类型。
(2) 掌握单层厂房的结构类型和组成。
(3) 掌握单层厂房定位轴线的布置原则。
(4) 了解单层厂房常用的起重运输设备。
(5) 掌握屋面排水方案及主要节点构造。
(6) 了解天窗类型及常用天窗组成及构造。

第一节 工业建筑概述

工业建筑就是指供人们从事各类生产活动以及为生产活动提供服务的建筑物和构筑物。

一、工业建筑的特点

1. 应满足生产工艺要求

每一种工业产品的生产都有一定的生产程序,即生产工艺流程。为了保证生产的顺利进行,保证产品质量和提高劳动生产率,厂房设计必须满足生产工艺要求。不同生产工艺的厂房有不同的特征。

2. 内部空间大

厂房中的生产设备多,体积大,各部分生产联系密切,并有多种起重运输设备通行,致使厂房内部具有较大的敞通空间,工业厂房对结构要求较高。例如,有桥式吊车的厂房,室内净高一般均在 8 m 以上;厂房长度一般均在数十米,有些大型轧钢厂,其长度可达数百米甚至超过千米。

3. 厂房屋顶面积大,构造复杂

当厂房宽度较大时,特别是多跨厂房,为满足室内采光、通风的需要,屋顶上往往设有天窗；为了屋面防水、排水的需要，还应设置屋面排水系统（天沟及落水管），这些设施均使屋顶构造复杂。

4. 结构承载力大

工业厂房由于跨度大，屋顶自重大，并且一般都设置一台或数台起重量为数十吨的吊车，同时还要承受较大的振动荷载，因此多数工业厂房采用钢筋混凝土骨架承重。对于特别高大的厂房，或有重型吊车的厂房，或高温厂房，或地震烈度较高地区的厂房需要采用钢骨架承重。

5. 需满足生产工艺的某些特殊要求

对于一些有特殊要求的厂房，为保证产品质量和产量，保护工人身体健康及生产安全，厂房在设计时常采取一些技术措施解决这些特殊要求。如：热加工厂房所产生大量余热及有害烟尘的通风；精密仪器、生物制剂、制药等厂房要求车间内空气保持一定的温度、湿度、洁净度；有的厂房还需防振、防辐射等要求。

二、工业建筑的分类

1. 按厂房用途分

（1）主要生产厂房：用于完成由原料到成品的主要生产工序的厂房，例如机械制造厂中的铸造车间、机械加工车间及装配车间等。

（2）辅助生产厂房：为主要生产厂房服务的各类厂房，例如机械制造厂中的机修车间、工具车间等。

（3）动力类厂房：为全厂提供能源和动力供应的厂房，例如机械制造厂中的变电站、发电站、锅炉房压缩空气站等。

（4）储藏类建筑：用来储存生产原料、半成品或成品的仓库，例如油料库、金属材料库、成品库等。

（5）运输类建筑：用于停放、检修各种运输工具的库房，例如汽车库、电瓶车库等。

2. 按车间内部生产状况分

（1）热加工厂房：在生产过程中散发大量热量、烟尘的厂房，如炼钢、轧钢、铸造等车间。

（2）冷加工厂房：在正常温度、湿度条件下进行生产的车间，如机械加、装配等车间。

（3）有侵蚀性介质作用的车间：在生产过程中会受到酸、碱、盐等侵蚀性介质的作用，对厂房耐久性有影响的车间，如化工厂和化肥厂中的某些生产车间、冶金工厂中的酸洗车间等。

（4）恒温恒湿车间：产品的生产对室内温度、湿度的稳定性要求很高的车间，如精密仪器、纺织等车间。这类车间除需安装必要的空调设备外，厂房也要采取相应的构造措施，以减小室外气象对室内的影响。

（5）洁净车间：产品的生产对空气的洁净度要求很高的车间，如医药、集成电路等生产车间。这类车间除依靠专业设备对室内空气进行净化处理，将空气中的含尘量控制在允许的范围内以外，对厂房围护结构的严密性要求也很高，以降低大气灰尘的侵入。

3. 按厂房层数分

厂房按层数可分为单层厂房、多层厂房和混合层次厂房。

（1）单层厂房：在工业建筑中占很大的比例，广泛应用于重型机械制造工业、冶金工业等，如图 8-1 所示。

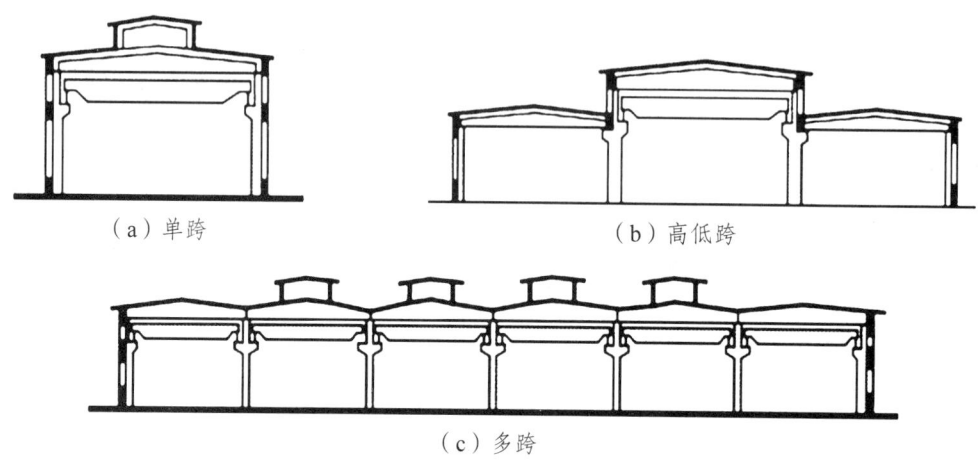

图 8-1　单层厂房

（2）多层厂房：一般设备与产品轻而小的厂房，为节约土地，或生产要求，可做成多层厂房，如轻工、仪表、电子、食品工业等，如图 8-2 所示。

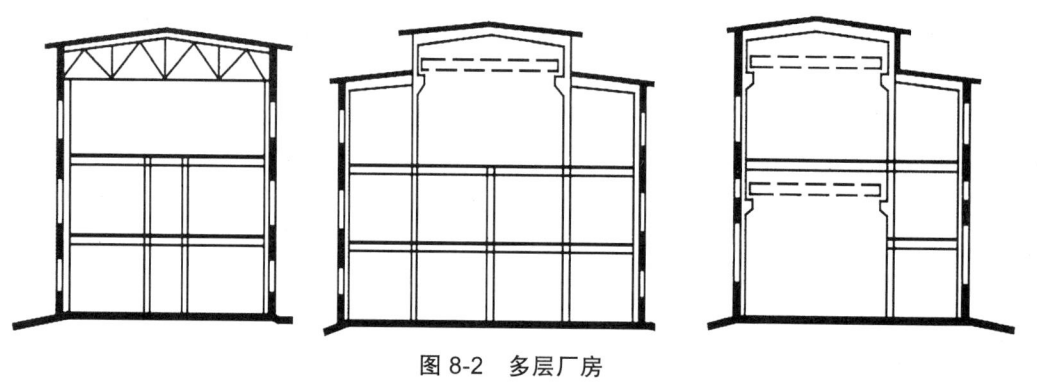

图 8-2　多层厂房

（3）混合层次厂房：厂房内既有单层跨又有多层跨，多用于化工和电力等行业，如图 8-3 所示。

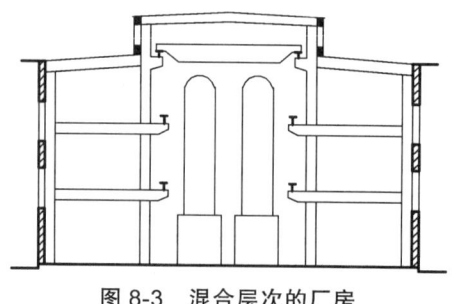

图 8-3　混合层次的厂房

三、工业建筑的设计要求

工业建筑设计的主要任务是按生产工艺的要求，合理确定厂房的平、立、剖面形式；选择承重结构和围护结构方案、材料及构造形式；进行细部构造设计，解决采光、通风、生产环境、卫生条件等问题；协调建筑、结构、水、暖、电、通风等工程。工业建筑设计时应满足以下的要求：

（1）满足生产工艺的要求。
（2）满足建筑经济的要求。
（3）满足建筑技术的要求。
（4）满足卫生及安全的要求。
（5）具有良好的建筑外形及内部空间。

第二节　单层工业厂房的结构组成

一、单层工业厂房的结构类型

单层工业厂房的结构类型主要有墙承重结构、排架结构和钢架结构等形式。

1. 墙承重结构

墙承重结构采用砖墙、砖柱承重，屋架采用钢筋混凝土屋架、木屋架和钢木屋架。这种结构构造简单、造价低、施工方便，但承载力低、抗振性能较差，一般适用于跨度不超过 15 m，吊车吨位不超过 5 t 的小型厂房。墙体承重结构示意如图 8-4 所示。

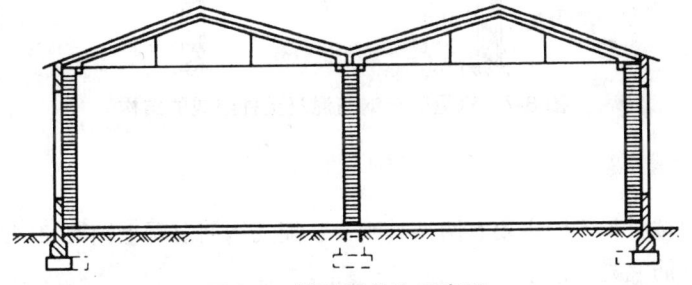

图 8-4　墙承重结构示意图

2. 排架结构

排架结构是目前单层厂房中最基本的、应用比较普遍的结构形式。它的特点是把屋架看作一个刚度很大的横梁，屋架与柱子的连接为铰接，柱子与基础的连接为刚接（图 8-5）。排架结构的优点是整体刚度好，稳定性强。

排架结构厂房按其用料不同主要有两种类型：
（1）装配式钢筋混凝土结构。
装配式钢筋混凝土排架结构是单层厂房常用的结构形式。它承载

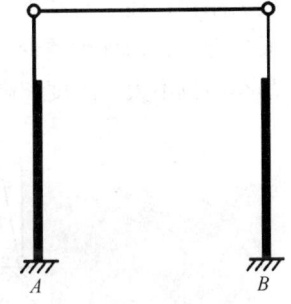

图 8-5　排架结构

能力强、耐久性好、施工速度快,适用于空间尺度、吊车荷载大,以及地震设防烈度较高的单层厂房建筑,如图8-6所示。

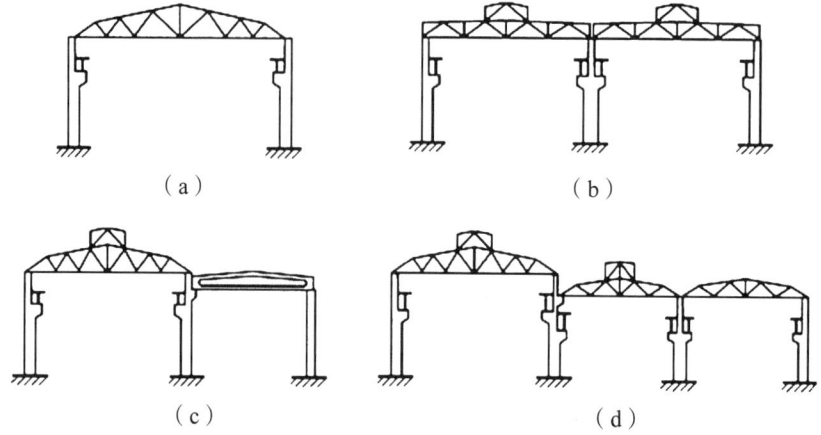

图8-6 钢筋混凝土排架结构

(2)钢屋架与钢筋混凝土柱组成的结构,如图8-7所示。它适用于跨度在30 m以上、吊车起重量可达150 t以上的厂房或者有特殊生产要求的厂房。

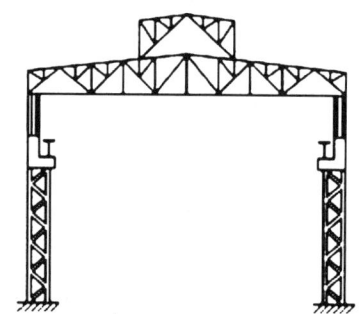

图8-7 钢屋架与钢筋混凝土柱组成的结构

3. 钢架结构

钢架结构厂房按材料不同主要有两种类型:装配式钢筋混凝土钢架和钢结构钢架。

(1)装配式钢筋混凝土钢架。

这种结构是将屋架(或屋面梁)与柱子合并为一个构件,柱子与屋架(或屋面梁)的连接处为刚接,柱子与基础一般为铰接。目前单层厂房中常用的是两铰或三铰钢架形式。其优点是梁柱合一,构件种类少,结构轻巧,空间宽敞,但刚度较差,适用于屋盖较轻的无桥式吊车或吊车吨位不大、跨度和高度较小的厂房。其形式如图8-8所示。

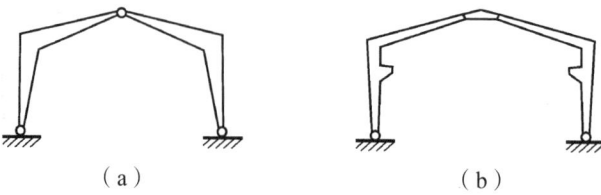

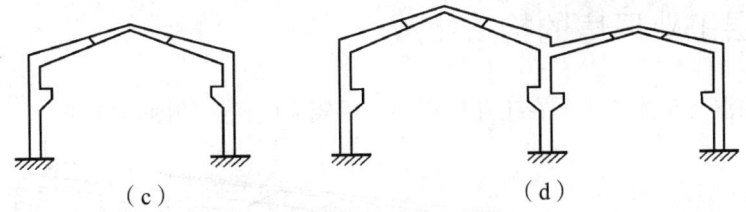

图 8-8 钢筋混凝土门式刚架

（2）钢结构钢架。

这种结构的主要构件（屋架、柱、吊车梁等）都用钢材制作。屋架与柱做成刚接，以提高厂房的横向跨度。这种结构承载力大，抗振性能好，但耗钢量大，耐火性能差，适用于跨度较大、空间较高、吊车起重量大的重型和有振动荷载的厂房，如炼钢厂等，如图 8-9 所示。

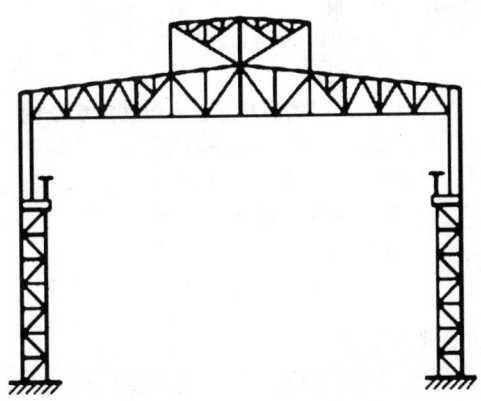

图 8-9 钢结构钢架

4. 其他结构类型厂房

在实际的工程当中，还有门架、网架、折板、双曲板和壳体等结构类型的厂房，如图 8-10 所示。

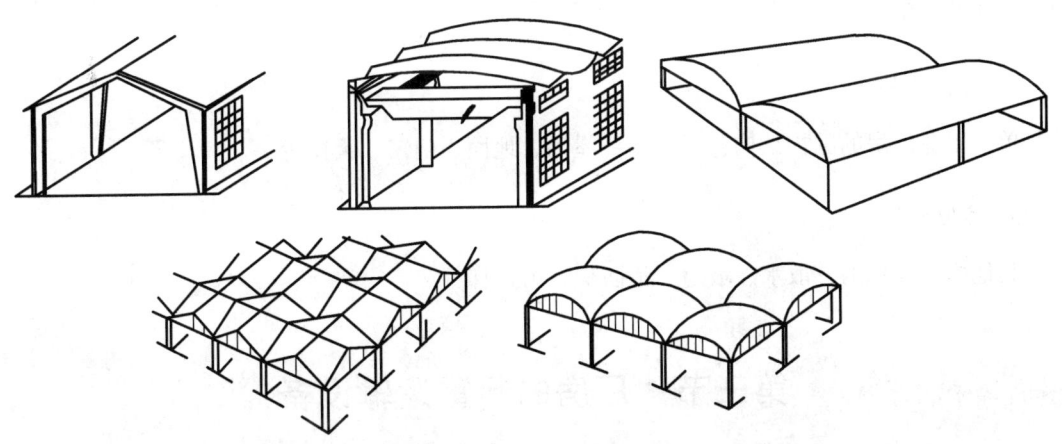

图 8-10 其他结构形式厂房

二、单层工业厂房的构造组成

装配式钢筋混凝土排架结构在工业厂房中应用较为广泛,如图 8-11 所示。

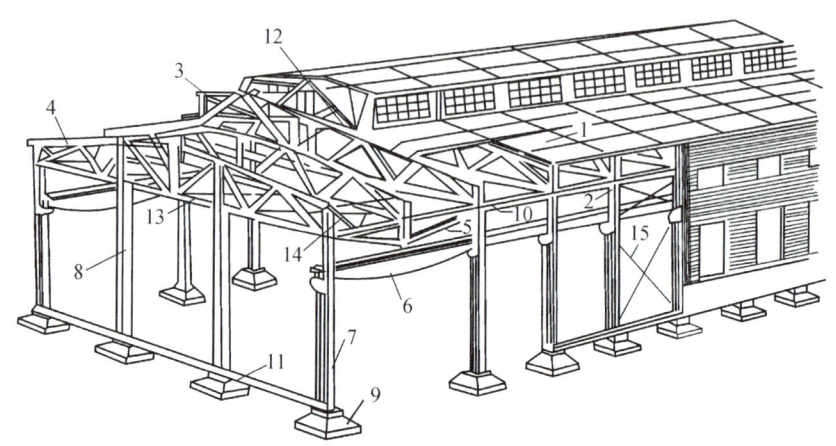

图 8-11 装配式钢筋混凝土单层厂房结构
1—屋面板;2—天沟板;3—天窗架;4—屋架;5—托架;6—吊车梁;7—边列柱;8—抗风柱;
9—基础;10—连系梁;11—基础梁;12—天窗架垂直支撑;13—屋架下弦横向支撑;
14—屋架垂直支撑;15—支撑

1. 承重结构

单层厂房的承重结构由三部分组成:

(1) 横向排架:由基础、柱、屋架组成,主要是承受厂房的各种荷载。

(2) 纵向连系构件:由吊车梁、圈梁、连系梁、基础梁等组成,与横向排架构成骨架,保证厂房的整体性和稳定性;纵向构件主要承受作用在山墙上的风荷载及吊车纵向制动力,并将这些力传递给柱子。

(3) 支撑系统构件:支撑构件设置在屋架之间的称为屋架支撑,设置在纵向柱列之间的称为柱间支撑系统。支撑构件主要传递水平风荷载及吊车产生的水平荷载,起保证厂房空间刚度和稳定性的作用。

2. 围护结构

单层工业厂房的围护结构包括外墙、屋顶、地面、门窗、天窗等。

3. 其他构造

其他构造如地沟、散水、坡道、消防梯、吊车梯等。

第三节 厂房的起重运输设备

吊车是厂房起重运输的主要设备,吊车的形式和规格,直接影响到厂房的设计选型。工业

第八章 工业建筑概论

厂房中常用的有单轨悬挂式吊车、梁式吊车和桥式吊车。

一、单轨悬挂式吊车

单轨悬挂式吊车（图 8-12）由电动葫芦和型钢轨道组成。型钢轨道一般悬挂在屋架下弦，可以布置成直线或者曲线。由于吊车荷载直接作用于屋架下弦，厂房应有足够的刚度。

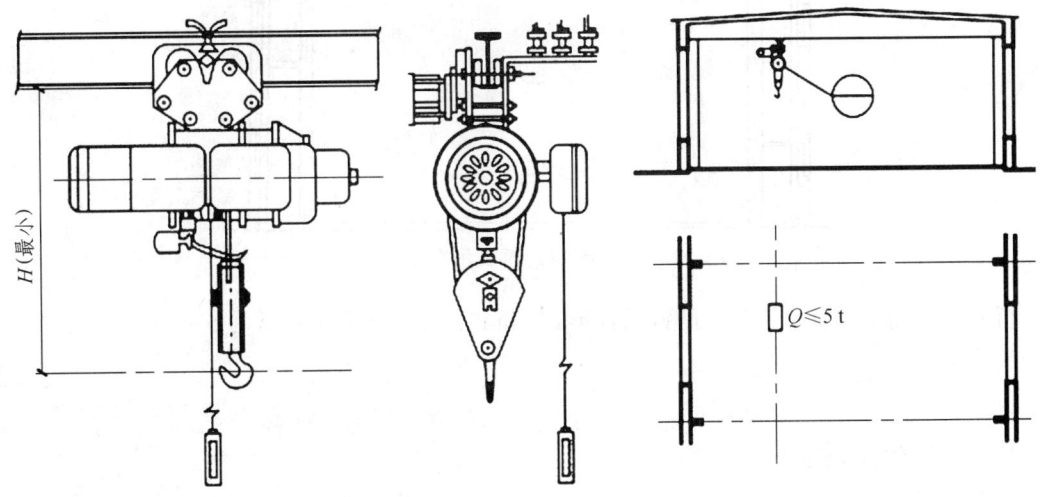

图 8-12　单轨悬挂式吊车

二、梁式吊车

梁式吊车由电动葫芦和梁架组成，有悬挂式和支撑式两种形式，如图 8-13 所示。

悬挂梁式吊车是在屋架的下弦悬挂平行双轨，吊车安装于轨道下部。支撑式梁式吊车是在两列柱牛腿上设置吊车梁，吊车安装在吊车梁轨道上部。

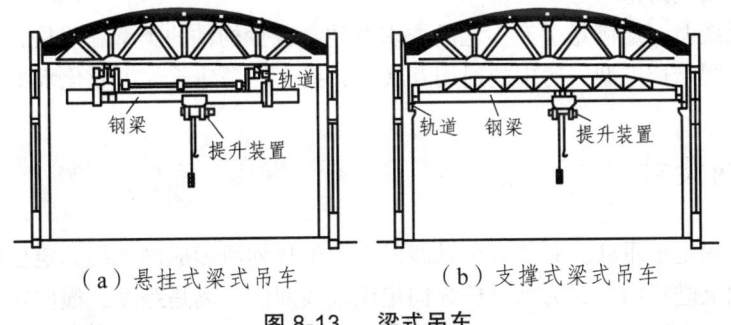

（a）悬挂式梁式吊车　　　　（b）支撑式梁式吊车

图 8-13　梁式吊车

三、桥式吊车

桥式吊车（图 8-14）由桥架和起重小车组成，桥架支撑在吊车梁的钢轨上，沿吊车梁纵向运行；起重小车安装在桥架上部的轨道上部，沿桥架长度方向运行。

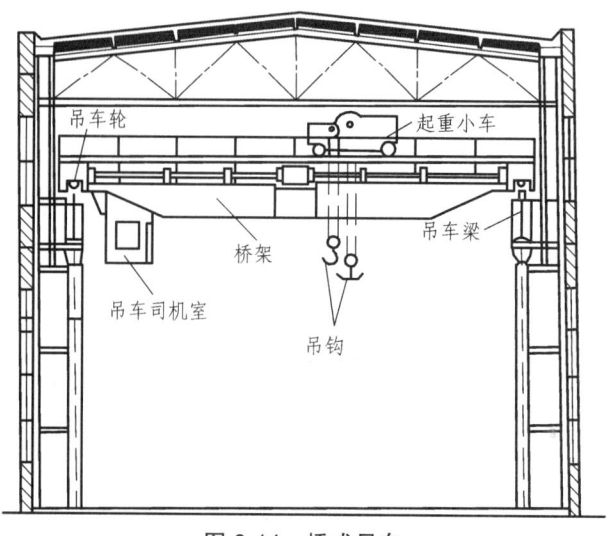

图 8-14 桥式吊车

桥式吊车的吊钩有单钩和主副钩两种形式。桥式吊车的起重量通常为 5~400t，重型桥式吊车的起重量更大。

四、其他运输设备

其他运输设备有电动平板车、电瓶车、载重汽车、火车等。

第四节 单层厂房的定位轴线

单层厂房定位轴线是控制厂房主要承重构件位置及标志尺寸的基准线，同时也是设备定位、安装及厂房施工放线的依据。

标志定位轴线时，应满足生产工艺的要求并注意减少构件的类型和规格，扩大构件预制装配化程度及在不同结构类型厂房中的通用互换性，提高厂房建筑的工业化水平。

一、柱网尺寸

厂房柱网是确定承重柱位置的定位轴线的平面上排列所形成的网络。定位轴线的划分是在柱网布置的基础上进行的。因为承重柱纵向定位轴线间的距离是跨度，横向定位轴线间的距离是柱距，所以，厂房柱网尺寸实际上是由跨度和柱距组成的。

柱网尺寸的选择与生产工艺、建筑结构、材料等因素密切相关，并应符合《厂房建筑模数协调标准》（GBJ 6—86）中的规定，见图 8-15。厂房的跨度在 18 m 或 18 m 以下时，应采用扩大模数 30M 数列；在 18 m 以上时，应采用扩大模数 60M 数列。单层厂房的柱距应采用扩大模数 60M 数列，一般采用 6 m；厂房山墙处抗风柱柱距宜采用扩大模数 15M 数列。

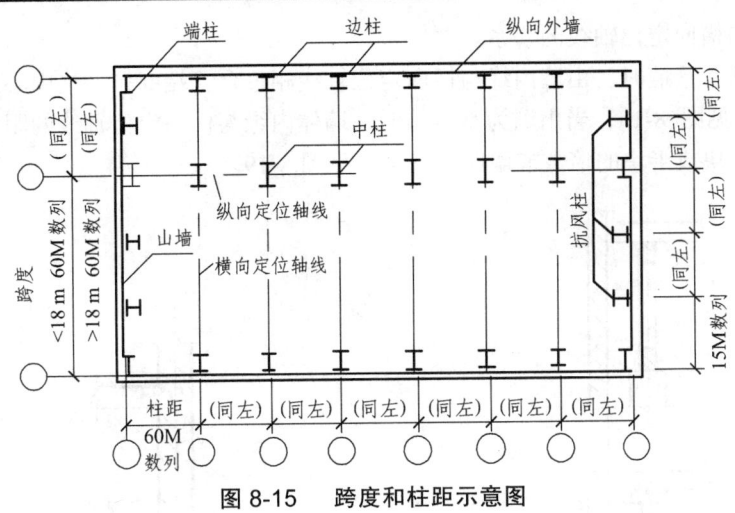

图 8-15 跨度和柱距示意图

二、定位轴线的定位

1. 横向定位轴线

横向定位轴线通过处是吊车梁、屋面板、连系梁、基础梁及墙板标志尺寸端部的位置。

单层厂房的横向定位轴线主要用来控制厂房纵向构件如屋面板、吊车梁等的位置，标注它们的长度方向的标志尺寸。

（1）中间柱与横向定位轴线的联系。

除山墙端部排架以及横向伸缩缝处以外，横向定位轴线一般与柱的定位轴线与柱的中心线相重合，且通过屋架中心线和屋面板横向接缝，见图 8-16。

（2）横向变形缝与横向定位轴线的联系。

横向变形缝处一般采用双柱双轴线处理，两柱的中心线应从横向定位轴线向缝的两侧各移 600 mm，两条定位轴线之间的距离等于变形缝的宽度，即插入距等于变形缝的宽度，见图 8-17。

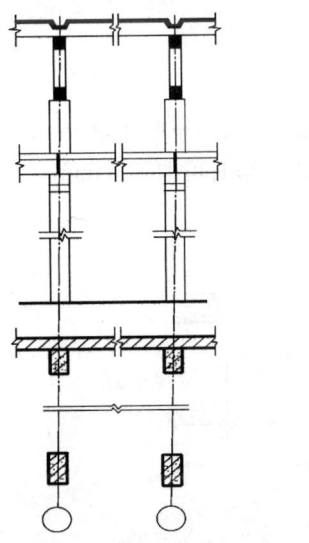
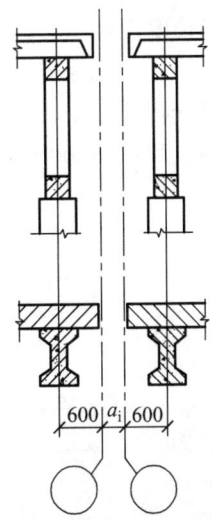

图 8-16 中间柱与横向定位轴线的定位　　图 8-17 横向变形缝处柱与横向定位轴线的定位

（3）山墙与横向定位轴线的联系。

当山墙为非承重墙时，山墙内缘与横向定位轴线相重合，端部排架柱中心线自定位轴线向内移 600 mm，见图 8-18；当山墙为承重墙时，墙体内缘与横向定位轴线的距离，按墙体的块材类别分别为半块或半块的倍数或墙厚的一半，见图 8-19。

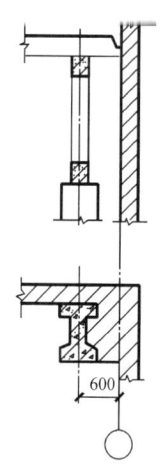
图 8-18 非承重山墙与横向定位轴线的定位

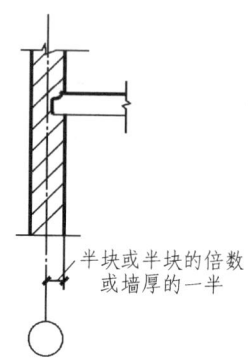
图 8-19 承重山墙与横向定位轴线的定位

2. 纵向定位轴线

单层厂房纵向定位轴线主要用来控制厂房横向构件如屋架或屋面梁位置，标注它们长度方向的标志尺寸。纵向定位轴线的具体位置应使厂房结构和吊车规格相协调，同时也保证了吊车和柱子之间留有足够的安全距离，必要时，还应设置检修吊车的安全走道板。

（1）外墙、边柱与纵向定位轴线的联系。

在有梁式或桥式吊车的厂房中，为了使厂房结构和吊车规格相协调，保证吊车和厂房尺寸的标准化，并保证吊车的安全运行，吊车跨度与厂房跨度的关系规定为（图 8-20）：

$$L - S = 2e$$

式中　L——厂房跨度，m；

　　　S——吊车跨度（吊车轮距），m；

　　　e——轴线至吊车轨中心线的距离，一般取 750 mm，当吊车起重量>50 t 时或有构造要求时，可取 1 000 mm，砖混结构当采用梁式吊车时可取 500 mm。

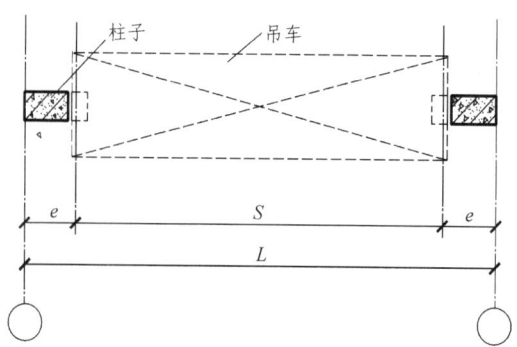
图 8-20 吊车跨度与厂房跨度的关系

从图 8-20 可以看出，e 值是由上柱截面高度 h、吊车侧方宽度尺寸 B（即轨道中心线至吊车端外缘的距离），以及吊车侧方间隙 C_b（吊车运行时，吊车端部与上柱内缘间的安全间隙尺寸）等因素确定的。在实际工程中，由于吊车形式、起重量、厂房跨度、高度和柱距不同以及是否设置安全走道板等条件不同，外墙、边柱与纵向定位轴线的定位有封闭结合和非封闭结合两种情况。

① 封闭结合。

封闭结合当 $h + B + C_b \leqslant e$ 时，可采用纵向定位轴线、边柱外缘和外墙内缘三者相重合的定位方式，使上部屋面板与外墙之间形成"封闭结合"的构造。这种纵向定位轴线称为"封闭轴线"，适用于无吊车或只设悬挂式吊车的厂房，以及柱距为 6 m、吊车起重量不超过 5 t 的厂房，见图 8-21。

② 非封闭结合。

当柱距大于 6 m，吊车起重量及厂房跨度较大时，由于 B、C_b、h 均可能增大，可能出现 $h + B + C_b > e$ 的情形，如采用封闭结合，不能满足吊车运行所需的安全间隙。此时，需将边柱的外缘从纵向定位轴线向外移出一定尺寸，即边柱外缘与定位轴线之间增设联系尺寸 a_c，使 $e + a_c \geqslant h + B + C_b$，保证结构的安全，这时屋架标志尺寸端部（即定位轴线）与柱外缘、墙内缘不相重合，上部屋面板与外墙之间便出现空隙，这种情况称为"非封闭结合"，如图 8-22 所示。

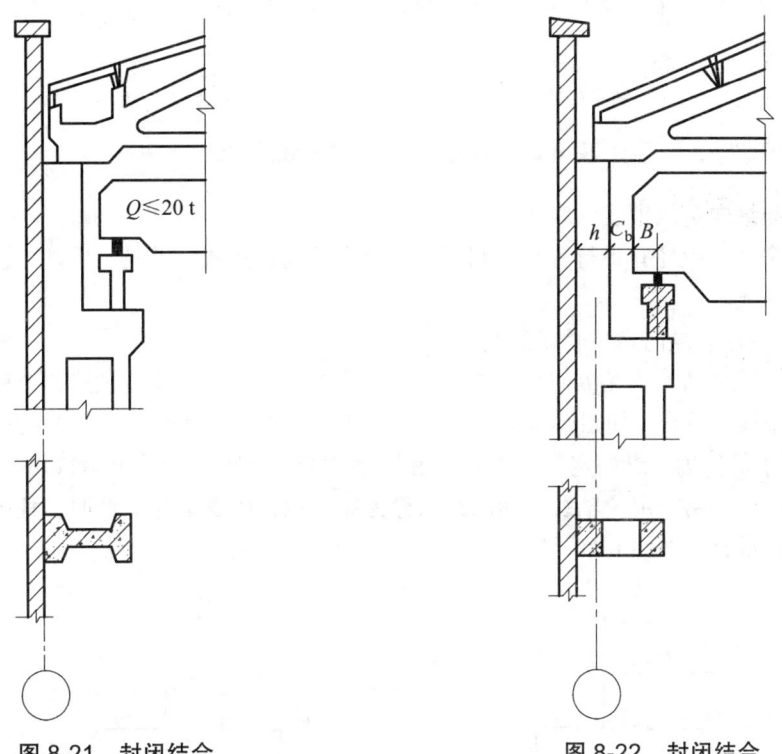

图 8-21　封闭结合　　　　　图 8-22　封闭结合

（2）外墙、边柱与纵向定位轴线的联系。

由于吊车起重量、柱距、跨度、是否有走道板等因素的影响，边柱外缘与纵向定位轴线的联系有两种情况：

① 封闭式结合的纵向定位轴线：在无吊车或有悬挂吊车和柱距为 6 m、吊车起重量 $Q \leqslant 20$ t 的厂房中，可取封闭式结合，即边柱外缘和墙内缘与纵向定位轴线相重合，如图 8-23（a）。

② 非封闭式结合的纵向定位轴线：当柱距为 6 m，吊车起重量 $Q > 30$ t/5 t 时，可采用非封

闭式结合的纵向定位轴线,即边柱外缘与纵向定位轴线之间应加设联系尺寸 a_c。a_c 一般为 150 mm,当 Q >50 t、柱距为 12 m 或因设置走道板等构造需要时,a_c 可采用 300 mm 或 300 mm 的倍数,如图 8-23(b)。

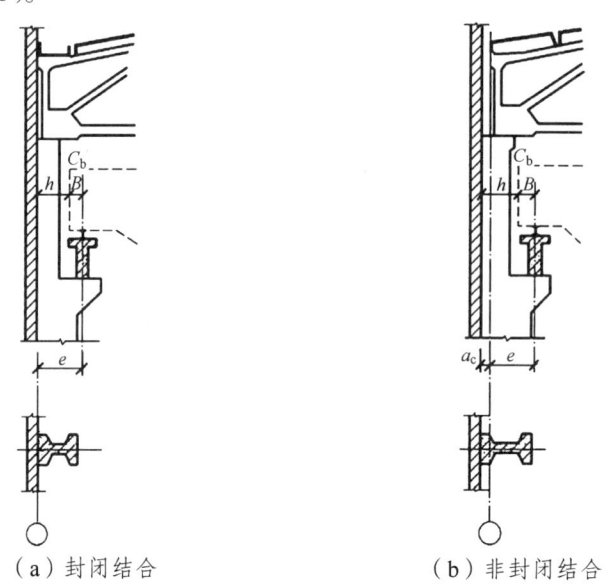

(a)封闭结合　　　　　(b)非封闭结合

图 8-23　边柱与纵向定位轴线的定位

(3)中柱与纵向定位轴线的联系。

在多跨厂房中,中柱有平行等高跨和平行不等高跨两种形式,并且,中柱有设变形缝和不设变形缝两种情况。

① 等高跨中柱与纵向定位轴线的关系。

当厂房为平行等高跨且无纵向变形缝时,通常设置单柱和一条定位轴线,上柱的中心线一般与纵向定位轴线相重合,如图 8-24(a)。当等高跨两侧或一侧的吊车起重量≥30 t、厂房柱距>6 m 或构造要求等原因,纵向定位轴线需采用非封闭式结合时,中柱仍然可以采用单柱,但需设置两条定位轴线。两条定位轴线之间的距离称为插入距,用 a_i 表示。此时,柱中心线一般与插入距中心线相重合,如图 8-24(b)。

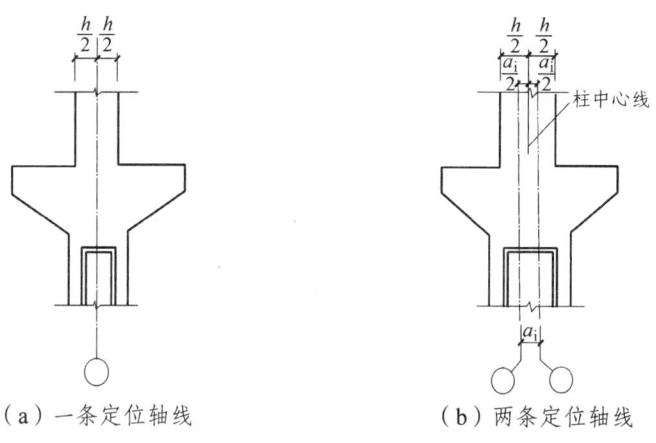

(a)一条定位轴线　　　　　(b)两条定位轴线

图 8-24　等高跨中柱单柱(无纵向伸缩缝)的纵向定位轴线

等高跨厂房设有纵向伸缩缝时，中柱可采用单柱并设两条纵向定位轴线，如图 8-25 所示。伸缩缝一侧的屋架（或屋面板）应搁置在活动支座上，两条定位轴线间插入距 a_i 即为伸缩缝的宽度 a_e。

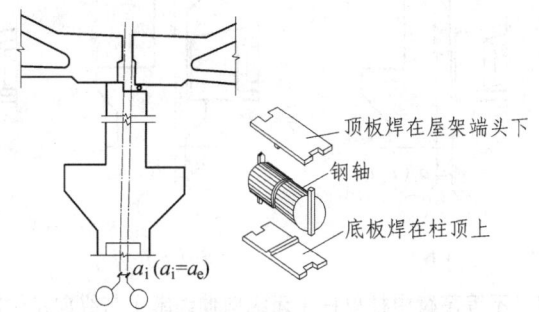

图 8-25　等高跨中柱单柱（有纵向伸缩缝）的纵向定位轴线

等高跨厂房需设置纵向防震缝时，应采用双柱及两条纵向定位轴线。其插入距 a_i 应根据防震缝的宽度及两侧是否"封闭结合"，分别确定为 a_e，或 $a_e + a_c$，或 $a_c + a_e + a_c$，如图 8-26 所示。

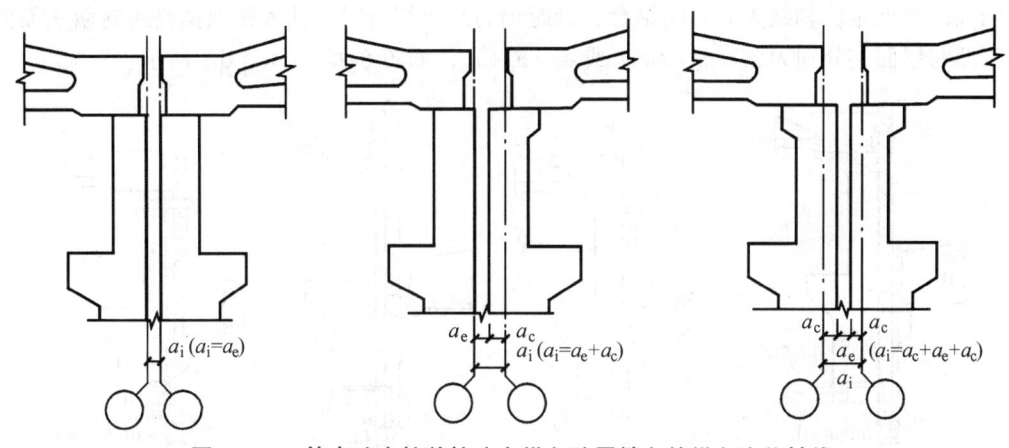

图 8-26　等高跨中柱单柱（有纵向防震缝）的纵向定位轴线

（2）高低跨中柱与纵向定位轴线的关系。

无纵向变形缝时，高低跨处采用单柱，把中柱看作是高跨的边柱，对于低跨，为简化屋面构造，一般采用封闭结合。纵向定位轴线根据高跨是否封闭结合及封墙与低跨屋面位置的高低，可按下述两种情况给定：

高跨采用封闭结合，且高跨封墙底面高于低跨屋面时，宜采用一条纵向定位轴线，即纵向定位轴线与高跨上柱边缘、封墙内缘及低跨屋架标志尺寸端部相重合，如图 8-27（a）。若高跨封墙底面低于低跨屋面，则宜采用两条纵向定位轴线，其插入距 a_i 等于封墙厚度 t，即 $a_i = t$，如图 8-27（b）。

当高跨和低跨均为封闭结合，上柱外缘与纵向定位轴线不能重合时，宜采用两条纵向定位轴线，插入距根据高跨封墙底面高于或是低于低跨屋面，分别等于联系尺寸，即 $a_i = a_c$ 或 $a_i = a_c + t$，如图 8-27（c）、（d）所示。

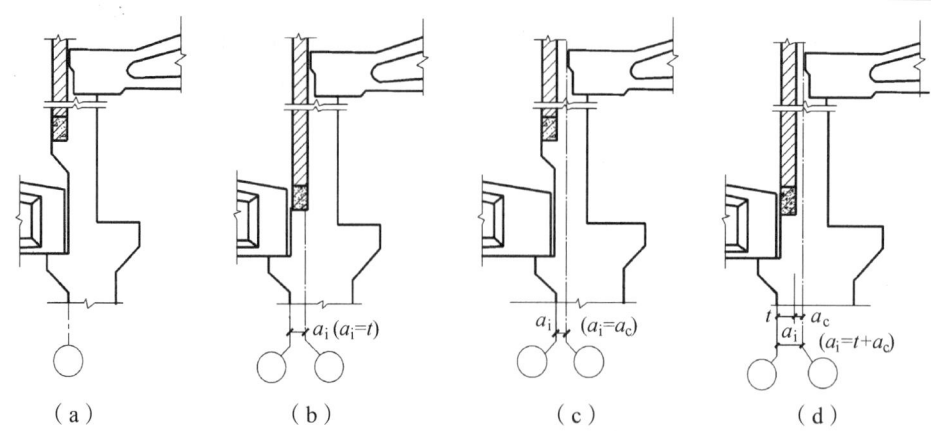

图 8-27 不等高跨中柱单柱（无纵向伸缩缝）与纵向定位的轴线

高低跨处设有纵向伸缩缝时，采用单柱两条定位轴线。同时，低跨的屋架或屋面梁可搁置在活动支座上，并设插入距。其插入距可根据封墙与低跨屋面位置的高低及高跨是否封闭结合分别定位：

当高低两跨纵向定位轴线均采用封闭结合时，插入距根据高跨封墙底面低于或高于低跨屋面，分别为 $a_i = a_e + t$ 或 $a_i = a_e$，如图 8-28（a）、（b）所示。

当高跨纵向定位轴线为非封闭结合，低跨仍为封闭结合时，插入距根据高跨封墙底面低于或高于低跨屋面，分别为 $a_i = a_e + t + a_c$ 或 $a_i = a_e + a_c$，如图 8-28（c）、（d）所示。

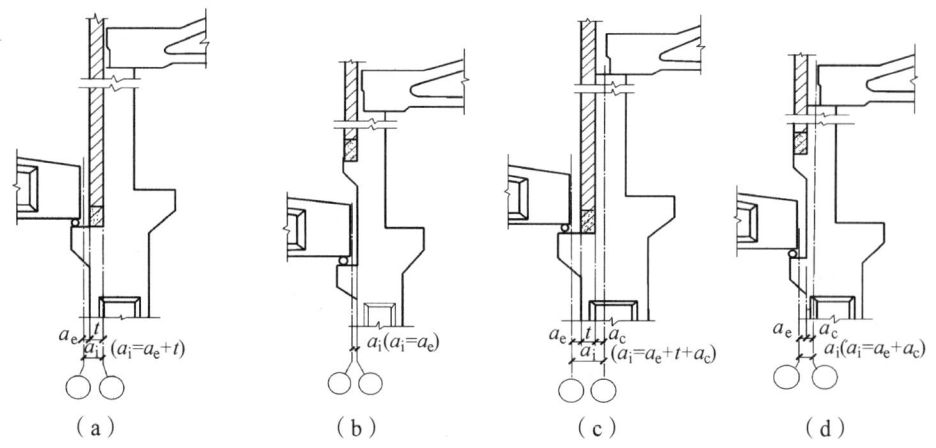

图 8-28 不等高跨中柱单柱（有纵向伸缩缝）与纵向定位轴线的定位

高低跨处设纵向防震缝时，采用双柱两条定位轴线，柱与纵向定位轴线的定位规定与边柱相同。其插入距 a_i 可根据封墙位置的高低以及高跨是否是封闭结合，分别定为 $a_i = a_e + t$，$a_i = a_e + t + a_c$，$a_i = a_e$，$a_i = a_e + a_c$，见图 8-29。

③ 纵横跨连接处柱与定位轴线的联系。

部分厂房为满足工艺要求需设置纵横跨，且常在相交处设纵横跨变形缝，使两侧结构各自独立。纵横跨应有各自的柱列和定位轴线，形成双柱、双定位轴线。各柱与定位轴线的关系按下述原则处理：对于纵跨，相交处的定位轴线相当于山墙处的横向定位轴线；对于横跨，相交处的定位轴线相当于边柱和外墙处的纵向定位轴线，然后将纵横跨厂房组合在一起。其插入距应视单墙或双墙、封墙材料以及横跨是否封闭结合和变形缝的宽度等因素确定。

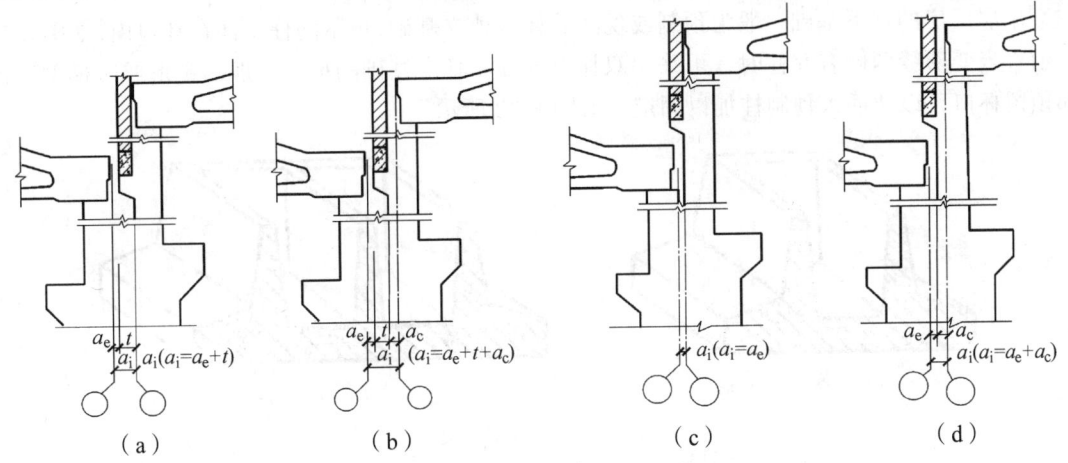

(a) (b) (c) (d)

图 8-29 不等高跨设中柱双柱与纵向定位轴线的定位

当纵跨的山墙比横跨的侧墙低，长度小于或等于侧墙，横跨又为封闭结合时，可采用双柱单墙处理。相交处两定位轴线的插入距 $a_i = a_e(a_{op}) + t$，如图 8-30（a）所示。当封墙为砌体时，a_e 为变形缝宽度；当封墙为墙板时，a_e 值取变形缝的宽度或吊装墙板所需净空尺寸的较大者。当横跨为非封闭结合时，则 $a_i = a_e(a_{op}) + t + a_c$，如图 8-30（b）所示。

当纵跨的山墙比横跨的侧墙短而高时，应采取双柱双墙处理。插入距根据横跨为封闭结合或非封闭结合分别为 $a_i = t + a_e(a_{op}) + t$ 或 $a_i = t + a_e(a_{op}) + t + a_c$，如图 8-30（c）、（d）所示。

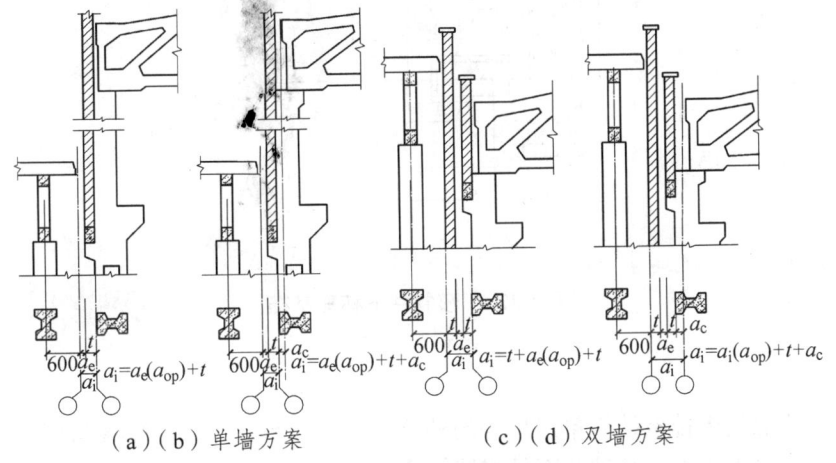

（a）（b）单墙方案　　　（c）（d）双墙方案

图 8-30 纵横跨相交处的定位轴线

第五节　单层厂房的主要结构构件

一、基础及基础梁

1. 基　础

基础承受厂房结构的全部荷载，并传给地基，是工业厂房的重要构件之一。

单层厂房的柱下基础一般为预制或现浇的杯口独立基础,预制的柱子插在杯口内,如图 8-31 所示。当变形缝两侧有双柱时,可采用双杯口基础。杯形基础的形状一般为锥形或阶梯型,顶部预留杯口,以便插入预制柱加以固定,如图 8-32 所示。

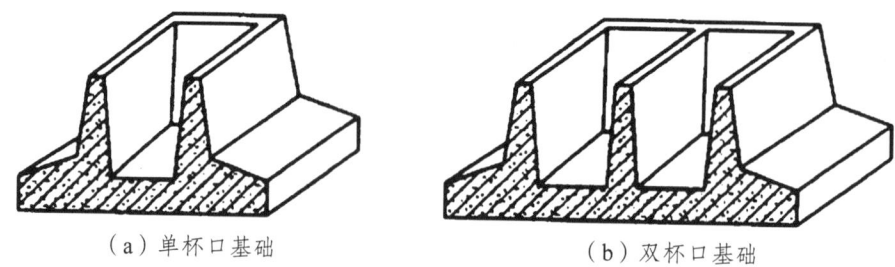

（a）单杯口基础　　　　　　（b）双杯口基础

图 8-31　杯形基础

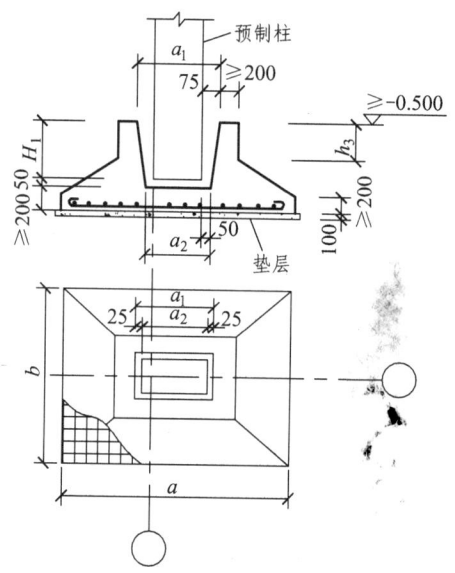

图 8-32　预制柱下杯形基础

2. 基础梁

装配式钢筋混凝土排架结构单层厂房的外墙一般为非承重墙,为使墙与厂房变形协调,防止墙体裂缝,墙不单独设基础,而是将墙体直接支撑在基础梁上。这样厂房与墙可同时下沉。预制的基础梁搁置在杯型基础的顶部,基础梁的顶面一般低于室内地坪 50 mm,高于室外地坪 100 mm,如图 8-33 所示。

基础梁的断面形式有倒梯形、矩形等,如图 8-34 所示。常用的为倒梯形有预应力和非预应力钢筋混凝土两种,其预制较为方便,可利用已制成的梁作为模板。

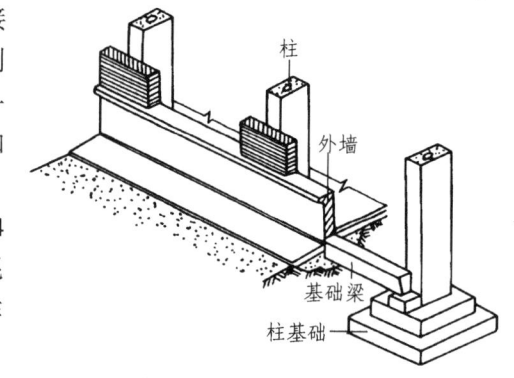

图 8-33　基础梁示意图

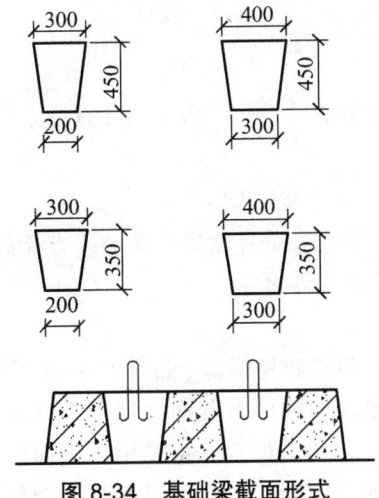

图 8-34 基础梁截面形式

当基础埋置较浅时,基础梁可直接搁置于柱基础顶面,或通过混凝土垫块搁置在柱基础顶面;当基础埋置较深时,可用牛腿支托,减少基础梁的埋深,降低墙体高度,如图 8-35 所示。

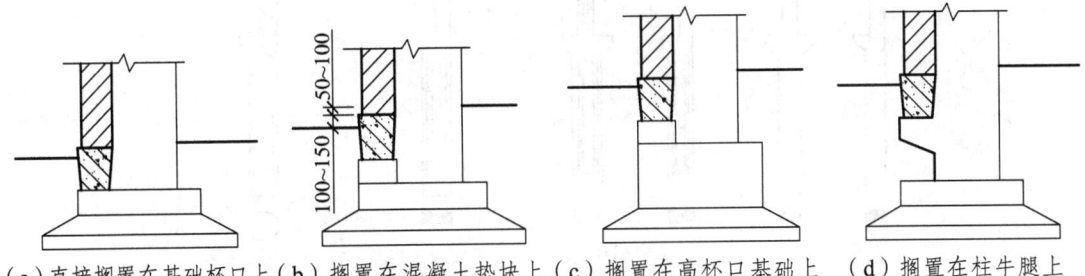

(a)直接搁置在基础杯口上 (b)搁置在混凝土垫块上 (c)搁置在高杯口基础上 (d)搁置在柱牛腿上

图 8-35 基础梁搁置方式

为保证基础梁与柱下基础有共同的沉降,基础梁下的回填土要虚铺或留有 50~100 mm 的空隙,为基础梁的沉降预留变形空间。

在寒冷地区,基础梁下部应采取措施,防止基础梁受冻土挤压开裂。一般的做法是将基础梁下的冻土挖除,再填以干砂、矿渣等松散材料,如图 8-36 所示。

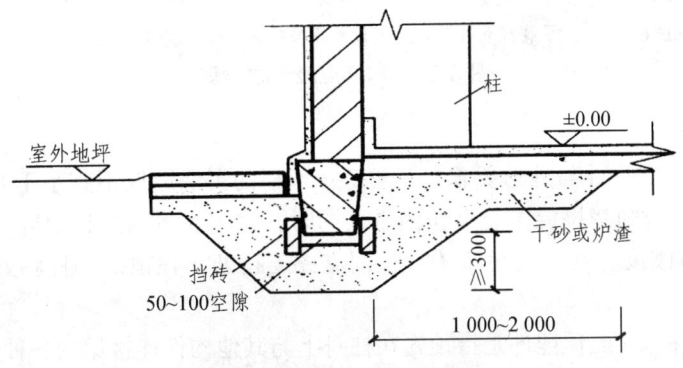

图 8-36 基础梁防冻措施

二、柱

在装配式钢筋混凝土排架结构单层工业厂房中,柱有排架柱和抗风柱两类。

1. 排架柱

排架柱主要承受屋盖和吊车梁及部分外墙等传来的垂直荷载,以及风荷载和吊车制动力等水平荷载,是厂房结构的主要承重构件之一。

(1) 柱的截面形式。

钢筋混凝土柱可分为单肢柱和双肢柱两类(图 8-37)。单肢柱的截面形式有矩形、工字型、单管圆形。双肢柱是由两肢矩形截面或圆形截面柱用平腹杆或斜腹杆连接而成的。矩形柱外形简单,施工方便,但自重大、材料消耗多,主要用于截面尺寸较小的柱。工字形柱与矩形柱相比,自重轻,节省材料,受力较合理,但外形复杂,制作麻烦,一般用于截面尺寸较大的柱。当厂房高度很高或吊车起重量较大时,采用双肢柱较为经济合理。双肢柱的每个单肢主要承受轴向压力,能充分发挥混凝土的强度。双肢间便于通过管道,节省空间,但施工时支模较复杂。

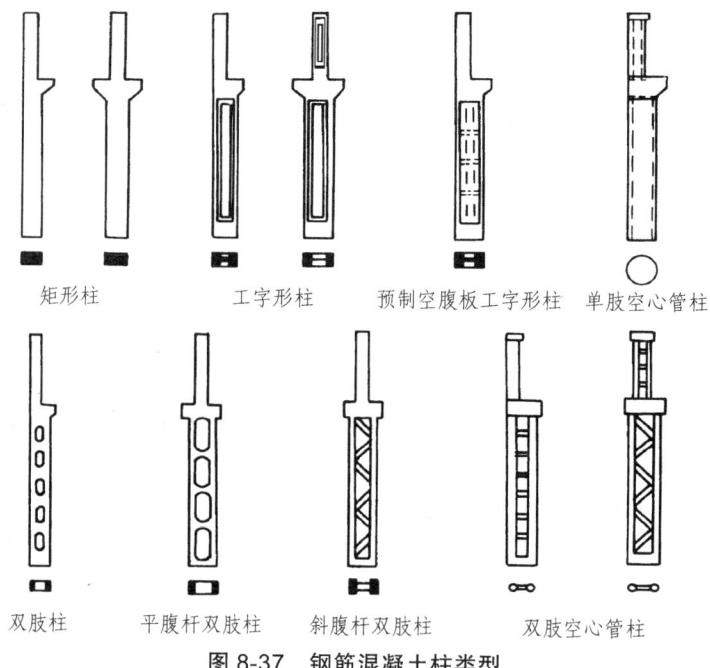

图 8-37 钢筋混凝土柱类型

(2) 柱的构造。

① 柱截面的构造尺寸与外形要求。一般工字形柱的翼缘厚度不宜小于 80 mm,腹板厚度不宜小于 60 mm,否则浇捣混凝土操作困难,同时,过薄在运输过程中容易碰坏。为了加强吊装和使用的整体刚度,在柱与吊车梁、柱间支撑连接处、柱顶处、柱脚处均应做成矩形截面,见图 8-38。

② 柱的预埋件。柱的预埋件是指预先在柱身上与其他构件连接用的各种铁件,见图 8-39,图中:

M-1 与屋架焊接；M-2、M-3 与吊车梁焊接；M-4 与上柱支撑焊接；M-5 与下柱支撑焊接；2ϕ6 预埋钢筋与砖墙锚拉；2ϕ12 预埋钢筋与圈梁锚拉。

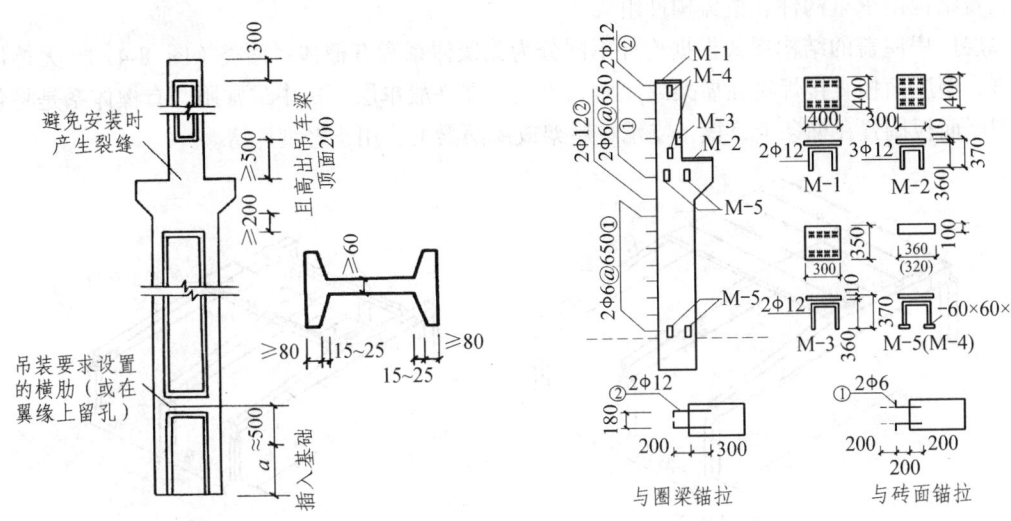

图 8-38 工字形柱的构造尺寸和外形要求

图 8-39 柱的预埋件

2. 抗风柱

单层厂房的山墙面积大，所受到的风荷载也大，而且山墙缺乏排架柱的支持，其稳定性更差，因此要在山墙处设置抗风柱来承受墙面上的风荷载，使一部分风荷载由抗风柱直接传至基础，另一部分风荷载由抗风柱的上端（与屋架上弦连接）通过屋盖系统传到厂房纵向柱列上去。根据以上要求，抗风柱与屋架之间一般采用竖向可以移动、水平方向又具有一定刚度的"Z"弹簧板连接，同时屋架与抗风柱应留有不少于 150 mm 的间隙，如图 8-40（a）所示。当厂房沉降较大时，则宜采用螺栓连接，如图 8-40（b）所示，一般情况下，抗风柱须与屋架上弦连接；当屋架设有下弦横向水平支撑时，抗风柱可与屋架下弦相连接，作为抗风柱的另一支点。

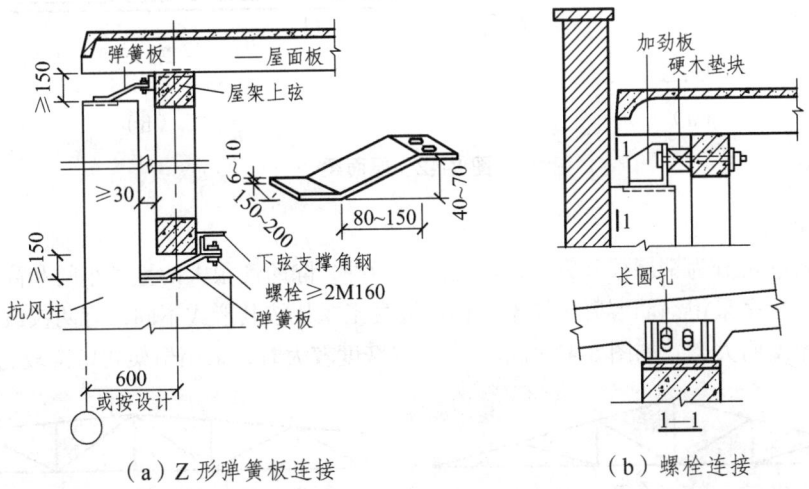

（a）Z形弹簧板连接   （b）螺栓连接

图 8-40 抗风柱与屋架连接

三、屋盖结构

屋盖结构由承重构件和覆盖构件组成。

单层厂房屋盖的结构形式根据构件不同分为无檩体系和有檩体系两类（图 8-41）。无檩体系是将大型屋面板直接焊接在屋架或屋面大梁上，在一般单层厂房中最常用。有檩体系是将各种小型屋面板搁置在檩条上，檩条支承在屋架或屋面梁上，用于轻型厂房。

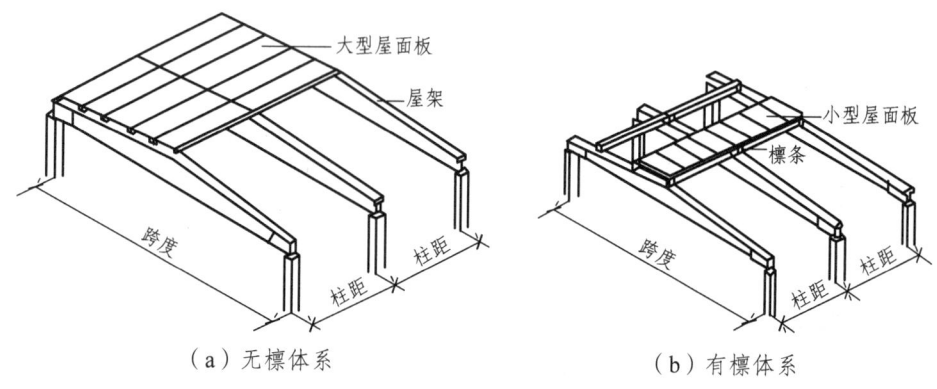

图 8-41　屋盖结构的形式

1. 屋面梁与屋架

（1）屋面梁。

屋面梁又称薄腹梁，其断面呈 T 形和工字形，有单坡和双坡之分，见图 8-42。单坡屋面梁适用于 6 m、9 m、12 m 的跨度，双坡屋面梁适用于 9 m、12 m、15 m、18 m 的跨度。屋面梁的坡度比较平缓，一般为 1/12～1/8。屋面梁的特点是形状简单、制作安装方便、稳定性好、可以不加支撑，但自重较大。

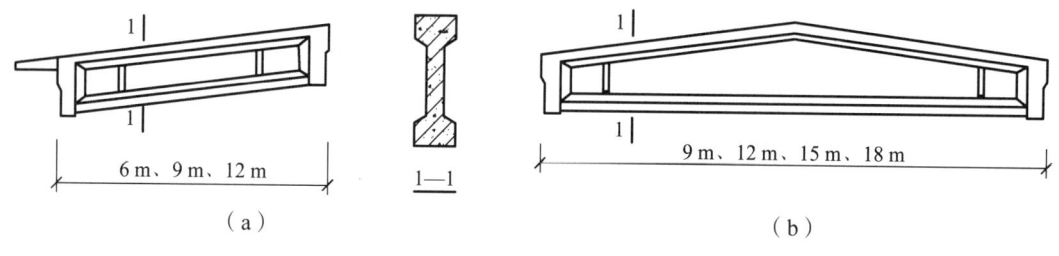

图 8-42　屋面梁

（2）屋架。

屋架按材料可分为钢屋架和钢筋混凝土屋架两种，除跨度很大的重型车间和高温车间采用钢屋架外，一般多采用钢筋混凝土屋架。钢筋混凝土屋架按其形式不同，有两铰或三铰接拱屋架和桁架式屋架两大类，如图 8-43 所示。当厂房跨度较大时，采用桁架式屋架较为经济。

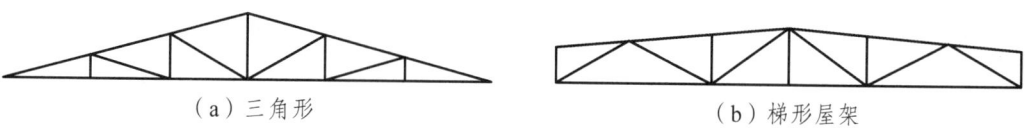

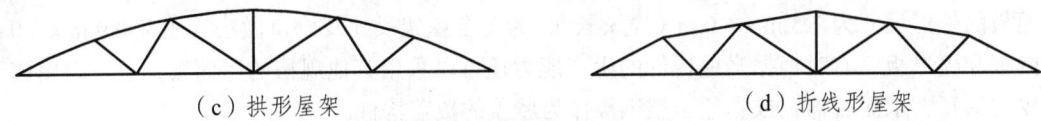

（c）拱形屋架　　　　　　　　　　　　（d）折线形屋架

图 8-43　常见的钢筋混凝土屋架形式

屋架的端部形式与屋面排水方式的关系密切，屋面排水方式不同，屋架上弦端部形式也要随之变化，以适应安置相应构件解决排水问题的需求。按檐口及中间天沟的排水方式不同，可将屋架上弦端部设计成内天沟、外天沟及自由落水等三种节点形式，如图 8-44 所示。

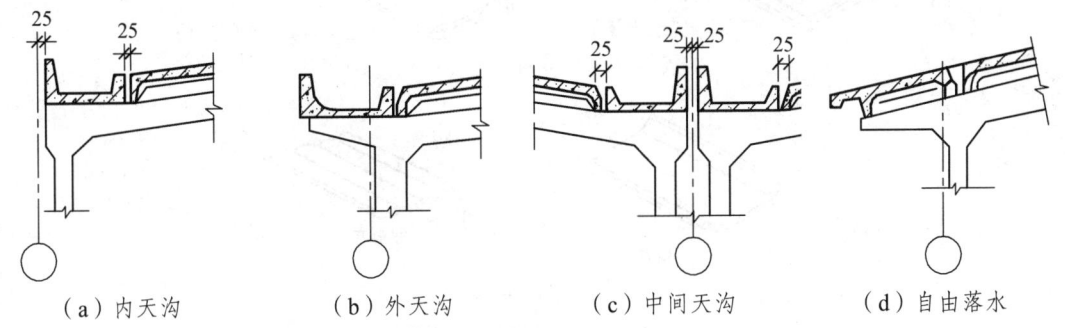

（a）内天沟　　　（b）外天沟　　　（c）中间天沟　　　（d）自由落水

图 8-44　屋架的端部形式

屋架与柱子的连接方法有焊接和螺栓连接两种，目前多采用焊接的方式。焊接连接是在屋架下弦端部预埋钢板，与柱顶的预埋钢板焊接在一起。螺栓连接是在柱顶伸出预埋螺栓，在屋架下弦端部焊上带有缺口的支撑钢板，就位后螺栓固定，如图 8-45 所示。

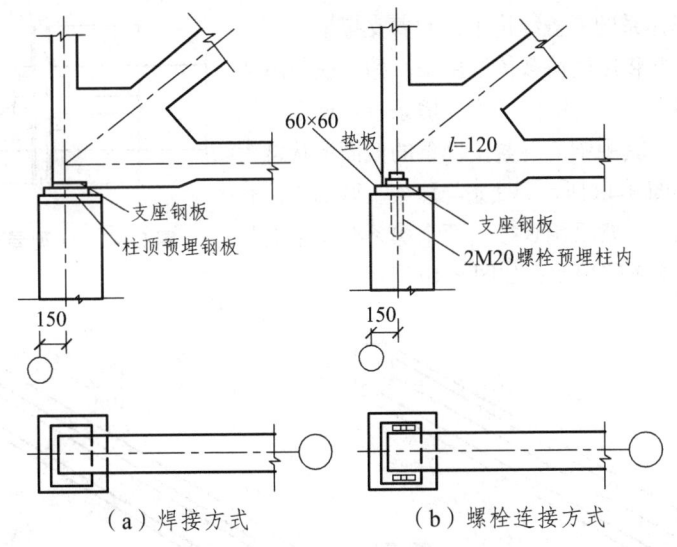

（a）焊接方式　　　　　　　（b）螺栓连接方式

图 8-45　屋架与柱的连接方式

2. 屋盖覆盖构件

（1）屋面板。

屋面板分小型屋面板和大型屋面板两种。常用的屋面板如图 8-46 所示。其常用预应力大型屋面板的外形尺寸为 1.5 m×6.0 m（宽×长），为配合屋架尺寸及檐口做法，还有 0.9 m×6.0 m 的嵌板和檐口板。有时根据当地构件的生产能力还可以采用其他规格的屋面板，也可以用镀锌铁皮波形瓦、水泥石棉瓦或彩色压型钢板作为屋盖的覆盖构件。

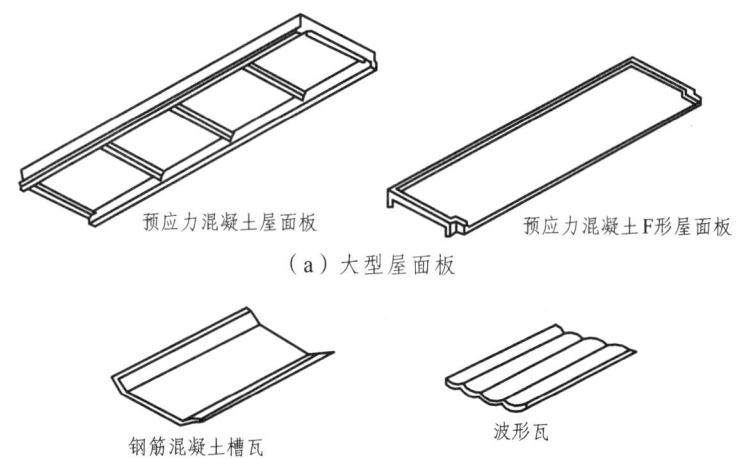

图 8-46　屋面板的类型

预应力混凝土屋面板与屋架采用焊接连接，每块屋面板肋顶端及底部都预埋铁件相互焊接，其焊接点不少于 3 点，如图 8-47 所示，板间缝隙均用不低于 C15 细石混凝土填实，以加强屋盖的整体刚度。

（2）檩条。

檩条用于有檩体系的屋盖结构中，起着支撑槽瓦等小型屋面板的作用，并将屋面荷载传给屋架。檩条应与屋架上弦连接牢固，以保证厂房纵向刚度。檩条有钢檩条和钢筋混凝土檩条两种，其中钢筋混凝土檩条的截面形状常为倒 L 形和 T 形，如图 8-48 所示。檩条与屋架上弦的连接有焊接和螺栓连接两种，常采用焊接。两个檩条在屋架上弦的对头空隙应以水泥砂浆填实，如图 8-49 所示。

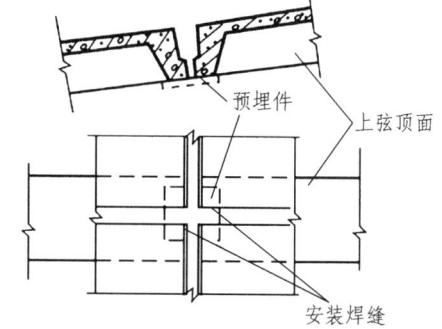

图 8-47　大型屋面板与屋架焊接

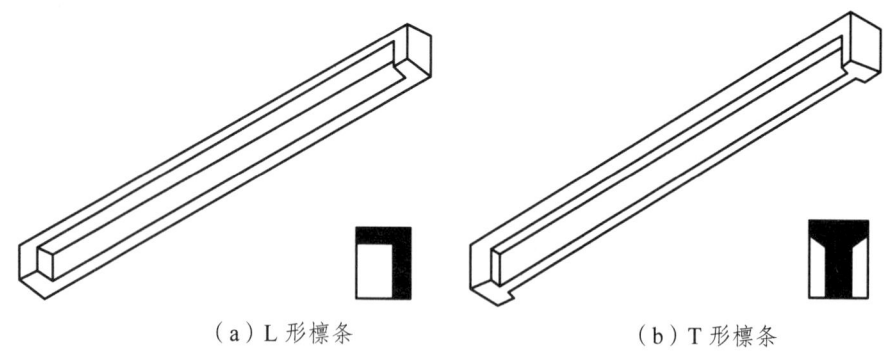

图 8-48　钢筋混凝土檩条的截面形状

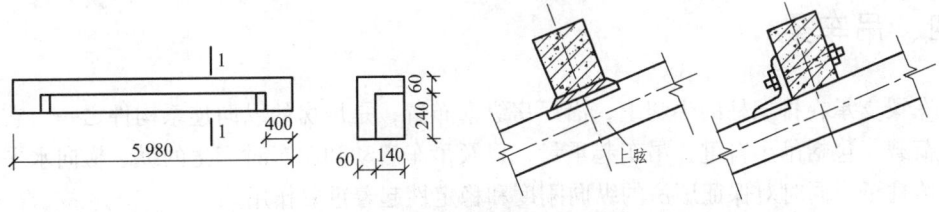

图 8-49 檩条与屋架焊接

（3）天沟板。

天沟板主要适用于有组织排水方式的屋面。其断面形状为槽形，两边肋高低不同，低肋依附在屋面板边，高肋在外侧，如图 8-50 所示。安装时应注意其位置，天沟边宽度是随屋架跨度和排水方式而确定的。天沟板端底部的预埋铁件应与屋架上弦的预埋铁件焊接，其焊接点应为 4 个，如图 8-51 所示。屋面板间的缝隙应加通长钢筋骨架，再用不低于 C15 的混凝土填实。

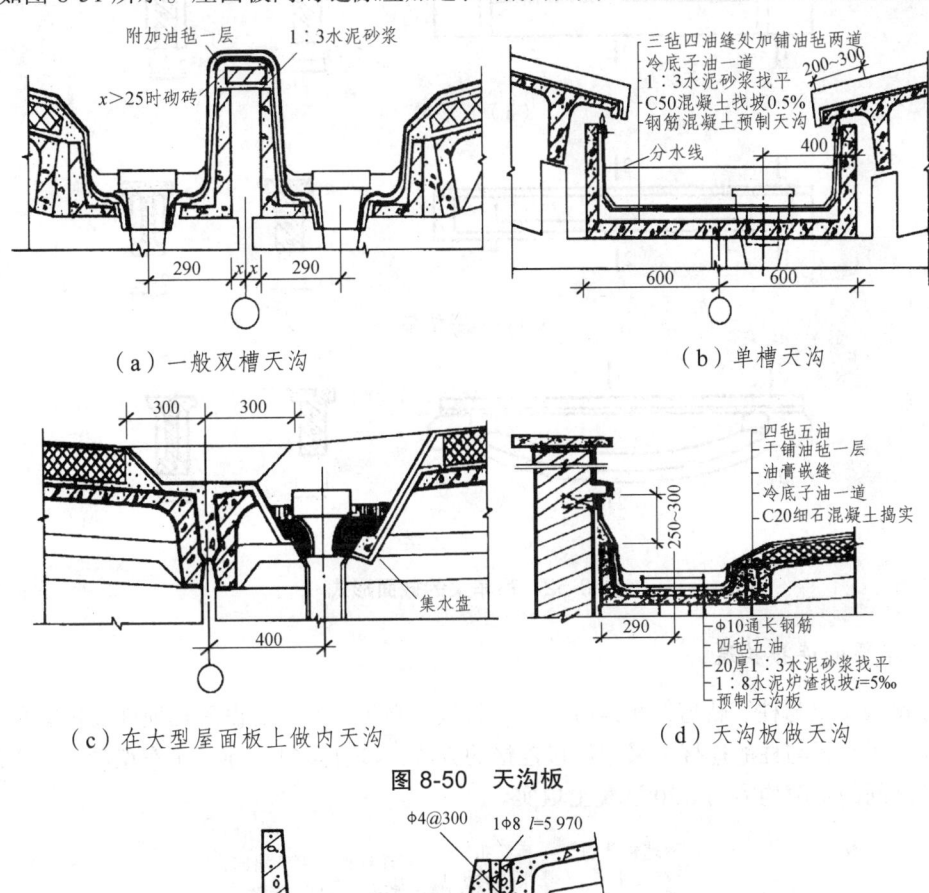

（a）一般双槽天沟　　　　　　　　（b）单槽天沟

（c）在大型屋面板上做内天沟　　　　（d）天沟板做天沟

图 8-50 天沟板

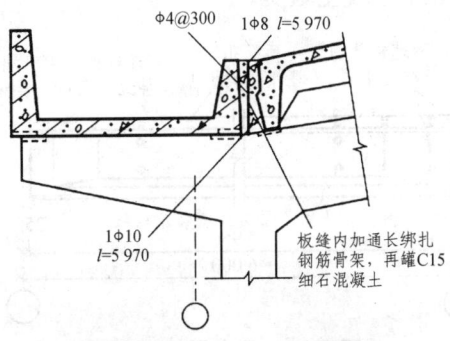

图 8-51 天沟板与屋架焊接

四、吊车梁

吊车梁支承在排架柱的牛腿上,沿厂房纵向布置,是厂房的纵向连系构件之一。它直接承受吊车荷载(包括吊车自重、吊车起重量,以及吊车启动和刹车时产生的纵、横向水平冲力)并传递给柱子,同时对保证厂房的纵向刚度和稳定性起着重要作用。

1. 吊车梁的截面形式

吊车梁按外形和截面形状划分,有等截面的T形、工字形和变截面的鱼腹式吊车梁。这些吊车梁均可用普通钢筋混凝土和预应力钢筋混凝土制作,如图8-52所示。

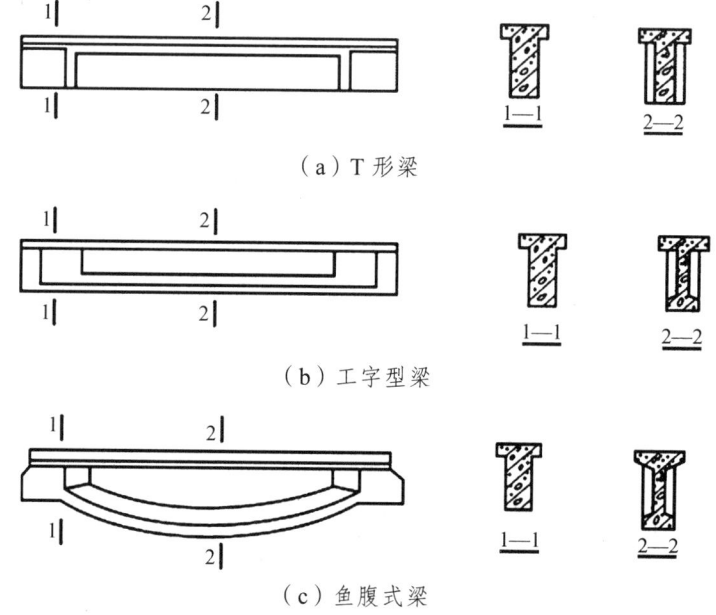

图 8-52　吊车梁的截面形式

2. 吊车梁的连接构造

为了使吊车梁与柱、轨道便于连接及安装管线,在吊车梁上需设置预埋件及预留孔,如图8-53所示。吊车梁与柱的连接多采用焊接连接的方法,如图8-54所示。吊车梁的对头空间、吊车梁与柱之间的空隙均需用C20混凝土填实。

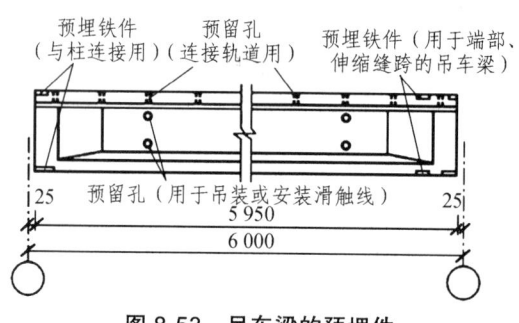

图 8-53　吊车梁的预埋件

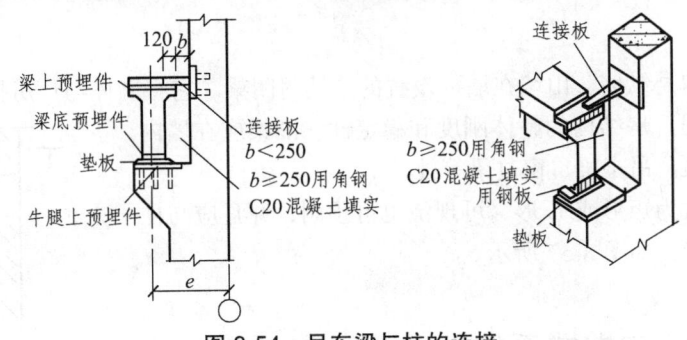

图 8-54 吊车梁与柱的连接

3. 轨道的安装

吊车梁上的钢轨可采用 TG43 型铁路钢轨和 QU80 型吊车专用钢轨。吊车梁的翼缘上留有安装孔，安装前先用 C20 混凝土垫层找平，然后铺设钢垫板或压板，用螺栓固定，如图 8-55 所示。

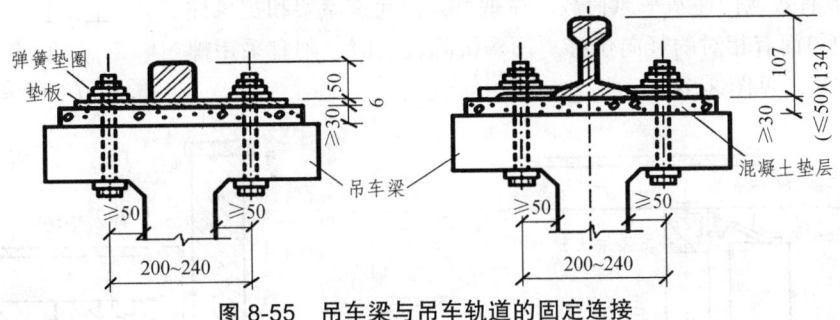

图 8-55 吊车梁与吊车轨道的固定连接

五、连系梁、圈梁

1. 连系梁

连系梁是厂房纵向柱列的水平连系构件，主要用来增强厂房的纵向刚度，并传递风荷载至纵向柱列。连系梁与柱的连接见图 8-56。

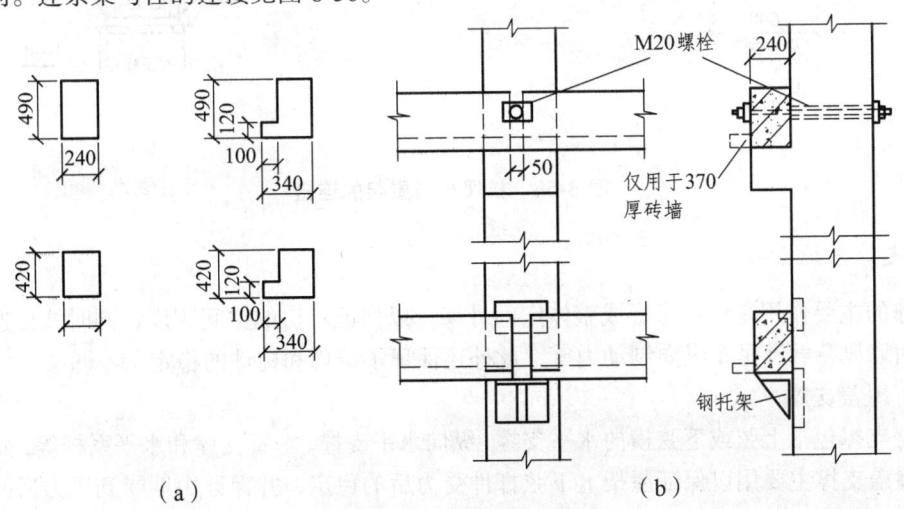

（a） （b）

图 8-56 连系梁与柱的连接

2. 圈梁

圈梁是沿厂房外纵墙、山墙在墙内设置的连续封闭梁。它将墙体与厂房排架柱、抗风柱等箍在一起，以增强厂房结构的整体刚度和稳定性。圈梁应在墙内，位置通常设在柱顶、吊车梁、窗过梁等处。

圈梁的截面常为矩形或 L 形，可现浇也可预制，并且应与柱子上的预留插筋拉接，如图 8-57 所示。

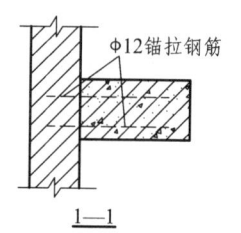

图 8-57 圈梁与柱的连接

六、抗风柱与支撑系统

1. 抗风柱

抗风柱与屋架的连接一般采用弹簧板做成柔性连接，见图 8-58（a），以保证有效地传递水平风荷载。在垂直方向允许屋架和抗风柱因下沉不均匀而有相对的竖向位移。厂房沉降较大时，则宜采用螺栓连接的方法，见图 8-58（b）。

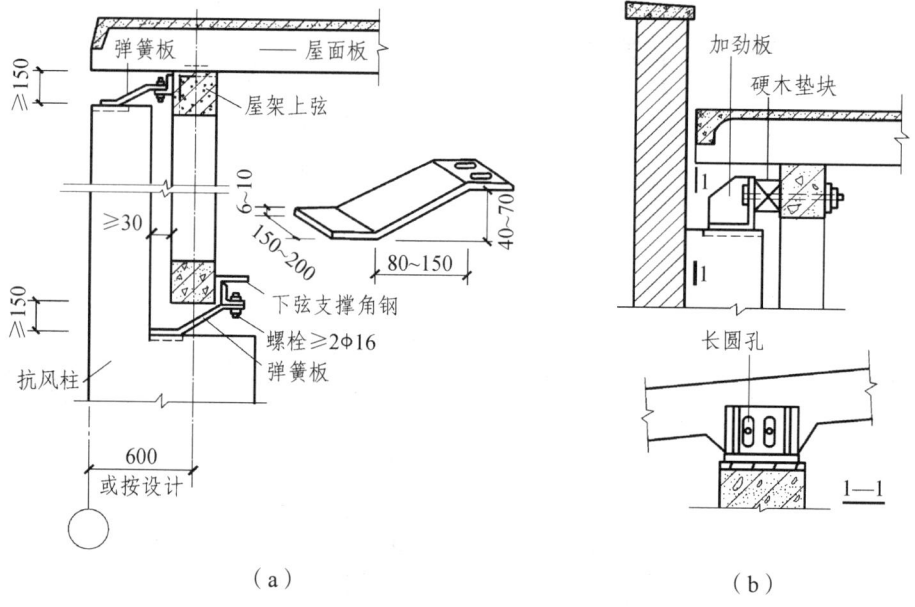

图 8-58 抗风柱与屋架的连接

2. 支撑系统

支撑的主要作用是使厂房形成整体空间骨架，以保证厂房的空间刚度，同时能传递水平荷载，如山墙风荷载及吊车纵向制动力等，此外还保证了结构和构件的稳定。

（1）屋盖支撑。

屋盖支撑包括上弦或下弦横向水平支撑、纵向水平支撑、垂直支撑和水平系杆等，如图 8-59 所示。屋盖支撑主要用以保证屋架上下弦杆件受力后的稳定，并保证山墙受到风力后的传递。横向水平支撑和垂直支撑一般布置在厂房端部和伸缩缝两侧的第二（或第一）柱间。

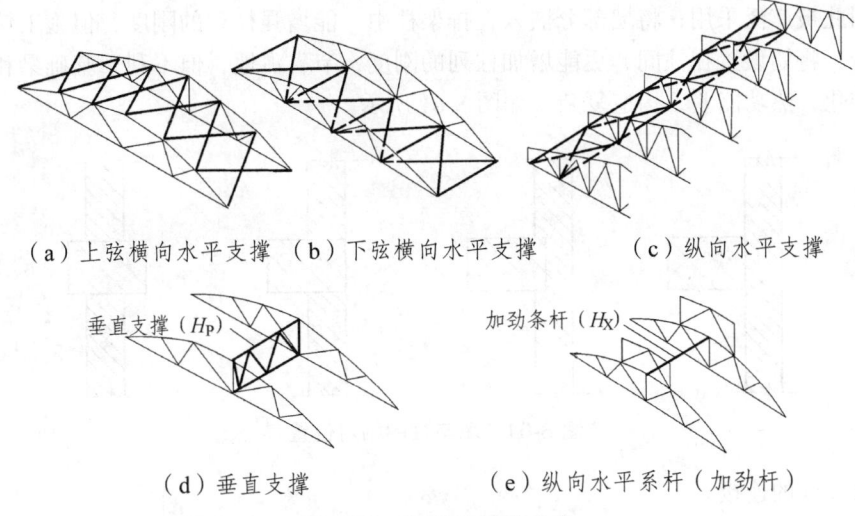

图 8-59 屋盖支撑的种类

(2) 柱间支撑。

柱间支撑的作用是将屋盖系统传来的山墙风荷载及吊车制动力传至基础，同时加强厂房的纵向刚度。柱间支撑一般设在横向变形缝区段的中部，或距山墙与横向变形缝处的第二柱间。柱间支撑一般用型钢制作，多采用交叉式，支撑斜杆与柱上预埋件焊接，如图 8-60 所示。

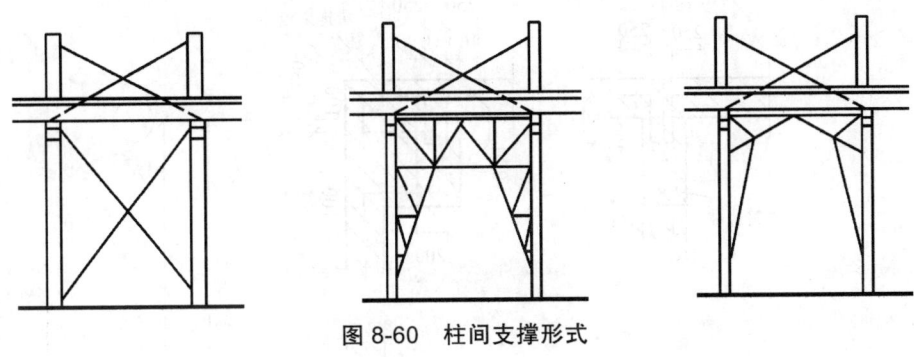

图 8-60 柱间支撑形式

第六节 单层厂房围护结构构件

一、外 墙

1. 砖 墙

由于普通实心砖的限制使用，墙体材料多采用空心砖，墙体厚度有 240 mm 和 370 mm 两种。为防止外墙由于受风力、地震或震动等而破坏，墙与柱子、山墙与抗风柱、墙与屋架或屋面梁之间应有可靠的连接，具体构造做法如下所述。

（1）墙与柱的相对位置。

将墙砌筑在柱子外侧，这种方案构造简单，施工方便，热工性能好，基础梁和连系梁便于标准化,因此被广泛采用;将墙部分嵌入在排架柱中,能增强柱列的刚度,但施工较麻烦,需要部分砍砖;将墙设置在柱间,更能增加柱列的刚度,节省占地,但不利于基础梁和连系梁的统一及标准化,热功能差,构造复杂。如图 8-61 所示。

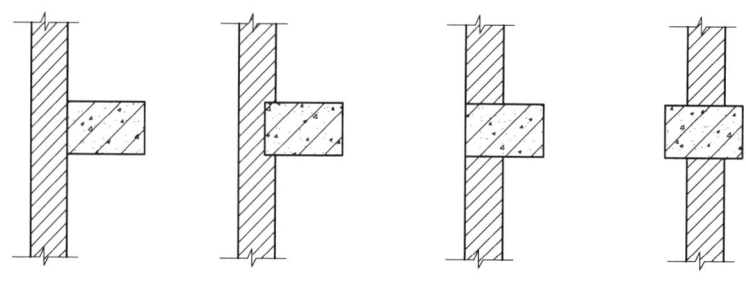

图 8-61 墙与柱的相对位置

（2）墙与柱的连接。

为使墙体与柱子间有可靠的连接,通常的做法是在柱子高度方向每隔 500 mm 甩出两根 Φ6 钢筋,砌筑时把钢筋砌在墙的水平缝里。端柱距外墙内缘的空隙应在砌墙时填实,以利于柱对墙体起骨架作用,如图 8-62 所示。

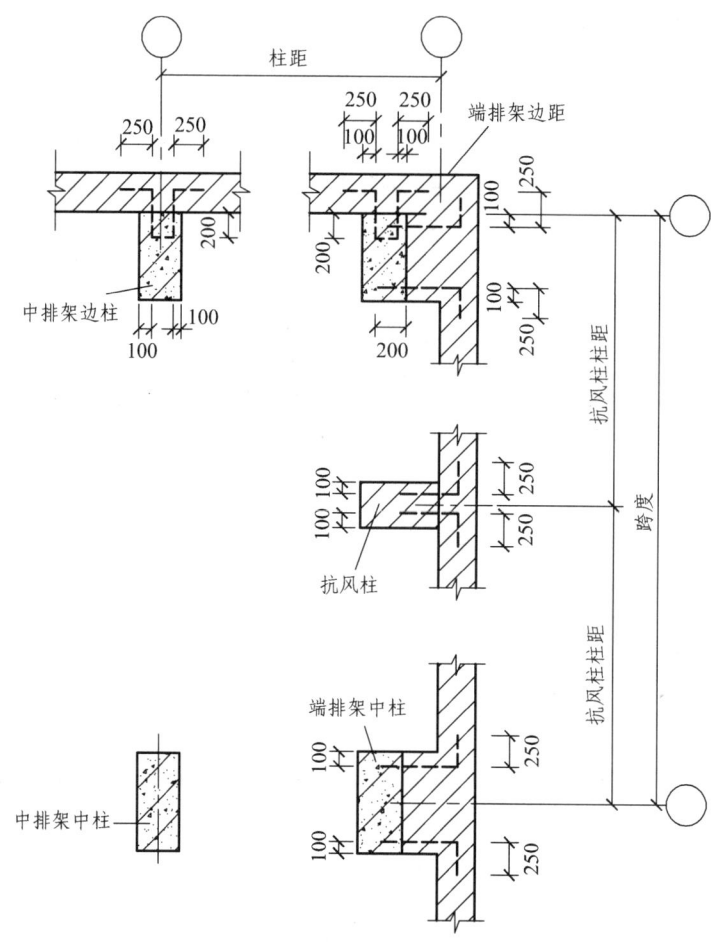

图 8-62 墙与柱的连接

（3）女儿墙与屋面板的连接。

为保证纵向女儿墙的稳定性，墙与屋面板之间应采取拉结措施，即在屋面板横向缝内放置一根 Φ12 钢筋，与在屋面板纵缝内及纵向外墙中各放置 Φ12、长度为 1 000 mm 的钢筋相连接，形成工字形的钢筋，然后在缝内用 C20 细石混凝土捣实，如图 8-63 所示。女儿墙的厚度一般为 240 mm，用强度等级不低于 M5 的砂浆砌筑。

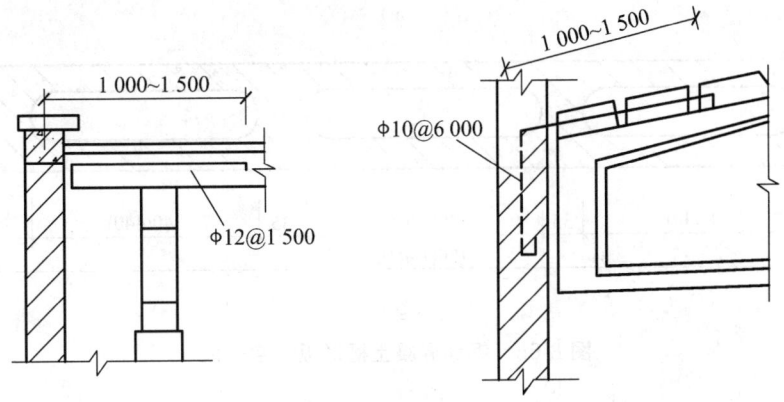

图 8-63　女儿墙与屋面板的连接

女儿墙的顶部都需做压顶处理，压顶宜用钢筋混凝土现浇而成，其截面常为梯形，如图 8-64 所示。

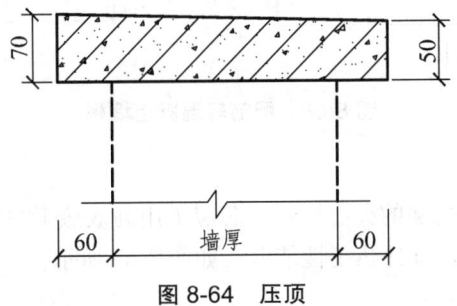

图 8-64　压顶

2．板材墙体

板材墙为工厂的大型墙板，在现场装配而成。它的使用能减轻墙体自重，改善墙体的抗震性能，简化、净化施工现场，加快施工速度。但目前板材墙还存在造价偏高，连接构件还不理想，接缝不易保证质量，有时渗水、透风、保温、隔热效果欠佳等缺点，有待解决。

（1）板材墙的规格和类型。

① 钢筋混凝土槽形板、空心板。

槽形板也称肋形板，其钢材和水泥的用量较省，但保温隔热性能差，且易积灰。空心板的钢材、水泥用料较多，但双面平整，不易积灰，并有一定保温隔热能力，如图 8-65 所示。

② 配筋轻混凝土墙板。

配筋轻混凝土墙板的优点是保温性能好，但有龟裂或锈蚀钢筋等缺点，故一般需加水泥砂浆等防水面层，如图 8-66 所示。

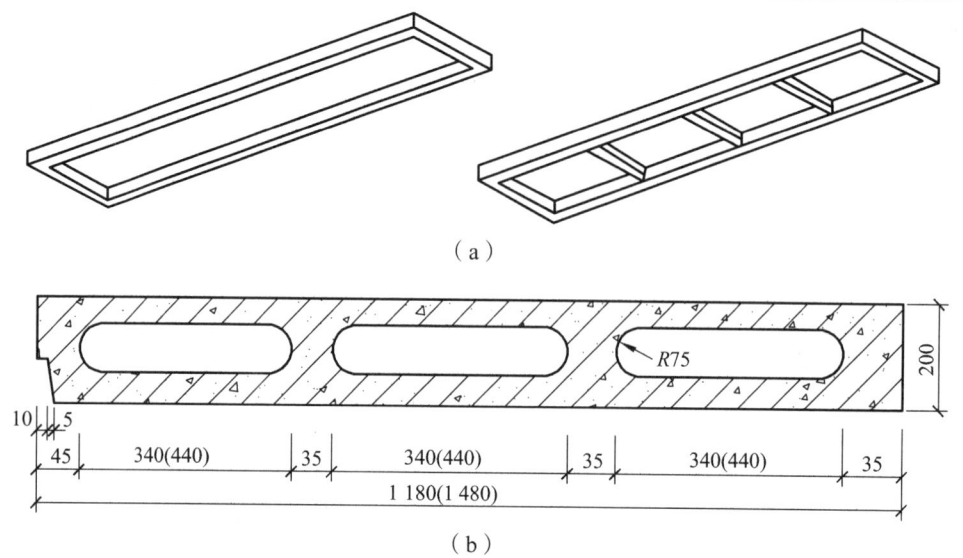

图 8-65 钢筋混凝土槽形板、空心板

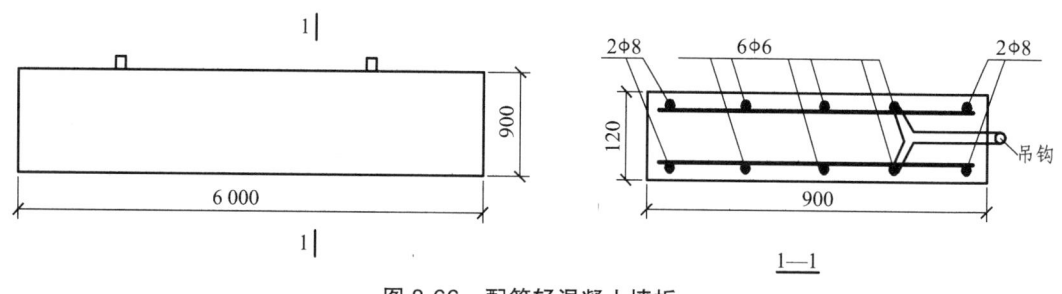

图 8-66 配筋轻混凝土墙板

③ 组合墙板。

组合墙板一般做成轻质高强的夹心墙板,芯层采用高效热工材料制作,面层外壳采用承重防腐蚀性能好的材料制作,板缝处热工性能差,如图 8-67 所示。

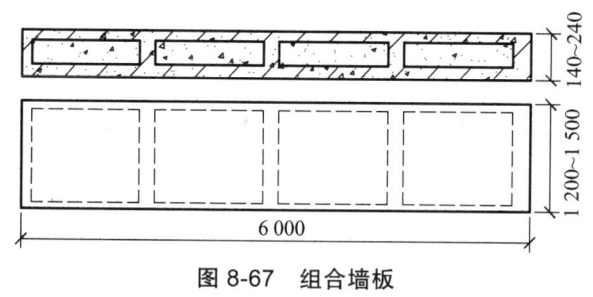

图 8-67 组合墙板

(2) 板材墙体的布置与构造。

① 板材墙体的布置。

板材墙的布置分为横向布置、竖向布置和混合布置。其中,横向布置用得最多,其特点是以柱距为板长,可省去窗过梁和连系梁,板型少,并有助于加强厂房刚度,接缝处理也较容易。其次是混合布置,墙板虽增加板型,但立面处理灵活。竖向布置因板长受侧窗高度的限制,板型和构件较多,故应用较少。如图 8-68 所示。

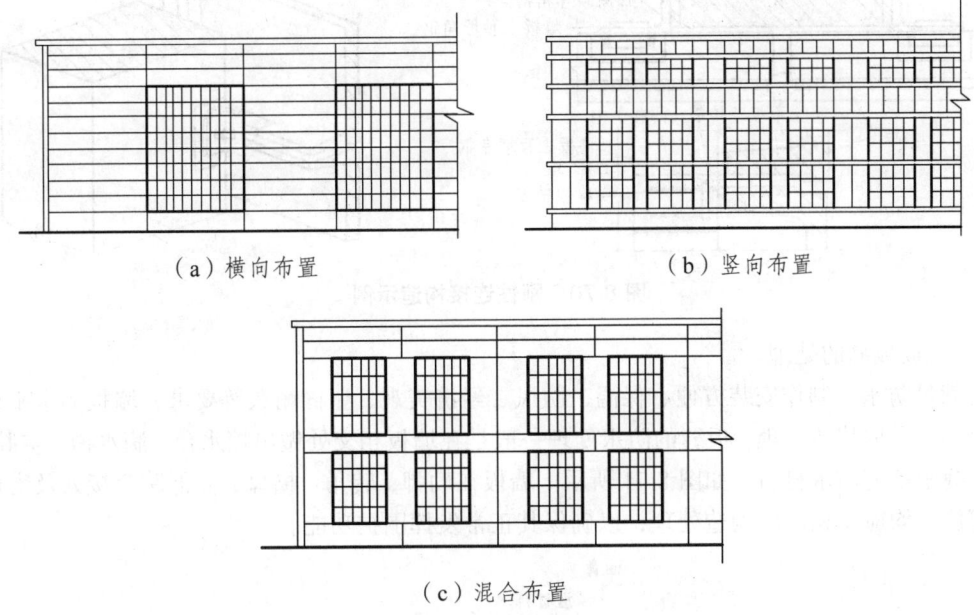

图 8-68 墙板布置

② 墙板与柱的连接。

墙板与柱的连接一般分为柔性连接和刚性连接。

柔性连接是墙板与柱之间通过预埋件和连接件将二者拉结在一起。其特点是墙板与骨架以及墙板之间在一定范围内可相对位移,能较好地适应各种振动引起的变形,故适用于地基沉降较大或有较大振动影响的厂房。柔性连接包括螺栓连接和压条连接。螺栓连接是在大型墙板上预留安装孔,同时在柱的两侧相应位置预埋铁件,在板吊装前焊接连接角钢,并安上螺栓钩,吊装后用螺栓钩将上下两块板连接起来,这种连接对厂房的振动和不均匀沉降的适应性较强,如图 8-69 所示。

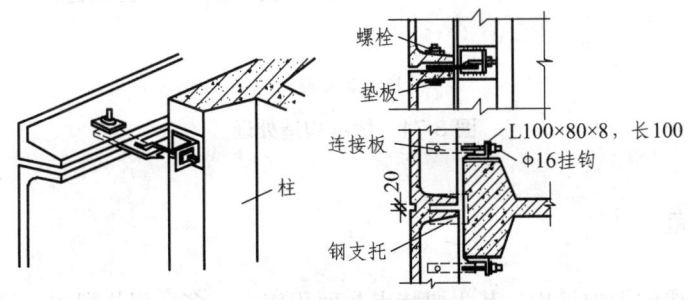

图 8-69 螺栓连接构造示例

刚性连接是在柱子和墙板中先分别设置预埋铁件,安装时用角钢或 φ6 的钢筋焊接连牢。其优点是构造简单,施工方便,厂房的纵向刚度好。缺点是对不均匀沉降及振动较敏感,墙板板面要求平整,预埋件位置要求准确。刚性连接宜用于地震设防烈度≤7 度的地区和地基构成均匀、振动影响不大的厂房。刚性连接构造示例如图 8-70 所示。

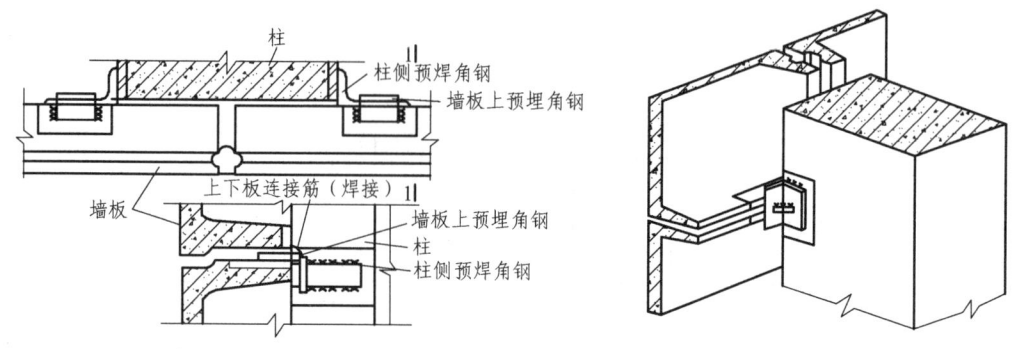

图 8-70　刚性连接构造示例

③ 墙板板缝的处理。

为满足防水、制作安装方便、保温、防风、经济美观、坚固耐久等要求,墙板的水平缝和垂直缝都应采取构造处理。板缝的防水处理一般是在墙板相交处做出挡水台、滴水槽、空腔等,然后在缝中填充防水材料,如图 8-71 所示。墙板在勒脚、转角、檐口、高低跨交接处及窗口等特殊部位,均应做相应的构造处理,以确保其正常发挥围护功能。

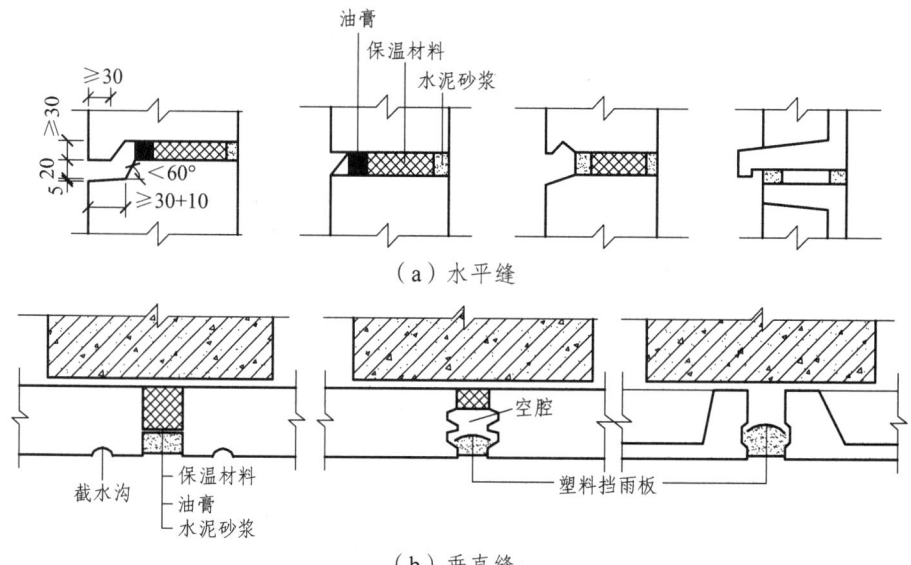

图 8-71　板缝构造处理

二、屋　盖

屋面是厂房重要的围护结构,其主要特点是面积较大,多采用装配式,接缝较多,受到厂房内部的振动、高温、腐蚀性气体、积灰等因素的影响。对于一些有特殊要求的屋面还要考虑防爆、泄压、防腐蚀等问题。因此,单层厂房屋面构造的关键问题是排水和防水。

1. 屋面排水

屋面排水方式有两种:有组织排水和无组织排水。

(1) 有组织排水。

有组织排水是将屋面雨水有组织地汇集到天沟或檐沟内,再经雨水斗进入厂房内的雨水竖管及地下排水管网的排水方式。这种排水方式构造较复杂,造价较高,适用于连跨多坡屋面和檐口较高、屋面集水面积较大的大中型厂房。有组织排水通常分为外排水、内排水和内落外排水。外排水适用于厂房较高或地区降雨量较大的南方地区,内排水适用于多跨厂房或严寒多雪北方,内落外排水适用于多跨厂房或地下管线铺设复杂的厂房,如图 8-72 所示。

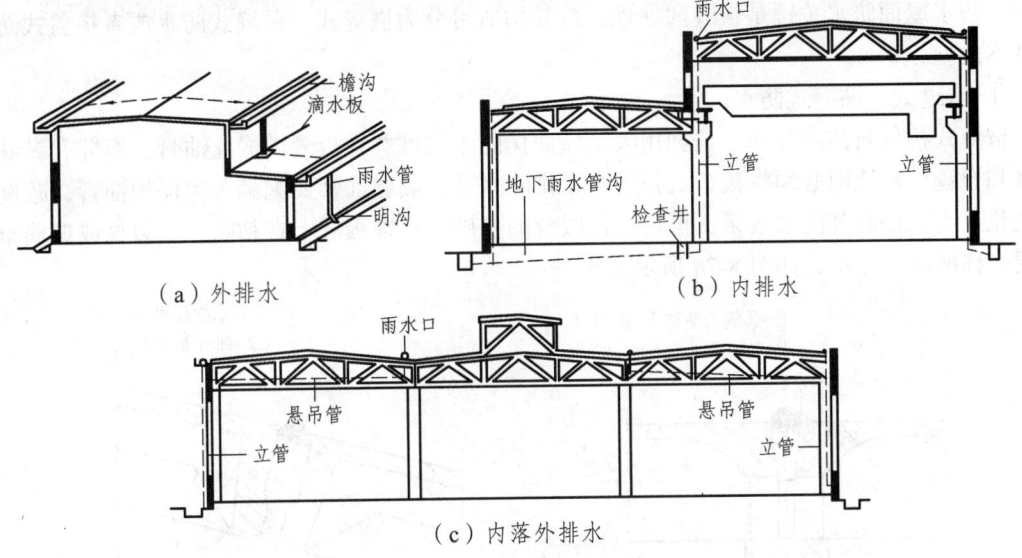

图 8-72 单层厂房屋面有组织排水形式

(2) 无组织排水。

无组织排水也称自由落水,雨水直接由屋面经檐口自由排落到散水或明沟内,适用于高度较低或屋面积灰较多的厂房,如图 8-73 所示。

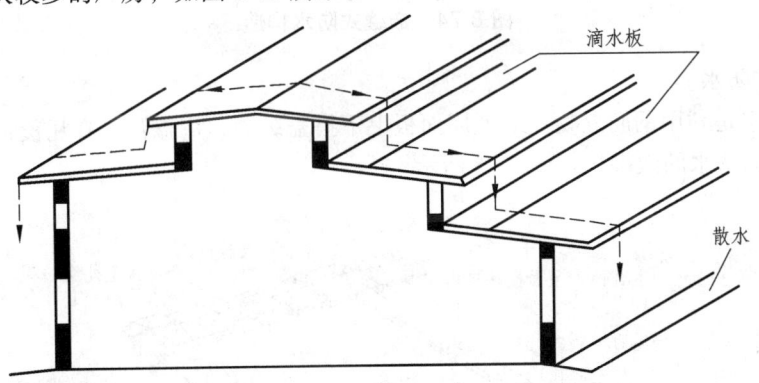

图 8-73 单层厂房屋面无组织排水形式

2. 屋面防水

按照屋面防水材料和构造做法,单层厂房的屋面防水主要有卷材防水屋面和构件自防水屋面。

(1) 卷材防水。

单层厂房中卷材防水屋面的构造原则和做法与民用建筑基本相同,它的防水质量关键在于基层和防水层。由于厂房屋面荷载大,振动大,因此变形可能性大,一旦基层变形过大,易引起卷材拉裂,施工质量不高也会引起渗漏,需用 C20 细石混凝土灌缝填实,在板的横缝处应加铺一层卷材延伸层后,再做屋面防水层。

(2) 构件自防水。

构件自防水屋面是利用钢筋混凝土板、石棉水泥瓦、彩色钢板等板材自身防水性能(有时板面加刷涂料)达到防水的目的的。这种屋面具有施工简单、造价低廉、减轻屋面重量的优点。构件自防水屋面防水关键是板缝的处理,按其构造可分为嵌缝式、贴缝式防水或者搭盖式防水等基本类型。

① 嵌缝式、贴缝式防水。

嵌缝式构件自防水屋面,是利用大型屋面作防水构件并在板缝内嵌灌油膏,板缝有纵缝、横缝和脊缝,嵌缝前必须将板缝清扫干净,排除水分,嵌缝油膏要饱满。为保护油膏,减慢油膏老化速度,提高其防水效果,可在油膏嵌缝的基础上,在板缝上在粘贴一层卷材或玻璃布覆盖层,称贴缝式防水,如图 8-74 所示。

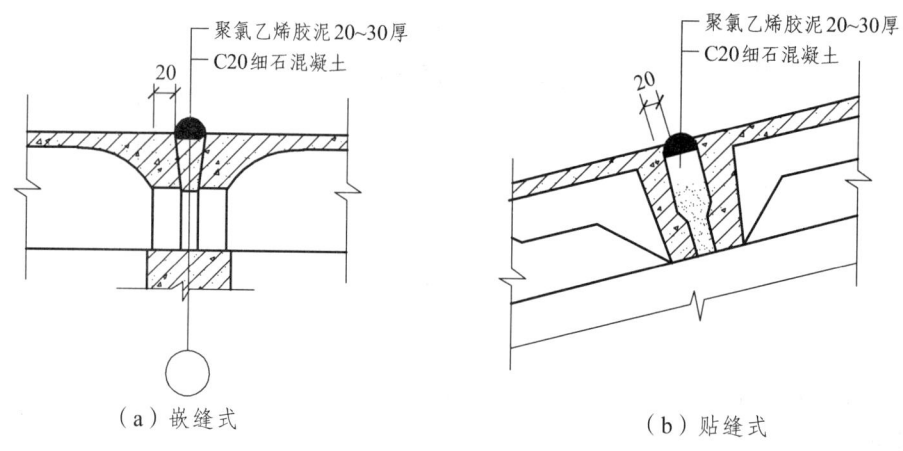

图 8-74 嵌缝式防水构造

② 搭盖式防水。

搭盖式防水是利用钢筋混凝土 F 形屋面板上下搭盖纵缝,用盖瓦、脊瓦覆盖横缝和脊缝的方式来达到屋面防水的效果,如图 8-75 所示。

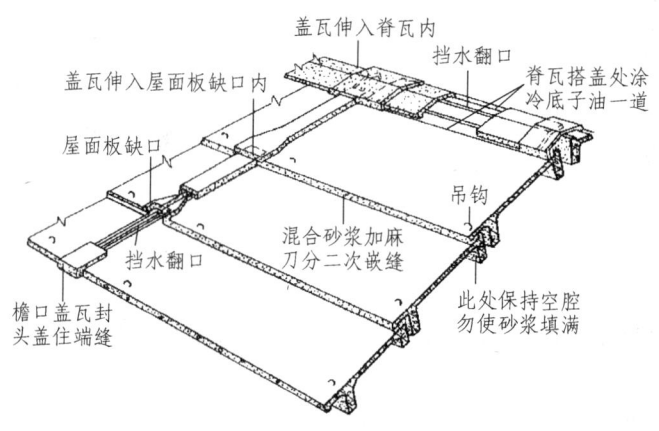

第八章 工业建筑概论

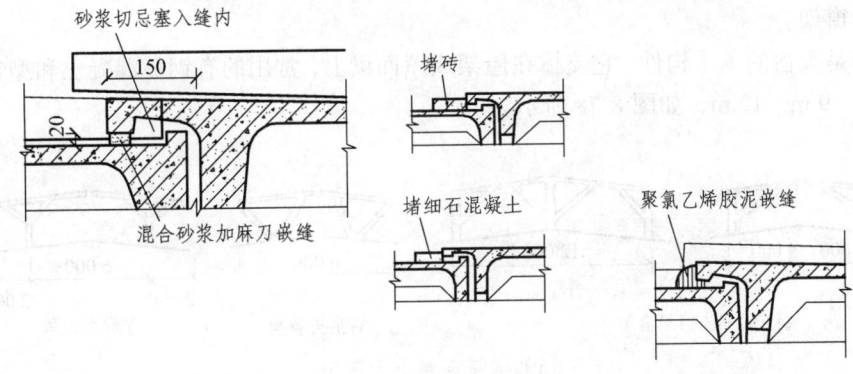

图 8-75 搭盖式构件自防水

三、天 窗

在大跨度和多跨度的单层工业厂房中,为了满足天然采光和自然通风的要求,常在厂房的屋顶设置各种类型的天窗。

天窗按其在屋面的位置不同分为:上凸式天窗,如矩形天窗、M 型天窗、梯形天窗等;下沉式天窗,如横向下沉式、纵向下沉式、井式天窗等;平天窗,如采光板、采光罩、采光带等,如图 8-76 所示。

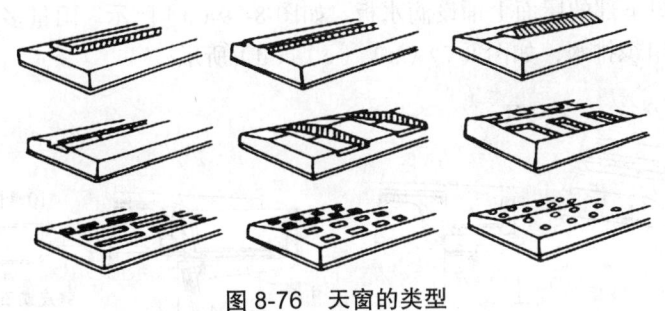

图 8-76 天窗的类型

1. 矩形天窗

矩形天窗主要由天窗架、天窗屋面板、天窗端壁、天窗侧板、天窗扇等组成,如图 8-77 所示。

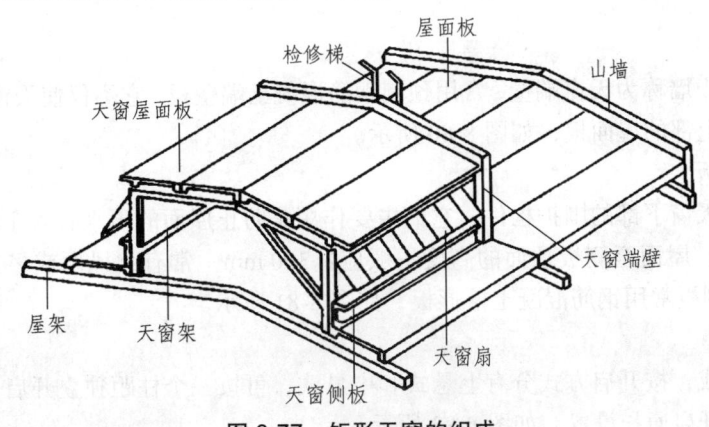

图 8-77 矩形天窗的组成

（1）天窗架。

天窗架是天窗的承重构件，它支撑在屋架或屋面梁上，常用的有钢筋混凝土和型钢天窗架，跨度有 6 m、9 m、12 m，如图 8-78 所示。

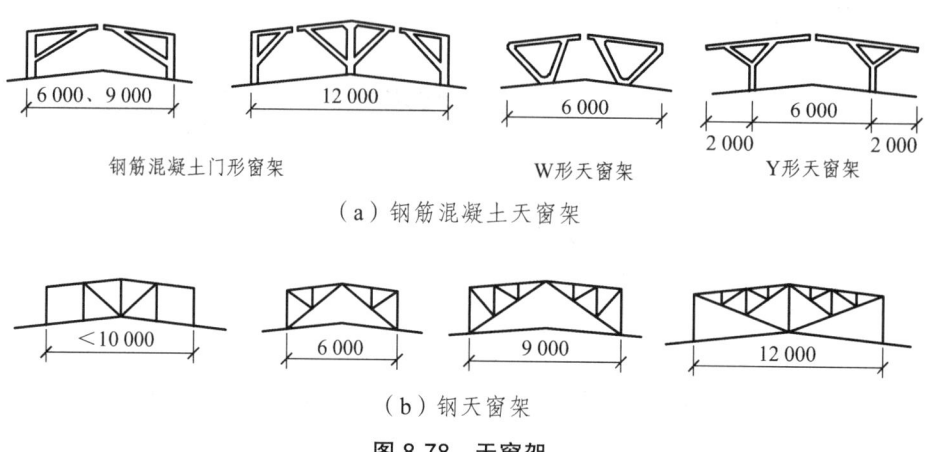

图 8-78 天窗架

（2）天窗屋面。

天窗屋面通常与厂房屋面的构造相同，由于天窗宽度和高度一般均较小，故多采用无组织排水，并在天窗檐口下部的屋面上铺设滴水板，如图 8-79（a）所示。雨量多或天窗高度和宽度较大时，宜采用有组织排水，如图 8-79（b）、（c）、（d）所示。

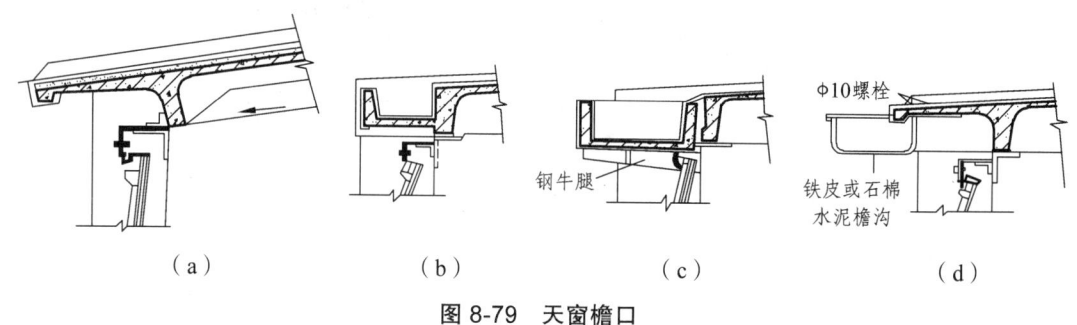

图 8-79 天窗檐口

（3）天窗端壁。

天窗两端的山墙称为天窗端壁，常用预制钢筋混凝土端壁板，它不仅使天窗尽端封闭起来，同时也支承天窗上部的屋面板，如图 8-80 所示。

（4）天窗侧板。

天窗侧板是天窗下部的围护构件，它的主要作用是防止屋面的雨水溅入车间以及积雪挡住天窗扇影响开启。屋面至侧板顶面的高度一般应≥300 mm，常有大风雨或多雪地区应增高至 400~600 mm。侧板常用钢筋混凝土槽形板，如图 8-81 所示。

（5）天窗扇

多为钢材制成，按开启方式分有上悬式和中悬式，可按一个柱距独立开启分段设置，也可按几个距柱同时开启通长设置，如图 8-82 所示。

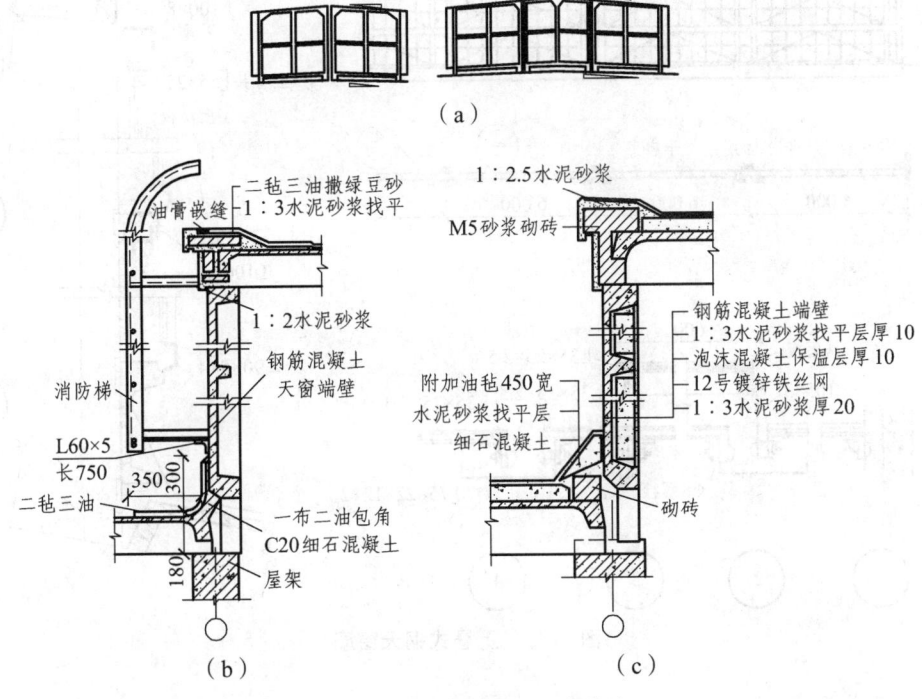

图 8-80 钢筋混凝土天窗端壁

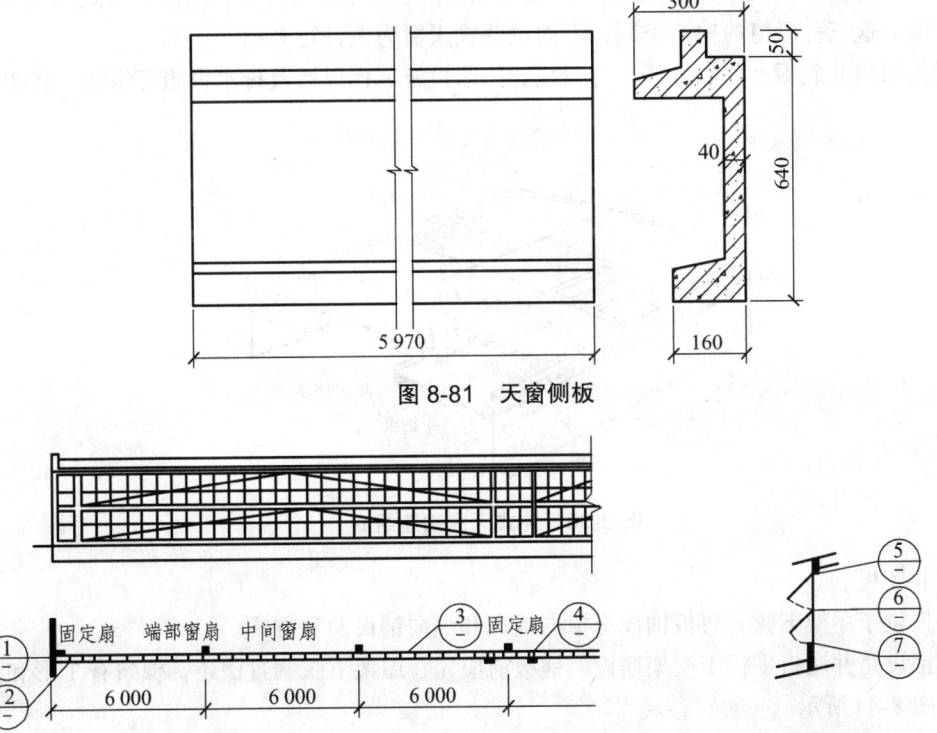

图 8-81 天窗侧板

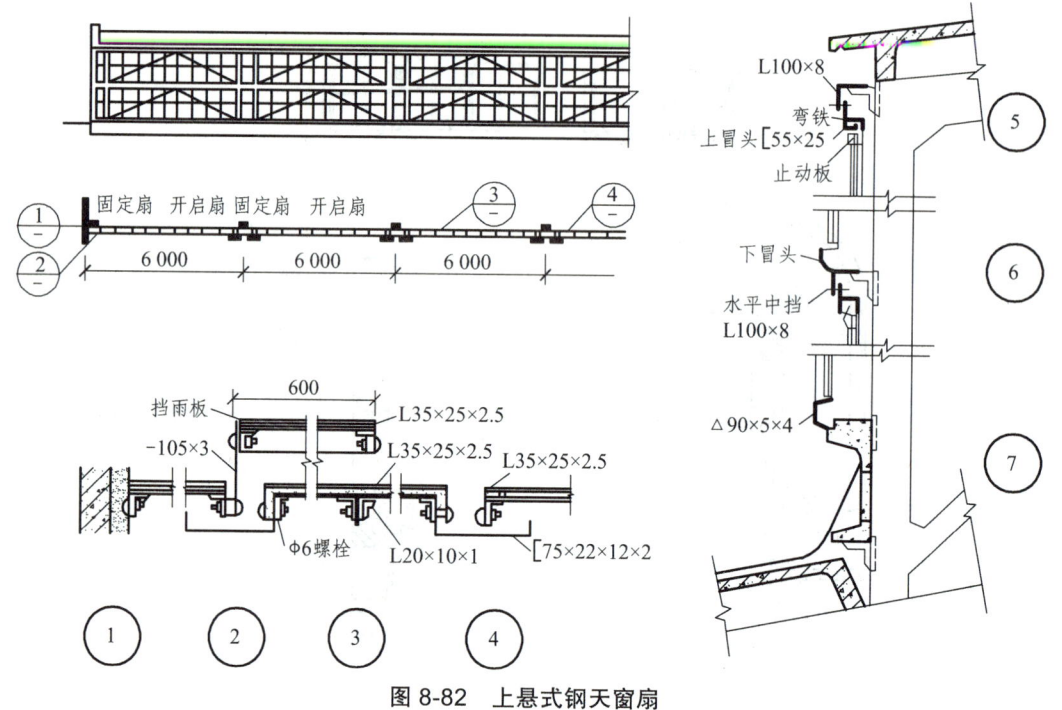

图 8-82 上悬式钢天窗扇

2. 下沉式天窗

下沉式天窗是将厂房局部屋面板下移铺在屋架上弦上,利用屋架上下弦之间的空间做采光和通风口,不再另设天窗架和挡风板。下沉式天窗常见的有井式天窗、纵向下沉式天窗和横向下沉式天窗。这三种天窗的构造类同,下面以井式天窗为例进行介绍。

井式天窗由井底板、井底檩条、井口板、挡雨设施、挡风墙及排水设施等组成,如图 8-83 所示。

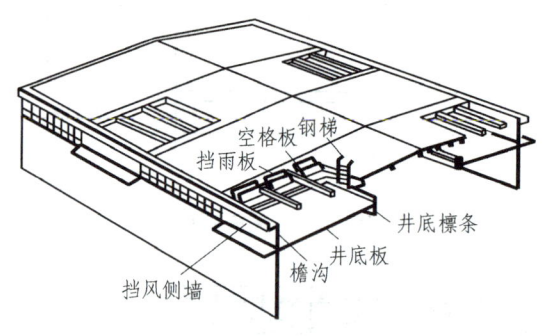

图 8-83 井式天窗构造组成

(1) 井底板。

井底板位于屋架下弦,底板铺设有横向铺设和纵向铺设两种方式。

横向铺设是井底板平行于屋架摆设,铺板前应先在屋架下弦搁置檩条,檩条有 T 形和槽形两种,如图 8-84 所示。

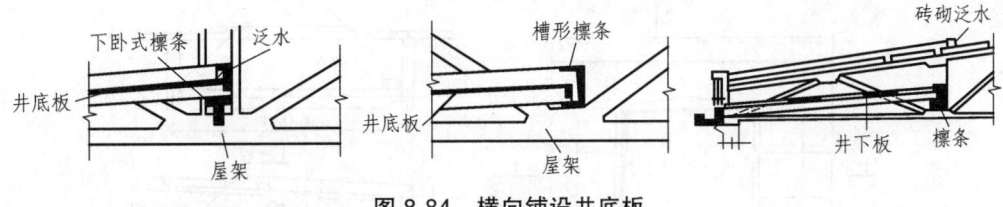

图 8-84 横向铺设井底板

纵向铺设是把井底板直接放在屋架下弦上，可省去檩条，增加天窗垂直的净空高度，井底板常采用出肋板或卡口板，如图 8-85 所示。

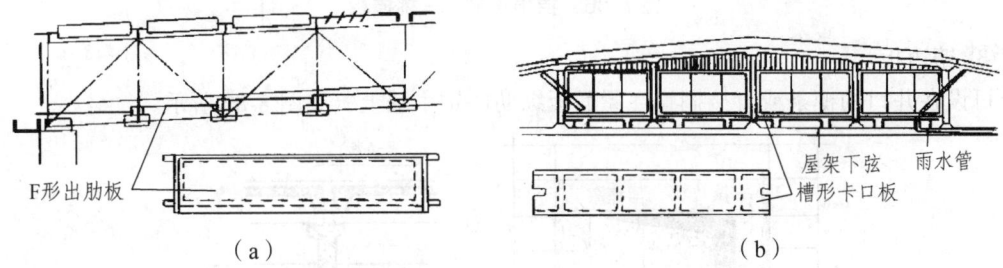

图 8-85 纵向铺设井底板

（2）挡雨设施。

不采暖厂房的井式天窗通常不设窗扇而做成开敞式，但应加设挡雨设施，常用的方法有设空格板、挑檐板、镶边板等。

① 空格板。

空格板是将大型屋面板的大部分板面去掉，仅保留纵肋和部分横向小肋及两端用作挑檐挡雨的实板，如图 8-86 所示。

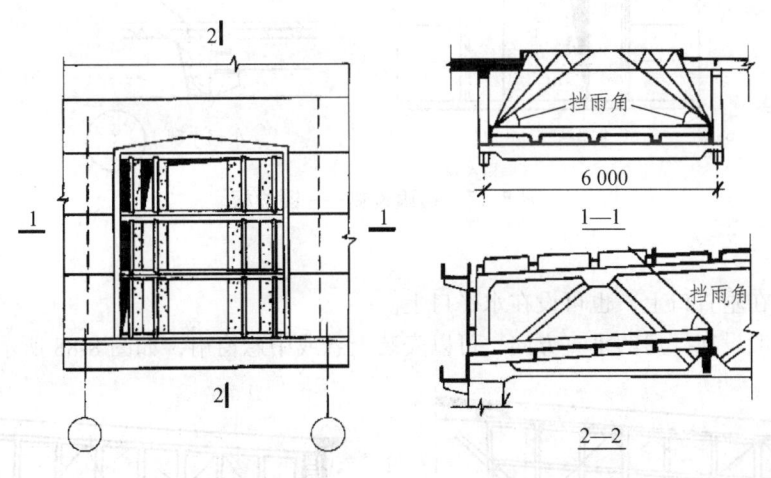

图 8-85 挡雨设施——空格板

② 挑檐板。

挑檐板是在井口的横向采用加长屋面板，纵向多铺一块屋面板形成挑檐，如图 8-87 所示。

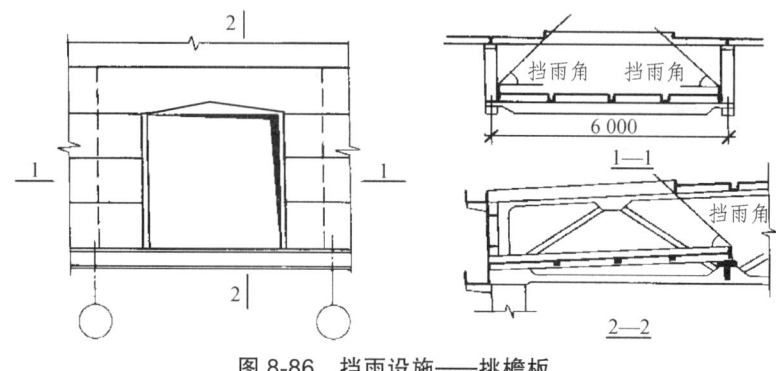

图 8-86 挡雨设施——挑檐板

③ 镶边板。

可设在井口的檩条或直接搁置在屋面板纵肋的钢牛腿上,如图 8-87 所示。

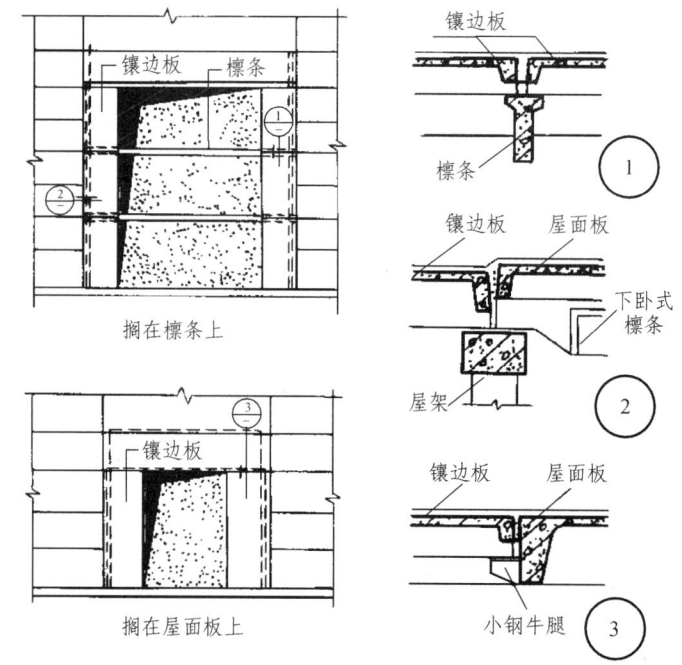

图 8-87 挡雨设施——镶边板

(3)窗扇。

窗扇可设在垂直口上,也可设在水平口上。

垂直口一般设在厂房的垂直方向,可以安装上悬或中悬窗扇,如图 8-88 所示。

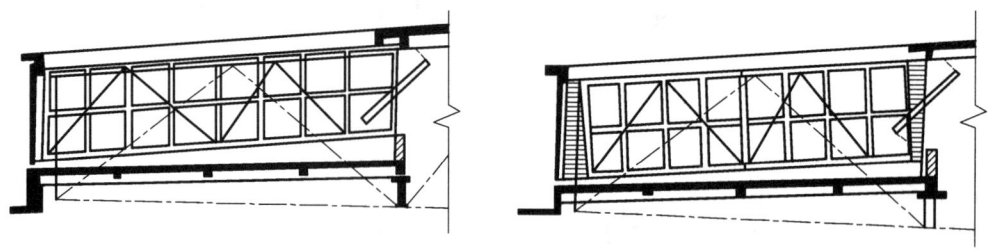

图 8-88 横向垂直口窗扇的设置

水平口设窗扇有两种形式,一种是设中悬窗扇,窗扇架在井口的空格板或檩条上,如图 8-89（a）所示。

另一种是设水平推拉窗扇,即在水平口上设导轨,窗扇两侧设滑轮,使窗扇沿导轨开闭,如图 8-89（b）所示。

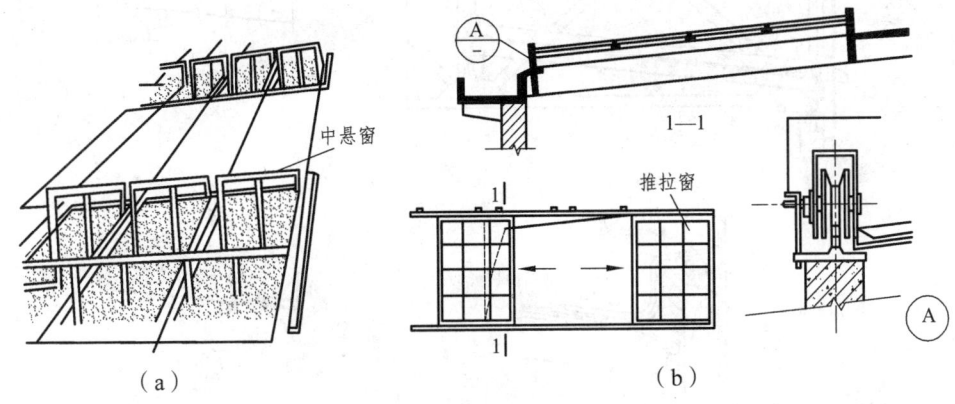

图 8-89　水平口窗扇的设置

（4）排水及泛水。

井式天窗由于有上下两层屋面,既要做好排水,又要解决好井口板、井底板的泛水。

① 排水。

具体做法可采用无组织排水、上层屋面通长天沟排水、下层屋面通长天沟排水、双层天沟排水,见图 8-90。

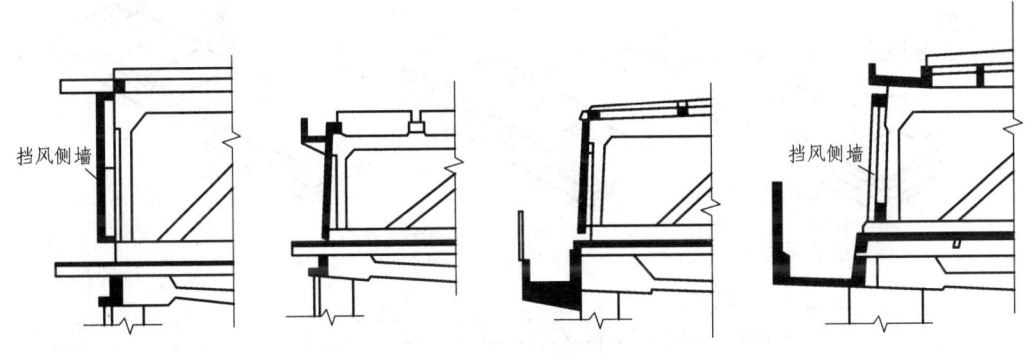

图 8-90　下沉式天窗的排水方式

② 泛水。

井口周围应做 150～200 mm 的泛水,为防止雨水流入车间,在井底板的边缘也应设泛水,高度≥300 mm,如图 8-91 所示。

3. 平天窗

平开窗是利用屋顶水面安设透光材料进行采光的天窗。它的优点是屋面荷载小,构造简单,施工简便,但易造成眩光、直射、易积灰。平天窗宜采用安全玻璃（如钢化玻璃、夹丝玻璃等）,但此类材料价格较高,当采用平板玻璃、磨砂玻璃、压花玻璃等非安全玻璃时,为防止玻璃破碎落下伤人,须加安全网。平天窗可分为采光玻璃、采光罩和采光带三种类型。

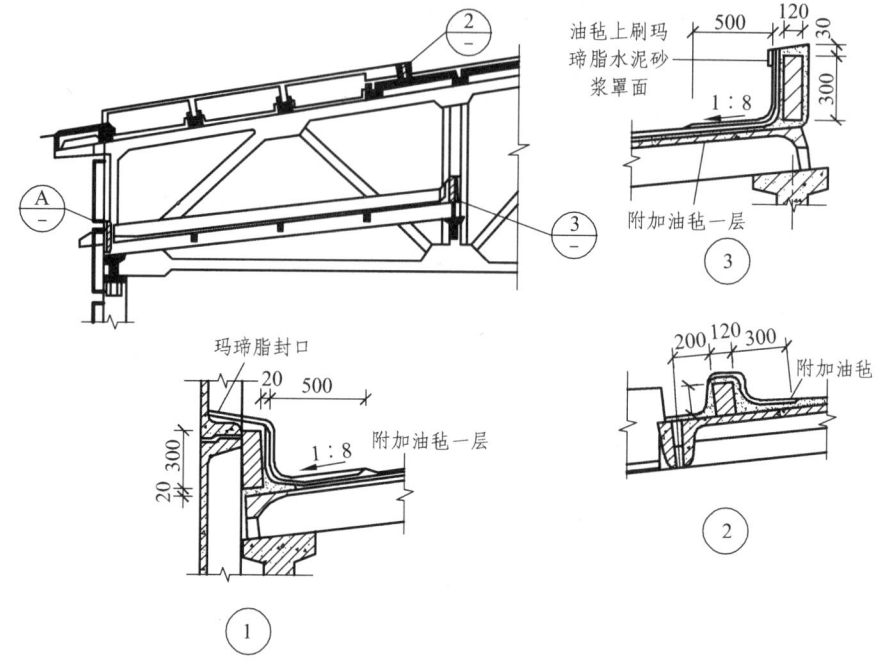

图 8-91 井式天窗的泛水构造

（1）采光板。

采光板是指在屋面板上留孔，以装平板式透光材料。采光板形式和组成见图 8-92。

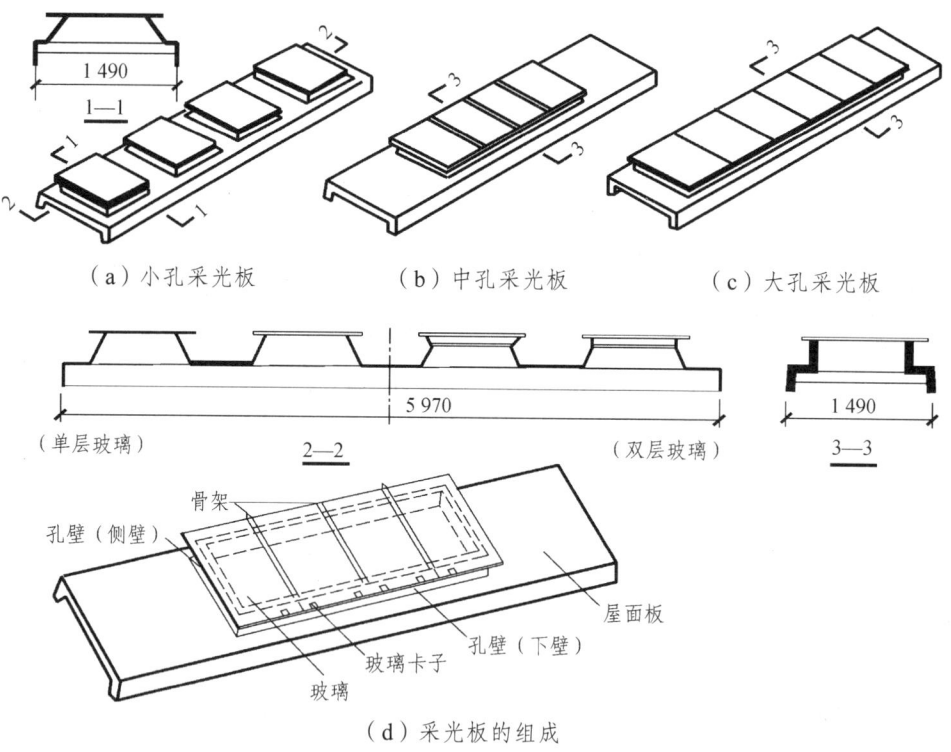

图 8-92 采光板形式和组成

（2）采光罩。

采光罩是指在屋面板上留孔，装弧形采光材料，有固定和开启两种，如图 8-93 所示。

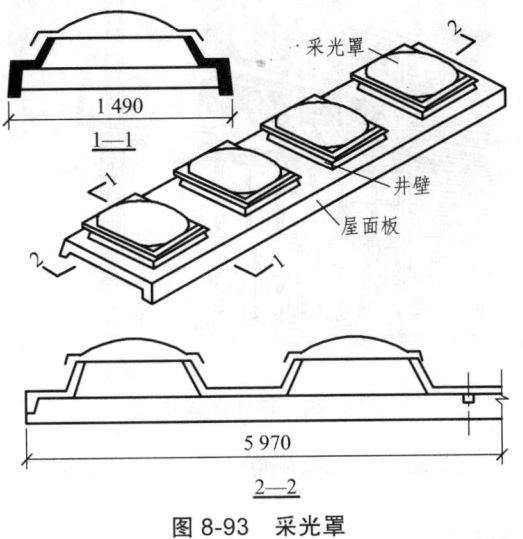

图 8-93　采光罩

（3）采光带。

采光带是指在屋面的纵向和横向开设 6 m 以上的采光口，装平板透光材料，如图 8-94 所示。

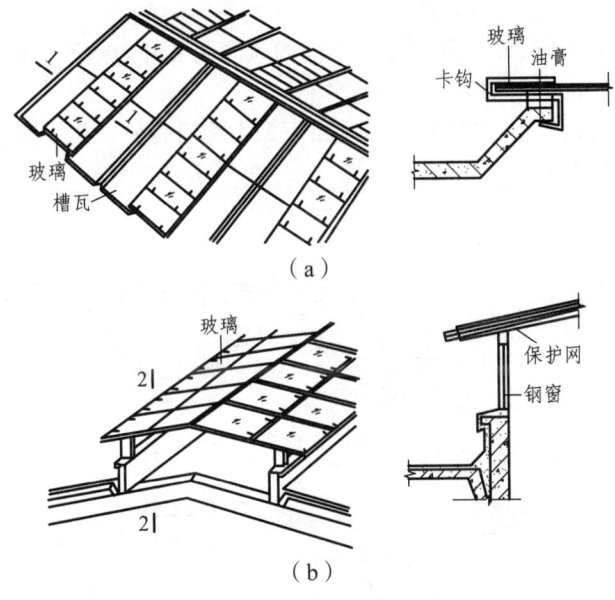

图 8-94　采光带

四、大门及侧窗

1. 侧　窗

（1）侧窗的类型。

侧窗根据采用的材料可分为钢窗、木窗及塑钢窗，根据开关方式可分为中悬窗、平开窗、垂直旋转窗、固定窗和百叶窗等，如图 8-95 所示。

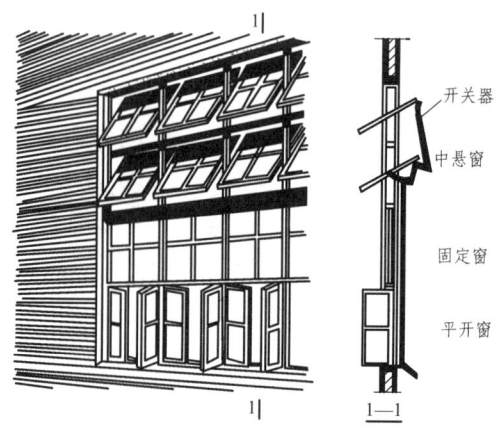

图 8-95 侧窗组合示例

平开窗：构造简单，开关方便，通风效果好，并便于做成双层窗，于外墙下部，作为通风的进气口。

中旋窗：窗扇沿水平轴转动，开启 80°，有利于泄压，并便于机械开关或绳索手动开关，常用于外墙上部。但中悬窗构造复杂，开关扇周边的缝隙易漏雨和不利于保温。

固定窗：构造简单，节省材料，多设在外墙中部，主要用于采光，对有防尘要求的车间其侧窗也多做成固定窗。

立转窗：窗扇沿垂直轴转动，并可根据不同的风向调节开启角度，通风效果好，多用于热加工车间的外墙下部，作为进风口。

上旋窗：一般向外开，防雨性能好，但启闭不如中旋窗轻便，并且开启角小，通风效果差，常用于厂房上部做高侧窗。

（2）侧窗的构造。

① 空腹式钢侧窗。

空腹式钢侧窗坚固、耐久、挡光少，易于批量生产，但维护费高，易锈蚀，如图 8-96 所示。

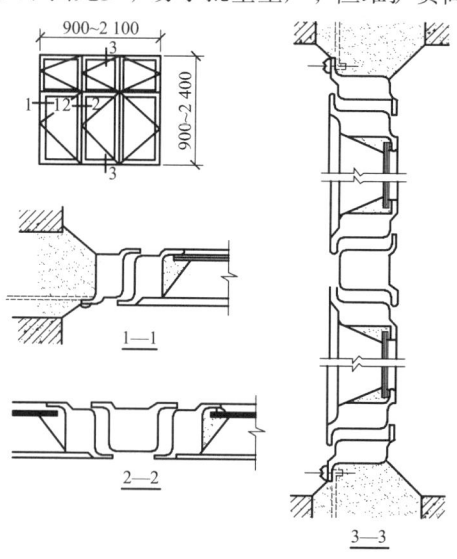

图 8-96 空腹式钢窗构造

② 木开扇钢筋混凝土窗。

木开扇钢筋混凝土窗能开启、坚固、耐久、造价低，但不美观、挡光，如图 8-97 所示。

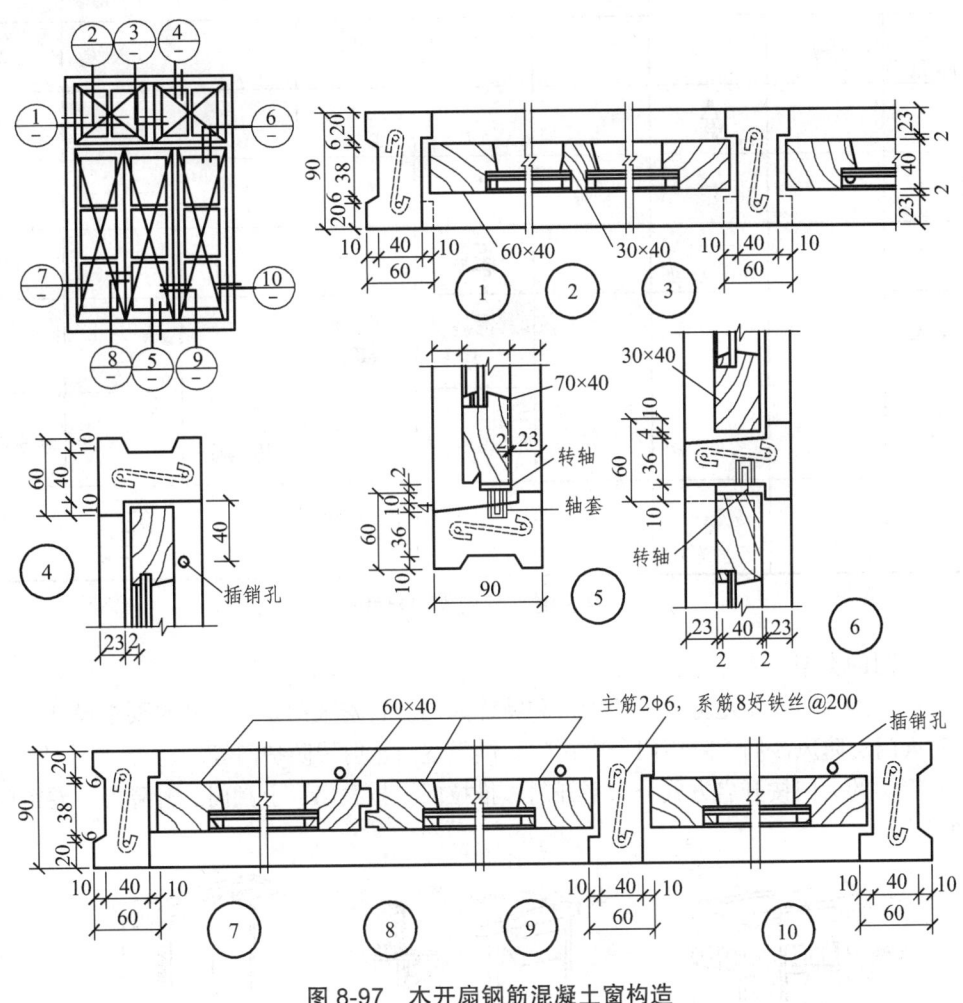

图 8-97 木开扇钢筋混凝土窗构造

③ 铝合金推拉窗。

铝合金推拉窗美观、耐久、密封性好，但造价较高、热工性能差。

④ 塑钢平开窗。

塑钢平开窗美观、耐久、耐腐蚀、防火性能均好，但造价高。

2. 大　门

（1）大门洞口尺寸。

厂房大门主要用于生产运输和人流通行，因此大门的尺寸应根据运输工具的类型、运输货物的外形尺寸及通行方便等因素确定。一般门的尺寸应比装满货物时的车辆宽出 600～1 000 mm，高出 400～600 mm。常用厂房大门的规格如图 8-98 所示。

运输工具	洞口宽/mm							洞口高/mm
	2 100	2 100	3 000	3 300	3 600	3 900	4 200 4 500	
3 t 矿车	🚃							2 100
电瓶车		🚋						2 400
轻型卡车			🚗					2 700
中型卡车				🚙				3 000
重型卡车					🚚			3 900
汽车起重机						🚛		4 200
火车							🚆	5 100 5 400

图 8-98 厂房大门尺寸

（2）大门的类型。

工业厂房的大门按用途分为一般大门和特殊大门。特殊大门是根据特殊要求设计的，有保温门、防火门、防风沙门、隔声门、冷藏门、烘干室门、射线防护门等。

工业厂房的大门按开启方式分为平开门、推拉门、折叠门、上翻门、升降门、卷帘门，如图 8-99 所示。

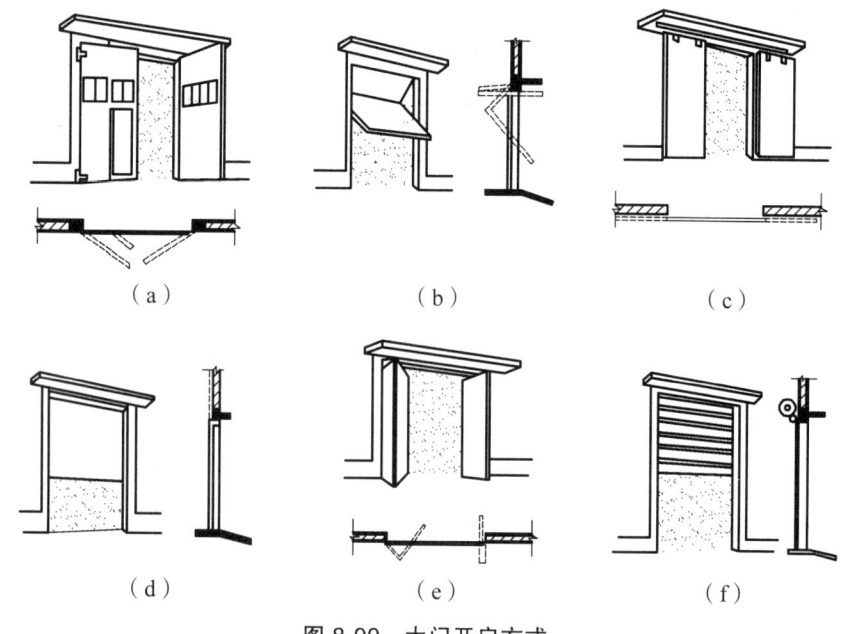

图 8-99 大门开启方式

平开门：构造简单，开启方便，为便于疏散和节省车间使用面积，平开门通常向外开启，但需设置雨篷，以保护门扇和方便出入，受力状态较差，易产生下垂或扭曲变形。

折叠门：由几个较窄的门扇通过铰链组合而成，开启时通过门扇上下轮沿导轨左右移动并折叠在一起，占空间较少，适用于较大的门洞口。

推拉门：门的开关是通过滑轮沿导轨向左右推拉，门扇受力状态好，构造简单，不易变形，但密闭性较差，不宜用于密闭要求高的车间。

上翻门：开启时门扇随水平轴沿导轨上翻至门顶过梁下面，不占使用空间。这种门可避免门扇的碰损，多用于车库大门。

升降门：升降门开启时门扇沿导轨向上升，门洞高时可沿水平方向将门扇分为几扇，不占使用空间，只需在门洞上部留有足够的上升高度，开启宜采用电动，适用于较高的大型厂房。

卷帘门：门扇由许多冲压成型的金属叶片连接而成，开启时通过门洞上部的转动轴将叶片卷起，有手动和电动两种。

五、地面及其他构造

1. 地　面

单层厂房的地面面积较大，应具有抵抗各种破坏的能力，以满足各种生产使用的要求，如防尘、防潮、防水、抗腐蚀、耐冲击和耐磨等。另外，两种不同材料的地面，接缝处是最易破坏的地方，应根据不同情况采取措施。当接缝两侧均为刚性垫层时，交界处不做处理。

（1）地面的组成。

厂房地面一般也是由面层、垫层、基层（地基）组成。当只设这些构造层还不能满足生产与使用要求时，还要增设找平层、结合层、隔离层、保温层、隔声层、防潮层等其他构造层次。

① 面层。

厂房地面的面层可分为整体式面层及块材面层两大类。

② 垫层。

厂房地面的垫层要承受并传递荷载，按材料性质不同可分为刚性垫层、半刚性垫层及柔性垫层三种。

刚性垫层是以混凝土、沥青混凝土、钢筋混凝土等材料构筑而成的垫层。半刚性垫层是以灰土、三合土、四合土等材料构筑。柔性垫层是以砂、碎石、卵石、矿渣、碎煤渣等构筑的垫层，受力后产生塑性变形。

（2）地面特殊部位构造。

① 地面接缝。

大面积刚性垫层的地面应做接缝。接缝按其作用可分为伸缝、缩缝两种。图8-100为混凝土垫层接缝构造。不同地面的接缝处理方法不同，如图8-101所示。

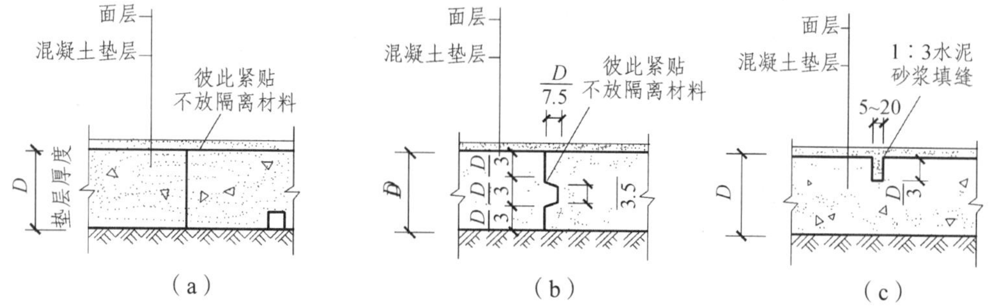

图 8-100 混凝土垫层接缝

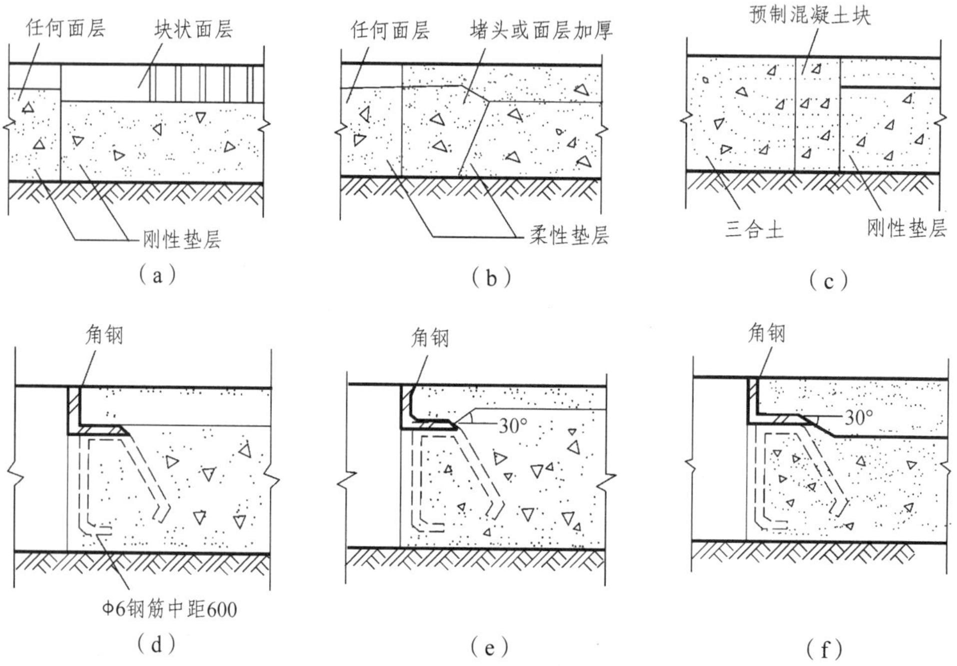

图 8-101 不同地面的接缝处理

② 地沟。

地沟供敷设生产管线用。地沟由底板、沟壁、盖板三部分组成。盖板常用钢筋混凝土预制板或用铸铁制作。砖砌地沟的底板一般用 C10 混凝土浇筑,厚 80~100 mm。沟壁常用砖砌,厚度一般为 120~490 mm,上部设混凝土垫块,以支承预制钢筋混凝土盖板。为了防潮,沟壁外侧应刷冷底子油一道、热沥青两道,沟壁内侧抹 20 mm 厚 1:2 防水砂浆,如图 8-102 所示。

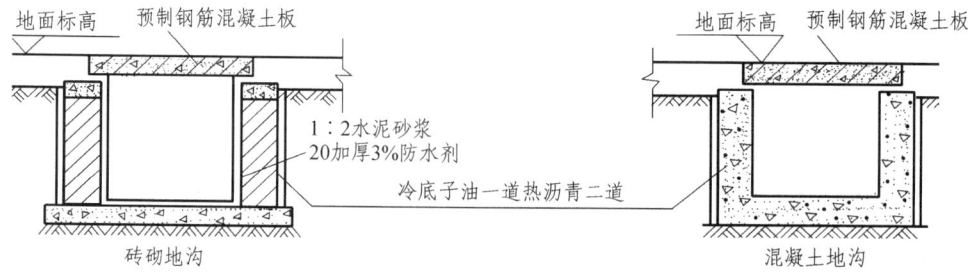

图 8-102 地沟构造

2. 其他构造

（1）坡道。

厂房的室内外高差一般为 150 mm，为了便于各种车辆通行，在门口外侧须设置坡道。坡道的坡度常取 10%～15%，宽度应比大门宽 600～1 000 mm 为宜，如图 8-103 所示。

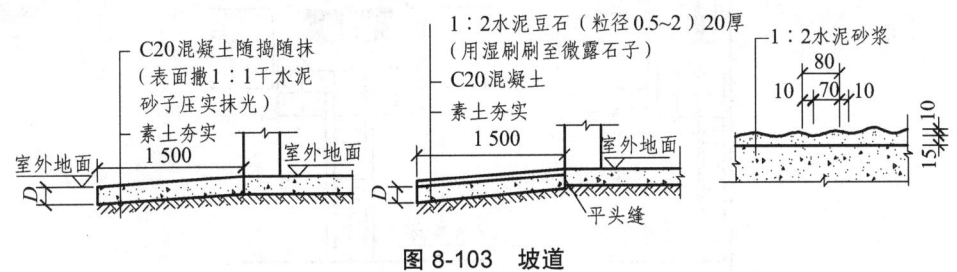

图 8-103 坡道

（2）钢梯。

单层工业厂房中常采用各种钢梯，如作业台钢梯、吊车钢梯、消防及屋面检修钢梯等。

① 作业台钢梯。

作业台钢梯是工人上下生产操作平台或跨越生产设备联动线上的交通道。其坡度为 45°、59°、73°和 90°，如图 8-104 所示。

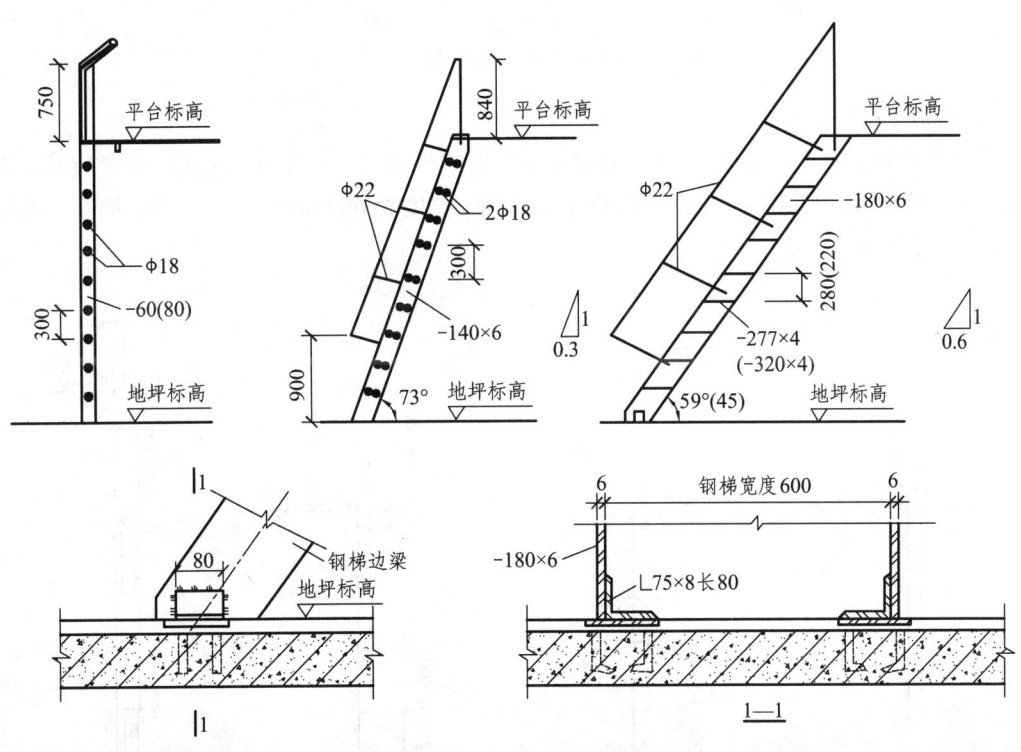

图 8-104 作业台钢梯

② 吊车钢梯。

吊车钢梯是为吊车司机上下吊车使用的专用梯，吊车梯一般为斜梯，梯段有单跑和双跑两种，坡度有 51°、55°和 63°，如图 8-105 所示。

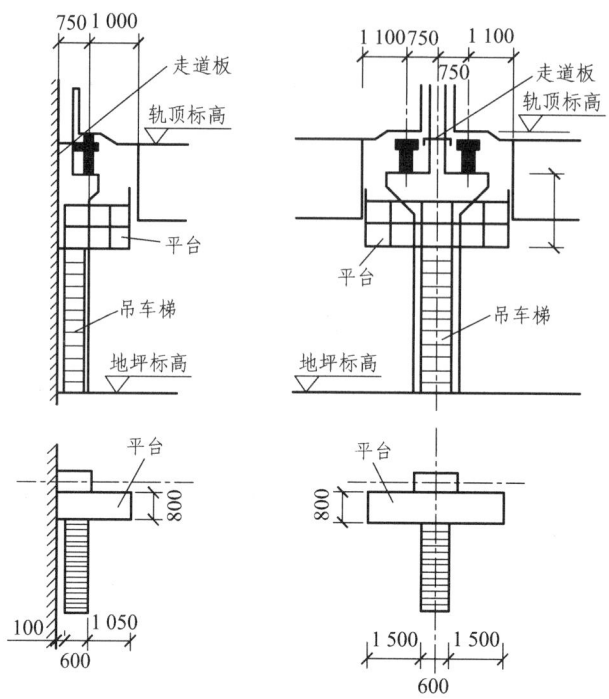

图 8-105 吊车钢梯

③ 消防及屋面检修钢梯。

单层厂房屋顶高度大于 10 m 时，应设专用梯自室外地面通至屋面，或从厂房屋面通至天窗屋面，作为消防及检修之用。消防、检修常用直梯，宽度为 600 mm，它由梯段、踏步、支撑组成，如图 8-106 所示。

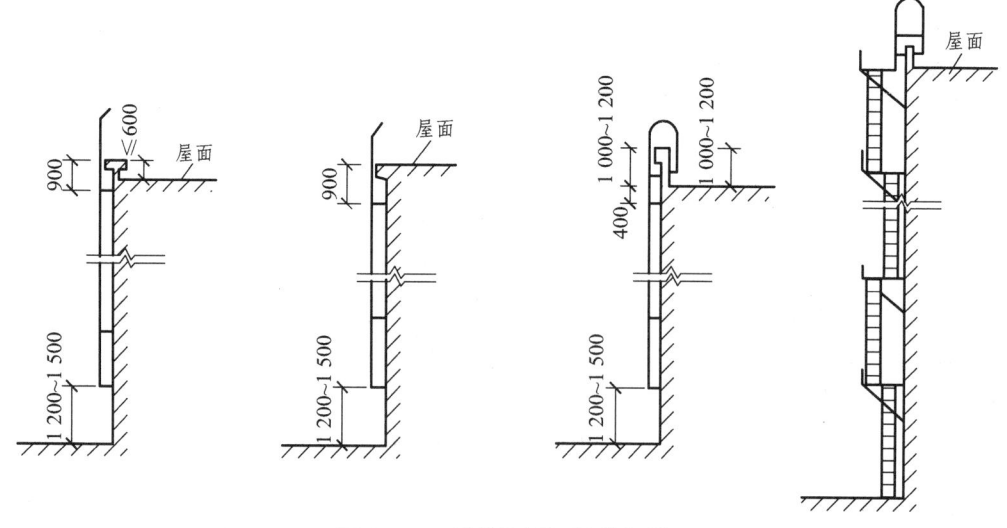

图 8-106 消防及屋面检修钢梯

复习思考题

1. 什么是工业建筑？简述工业建筑的分类及特点。
2. 常见的装配式钢筋混凝土排架结构单层厂房由哪几部分组成？各部分由哪些构件组成？它们的主要作用有哪些？
3. 厂房常见的起重吊车有哪几种？其适用范围如何？
4. 什么是柱网？如何确定柱网的尺寸？扩大柱网有哪些特点？
5. 什么是纵向定位轴线的"封闭结合"和"非封闭结合"，边柱与中柱与纵向定位轴线的关系如何？
6. 根据基础埋深不同，基础梁搁置在基础上的方式有哪几种？
7. 柱子上一般主要有哪些预埋件？
8. 屋盖结构有哪两种体系？由哪两部分组成？
9. 单层厂房屋面排水方式有哪几种？各自有什么特点？适用范围是什么？
10. 矩形天窗由哪些构件组成？
11. 常用大门洞口的尺寸有哪些？
12. 厂房地面由哪些构造层次组成？地面的构造如何？

第九章 建筑施工图

建筑施工图包括：总平面图、建筑平面图、建筑立面图、建筑剖面图和建筑详图，其中建筑平面图、建筑立面图、建筑剖面图属于基本图纸。

第一节 建筑施工图的规定和常用符号

一、图幅

图幅也就是图纸的大小，其规格有 5 种，如表 9-1 所示。图框即图纸的边框，图框线用粗实线绘制。

表 9-1 图纸幅面及图框尺寸　　　　　　　　　　　　　　　　　mm

尺寸代号	幅面代号				
	A0	A1	A2	A3	A4
$b×l$	841×1 189	594×841	420×594	297×420	210×297
c	10			5	
a	25				

图纸的摆放格式有横式与立式两种。A0～A3 图幅常用横式，如图 9-1 所示，A4 图幅常用立式。图纸的右下角一栏称为图纸的标题栏。用来填写图名、图号以及设计人、制图人、审批人的签名和日期。图纸的短边一般不应加长，A0～A3 长边可加长，加长的尺寸为边长的 1/8 及其倍数。

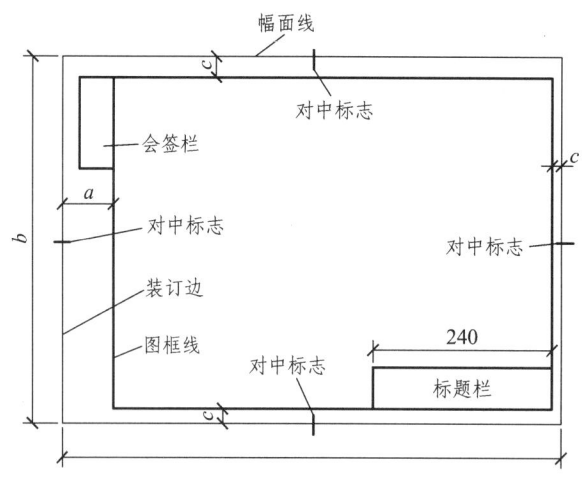

图 9-1　A0～A3 横式图幅

二、图　线

一套工程图包括多张图纸，由于每张图纸所表示内容的不同，所以绘制时一般采用粗细不同、形式不同的线型加以区分，以使图画清晰，内容主次分明。图中线的粗细程度用线的宽度来区分，称为线宽。国标中规定了常用的几种图线的线型、线宽和它的一般用途，如表 9-2 所示。粗线的宽度 b 一般在 0.5 mm 左右比较合适。

表 9-2　线型与线宽

名　称		线　形	线宽	一般用途
实线	粗		b	主要可见轮廓线
	中		$0.5b$	可见轮廓线
	细		$0.25b$	可见轮廓线、图例线
虚线	粗		b	见各有关专业制图标准
	中		$0.5b$	不可见轮廓线
	细		$0.25b$	不可见轮廓线、图例线
单点长划线	粗		b	见各有关专业制图
	中		$0.5b$	制图见各有关专业制图标准
	细		$0.25b$	中心线、对称线等
双点长划线	粗		b	见各有关专业制图标准
	中		$0.5b$	见各有关专业制图标准
	细		$0.25b$	假想轮廓线、成型前原始轮廓线
折断线			$0.25b$	断开界线
波浪线			$0.25b$	断开界线

三、比　例

比例是指画在图纸上图形的大小与建筑物形体实际大小之比。比例应用阿拉伯数字表示，如 1∶200 即表示实物的尺寸是图形尺寸的 200 倍。比例宜注写在正图名的右侧。国标中规定了建筑图样中常采用的比例，如表 9-3 所示。

表 9-3　常采用的比例

常用比例	1∶1、1∶2、1∶5、1∶10、1∶20、1∶50、1∶100、1∶150、1∶200、1∶500、1∶1 000、1∶2 000、1∶5 000、1∶10 000、1∶20 000、1∶50 000、1∶100 000、1∶200 000
可用比例	1∶3、1∶4、1∶6、1∶15、1∶25、1∶30、1∶40、1∶60、1∶80、1∶250、1∶300、1∶400、1∶600

四、尺寸标注

图纸中的图形不论按何种比例绘制，但尺寸仍须按物体实际的尺寸数值进行标注。尺寸标注由尺寸界线、尺寸线、尺寸起止符号及尺寸数字四部分构成，如图9-2所示。

1. 尺寸线

尺寸线应用细实线绘制，一般应与被标注长度线平行，与图形外轮廓线相距不宜小于 10 mm，平行排列的尺寸线的距离宜为 7~10 mm。图样本身的任何图线均不得作为尺寸线。

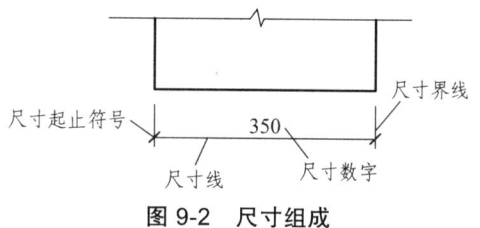

图 9-2　尺寸组成

2. 尺寸界线

尺寸界线应用细实线绘制，一般应与被标注尺寸线垂直，其一端应离开图样轮廓线不小于 2 mm，另一端宜超出尺寸线 2~3 mm。图样轮廓线、中心线、轴线均可以作为尺寸界线。

3. 尺寸起止符号

尺寸起止符号一般用中粗斜短线绘制，其斜线方向应与尺寸界线成顺时针 45°角，长度宜为 2~3 mm。

4. 尺寸数字

尺寸数字表示图形的实际大小。当尺寸线为水平时，其水平尺寸数字标注在尺寸线的上方，由左向右；当尺寸线为竖直方向时，其尺寸数字由下至上标注在尺寸线的左侧；相互平行的尺寸线，应把较小尺寸标注在靠近图形的轮廓线，较大尺寸标注在较小尺寸的外侧，即以大包小。

图样上的尺寸应以尺寸数字为准，不得从图上直接量取。其数值仅表示图形的真实大小，而与绘图时所选的比例、图形大小及绘图的准确度无关。

五、索引符号及详图符号

施工图中，有时会因为比例问题而无法表达清楚某一局部，为方便施工需另画详图。一般用索引符号注明画出详图的位置、详图的编号以及详图所在的图纸编号。索引符号和详图符号内的详图编号与图纸编号两者对应一致。

1. 索引符号

索引符号的圆和引出线均应以细实线绘制，圆直径为 10 mm，如图 9-3（a）。引出线应对准圆心，圆内过圆心画一水平线，上半圆中用阿拉伯数字注明该详图的编号，下半圆中用阿拉伯数字注明该详图所在图纸的图纸号，如图 9-3（b）所示。如果详图与被索引的图样在同一张图纸内，则在下半圆中间画一水平细实线，如图 9-3（c）所示。索引出的详图，如采用标准图，应在索引符号水平直径的延长线上加注该标准图册，如图 9-3（d）所示。当索引符号用于索引剖面详图时，应在被剖切的部位绘制剖切位置线。引出线所在一侧应为投射方向，如图 9-4 所示。

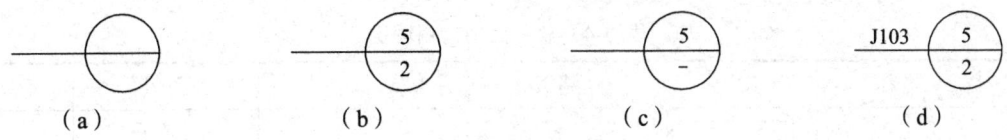

图 9-3　索引符号

2. 详图符号

详图的位置和编号应以详图符号表示。详图符号的圆应以直径为 14 mm 的粗实线绘制。详图符号编写规定如图 9-4 所示。

六、指北针

指北针的形状如图 9-5 所示。用细实线绘制，圆的直径为 24 mm，针尖指向北，并应注写"北"或"N"字，指针的尾部宽度宜为 3 mm。

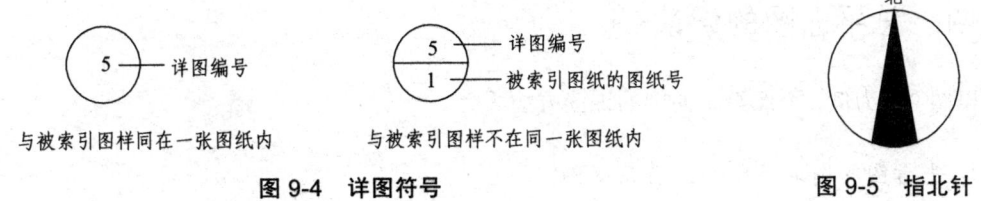

图 9-4　详图符号　　　　　　　图 9-5　指北针

第二节　建筑总平面图

一、总平面图的形成及作用

假想在建筑地段的上空向下观看，并画出它的水平投影图，这种水平投影图称为总平面图。

在施工中，总平面图可作为新建房屋定位、施工放线、土方施工以及绘制水、暖、电等管线总平面图和施工总平面图的依据。

总平面图主要反映出新建建筑物及其周围的总体布局情况，如建筑物的平面形状和层数、与原有建筑物的相对位置、地形地物、周围环境、道路和绿化等。

二、总平面图的比例

总平面图的比例一般为 1∶500、1∶1 000、1∶2 000 等，因区域面积大，故采用小比例，房屋只用外围轮廓线的水平投影表示。

三、总平面图中常用的图例符号

总平面图中常用的图例符号见表 9-4 所示。

表 9-4 总平面图常用图例

序号	名称	图例	备注	序号	名称	图例	备注
1	新建建筑物	8 ▲	粗实线表示	6	原有道路		
2	原有建筑物		细实线表示	7	计划扩建的道路	- - - - -	
3	计划扩建的建筑物		中粗虚线表示	8	拆除的道路	×—×—×	
4	拆除的建筑物	× ×	细实线表示	9	室内标高	151.00(±0.00) ▽	
5	新建的地下建筑物或构筑物			10	室外标高	▼ 143.00	

四、总平面图的识读

以图 9-6 为例，介绍总平面图的识读方法。

1. 先看图的图名、比例，熟悉图例

由于总平面图要表达的范围比较大，所以总平面图的绘制比例较小。由图可以看出，其比例为 1∶500，图例显示有一幢新建的建筑物，其余为原有道路。

2. 了解建筑工程性质、方位、朝向

由图可知，新建工程为办公楼建筑，6 层。从指北针的指向可知该办公楼为南北朝向，坐北朝南。

3. 了解新建建筑物基本情况、道路布置等

由图可知该办公楼的总长为 71.00 m，总宽 21.00 m，两端各向外延伸了 6.30 m，形成了一个接近槽形的平面形状。办公楼三面有道路，东边距办公楼 8.1 m 是宽 18 m 的郑州路，西边距办公楼 7.5 m 是宽 24 m 的龙鳞路，南边是西苑路。

4. 了解新建建筑物室内外地坪标高、室内外高差

由图可以看出：新建建筑物室内首层地面的绝对标高是 97.00 m，即底层室内地面标高 ±0.000 相当于绝对标高 97.00 m。室外地坪绝对标高为 96.65 m，从而可知室内外高差为 0.35 m。

第九章 建筑施工图

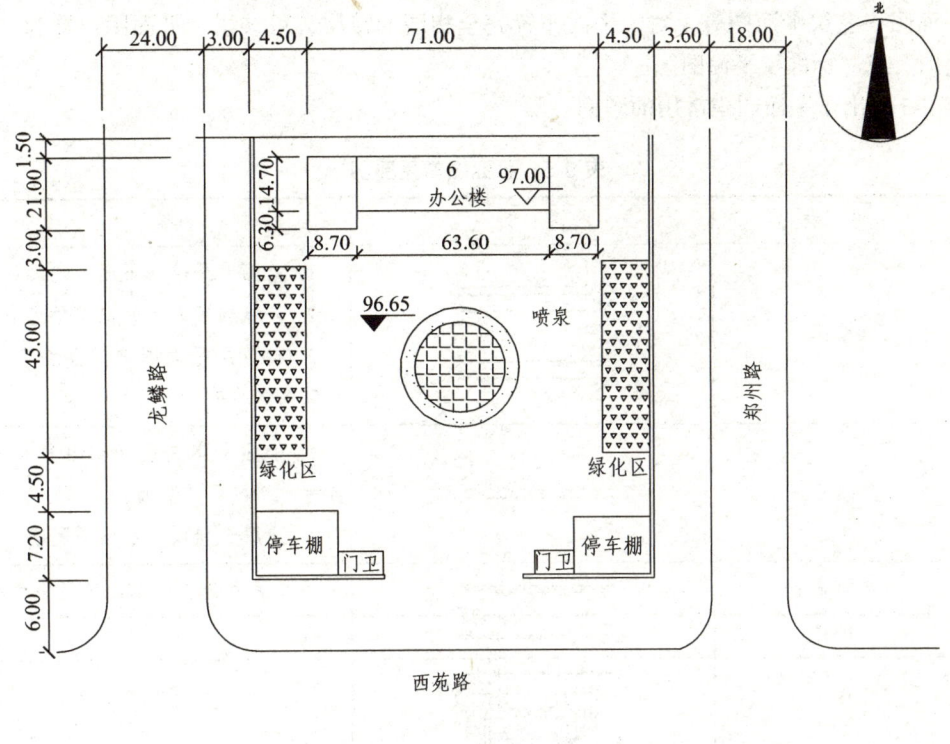

图 9-6　某办公楼总平面图

5. 了解新建建筑物四周的绿化等情况

由图可以看出：在办公楼前 3 m 两边各有长为 45 m 的绿化地，办公楼正前有一座喷泉。

6. 了解经济技术指标（略）

第三节　建筑平面图

一、建筑平面图的形成和作用

建筑平面图就是建筑物形体的水平剖视图。假想用一个水平的剖切平面沿建筑物各层门、窗洞口部位（指窗台以上、过梁以下的适当部位）水平剖切开来，移去剖切面上半部分，对剖切平面以下的部分进行投影所得的投影图，称为建筑平面图，简称平面图。

建筑平面图主要表达房屋的平面形状、大小和房间的布置、墙或柱的位置、厚度、材料、门窗的位置、大小和开启方向等，作为施工时定位放线、砌墙、安装门窗、室内装修及编制预算等的重要依据。

一般情况下，房屋有几层，就应画出几层的平面图，并在图下方标明图名，如首层平面图、二层平面图、三层平面图等。对于平面布置完全相同的楼层，可共用一平面图，称为"X-X层平面图"或"标准层平面图"。

表 9-5 列出了平面图中常用的图例。

表 9-5　平面图常用图例

序号	名称	图例	备注
1	墙体	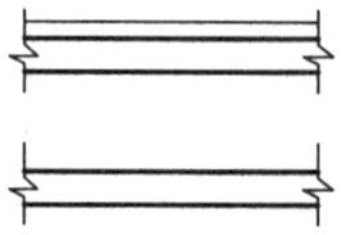	1. 上图为外墙，下图为内墙； 2. 外墙细线表示有保温层或有幕墙； 3. 在各层平面图中防火墙宜着重以特殊图案填充
2	隔断		1. 加注文字或涂色或图案填充表示各种材料的轻质隔断； 2. 适用于到顶与不到顶隔断
3	玻璃幕墙		幕墙龙骨是否表示由项目设计决定
4	栏杆		—
5	楼梯	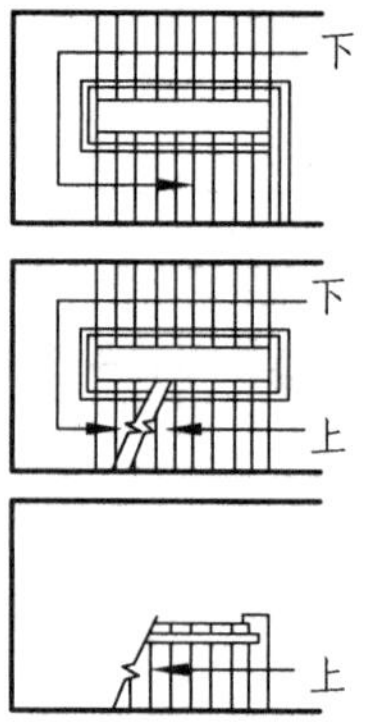	1. 上图为顶层楼梯平面，中图为中间层楼梯平面，下图为底层楼梯平面； 2. 需设置靠墙扶手或中间扶手时，应在图中表示
6	坡道	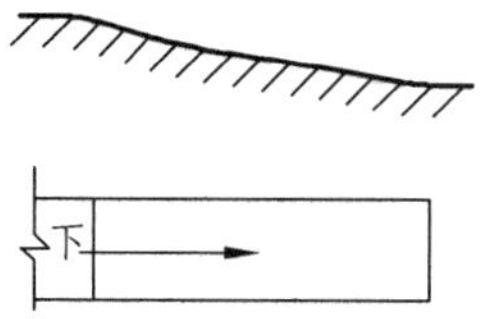	长走道
		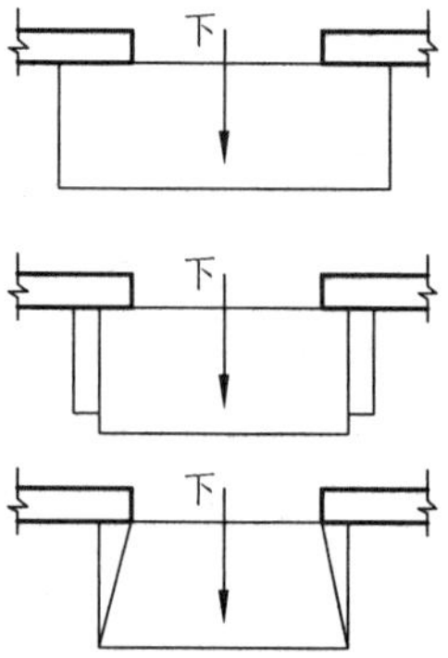	上图为两侧垂直的门口坡道，中图为有挡墙的门口坡道，下图为两侧找坡的门口坡道

续表

序号	名称	图例	备注
7	台阶	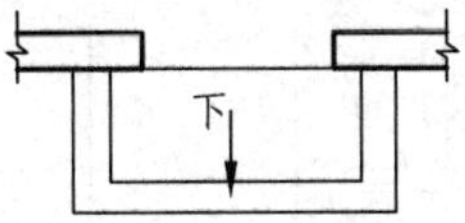	—
8	平面高差	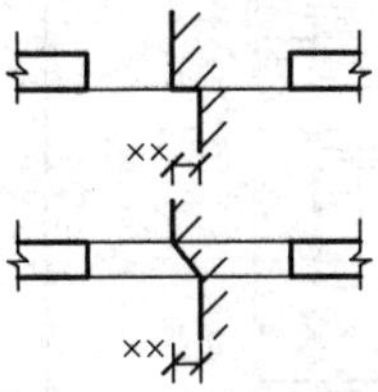	用于高差小的地面或楼面交接处，并应与门的开启方向协调
9	检查孔		1. 左图为可见检查孔； 2. 右图为不可见检查孔
10	孔洞		阴影部分亦可填充灰度或涂色代替
11	坑槽		—
12	墙预留洞、槽	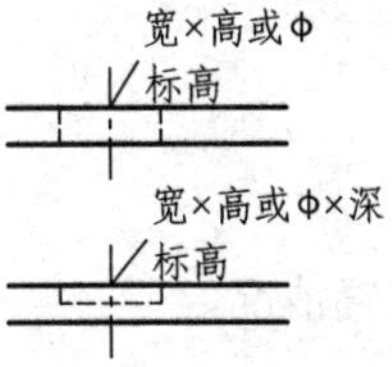 宽×高或φ 标高 / 宽×高或φ×深 标高	1. 上图为预留洞，下图为预留槽； 2. 平面以洞（槽）中心定位； 3. 标高以洞（槽）底或中心定位； 4. 宜以涂色区别墙体和预留洞（槽）
13	地沟		上图为有盖板地沟，下图为无盖板明沟
14	烟道	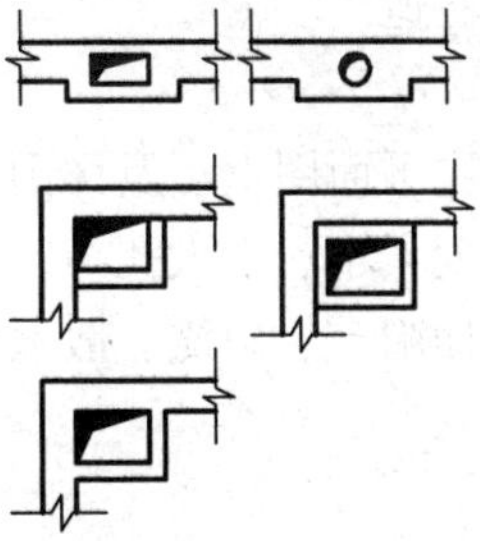	1. 阴影部分亦可填充灰度或涂色代替； 2. 烟道、风道与墙体为相同材料，其相撞处墙身线应断开； 3. 烟道、风道根据需要增加不同材料的内衬
15	风道	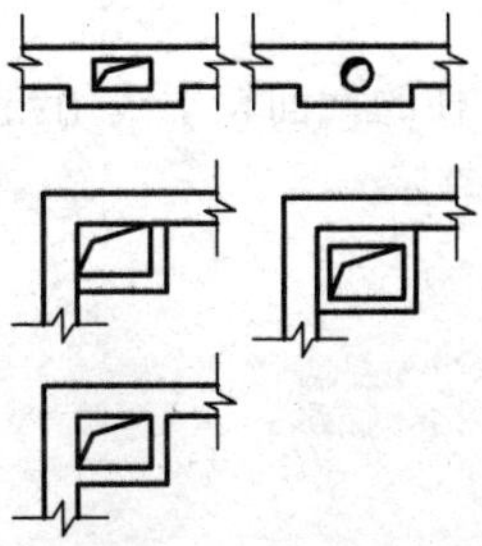	

续表

序号	名　称	图　例	备　注
16	新建的墙和窗		—
17	改建时保留的墙和窗		只更换窗，应加粗窗的轮廓线
18	拆除的墙		—

二、平面图的基本内容

平面图的基本内容一般包括：
（1）建筑物的朝向、平面形状及内部布置情况。
（2）建筑物的结构形式及主要建筑材料。
（3）建筑物的平面尺寸及各层楼、地面的标高。
建筑物的平面尺寸有外部尺寸和内部尺寸，外部尺寸指外墙上的尺寸，一般标注三道尺寸线；内部尺寸指内墙上的尺寸，一般标注一道。
（4）标出门窗的编号及门的开启形式。
（5）画出剖面图的剖切符号（只在首层平面图上）及详图索引符号（在需要画详图处）。
（6）屋顶平面图应标明排水分区、坡度大小、上人孔等。
（7）表明一些构配件的位置及尺寸，如阳台、雨篷、散水、台阶、坡道、雨水管等。

三、平面图的线性规定

《建筑制图标准》规定：被剖到的墙、柱的截面轮廓线用粗实线表示；门窗开启线用中粗线表示；其余可见构件的轮廓线均用细实线表示。

四、平面图的识读

以图 9-7 所示来说明如何识读平面图。

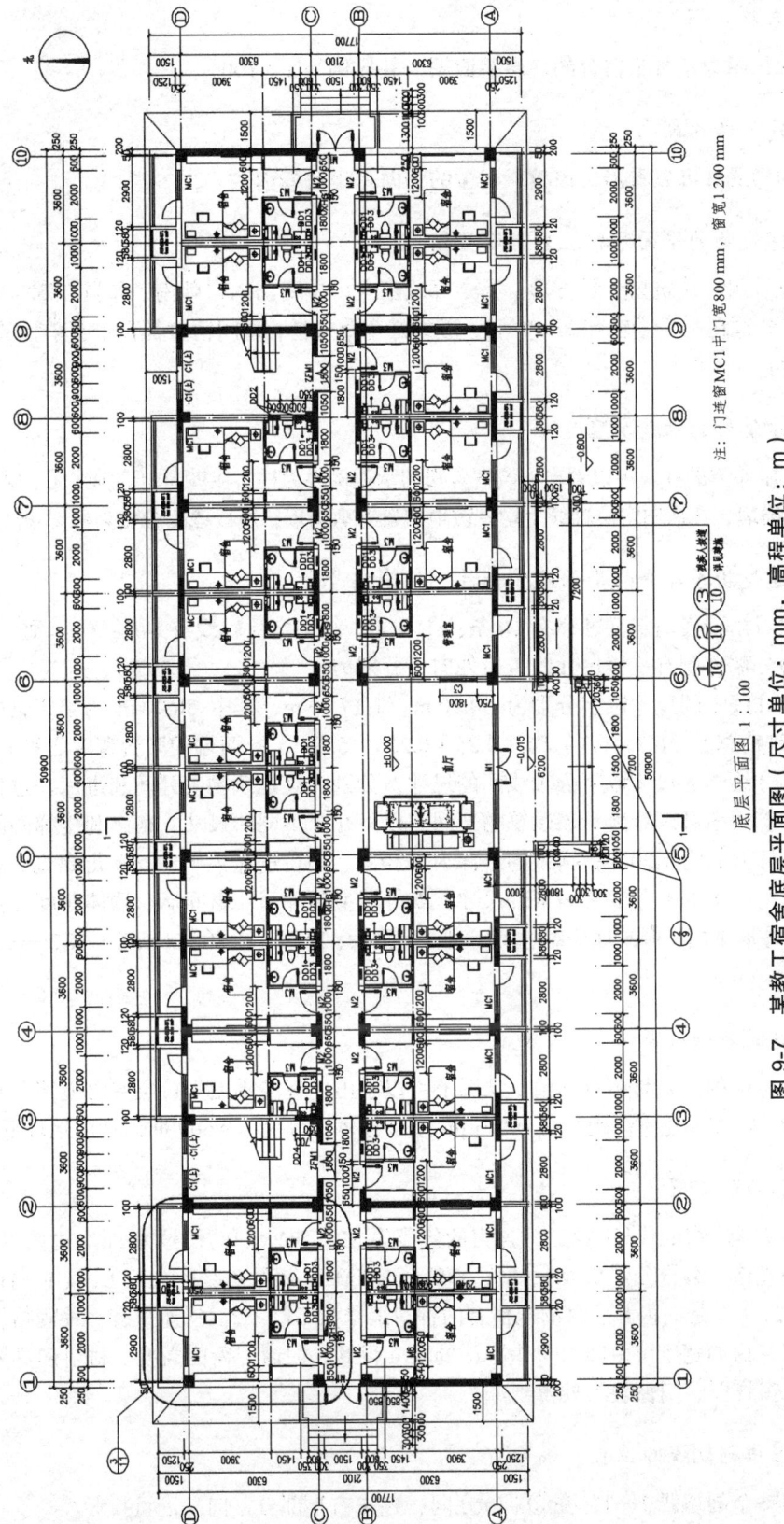

图 9-7　某教工宿舍底层平面图（尺寸单位：mm，高程单位：m）

1. 看图名及比例

由图可知该图为某教工宿舍的底层平面图,其比例为 1∶100。

2. 了解建筑物的朝向

由图上的指北针可以看出,该教工宿舍的朝向是坐北朝南。

3. 了解建筑物的平面形状及内部布置情况

由图可以看出,建筑物呈长方形,是走廊式宿舍。主要出入口朝南,布置在⑤~⑥之间;楼梯有两部,分别在②~③轴和⑧~⑨轴,形式是双跑楼梯;每间宿舍都自带有单独的卫生间,并且带有阳台。

4. 了解建筑物的结构类型

如图中所示涂黑的柱块可以看出,该宿舍楼的承重构件为柱,在横向定位轴线①、②、⑨、⑩轴上布置有剪力墙,在纵向定位轴线上均零散地布置有剪力墙,所以该宿舍楼为框架-剪力墙结构。

5. 了解建筑物各部分的平面尺寸标注、轴线编号

由图可以看出:横向定位轴线有 10 条:①~⑩,纵向定位轴线有 4 条:Ⓐ~Ⓒ。

纵、横向外墙外侧有三道尺寸线,由外向里分别为:

第一道尺寸线上的尺寸数字分别为 50.90 m 和 17.70 m,其中 50.90 m 为建筑物的总长,17.70 m 为建筑物总宽(6.3 + 6.3 + 2.1 + 0.25 + 0.25 = 15.2 m)及两端的阳台宽度之和。

第二道尺寸线上的尺寸数字为轴线间的尺寸,分别为该建筑物的开间和进深、过道的尺寸及阳台的尺寸。由图可以看出,该建筑物开间有以下几个不同的尺寸:宿舍和楼梯间的开间均为 3.60 m,前厅开间为 7.20 m;宿舍的进深为 6.30 m,阳台进深为 1.50 m;走廊宽 2.10 m。

第三道尺寸线上的尺寸数字为细部尺寸,如外墙上门连窗、窗间墙、墙体厚度等。如图所示,该建筑物外墙上门、窗的规格编号有三种,分别为:M1——1 500 mm;C1、C2——900 mm;MC1——2 000 mm。

6. 了解建筑物的标高

平面图中标注的标高是相对标高。从图上可以看出,标高零点为首层室内地坪,室外平台的标高为 -0.015 m,即比室内地坪低 0.015 m;室外地坪标高为 -0.600 即比室内地坪低 0.60 m。

7. 了解门窗的布置

门的代号为 M,窗的代号为 C,门连窗的代号为 MC,防火门的代号为 FM。由图可以看出,底层门有 4 种规格,编号分别是 M1、M2、M3、乙 FM1(表示乙级防火门),其中 M1 和 FM1 是向外开,M2、M3 是向内开。窗的规格有两种,编号为 C1、C2。门连窗有一种规格,编号为 MC1。各种门、窗的宽度可由图 9-7 中标注的尺寸得到,门窗、窗的高度、材料和具体做法要由立面图、门窗详图、门窗表等处得到。

8. 了解图中剖切线的位置、编号

图中只有一个剖切线 1—1,在⑤~⑥之间,移去右半部分,向左进行投影。

以上是对首层平面图的识读，其他各层平面图的识读方法基本一样。屋顶平面图表达的是屋顶的形状、排水方向及坡度、雨水管的位置、女儿墙等。

第四节 建筑立面图

一、建筑立面图的形成和作用

建筑立面图简称立面图，它是在与房屋立面平行的投影面上所作的房屋正投影图。立面图反映建筑的高度、层数、外貌、门窗、窗台、雨篷、阳台、台阶、雨水管、烟囱、屋顶檐口等以及立面装修的做法，在施工过程中用于房屋的立面装修，以及进行概预算。

二、建筑立面图的命名方式

立面图的命名方式有三种：
（1）可用朝向命名，立面朝向那个方向就称为某立面图，如朝南，则称南立面图。
（2）可用外貌特征命名，其中反映主要出入口或比较显著地反映房屋外貌特征的那一面的立面图，称为正立面图，其余立面图称为背立面图和侧立面图。
（3）可用立面图上首尾轴线的编号命名，如①~⑩立面图、⑩~①立面图等。立面图的比例与平面图比例一致。

三、立面图的线型要求

房屋最外轮廓线和有较大转折处的投影用粗实线（b）画出，如屋檐、外墙边线及地平线；外墙上突出凹进的部位如壁柱、阳台、门窗洞、窗台、雨篷、勒脚、台阶、花台等轮廓线用中粗实线（$0.5b$）画出；室外地平线用加粗实线（$1.2b$）画出；其余细部如门窗分格线、墙面装饰分格线、栏杆等用细实线（$0.25b$）画出。

四、立面图的图示内容

（1）表明建筑物的外形、门窗、阳台、雨篷、台阶、雨水管、烟囱等的位置。
（2）标注出外墙各主要部位的标高，如室外地坪、窗台、阳台、雨篷、檐口等。
（3）外墙面的装修做法。
（4）注出建筑物两端的定位轴线及其编号。
（5）标注索引符号。

五、立面图的识读

以图9-8为例说明建筑立面图的识读方法和步骤。

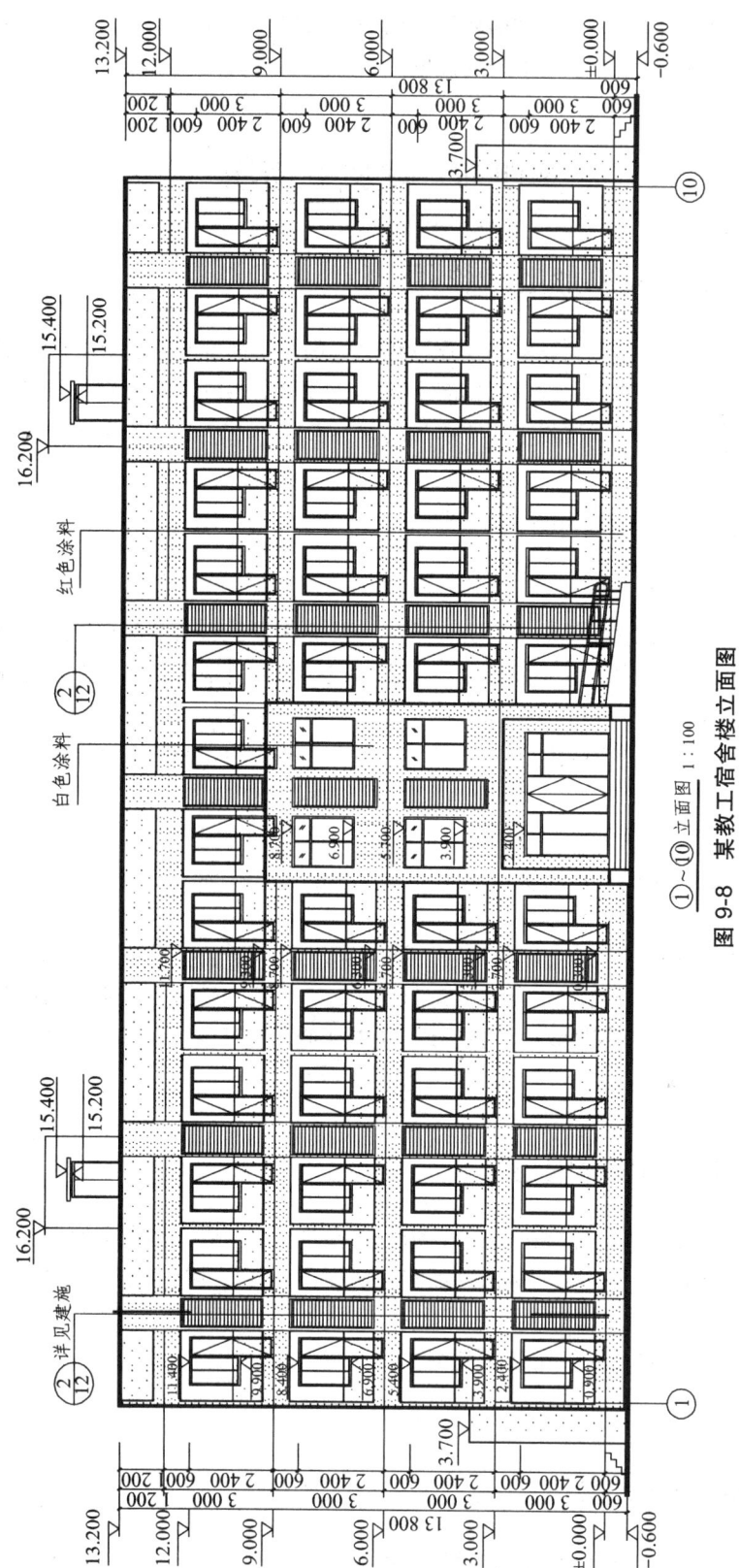

图 9-8 某教工宿舍楼立面图
①~⑩立面图 1:100

1. 了解图名和比例

由图可知,该立面图为①~⑩立面图,轴线与平面图相符。在该立面上有主要出入口,所以也是正立面图,其比例是 1∶100。

2. 了解建筑物的层数、总高及各部位的标高

由图可以看出,该建筑物为 4 层,屋顶标高为 13.200 m,室外地坪的标高为-0.600 m,从而可知建筑物总高为 13.800 m(13.200 + 0.600)。各层门连窗的窗台的标高依次为 0.900 m、3.900 m、6.900 m、9.900 m(由下自上),窗上檐标高为 2.400 m、5.400 m、8.400 m、11.400 m,建筑物主要出入口处上部二、三层窗的窗上檐标高为 5.700 m、8.700 m。

3. 了解建筑物的外貌特征

由图可以看出,立面为横向分格,屋檐是带女儿墙的,一侧出入口做的是无障碍坡道,一侧为台阶,阳台处是门连窗。在建筑物的两侧设有 3.700 m 高的门斗。

4. 了解建筑外装修要求

由立面图上文字说明可知,该建筑物为混水墙,横向分格处及勒脚处是红色涂料,其余墙面为白色涂料。

5. 了解详图情况

由索引符号了解详图情况。由图 9-8 中可以看出无障碍设计坡道、百叶窗都有大样,具体位置和详图编号在索引符号中注明。

第五节 建筑剖面图

一、建筑剖面图的形成和作用

建筑剖面图是假想用一垂直剖切面将房屋剖切开,移去靠近观察者的部分,对剩下部分进行正投影所得到的投影图。建筑剖面图可简称为剖面图。

建筑剖面图主要反映建筑物内部的结构或构造方式、屋面形状、分层情况和各部位的联系、材料及其高度等。编制预算时可利用剖面图计算墙体、室内粉刷等项目。

剖面图也是基本图样,与平、立面图同等重要。

剖面图的数量根据建筑物的复杂程度和施工实际需要来定,可以有一个剖面图,也可以有多个剖面图。剖切线的位置可以在首层平面图上找到。

二、剖面图的基本内容

剖面图的基本内容一般包括:
(1)与平面图相对应的轴线编号。
(2)表示被剖切到的墙、柱、门窗洞口及其所属定位轴线。剖面图的比例应与平面图、立

面图的比例一致。

（3）表示室内底层地面、各层楼面及门窗、楼梯、阳台、雨篷、防潮层、踢脚、室外地面、散水、明沟及室内装修等剖到或能见到的内容。

（4）楼地面、屋顶各层的构造。

（5）标出房屋内部构件的尺寸和标高。

三、建筑剖面图的识读

以图9-7中1—1剖面图（图9-9）为例来说明如何识读剖面图。

1. 了解图名、比例、定位轴线，与平面图对照，了解剖切位置、剖视方向

从图中可知是1—1剖面图、比例为1∶100，对照一层平面图中的剖切符号及其编号可知该剖面图是在⑤轴与⑥轴之间，剖切后移去右半部分向左半部分进行投影得到的。

2. 了解建筑物的结构形式及主要结构材料

从剖面图1—1（图9-9）结合前面的平面图可以看出，该建筑物为框架-剪力墙结构，在该建筑物中，框架柱主要承受竖向荷载，水平荷载由剪力墙承担。

墙体部分是由钢筋混凝土浇筑而成，部分是由砌块填充而成；柱、楼板、楼梯、阳台、雨篷都均是由钢筋混凝土材料。

3. 了解建筑物各部位的竖向高度

由图可以看出首层地面的标高为±0.000，建筑室内外高差为 0.600 m，宿舍楼总高为13.800 m。二、三、四层楼面标高为3.000 m、6.000 m、9.000 m，层高均为3.0 m。底层次要出入口处门洞高为2.300 m，以上各层窗的窗台高为0.900 m。

建筑物出入口处在雨篷板底设有门斗，朝南宿舍二、三层处为封闭式阳台，窗台的高度为0.900 m，窗高1.800 m；四层为开敞式阳台，栏板的高度为1.100 m，窗高为1.500 m；朝北宿舍阳台均为开敞式，各层栏板的高度均为1.100 m。

4. 了解详图索引符号

由图示可知：女儿墙有详图，而且采用的是标准图集。

第六节　建筑详图

建筑平面图、立面图、剖面图表达出建筑的外形、平面布局、标注楼板及门窗设置和主要尺寸，但因反映的内容范围大，使用的比例就较小，因此对建筑的细部构造就难以表达清楚。为了满足施工要求，对房屋的细部构造用较大的比例，详细地表达出来，这样的图称为建筑详图，有时也叫作大样图。常用的比例有1∶25、1∶20、1∶10、1∶5、1∶2、1∶1等。通常有局部构造详图（如墙身、楼梯等详图）、局部平面图（如住宅的厨房、卫生间等平面图），以及装饰构造详图（如墙面的墙裙做法、门窗套装饰做法等）。

第九章 建筑施工图

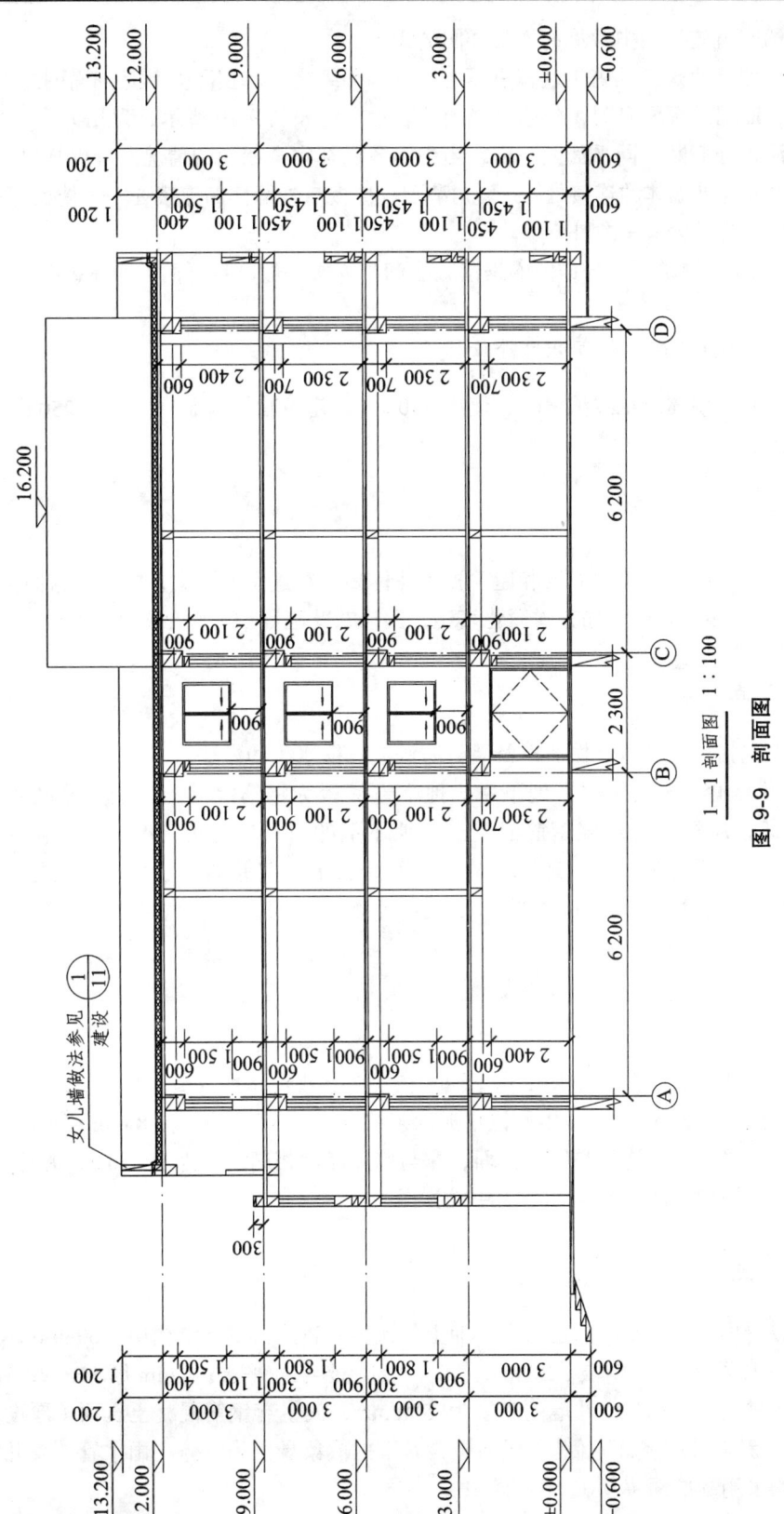

图 9-9 剖面图
1—1 剖面图 1:100

下面介绍建筑施工图中常见的墙身详图的识读。

外墙身详图是建筑工程施工过程中不可缺少的图纸之一，实际上就是剖面图的局部放大。由于比例大，而图纸幅面有限，外墙身详图的表示方法如图 9-10 所示，为几个节点的组合图，一般是在窗洞口处截断。同平面图一样，当中间各层都完全相同的情况下，仅画出三个节点即可。即首层地面与外墙体的连接处——墙角节点；楼板与外墙体的连接处——楼板与墙体节点；屋顶与外墙体的连接处——檐口节点。

现以图 9-10 为例说明墙身详图的识读方法和步骤，一般以自下而上顺序识读。

1. 了解详图墙身轴线编号和墙体厚度

从图中可知该墙体的轴线编号Ⓐ，墙厚 370 mm，定位轴线与墙外皮相距 250 mm，与墙内皮相距 120 mm。

2. 标　高

从图中可以看出，在楼地面层和屋顶板标注标高，在这里要注意，中间层露面标高 2.800、5.600、8.400、11.200 采用叠加方式简化表达，图样在此范围中只画出中间一层。

3. 墙角节点

勒脚节点包括地面构造层做法以及墙身防潮层、散水等的做法。

由图可以看出，该建筑物有地下室，地下室底板为钢筋混凝土，最大厚度为 450 mm。地下室顶板即首层楼板为现浇钢筋混凝土。地下室的窗洞口高为 600 mm，洞口上方圈梁兼作过梁，其高度为 300 mm。散水的做法是下面素土夯实并向外放坡，其上是 150 mm 厚的 3∶7 灰土，最上面是 50 mm 厚的 C15 混凝土。一层窗台下暖气槽做法详见 98J3（一）中的详图。

4. 楼板与墙体节点

由图可以看出，楼层的构造层次由下而上依次为：现浇钢筋混凝土楼板、20 mm 厚 1∶3 水泥砂浆找平层、20 mm 厚 1∶4 干硬性水泥砂浆结合层、洒素水泥面、8 mm 厚 600×600 斯米克地砖。圈梁与楼板一起浇筑呈矩形截面，宽与墙体厚度相同，高为 300 mm，并且兼作过梁。预制水磨石窗台板的做法见 98J4（一）中的详图。

5. 檐口节点

由图可以看出，屋面的构造层次由下而上依次为：钢筋混凝土结构层、60 mm 厚聚苯乙烯保温层、1∶6 水泥焦渣找 2%坡、20 mm 厚 1∶3 水泥砂浆找平层；4 mm 厚 SBS 改性沥青防水层。屋面排水坡度为 2%。女儿墙的高度为 500 mm，其上有钢筋混凝土压顶（厚度最大处为 120 mm，压顶斜坡坡向屋面一侧）。屋面板与其下的圈梁现浇为一体。雨水管、女儿墙泛水压顶、女儿墙均采用标准图集 98J5 中的详图。

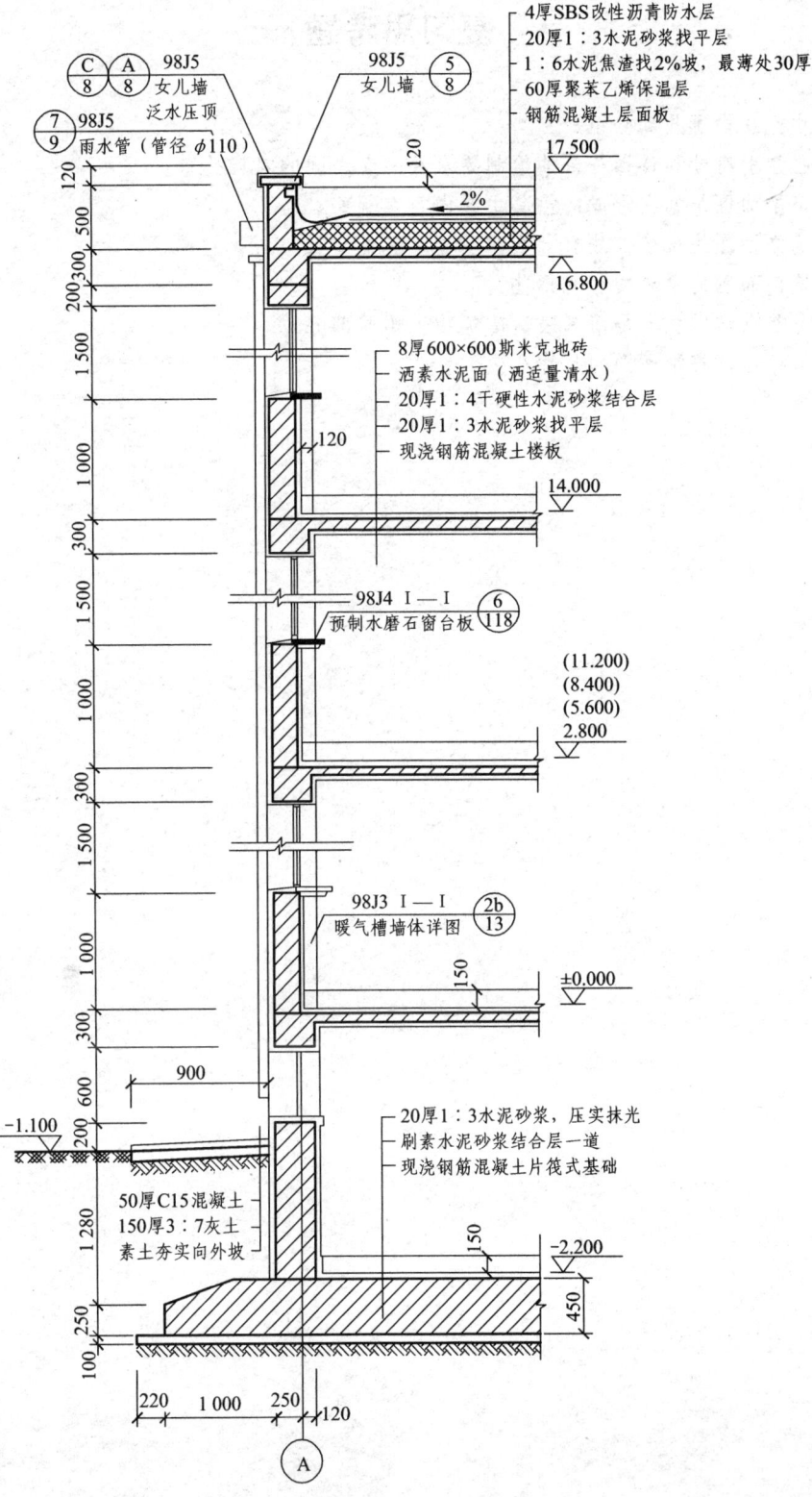

墙身详图 1:25

图 9-10 墙身详图

复习思考题

1. 尺寸标注由哪几部分组成？
2. 说明索引符号和详图符号的绘制要求及两者之间的对应关系。
3. 建筑平面图是怎么形成的？其主要内容有哪些？
4. 建筑立面图的命名方法有什么？
5. 建筑剖面图的主要内容有哪些？
6. 墙身节点详图主要是用来表达建筑物上哪些部分？
7. 如何标注建筑平面图的尺寸？

参考文献

[1] 赵妍. 建筑构造与识图. 北京：中国建筑工业出版社，2008.
[2] 张朝晖. 建筑工程入门. 北京：中国工水利水电出版社，2009.
[3] 高远. 建筑构造与识图. 北京：中国建筑工业出版社，2004.
[4] 吴伟民. 建筑构造与识图. 北京：中国水利水电出版社，2009.
[5] 吴学清. 建筑构造与识图. 北京：化学工业出版社，2013.
[6] 赵毅. 房屋建筑学. 重庆：重庆大学出版社，2008.
[7] 付云松. 房屋建筑学. 北京：中国水利水电出版社，2009.
[8] 段莉秋. 建筑工程概论. 北京：中国建筑工业出版社，2007.
[9] 魏琳. 建筑构造与识图. 郑州：黄河水利出版社，2010.
[10] 袁雪峰. 房屋建筑学实训指导. 北京：科学出版社，2003.